1841

一八四一

黑土埋輪

Unyielding Soil:
The fate changing Russian
invasion of Ukraine

改變烏俄國運之戰

李大衛
梁佐禧
葉澄衷
——著

Si vis pacem, para bellum.

汝欲和平，必先備戰。

推薦序

作者序

客席邀稿

推薦序

冷戰陰霾再起時

李思平／《尖端科技軍事雜誌》編輯

自九一一事件以降，世界的重心都在與恐怖主義對抗，對於戰爭的準備也從過往冷戰時期預想的全面高強度戰爭，轉變成在敵我難辨、環境複雜下進行的反恐戰爭為主，儘管偶爾會出現區域性的國家衝突，但強權間的大規模戰爭似乎已離這個世界遠去，直到烏克蘭東部的頓巴斯（Donbas）燃起了戰火……

二〇一四年開端的頓巴斯戰爭，是俄羅斯以克里米亞（Crimea）和烏東民意基礎為藉口，對烏克蘭行併吞領土之實的混合戰，卻沒人真正警覺到入侵者的野心。直到八年後，俄羅斯以「北約東擴」和「尋求烏克蘭非軍事化與去納粹化」為藉口，朝烏克蘭發動「特別軍事行動」，於二〇二二年二月二十四日正式打響了俄烏戰爭。

這場戰爭不僅徹底讓各界專家跌破眼鏡，更瞬間讓冷戰復活且提升到全新層次。俄羅斯的閃電攻勢，換來烏克蘭頑強抵抗，整個北約齊心支援，宛如在烏克蘭本土與俄軍進行著早在上個世紀八十年代可能發生的戰爭。從今以後，二十一世紀的戰爭主軸已是國與國之間的高強度戰爭，以及強權間隨時可能爆發衝突的危機感。

這場戰爭仍在持續，戰事有時變化萬千又可能會陷入膠著，而我們雖拜現代科技所賜，能在遠離戰場的一地快速地獲取各方的最新消息，但在訊息爆炸的情況下，我們很難精準的分辨資訊和各方意圖。對此，本書《黑土埋輪：改變烏俄國運之戰》完整地從雙方的軍事準則／學說、準備與編制為資料基礎，以可信的情報統計為支持，分析當前已知的戰況和對於俄烏雙方衝擊，實屬在中文圈內研究此戰最詳盡的著作。

此書不僅是俄烏戰爭研究者的重要資料，對於身在西太平洋的我們更是有巨大的啟發作用。也許俄烏戰爭遠在千里之外，與我們沒有直接關係，但台海危機不僅已經復甦，且規模和強度也會比以往都還巨大。面對可能即將到來的危機，俄烏戰爭正好提供了絕佳借鏡，不論是戰略準備、戰術戰法、軍事科技、民事處理與國際間的介入手段，都比其他更久遠的例子要貼近現實，從而令我們有機會一窺「危機」的樣貌。

情報雖為戰略之本，但思想卻會左右看待情報的角度。基於此點，此書可說是身處危機的我們不可不讀的一本專著。

消耗的不只是資源，也包括了人性

區肇威（查理）／燎原出版主編

每一位研究軍事的朋友，都會在人生歷程中，遇上一場影響他們至關重大的戰爭。對於《黑土埋輪：改變烏俄國運之戰》的作者群來說，也許烏俄戰爭就是這麼一場戰爭吧。我也因這場戰爭而跟本書作者李大衛認識。

研究戰爭或國際衝突是寂寞的，尤其在學術研究領域之外。除了會引來旁人異樣的眼光，還會有機會被人貼上標籤。因此，對於作者群的熱情與專注，絕對值得給予支持與鼓勵。

本書的重要性，在於作者統整了戰爭發生的前因後果，雙方實力的比較與發展，進而從戰爭的進程，乃至於各種大家關心的細節，提供了讀者一個宏觀而全面的畫面與分析，理性去探討烏俄雙方的表現與成果。對於日後想從客觀角度去理解這場戰爭的讀者來說，本書實在是不可是或缺的作品。

戰爭已經滿一週年，一般人對這個話題的關注度或不再激昂，但並不表示它的影響力已經消退，反之正逐漸對我們的日常生活造成影響。烏俄雙方都在戰場上投放了所有資源，讓這一場荒謬的戰爭無法停息。戰爭所引發的「蝴蝶效應」已經令在戰場之外的我們，因為物資短缺或匱乏所導致的通貨膨脹而感受到不便。烏俄戰爭消耗的不只是資源，也包括了人性。開戰一年來，我們聽到許許多多泯滅人性的事，實在是令人髮指。希望這本書的出版，能讓讀者都銘記這場也許會改變全球格局發展的衝突。

烏克蘭戰爭一周年，於台北

烏克蘭的一年抗戰

許劍虹／《航空最前線》及《世界民航雜誌》編輯

俄羅斯入侵烏克蘭一年了，戰局發展跌破了許多人的眼鏡，烏克蘭未如多數觀察家預測般馬上垮台。相反，他們展現出了前所未有的勇氣和毅力，一如一九三七年淞滬會戰中，國軍將士摧毀日軍「三月亡華」美夢般，摧毀了普京一統斯拉夫世界的美夢。經歷一年戰鬥，俄軍過往號稱世界第二大軍力，如今已是搖搖欲墜，尤其蘇愷戰鬥機的神話幾乎已破產。從一個星期內能夠自己連摔兩架蘇愷的情況來看，我們也不用意外何以印尼、阿爾及利亞以及埃及都放棄 SU-35 的採購計劃。

戰爭的勝利取決於能否兵貴神速，俄羅斯能夠在二〇一四年成功併吞克里米亞半島就歸功於此。可如今戰爭打了一年，普京沒能拿下基輔，倒是克里米亞很有可能被烏克蘭反攻回去。現在對俄羅斯而言，未來只有可能面臨大輸或者小輸的命運。大輸就是克里米亞半島跟烏克蘭東部土地都被奪回，導致普京政權全面崩潰。小輸的話，或許俄羅斯能保有現在的領土，但注定將因為元氣大傷成為附庸，無法再回到開戰前的強權地位。研究抗戰史和二戰史多年的筆者，從烏克蘭軍民的身上，看到了許多國軍將士的勇氣。當然我們也不否認，來自北約的援助是烏克蘭能夠撐了一年的關鍵原因。

又比如說駐守亞速鋼鐵廠的官兵，就讓我想到了方先覺將軍領導下保衛衡陽四十七天的陸軍第十軍將士。澤倫斯基前往美國國會演講，則與蔣中正夫人宋美齡女士抗戰時的訪美演說相互輝映。烏克蘭對俄羅斯的抵抗，有百分之百的正當性。無論普京對北約東擴的指控看起來有多少道理，烏克蘭境內有多少「納粹」，但一旦俄軍對另外一個主權獨立國家動武，就已經讓俄羅斯成為二十一世紀版的納粹德國。

抗戰時的中國苦苦撐了四年才得到西方援助，顯見北約國家都已經從德國入侵蘇台德，還有日本偷襲珍珠港事件的教訓中瞭解到，姑息侵略者只會導致世界大戰加速發生。美國在二〇一四年已經軟弱了一次，這次不能夠再軟弱了。人們也會有疑問，傳統美國的政策主張重歐輕亞，烏克蘭戰爭爆發會不會影響美國對台灣的防衛承諾？畢竟基於中國大陸的壓力，不少人會擔憂台灣能否取得該有的武器。然後當中國大陸目睹俄軍入侵行動遭到打擊時，他們也會重新思考用武力手段統一台灣的代價。

過去一年下來，來自世界各地的正義之士陸續前往烏克蘭參加抵抗俄羅斯侵略的戰爭，其中包括來自兩岸的勇士。台灣缺席了二〇一四年到二〇一九年的反伊斯蘭國行動，沒有人前往敘利亞或伊拉克與庫德族人並肩作戰。至少這次烏克蘭戰爭中沒有缺席，還有人為此光榮犧牲。在此希望這場反侵略戰爭贏得最後勝利，自由與光榮屬於烏克蘭人！

備受關注的戰爭

Oscar／廣東話軍事網台《軍武器研》主持

自烏俄戰爭爆發後，公眾突然對軍事知識充滿興趣。雖然衝突與小規模戰鬥在九一一事件後的世界已非新鮮事，阿富汗、伊拉克以及包括中東與中非在內世界各國的戰爭仍教人歷歷在目。

烏俄戰爭是一場傳統地面戰，它吸引了公眾自一九九一年波斯灣戰爭後從未有過的關注。因獨特狀況缺乏足夠軍事知識的香港，也突然渴求這方面的資訊。從反坦克導彈是否坦克終結者，到海馬斯火箭，再到烏克蘭需要甚麼軍援，這些話題突然成為大眾談資。

與一般 Youtuber 及媒體不同，這群作者熱衷於緊貼局勢的分析以及為一眾未曾接觸過軍事的讀者提供基礎知識。我不僅佩服他們把艱澀知識簡化作常人語言所呈現的精細與創意，更為他們以治學態度翻譯戰報訪談所敬佩。

我很榮幸能為本書寫序，願各位讀者能發掘當中趣味。

「信任，但要核實。」——觀察二十一世紀戰爭消息的首要準則

Curtis Lee／戰鬥情報中心 CIC 版主

二〇二二年二月二十四日下午，我當時正在香港的家中忙於處理進度非常不理想的大學畢業論文，不過同時也有在 YouTube 上開了一段在烏克蘭基輔獨立廣場的新聞直播來確認究竟這場戰爭會不會爆發，畢竟雖然當時美國情報界傳出俄羅斯將會對烏克蘭展開攻勢，不過我相信大部分人應該也不會認為二十一世紀會再次爆發大規模戰爭，而且是在相對上比較和平的歐洲大陸上……

是吧？通常在戰爭紀錄片中才能聽到的防空警報突然在直播中響起，接著俄軍展開攻勢的消息陸續從各社交平台洶湧而入，這個時候我才知道，俄羅斯動真格了。身為軍事專頁管理者，我同樣有關注這場戰爭去向，這場戰爭的重點其實不在於某徘徊彈藥或火箭炮表現，資訊才是推動各國軍隊實施改革的真正推手。

「信任，但要核實。」是一句我經常銘記於心的老俄羅斯諺語，其意義在這一年間更顯重大。作為一場可以容易透過社交平台就能接觸到的戰爭，我們千里之外也能感受到這場戰爭的血與淚。身為普通人，我們始終無法像情報單位一樣能夠迅速確認戰區所發生的一切，畢竟我們不是在烏克蘭領空外圍不斷透過強大的感測器監控整場戰爭進度的北約 E-3A 空中預警機或美國空軍 RQ-4B 全球鷹無人偵察機操作員。當官方沒有發佈了令人存疑的消息時，我們就只能透過開放資源情報（OSINT）去猜測或確認最新消息。

不過我們在追求最新消息的同時，卻很難辨別各種傳出來的消息究竟是否真實，畢竟我們不在現場，只是一群隔著屏幕的旁觀者。「認知作戰」、「偽旗行動」、「假新聞」隨你怎樣稱呼，所有關於烏克蘭局勢的消息也夾雜著相當多不符事實的文字或影像，當中除了有人偽做出來的假消息，也有以訛傳訛的誤會。這個情況其實雙方也有出現，只是程度上的不同。

本書數名作者盡心盡力把已知的事實整合，讓讀者能夠細看烏俄雙方在戰爭爆發期間一切可能會令你感興趣的資訊。無論你想看軍事或政治內容也好，相信此書會解答你對這場戰爭的大部分疑惑。我也想請讀者們注意，眾作者編寫此書的時候，這場戰爭仍在繼續，儘管作者們已經盡最大努力併合各種零散的資訊，日後可能也會突然出現顛覆我們認知的新資訊，所以請以「信任，但要核實。」看待一切。

書寫戰爭當代記錄的重要性

Taurus Yip／Watershed Hong Kong 創辦人

在人類歷史上，戰爭頻繁不息，兩者幾乎密不可分。冷戰過後，儘管世界各地仍有大大小小武裝衝突，但大眾普遍認為戰爭離我們越來越遠。而二〇二二年俄烏戰爭特別值得我們留意，是有其原因。

全球局勢層面上，世界強國在歐陸直接交戰，會否升溫及升級？本身是聯合國安全理事會成員的俄國直接入侵歐洲領土第二遼闊的國家，這件事二戰後罕見。儘管俄方稱呼這為「特別軍事行動」，戰爭一旦升級，將牽涉更多國家及北約陣營，變得難以收拾，令人憂慮觸發世界大戰。

軍事及裝備上，烏克蘭戰場變成了東西陣營的實戰試驗場。被入侵的烏克蘭軍事系統本屬蘇／俄系，但自二〇一四年俄羅斯吞併克里米亞後銳意改革，成果終於在二〇二二年展現。二〇二二年二月二十四日，俄羅斯入侵烏克蘭。首兩日的戰鬥消息混亂，大家起初都以為烏克蘭兵敗如山倒，但烏軍成功抑止了往基輔的攻勢。隨著北約軍援及俄軍暴露後勤弱點，四月俄軍從基輔周邊撤軍，九月烏軍更反攻成功收復東部及南部部分失地。這場戰爭的過程及成敗，都深深影響東西陣營國家的軍事發展。

此外，這場戰爭牽涉的戰爭罪行及反人類罪最後會如何處理，也引證著戰後聯合國體系的國際機構是否有效及有力。

而在當代仔細了解及記錄重大歷史事件就相當重要，往往比事後相隔多年的紀錄更貼近事實。英國著名戰略家巴塞爾・李德哈特（Basil Liddell Hart）在二戰完結三年後，與在英國作為戰俘的德國將領對談，將紀錄匯成《戰敗者的觀點：德軍將領談希特勒與二戰時德國的興衰》（The Other Side of The Hill）一書，另寫札記解釋為何如此重視這種當代紀錄：

「凡是參加重大事件的人，其事後的回憶總是不免有掩飾或歪曲之處，而時間愈久則程度也就愈來深。尤有甚者，官方的文件更特意常常不足以顯示其真正的意見和目的，有時甚至於還故意用來掩飾它們。……不過無論如何，總還是在他們的記憶尚未完全受到時間沖淡之前，而且他們的敘述又還可以用其他證人的敘述，以及文件的記錄來加以彼此核對和覆驗。」

謝謝大衛邀請撰序，喜聞一班本地及海外的年輕人多角度梳理及分析戰爭，為時代定格，居安思危。如果呼籲和平，入侵者就會停手，那就無人需要提起步槍冒敵人炮火保衛家園。願守衛家園的義人平安。

作者序

系馬埋輪，奮不顧命

葉澄衷／軍武六角龍編輯

誰能料到烏俄戰爭的戰火竟會漫延到莫斯科？

戰爭開始時網上充斥許多諸如七十二小時內佔領基輔，活捉澤連斯基等狂言，在烏克蘭軍民拼死抵抗下變成親俄份子的。誰又曾料到，「反攻莫斯科」這句笑話卻以另一種形式實現？

二〇二三年六月二十四日晚上，華格納私人軍事集團金主，有「普京御廚」之稱的葉夫根尼・普里戈津（Yevgeny Prigozhin）糾集傭兵，大有唐代安祿山遺風，打著清君側的旗號進軍莫斯科。這場兵變來得快，去得也快，白俄總統盧卡申科趕急居中調停，而普里戈津最終接受普京開出的條件，在兵鋒距離莫斯科僅二百公里之遙罷兵離去。

按普京氣急敗壞地稱普里戈津為叛徒來看，普里戈津理應是「民族罪人」，受萬人唾棄。但他離去時卻獲得俄羅斯人民夾道歡送，完全不像身敗的軍閥頭子。至此這場撼動克里姆林宮的兵變終告結束，普京二十四年來深深植根於俄羅斯人民腦中的絕對威權和強人形象，卻在這二十四小時後開始出現一絲絲裂縫。

人類戰爭手段在經歷四代變化後，其目的依然始終如一。誠如《戰爭論》（On War）作者卡爾・凡・卡柳斯維士（Carl von Clausewitz）所言，戰爭無非是政治透過另一種手段的延續。戰爭行為的目標必然是用暴力迫使敵方屈服於己方意志。

武器科技發展日新月異，坊間有不少聲音認為，現代戰爭就是按下按鈕，高精度、高超音速導彈齊飛，城市彈指間灰飛煙滅，不用再派軍佔領土地，陸軍已無用武之地。這些聲音也認為大國間的戰爭必然會以核戰開始，彷彿大國領導人全部都是泯滅人性，不計後果的狂人。上述想法完全忽略了「相互保證毀滅」（Mutual Assured Destruction）和人類對生存的渴望，忽略了導彈炮火洗禮過後，人們胸中怒火不會被澆熄，卻會在頹垣敗瓦之中陡然而起，令侵略者付出血的代價。

單靠狂轟濫炸並不能使敵方屈服於己方意志，沒有任何常規武器能把城市建築完全從地表上抹去。所有軍隊都盡力提防巷戰，卻又不得不進行巷戰。從烏克蘭戰爭我們更能觀察到，軍事重心（Centre of gravity）在巷戰中的作用愈來愈小，士氣向心力被割裂的巷戰戰場抵消，攻方不可能靠重大而連貫的攻勢擊潰守軍，逼使其心理崩潰而逃離。只有攔截守軍單位的轉移路線，才能困住他們，逐個擊破，但這意味雙方都要付出更大代價才來驅離對方。

縱觀二十世紀後半葉數場大國對小國發動的戰爭，強如美、蘇，仍要折戟越南和阿富汗。越戰美軍贏得了每一場戰役，卻輸掉了戰爭，足見戰爭沒有必勝之術，更無不敗之地。已故前美國國防部長羅拔．麥南馬拉（Robert McNamara）曾臆想用數學模型把戰爭所有因素都量化，進而擊敗越共。但是他卻未能計算士氣這種亙古難料的無形力量，終令他的公式化為一紙空談。

如果領導人熱衷於毀滅，漫無目的地破壞敵國，戰略目標與政治目標脫軌，單純為戰爭而戰爭，必遭萬民奮起擊之。

本書取名《黑土埋輪：改變烏俄國運之戰》，烏克蘭以農立國，有歐洲糧倉美名。其鬱蔥草原之下鋪滿富含碳酸鈣的黑色沃土，是向日葵茁壯成長和烏克蘭民族安身立命之地。埋輪二字則取自《資治通鑑．虞寄與寶應書》中的「系馬埋輪，奮不顧命」，寓意戰車車輪牢埋於烏克蘭土地，烏軍將士已無後退之路。必須奮起保衛家園，痛擊侵略者。

烏俄國運交響曲

李大衛／軍武庫版主

在普京發表宣戰演講前，只有少數人預測到俄羅斯真的會全面入侵烏克蘭。

雖說俄美陣營一直在世界各地進行代理人戰爭，兩國卻一直避免直接交鋒，更避忌把戰場帶到歐洲。歐洲境內自二戰後就只爆發過南斯拉夫內戰，其時俄美皆以維和者身分干涉，未有直接參戰。直到二〇一四年克里米亞危機，俄軍直接出手佔領國際承認屬於烏克蘭領土的克里米亞和塞瓦斯托波爾，緊接著扶植頓巴斯當地親俄武裝，秘密派遣傭兵支援親俄武裝對烏克蘭發動內戰，以避直接出兵入侵之嫌。想不到二〇二一年底烏俄衝突卻愈演愈烈，成為本世紀初的「黑天鵝事件」。俄軍如此明目張膽的出兵，直教一眾以為俄羅斯只是再次測試西方底線的人大跌眼鏡。

不少人預料俄軍鋼鐵洪流能三月內亡烏，隨著烏軍軍民奮起反抗而化成空談。更有甚者俄軍竟接連犯下致命錯誤，導致死傷逾萬，十數名將級軍官被確認遭烏軍擊殺。俄軍未能令烏克蘭「去軍事化」，卻虛耗自身國力。少數人執迷不悟，葬送兩國青年的大好人生，多少家庭一夜支離破碎。烏俄戰爭令人憤恨的同時，亦給大家一場血的教訓，兩國國運亦從此改寫，烏俄這對斯拉夫兄弟之邦，兄弟鬩牆，再也回不復從前了。

除閱讀本書以外，歡迎大家細味烏克蘭經典民曲及軍樂，這些音樂不只曲調優美，更在歌詞中顯示出烏克蘭人熱愛自由捍衛家園的決心。從哥薩克人建立自己的民族認同到現在，這顆嚮往自由的心始終如一。

在這場戰爭中，不少烏克蘭傳統音樂及軍樂皆鼓舞著人心，故這裡謹選了數首音樂對應書中不同章節，其歌詞皆代表了不同階段烏克蘭人民的心思。

傳統武器無用論

梁佐禧／軍武六角龍版主

在二〇二二年二月至四月這段時間流出了極大量標槍反坦克導彈擊毀俄軍各式裝甲車輛的片段，以致「坦克無用論」的話題一時甚囂。大量平時不接觸軍事新聞的坊間媒體都大肆報導相關新聞，幾乎各個華語討論區也有相關討論。而絕大部分的報導以及討論人士都認為裝甲車輛會成為時代的眼淚。更甚者將標槍、NLAW反坦克導彈以及刺針防空飛彈等裝備捧上神壇，令一般人認為只有以上裝備就可以打遍天下無敵手似的，同時坦克，火炮類等傳統陸軍裝備都彷彿被貼上過時的標籤。

烏克蘭國際戰略研究院的高級研究員米科拉・別列斯科夫（Mykola Bielieskov）在二〇二二年四月發文談及炮兵的重要性外，更狠批部分西方媒體只刻意報導低價的單兵反坦克裝備用帶跑戰術打敗昂貴的坦克這一小部分，而忽視了其他常規武力才是戰場主力的事實，以至散佈坦克無用論之類的謬論，並指出這類資訊除了誤導民眾之外，更加經常扭曲了新一波軍事援助內容的意義。而且烏克蘭軍總司令扎盧日內在六月也曾發文希望西方提供更多火炮裝備。而事實證明傳統裝備仍在現代戰場佔重要地位，超過百分之六十以上傷亡仍是由火炮造成，哈爾科夫（Kharkov）攻勢和赫爾松（Kherson）攻勢的主力仍是裝甲力量。

但到二〇二三年一月起，隨著西方各國紛紛捐出大約兩百輛北約式主戰坦克以及步兵戰車等各式裝甲車輛，不少主流媒體以及討論區的風向就轉向西方何時再給更多坦克，以及比較各型裝甲車輛性能等等。雖然這一年來一些坊間媒體報導的通常都是實際發生的事件，但就將焦點過於單一地投射。如果要較全面地評估真實情況，最好仍參考一下專業人士的評論以及更多實際的案例。

本人很榮幸獲邀參與本次計劃，投入了兩國部分著名部隊、裝備以及軍援專題的寫作，也慶幸取得了烏俄戰爭以來統計兩軍重裝備戰損知名的 Oryx 授權使用其統計資料以及其他文獻。希望各位讀過筆者的拙作後會有所得益。

第一章 烏克蘭簡史與烏俄關係

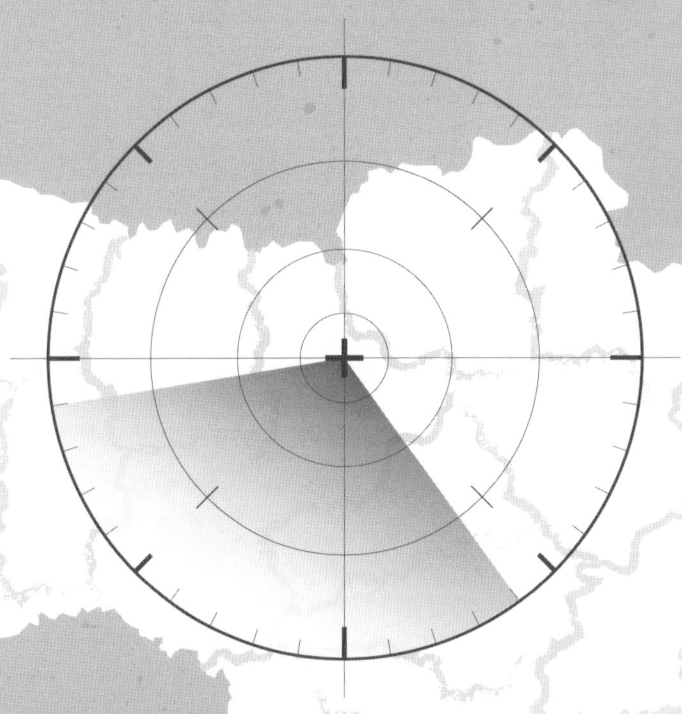

嘿，黑海旁的某處，一位年輕的哥薩克爬上他的馬。
哀傷地，他和他的許嫁分離，但更哀傷地，他亦與烏克蘭分離。

——《嘿，翔隼 Гей, соколи!》

烏克蘭與俄羅斯錯綜複雜的淵緣，始於公元八八二至一二四〇年基輔羅斯（Kievan Rus）時代，瓦良格人奧列格（Oleg of Novgorod）在九世紀末帶領東斯拉夫民族建立了羅斯（Rus），定都於基輔，統治周邊的古東斯拉夫人。基輔羅斯幅員遼闊，覆蓋現今烏克蘭、白俄羅斯及俄羅斯歐洲部分的大部分國土，被視為三國之共同起源。

烏克蘭民族的誕生

十三世紀時基輔羅斯為蒙古金帳汗國（Golden Horde）所滅，分裂成烏、俄、白三大斯拉夫文化分支，而烏克蘭首次作為地名出現，則是源於基輔羅斯滅亡後未被蒙古佔領的加利西亞公國（Galicia）與沃倫公國（Volhynia）人。烏克蘭意為「邊界上的人」，偏安一隅的公國吸引了一眾逃避蒙古西征的斯拉夫人與後來不願成為農奴的農民聚居，他們自稱為「哥薩克」（Cossacks），在突厥語中意即「自由人」，這就是烏克蘭民族的起源。然而，烏克蘭在二十世紀前，一直是一系列的小型邦國，當中黑海一帶的邦國由熱那亞共和國（Republic of Genoa）所立，東北部的公國與莫斯科大公國（Grand Duchy of Moscow）融合成俄羅斯沙皇國（Tsardom of Russia），西南部的則歸波蘭立陶宛聯邦（Polish-Lithuanian Commonwealth）統治，不過當時波蘭立陶宛聯邦治下的哥薩克酋長國（Cossack Hetmanate）擁有相當大自治權，得以在波蘭立陶宛聯邦和俄羅斯帝國中間周旋，克里米亞則繼承了金帳汗國自成克里米亞汗國（Crimean Khanate），作為鄂圖曼帝國的附庸國之一而保持相當自治權。所有小型邦國直到十八世紀中晚期才被葉卡捷琳娜大帝治下的俄羅斯帝國蠶食吞併殆盡。

烏克蘭短暫建國

一九一七年俄羅斯帝國爆發二月革命，沙皇被推翻，同時俄國仍未退出第一次世界大戰。烏克蘭趁俄羅斯忙於與德國交戰時宣告獨立，後於一九一七年三月十七日建立烏克蘭人民共和國（Ukrainian People’s Republic），是第一個以烏克蘭為名的主權國家。雖然烏克蘭人民共和國在一九一八年一度被德國佔領，親德的烏克蘭國政權（Ukrainian State）取代了共和國，但不久後德國在一戰戰敗，烏克蘭遂脫離德國掌控。其時在烏克蘭西部亦曾短暫出現西烏克蘭人民共和國（West Ukrainian People's Republic）及胡楚爾共和國（Hutsul Republic）。後來烏克蘭國在與波蘭的戰爭中失利，大部分領土落入波蘭手中。剩餘領土與烏克蘭人民共和國合併，主權得以苟延殘喘。在蘇維埃俄國建立後，蘇俄紅軍於一九一九年佔領烏克蘭全境，扶植了當地布爾什維克政權，最終令烏克蘭蘇維埃社會主義共和國（Ukrainian Soviet Socialist Republic）「加盟」蘇聯，使烏克蘭結束短暫的戰間期獨立時代。

蘇聯時期烏俄恩怨情仇

蘇聯統治初期，列寧為了籠絡烏克蘭人，烏克蘭得到比俄羅斯帝國佔領時期更大的自治權，能夠保存自己的語言文化，故一度得到不少烏克蘭人支持。然而，到了史太林時期，為了滿足中央政府的農業集體化指標，烏克蘭出產的糧食被強徵，導致一九三二年的發生烏克蘭大饑荒（Holodomor），保守估計至少有二百四十萬人死於這場饑荒，加上史太林為肅清政敵進行大清洗（the Great Purge），烏克蘭人逐對以俄羅斯為核心的蘇聯恨之入骨。

第二次世界大戰初期，由於蘇德兩國瓜分波蘭，使得西烏克蘭亦被納入蘇聯治下，使得整個烏克蘭名義上再次「統一」，然而隨著一九四一年德國出兵蘇聯，烏克蘭又輾轉被納粹德國佔領。在德國侵佔期間，一群以斯捷潘．班德拉（Stepan Bandera）為首，早已不滿蘇聯管治的烏克蘭人（Organization of Ukrainian Nationalists）一度對德國表忠，打算借助德國支持而復國。但他們最後卻被納粹德國清算，使得旗下起義軍（Ukrainian Insurgent Army）需要同時反抗蘇德兩國。後來德軍在東線節節敗退，烏克蘭又被蘇聯「解放」，其復國宏願胎死腹中。戰時遭重創的烏克蘭，在蘇聯的戰後復興計劃下重建了比以前更發達的重工業與農業，重奪蘇聯糧倉與重工業基地的地位，更讓烏克蘭連同白俄羅斯以獨自名義加入聯合國，以便為蘇聯在聯合國中得到更多影響力。史太林死後，曾在頓巴斯生活與學習過，並與烏克蘭人結婚的尼基塔．赫魯曉夫（Nikita Khrushchyov）接過蘇共第一書記一職後，於一九五四年把一直歸俄羅斯管轄，但陸地上只與烏克蘭接壤的克里米亞重新劃歸烏克蘭管轄，對烏克蘭展示友好態度，實際上亦方便統合烏克蘭的重工業資源。

可惜赫魯曉夫對烏克蘭的護蔭隨著列昂尼德．布里茲尼夫（Leonid Brezhnev）於一九六四年發動政變消失得無影無蹤，布里茲尼夫任內高舉中央集權及大俄羅斯主義旗幟，使得烏克蘭更為受制於俄羅斯。七〇年代後期蘇聯計劃經濟政策失敗，整個蘇聯一同面對嚴重經濟衰退，再加上高壓政策使得不少烏克蘭民眾對蘇聯政府怨聲載道。一九八六年切爾諾貝爾核電廠災難

（Chernobyl disaster）更赤裸裸地暴露出蘇聯官僚制度的問題，成為烏克蘭人決意脫離蘇聯的導火線。一九八五年戈巴卓夫上臺領導蘇聯後實施開放政策，令烏克蘭國內民族主義得到鬆綁契機，一九八九年東歐劇變開始後更開始出現爭取烏克蘭獨立的政治團體。烏克蘭議會最終於一九九一年十二月一日正式通過公投，脫離蘇聯獨立。

烏俄蜜月期及橙色革命

獨立初期的烏克蘭與俄羅斯及白俄羅斯關係仍然不錯，三國牽頭成立獨立國家聯合體（Commonwealth of Independent States），作為蘇聯解體後各加盟共和國之間的邦聯組織。烏克蘭不止答允把殘留在境內的核彈頭銷毀，還借出克里米亞半島的重要軍港塞瓦斯托波爾（Sevastopol），與俄軍黑海艦隊共用一港。基於當時烏俄關係良好，即便一九九二年五月佔人口多數的克里米亞俄裔民眾有意脫離烏克蘭獨立，俄羅斯仍協助調解，說服當地人讓克里米亞留在烏克蘭治下。然而，獨立後的烏克蘭如俄、白兩國一樣陷入經濟衰退，國內政治動蕩。烏克蘭有見波羅的海三國因親近歐盟而得到相當明顯的經濟好處，開始嚮往晉身成歐盟成員。

在二〇〇四年總統大選時，民眾對立場親俄的候選人維克多・亞努科維奇（Viktor Yanukovych）

透過選舉舞弊以些微之差勝選深感不滿，橙色革命（Orange Revolution）隨之爆發，民眾以橙色作為代表色在全國各地抗議選舉舞弊，聲援親西方的候選人維克多．尤先科（Viktor Yushchenko）。最後烏克蘭最高法院判決大選結果無效，於同年十二月二十六日舉行重選，尤先科得到過半票數當選而結束橙色革命。

在尤先科治下，烏克蘭明顯傾向歐盟與美國，與俄羅斯的關係變得尤為緊張，俄羅斯開始屢屢以切斷對烏克蘭的天然氣供應作威脅。二〇〇八年俄羅斯出兵格魯吉亞（Georgia）後，烏克蘭因深怕俄羅斯無限擴張而決定申請加入北約，唯未得到北約首肯。

尤先科任內未能處理二〇〇八年後出現的「雷曼兄弟」金融危機，政府因稅收不足瀕臨破產，再加上尤先科與先前的盟友季莫申科鬧翻，使得他支持率驟跌，在二〇一〇年大選時連任失敗，亞努科維奇以些微差距勝於季莫申科成為總統。

亞努科維奇擁有俄裔背景，任內他促使烏克蘭重新倒向俄羅斯，加強與俄羅斯的經濟、文化和能源合作，更爭取參與建設俄歐之間的「北溪二號」（Nord Stream 2）天然氣管道建設。亞努科維奇一意孤行決定倒向俄羅斯，中斷與歐盟的自由貿易協議談判，使得親歐盟示威運動邁丹起義（Euromaidan）再於二〇一三年十一月二十一日爆發。

亞努科維奇傳令烏克蘭警方武力鎮壓示威者，唯示威浪潮愈趨激烈，不只基輔獨立廣場被民眾搭建的帳篷佔領，全國各地民眾皆上街聲討亞努科維奇。最終，國會決定革除亞努科維奇的總統職務，亞努科維奇也在二〇一四年二月二十三日悄悄逃亡俄羅斯。但前腳國內危機剛剛結束，後腳俄羅斯已悍然入侵。

克里米亞危機與頓巴斯內戰下的烏俄敵對

二〇一四年二月二十七日，俄軍趁亞努科維奇出走，烏克蘭陷入政權真空狀態，出兵接管克里米亞半島。俄軍黑海艦隊佔領了鄰近的烏克蘭海軍基地，使得烏克蘭海軍幾近覆滅，全軍只剩一艘護衛艦及少量小型船隻。不少軍警及國家安全局人員在烏克蘭東部倒戈支持俄羅斯。在俄羅斯操縱下，克里米亞於三月十六日通過獨立公投，翌日加入俄羅斯聯邦。

有見克里米亞被俄羅斯吞併，烏克蘭東部一眾親俄分離分子也順勢發起武裝叛亂，並於同年四月初佔領了頓涅茨克（Donetsk）、盧甘斯克、哈爾科夫等省會政府機構，親俄分子分別成立「頓涅茨克人民共和國」（Donetsk People's Republic）、「盧甘斯克人民共和國」（Luhansk People's Republic）及「哈爾科夫人民共和國」（Kharkiv People's Republic），駐守這些城市的軍警士氣低落，不敵而降。烏克蘭軍隊在四月八日雖然成功奪回哈爾科夫，頓巴斯地區卻被親俄民兵及偽裝成民兵的俄軍牢牢控制，使得頓涅茨克與盧甘斯克兩州由二〇一四年至今一直陷入內戰。

雖然「頓涅茨克人民共和國」和「盧甘斯克人民共和國」主張加入俄羅斯，俄羅斯官方卻一直未得到回覆。但由於此兩個政權合組「新俄羅斯聯邦」，它們得到俄羅斯暗中軍事援助，且兩地親俄民眾能得到俄羅斯護照，儼然如俄羅斯的保護國。烏克蘭中央政府與大多數國家均視頓、盧兩地政權為俄羅斯傀儡，烏、俄自此決裂。烏克蘭前總統彼得．波羅申科（Petro Poroshenko）一直主張強硬對待俄羅斯，堅持維護烏克蘭對克里米亞與頓巴斯地區的主權同時，更著手削弱俄語在烏克蘭的官方語言地位，降低俄羅斯對烏克蘭的影響力。

頓巴斯內戰期間，烏克蘭人民同仇敵慨，慷慨參軍。烏克蘭政府藉此機會重建武裝力量之餘，也使得烏克蘭全國從上至下凝聚起一股愛國熱情，立場更為親西方。同時北約亦支持烏克蘭奪回克里米亞及頓巴斯的主權，烏軍自二〇一五年起全面西化，雖然仍採用不少蘇聯時期的裝備，但制度與訓練皆開始採取北約模式，並經常參與北約軍事訓練。俄羅斯擔憂本來為自己與西方陣營作緩衝的烏克蘭會成為北約一員，使俄羅斯大部分西部疆界直接毗鄰北約。即便烏克蘭與親俄分離武裝於二〇一五年二月十二日在白俄羅斯首都明斯克簽訂停火協議，頓巴斯地區仍一直出現零星衝突。

澤連斯基求和未竟

弗拉基米爾．澤連斯基（Volodymyr Zelenskyy）在二〇一九年五月接任烏克蘭總統後一反常態，軟化波羅申科早前對俄強硬態度，母語為俄語的他不只重新允許俄語在烏克蘭繼續享有官方語言地位，又容許大眾媒體使用俄語，亦主張溫和處理頓巴斯戰爭，在新一輪歐洲安全合作組織（Organization for Security and Cooperation in Europe）牽頭的明斯克會議中，澤連斯基更打算讓頓巴斯親俄武裝控制地區在烏克蘭名義管治下實行自治，烏軍亦會從這些地區撤軍。這些提議自然引起國內主戰右派反彈，要求他重新談判，故計劃並未有實行，烏克蘭與親俄武裝之間最後只協議交換戰俘。

二〇二〇年新冠疫情嚴重，國與國之間因國境封閉而減少貨物流通，陷入內戰的頓巴斯地區因生活條件惡化而再度爆發衝突，本來通往烏克蘭本土的邊境關卡被封閉，頓巴斯民眾只能出入俄羅斯，使得烏俄關係再度變得緊張，整年只有八個月全面停火。自二〇二一年二月起，雙方矛盾激化，澤連斯基徹頭徹尾改變過去的綏靖手段，下令烏軍在遭受親俄武裝襲擊時隨時可以武力自衛。俄軍四月起開始在烏克蘭邊境頻頻與白俄羅斯以軍事演習為名，屯兵為實，更派直升機侵入烏克蘭領空，攻擊烏軍軍事基地。俄聯邦安全局邊防軍海巡隊艦艇也一度在亞速海與烏克蘭海軍裝甲炮艇爆發衝突，使得烏俄關係陷入自克里米亞危機以來最緊張的局面。烏克蘭眼見俄羅斯不斷在邊境增兵和拒絕續簽頓巴斯地區停火協議，即決定加強邊境與關鍵設施的守備，明言要派兵重奪克里米亞恢復領土完整。

西方認為俄羅斯只在測試烏克蘭的底線，不會貿然開戰，卻也有準備 加對烏克蘭的軍事援助，在黑海和波羅的海部署更多兵力，同時舉行軍事演習恫嚇俄羅斯。面對北約把威懾升級，俄羅斯在二〇二一年九月起以調防及「西方-2021」（Zapad-2021）軍演的名義，發起自前蘇聯以來最大規模的戰略移動，在俄烏邊境部署十二萬七千人，隨時支援頓巴斯地區內三萬五千名親俄民兵及三千名「志願」俄軍。有見及此，烏軍也決定向前線增員十萬。隨著烏俄局勢惡化，俄羅斯於一月撤走駐烏克蘭外交人員，在如此緊張的氣氛下，頓巴斯地區持續發生衝突，雙方皆有士兵傷亡，雙方皆劍拔弩張指控對方違反停火協議，一切和平努力已成泡影，戰爭隨即爆發。

參考文獻

1 Cross, Samuel Hazzard; Sherbowitz-Wetzor, Olgerd P. 1930. The Russian Primary Chronicle, Laurentian Text. Translated and edited by Samuel Hazzard Cross and Olgerd P. Sherbowitz-Wetzor. 1930. Cambridge, Massachusetts: The Mediaeval Academy of America. p. 325.

2 Nicolle, David, River, Kalka. 2001. 1223: Genghiz Khan's Mongols Invade Russia, Osprey Publishing, 2001. ISBN 978-1-84176-233-3.

3 R.L.G.. 2014. "*Johnson: Is there a single Ukraine?*". The Economist. February 5, 2014. https://www.economist.com/prospero/2014/02/05/johnson-is-there-a-single-ukraine

4 Rowell, C. S.. 1994. Lithuania Ascending: A Pagan Empire Within East-Central Europe, 1295-1345. Cambridge Studies in Medieval Life and Thought: Fourth Series. Cambridge University Press. ISBN 9780521450119.

5 Plokhy, Serhii. 2017. The Gates of Europe: A History of Ukraine. New York: Basic Books. 2017. ISBN 9780465050918.

6 Okinshevych, Lev; Arkadii Zhukovsky. 1989. "*Hetman state*". Encyclopedia of Ukraine. Vol. 2. 1989

7 Kizilov, Mikhail. 2007. "English". Journal of Jewish Studies. 58 (2): 189–210. 2007. doi:10.18647/2730/JJS-2007. ISSN 0022-2097.

8 Remy, Johannes. 2007. "The Valuev Circular and Censorship of Ukrainian Publications in the Russian Empire (1863–1876): Intention and Practice". Canadian Slavonic Papers. 47 (1/2): 87–110. 2007. doi:10.1080/00085006.2007.11092432. JSTOR 40871165. S2CID 128680044.

9 Nahylo, Bohdan. 1999. The Ukrainian Resurgence. London: Hurst. p. 8. 1999. ISBN 9781850651680. OCLC 902410832.

10 *"Ukraine - World War I and the Struggle for independence"*. Encyclopædia Britannica. Retrieved March 22, 2022. https://www.britannica.com/place/Ukraine

11 Gilley, Christopher. 2006. *" The "Change of Signposts" in the Ukrainian emigration: Mykhailo Hrushevskyi and the Foreign Delegation of the Ukrainian Party of Socialist Revolutionaries"*. Jahrbücher für Geschichte Osteuropas, Vol. 54, 2006, No. 3, pp. 345-74

12 Sheeter, Laura. 2007. *"Ukraine remembers famine horror"*. BBC News. November 24, 2007. http://news.bbc.co.uk/2/hi/europe/7111296.stm

13 Subtelny, Orest. 1988. Ukraine: A History, 1st edition. Toronto: University of Toronto Press, pp 487. 1988. ISBN 0-8020-8390-0.

14 Armstrong, John. 1963. Ukrainian Nationalism. New York: Columbia University Press. Pp 156. 1963

15 *"Ukraine – The last years of Stalin's rule"*. Encyclopædia Britannica. Retrieved March 22, 2023. https://www.britannica.com/eb/article-30084/Ukraine

16 *"Activities of the Member States – Ukraine"*. United Nations. Retrieved March 22, 2023. https://www.un.org/depts/dhl/unms/ukraine.shtml

17 Leonid, Ragozin. 2019. *"Annexation of Crimea: A masterclass in political manipulation"*. Al Jazeera.March 16, 2019. https://www.aljazeera.com/opinions/2019/3/16/annexation-of-crimea-a-masterclass-in-political-manipulation/

18 Cook, Anthony. 2001. Europe Since 1945: An Encyclopedia. Taylor & Francis. 2001. ISBN 978-0-8153-4058-4.

19 Magocsi, Paul Robert. 1996. A History of Ukraine. University of Toronto Press. pp 644. 1996 ISBN 0-8020-7820-6

20 Mikhail, Geller. 1991. Седьмой секретарь: Блеск и нищета Михаила Горбачева (1st Russian ed.). London. p. 352-356. 1991. ISBN 1-870128-72-9. OCLC 24243579.

21 Nohlen, Dieter & Stöver, Philip. 2010. Elections in Europe: A data handbook. pp 1976. 2010. ISBN 9783832956097

22 RFE. 2006. *"Soviet Leaders Recall 'Inevitable' Breakup Of Soviet Union"*. Radio Free Europe/Radio Liberty. December 8, 2006. https://www.rferl.org/a/1073305.html

23 Pikayev, Alexander A.. 1994. *"Post-Soviet Russia and Ukraine: Who can push the Button?"* . The Nonproliferation Review. 1 (3): 31–46. 1994. doi:10.1080/10736709408436550.

24 Oğuz, Şafak. 2017. *"Russian Hybrid Warfare and Its Implications in The Black Sea"*. Bölgesel Araştırmalar Dergisi. 1 (1): 10.1 May 2017

25 Subtelny, Orest. 2009. Ukraine: A History Fourth Edition. University of Toronto Press. pp 587. 2009. ISBN 978-0-8020-8390-6.

26 World Bank. 1998. *"Can Ukraine Avert a Financial Meltdown?"*. World Bank. June, 1998. http://www.worldbank.org/html/prddr/trans/june1998/ukraine.htm

27 Beacháin, Donnacha Ó & Polese, Abel. 2017. *"The Colour Revolutions in the Former Soviet Republics: Successes and Failures"*. Academia. Pp 30-44. August 1, 2017. https://www.academia.edu/1098375/The_Colour_Revolutions_in_the_Former_Soumiet_Republics_Successes_and_Failures

28 Lowe, Christian & Polityuk, Pavel. 2009. *"Russia cuts off gas to Ukraine"*. Reuters. January 1, 2009. https://www.reuters.com/article/us-russia-ukraine-gas-idUSTRE4BN32B20090101

29 Taylor, Adam. 2014. *"That time Ukraine tried to join NATO — and NATO said no"*. The Washington Post. September 4, 2014. https://www.washingtonpost.com/news/worldviews/wp/2014/09/04/that-time-ukraine-tried-to-join-nato-and-nato-said-no/

30 Polityuk, Pavel & Balmforth, Richard. 2010. "Yanukovich declared winner in Ukraine poll". The Independent. London. February 15, 2010. https://www.independent.co.uk/news/world/europe/yanukovich-declared-winner-in-ukraine-poll-1899552.html

31 Górecki, Michal. 2022. *"How Nord Stream 2 Emboldened Russia to Invade Ukraine"*. Jason Institute for Peace and Security Studies. June 19, 2022. https://jasoninstitute.com/how-nord-stream-2-emboldened-russia-to-invade-ukraine/

32 Mamlyuk, Boris N. 2015. *"The Ukraine Crisis, Cold War II, and International Law"*. The German Law Journal. July 6, 2015. SSRN 2627417

33 BBC. 2015. *"Putin reveals secrets of Russia's Crimea takeover plot"*. BBC. March 9, 2015. https://www.bbc.com/news/world-europe-31796226

34 Jarábik, Natalia & Shapovalova, Balázs. 2018. *"How Eastern Ukraine Is Adapting and Surviving: The Case of Kharkiv"*. Carnegie Europe. September 12, 2018. https://carnegieeurope.eu/2018/09/12/how-eastern-ukraine-is-adapting-and-surviving-case-of-kharkiv-pub-77216

35 SWP Comment. 2020. *"Russia's "Passportisation" of the Donbas"*. Stiftung Wissenschaft und Politik. August 3, 2020. https://www.swp-berlin.org/10.18449/2020C41/

36 Polityuk, Pavel. 2019. *"Ukraine passes language law, irritating president-elect and Russia"*. Reuters. April 25, 2019. https://www.reuters.com/article/us-ukraine-parliament-language-idUSKCN1S111N

37 Michaels, Daniel. 2022. "The Secret of Ukraine's Military Success: Years of NATO Training". The Wall Street Journal. April 13, 2022. https://www.wsj.com/articles/ukraine-military-success-years-of-nato-training-11649861339

38 BBC. 2015. "Ukraine crisis: Heavy fighting rages near Donetsk, despite truce". BBC. June 3, 2015. https://www.bbc.com/news/world-europe-32988499

39 Interfax-Ukraine. 2019. "Zelensky against Donbas autonomy, but admits humanitarian compromises for de-occupation". Kyiv Post. October 10, 2019. https://archive.kyivpost.com/ukraine-politics/zelensky-against-donbas-autonomy-but-admits-humanitarian-compromises-for-de-occupation.html

40 Hyde, Lily. 2020. "COVID-19 turns the clock back on the war in Ukraine, as needs grow". The New Humanitarian. April 20, 2020. https://www.thenewhumanitarian.org/feature/2020/04/20/coronavirus-ukraine-war

41 DW. 2021. *"Ukraine's Zelenskyy invites Putin to meet in conflict zone"*. Deutsche Welle. April 25, 2021. https://www.dw.com/en/ukraines-zelenskyy-invites-putin-to-meet-in-war-torn-donbas/a-57271488

42 Bielieskov, Mykola. 2021. *"The Russian and Ukrainian Spring 2021 War Scare"*. Center for Strategic and International Studies. September 21, 2021. https://www.csis.org/analysis/russian-and-ukrainian-spring-2021-war-scare

43 The Economist. 2018. "Explaining the naval clash between Russia and Ukraine". The Economist. December 1, 2018. https://www.economist.com/europe/2018/12/01/explaining-the-naval-clash-between-russia-and-ukraine

44 Al Jazeera. 2021. "Ukraine's president pledges to 'return' Russia-annexed Crimea". Al Jazeera. August 23, 2021. https://www.aljazeera.com/news/2021/8/23/ukraines-president-pledges-to-return-russia-annexed-crimea

45 NATO. 2021. *"NATO ships exercise in the Black Sea"*. NATO. July 19, 2021. https://www.nato.int/cps/en/natohq/news_185879.htm

46 *"Главное управление международного военного сотрудничества Минобороны РФ провело брифинг о подготовке совместного стратегического учения «Запад-2021»: Министерство обороны Российской Федерации"*. Ministry of Defense of Russian Federation. Retrieved March 22, 2023. https://function.mil.ru/news_page/country/more.htm?id=12378427@egNews

47 TOI Staff. 2021. *"Ukraine's president says 100,000 Russian troops amassed near border"*. The Times of Israel. November 14, 2021. https://www.timesofisrael.com/ukraines-president-says-100000-russian-troops-amassed-near-border/

48 Schwirtz, Michael; Sanger, David E. 2022. *"Russia Thins Out Its Embassy in Ukraine, a Possible Clue to Putin's Next Move"*. The New York Times. January 18, 2022. https://www.nytimes.com/2022/01/17/us/politics/russia-ukraine-kyiv-embassy.html

49 Harding, Luke, Walker, Shaun, and Graham-Harrison, Emma. 2022. *"Shelling by Russian-backed separatists raises tensions in east Ukraine"*. The Guardian. February 17, 2022. https://www.theguardian.com/world/2022/feb/17/shelling-by-russian-backed-separatists-hits-school-in-east-ukraine

第二章
戰略與軍事學說

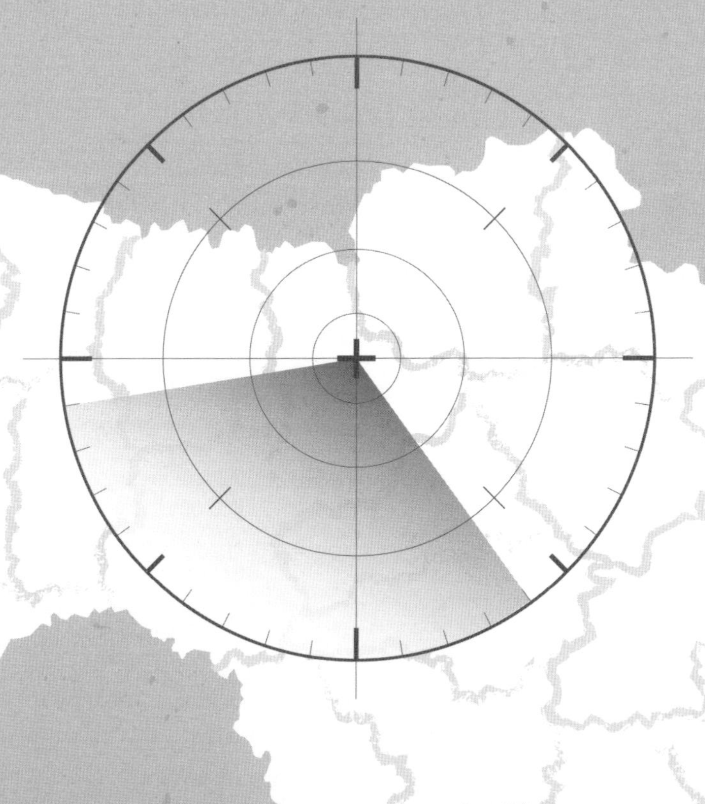

我的朋友們，請準備好，聽到來自東方的雷聲了嗎？

——《紮波羅熱進行曲 Запорізький марш》

俄軍戰前準備

為準備入侵烏克蘭，俄軍借演習為名，進駐白俄羅斯、克里米亞和烏克蘭東部，戰略上對烏克蘭形成三面合圍之勢。自二〇二一年初至開戰前，俄軍曾舉行四次大型演習，包括：黑海艦隊和裡海艦隊合辦的「跨海登陸演習」、「西方 2021」軍演、「聯盟雄心 2022」軍演（Union Courage 2022），以及開戰前一星期的俄白聯合核武演習。雖然每次演習後都有部隊佯裝返回駐地，但在邊境駐紮的人數卻節節上升。直至開戰前一刻，烏克蘭方面估計已有十二萬七千名俄軍士兵被部署在烏俄接壤邊境，當中十萬六千名為陸軍部隊，擁有第一近衛坦克軍和第八近衛軍等多支王牌部隊，另外還有三十六套中程戰術導彈系統被部署在邊境。立陶宛方面則估計，在白俄羅斯境內有四萬五千名俄軍官兵集結，準備攻打烏克蘭北部。

此外，俄軍在戰前多次在邊境試探烏軍反應，包括派直升機及無人機闖進烏克蘭境內，攻擊烏克蘭軍事設施，指使親俄武裝與烏軍交火，挑起事端以為俄軍介入提供藉口。俄羅斯黑客同時對烏克蘭的政府部門、金融機構及基要設施的網絡發動攻擊，挑戰烏克蘭應對網絡攻擊的能力。

親俄媒體同時獲授意展開認知戰（Cognitive warfare），屢次指責烏軍襲擊頓巴斯地區的俄裔民眾，甚至抹黑烏克蘭屠殺俄裔人口後以萬人坑埋葬，以散佈各種人道災難謠言及難以考證的指控來抵毀烏克蘭的形象。這種結合宣傳認知戰、網絡戰、地區性非正規武裝衝突，以及邊境衝突的作戰模式，正是俄軍總參謀長瓦列里·格拉西莫夫（Valery Gerasimov）一直推崇備至的混合戰（Hybrid Warfare）戰爭模式。

開戰前俄羅斯預先撤走駐烏外交人員及疏散頓巴斯的俄裔人口，並在頓巴斯強制徵兵，擴編頓涅茨克與盧甘斯克分離武裝部隊，方便配合俄軍進攻。

烏軍戰前準備

烏軍自二〇一四年遭俄軍及親俄武裝重創後痛定思痛，決心改革積弊已久的軍隊，免得重蹈克里米亞危機覆轍。烏東八年戰爭中自告奮勇投入作戰的一眾軍事志願者及民兵團體，成為了改革軍隊的契機。這群有熱誠保家衛國的公民，取代了望風而逃，欠缺忠誠的舊部隊骨幹。不少志願者部隊在以特務巡警營或領土防衛營的身分作戰不久後，即被改編進新成立的國民警衛隊（National Guard）、國防部直屬摩托化步兵戰鬥營或國土防禦旅。面對俄軍自二〇二一年四月起不停舉行軍事演習，烏克蘭開始鞏固邊防，讓國土防禦部隊額外招募平民，訓練他們使用武器及學習遊擊戰術，以備俄軍進城時可進行城市抵抗。當同年十一月西方情報表明俄羅斯隨時會向烏克蘭開戰時，澤連斯基當機立斷決定三年內把軍隊擴編十萬人，以應對隨時入侵邊境的十萬俄軍。雖然未來得及完全擴編戰爭便正式爆發，但烏克蘭政府成功把一眾徵召入伍的平民變成有戰鬥能力的民兵及志願者，步向全民皆兵。

戰前烏克蘭連年增加軍費、實行軍事改革，在指揮控制、策劃戰役、行動、醫療後勤及軍人專業化五大方面皆有所改進，軍隊作戰效率得以提升；同時烏軍亦加強電子戰的能力，防禦並反制俄羅斯黑客攻擊。最明顯的轉變莫過於烏克蘭軍隊一改過往俄式風格，在成為北約獨立夥伴國，獲得北約軍援及訓練後，把俄式軍階改成歐陸式軍階；使用美式旅級戰鬥群（Brigade Combat Team）制度，把決定權下放到基層指揮官，以應對萬變的戰場環境。與此同時，總統澤連斯基增設軍隊總司令（Commander-in-Chief）一職，統合三軍指揮大權。這種統一高層指揮、同時放手讓基層軍官作決定的作風，使得烏克蘭軍隊能更靈活地統合資源應對戰爭。

俄軍戰略目標

自十月革命以來，莫斯科一直是俄羅斯的政治、文化和經濟中心。但凡到過俄羅斯，必能感受到「俄羅斯就是莫斯科」這一錯覺。這個國家橫貫歐亞大陸，東起海參崴（Vladivostok），西漸布揚斯克（Bryansk）。離開莫斯科以後，舉目望去是大片荒原，幾乎永無止盡。荒原是俄羅斯的屏障，任憑波蘭立陶宛聯邦虎視眈眈，拿破崙東征，納粹德國發動巴巴羅薩行動，乃至美蘇冷戰，莫斯科西側的遼闊國土保證俄羅斯民族能在環伺之敵的包圍下之周旋。莫斯科愈遠離敵人，愈為安全。為盡可能把莫斯科隔絕於西方強敵，同時維持對邊疆地區的統治，俄羅斯也難逃擴張主義宿命。沒有中央集權政府能夠有效管理版圖如此巨大，卻如人煙罕至的帝國邊陲和荒蠻之地，那裡蟄伏了超過一百九十個宗教文俗迥異的少數民族。這些少數民族又與鄰近國家有千絲萬縷的宗教、血源和歷史關係，甚至俄羅斯本身認為這些獨立的「鄰國」，實際上只是西方集團肢解蘇聯解體後人工產生的傀儡。它必須無限擴展影響力，同化鄰近地區人民，壓制少數民族的反俄獨立情緒。而當影響力漸歸無效之日，即是假武力鎮壓之時。

然而，冷戰末期東歐劇變、蘇聯解體，俄羅斯失去了眾多蘇維埃加盟共和國衛星國。莫斯科距離邊境僅餘五百多公里，前衛星國在千禧年後紛紛加入歐盟和北約，美國更在喬治・布殊（George Bush）和巴拉克・奧巴馬（Barack Obama）年代數度與波蘭、捷克和羅馬尼亞等國商定部署反導系統，令俄羅斯寢食難安。波、捷、羅三國尚引起俄羅斯強烈反彈，烏克蘭毗連俄羅斯，直面俄羅斯的精華地帶，而烏克蘭東部又有眾多視俄羅斯為精神故鄉的親俄分子，莫斯科當局難以接受西方在烏克蘭上下其手。

二〇〇四年烏克蘭爆發橙色革命，烏克蘭政權從此倒向西方，更令俄羅斯決心干涉。唯俄羅斯一旦武力干涉烏克蘭，必會惹起國際社會廣泛關注和施壓。在此弗拉基米爾・普京（Vladímir Pútin）選用了一種新的戰爭模式，在沒有正面宣戰的情況下，試圖「不戰而屈人之兵」。

普京在二月二十四日發表《關於開展特別軍事行動》電視講話，派兵「保護」烏克蘭東部的「頓涅茨克人民共和國」和「盧甘斯克人民共和國」分離分子，承認其主權，並宣稱要消除北約控制之下的基輔「反俄羅斯」政權。從普京的講話之中，可以看到他有兩個最重要的戰略目標：

一、頓涅茨克州和盧甘斯克州，消滅烏克蘭東部的烏軍主力部隊，使兩州之完全獨立於烏克蘭。

二、基輔，推翻澤連斯基為首的親西方烏克蘭中央政府，擊潰烏克蘭反抗意志。

漆在軍車上的神秘戰術符號

為達成上述戰略目標，俄軍東方軍區組成了兩個集團軍群，其中一群在白俄羅斯的戈梅利地區，部隊載具漆上「V」字戰術標誌，沿聶伯河西岸進攻基輔；另一群在俄羅斯布良斯克地區集結，載具車身刻有「O」字戰術標誌，從東岸包圍基輔。

西方軍區第六、第二十諸兵種集團軍和近衛第一坦克集團軍在戰爭初段會先直抵工業重鎮哈爾科夫，再奔向聶伯河，斷絕烏克蘭東部的烏軍部隊後路。

從庫爾斯克（Kursk）、別爾哥羅德（Belgorod）和沃羅涅日（Voronezhskaya）前來的部隊，歸西方軍區控制，使用「Z」字戰術標誌，負責沿胡利艾波萊線（Huliaipole line）

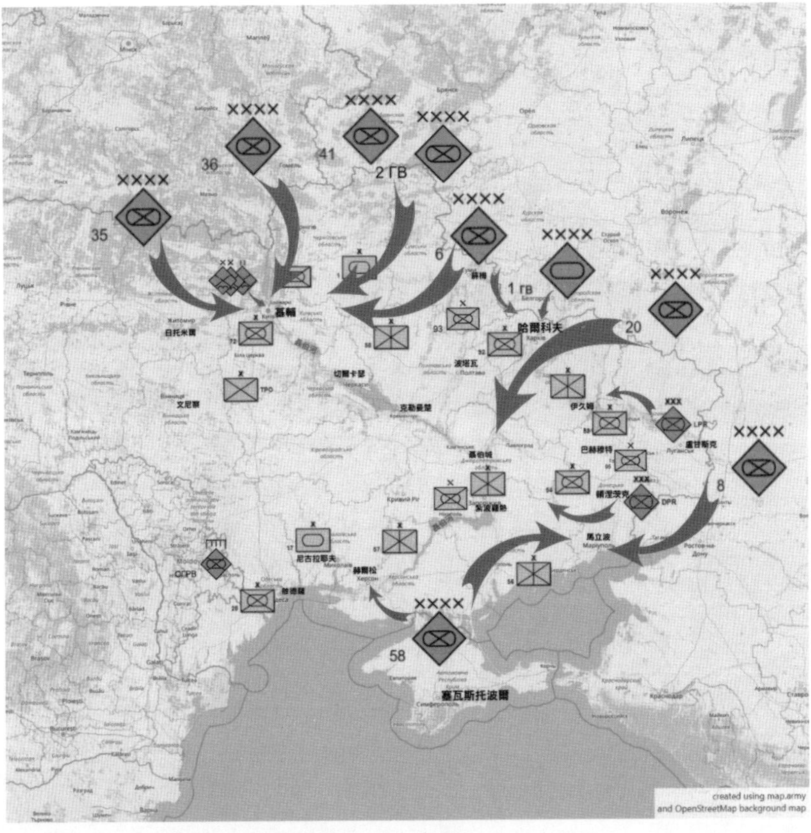

▲ 開戰之初俄軍入侵烏克蘭戰略方向示意圖

或巴爾溫科韋線（Barvinkove line）包圍頓巴斯的烏軍主力。第二近衛諸兵種集團軍和第八、第六諸兵種集團軍一部負責協助「頓涅茨克人民共和國」和「盧甘斯克人民共和國」偽軍部隊進攻烏克蘭東部。上述兩個攻勢旨在欺敵，力圖引烏軍主力盡往烏東，令基輔方向空虛，好使東方軍區第三十五、三十六和中央軍區第四十一諸兵種集團軍從白俄羅斯境內出發，經烏克蘭北部直取基輔，爭取在三至十天內佔領敵都，一舉消滅澤連斯基政權，以閃電戰模式快速結束戰爭。俄軍在頓、盧兩州的攻勢一度成功令烏軍誤判俄軍意圖，把主力東調，令俄軍在基輔戰役的兵力優勢曾達到十二比一。

南方軍區負責的集團軍群則使用「Z」字外鑲正方型邊框戰術符號。下轄第五十八諸兵種集團軍從克里米亞半島出發，兵分兩路，一路攻取南部交通樞紐赫爾松，打通通往敖德薩（Odesa）港口的道路，另一路搶佔北克里米亞運河、安赫德（Enerhodar）和紮波羅熱核電廠（Zaporizhzhia Nuclear Power Plant），與黑海艦隊岸防部隊一同圍攻要塞城市馬里烏波爾（Mariupol），確保聶伯河上的橋樑通行無阻，最後向沃茲涅先斯克（Voznesensk）推進。

俄羅斯軍事學說

俄羅斯的軍事哲學甚為好戰，和平對俄羅斯而言是戰爭的過渡期。俄軍總參謀部軍事學院曾在二〇〇八年定義戰爭為「使用一切可用手段和工具來實現既定政治目標」，由於俄羅斯缺乏軟實力，非軍事手段實際上依賴相對強大的軍事力量。軍事須與非軍事手段相結合，為戰爭創造有利條件。在政治上使用非軍事手段而產生的新問題，應考慮以軍事力量解決。

混合戰爭（Hybrid warfare）混用常規和非常規的政治軍事手段，向對手發動低於宣戰門檻的攻擊。瑞典國防大學政治學者米卡埃爾．魏斯曼（Mikael Weissmann）認為俄羅斯的混合戰爭包含八個階段，第一階段：發動非軍事性不對稱攻擊，資助敵國境內媒體散播虛假資訊，製造輿論，影響敵國社會、人民心理、意識形態，從而逼使敵國政府改變外交和經濟政策。第二階段：通過外交渠道、己方媒體和軍政部門洩露虛假數據和命令，誤導敵國領導人決策。第三階段：恐嚇、欺騙和賄賂敵國軍政要員，令他們疏忽職守，縱容俄羅斯的滲透活動。第四階段：發放破壞社會穩定的宣傳來令民眾的反政府情緒升溫，派特務滲透敵國，僱用黑客攻擊對方民用設施網絡，不斷升級顛覆活動。第五階段：在敵國上空設立禁飛區，實施封鎖，大規模派特種部隊、準軍事組織和私人軍事公司與敵國反對派武裝力量密切合作。

第六階段：開始軍事行動，大規模偵察敵國地形、軍事部署和電子參數，截取無線電訊號和工業間諜活動亦會同時展開。第七階段：閉塞敵人的訊息和電磁空間，同時持續派空軍徘徊騷擾，試射高精度武器（遠程火砲、導彈和新武器，包括微波、輻射、放射性和生態災難以及非致命的生物武器）。最後階段則是粉碎敵國剩餘抵抗能力，直接派特種作戰部隊摧毀倖存的敵軍或領導層。

前四階段屬概念戰爭模式，宣戰門檻較高。後四者則屬物質戰爭模式，宣戰門檻較低但高於直接與敵國交戰。相對直接發動戰爭，混合戰爭成本更便宜、風險更小，但卻能帶來一定政治紅利。混合戰爭使戰爭與和平的界限變得模糊不清，被攻擊的一方未必發現自己正受到有系統攻擊，難以制定政策和戰略，或因為領導層猶豫，變相減少了應對的選項。

主動防禦理論

「主動防禦理論」（Active defense theory）是刊載於二〇一四年版《俄羅斯聯邦軍事準則》之中的正式軍事學說。《軍事準則》乃俄羅斯國防戰略指導文件，故主動防禦理論儼然是俄軍伐謀、伐交和伐兵的金科玉律。

冷戰時代美蘇雙方的核武庫存均足以保證相互毀滅，無論是在戰區還是從本土發起核攻擊，都必然招致對方全力核報復，同歸於盡，故蘇聯極力避免先行使用核武。其軍事戰略圍繞世界級大戰而設計，卻甚少著墨如何在承平時代和進行局部戰爭時使用常規軍力來威懾對手。蘇聯的軍事學說認為，戰略進攻並不能實現其政治目的。礙於北約集團實力雄厚，前蘇聯晚期時對歐洲亦無開疆拓土之欲，蘇軍便認定以防禦戰略治軍。

在此背景下，由蘇軍將領阿納托利・庫利科夫（Anatoly Kulikov）提出的主動防禦理論漸漸萌芽。蘇聯解體後，俄羅斯繼承並完善了這套學說。俄羅斯卸下了超級大國的重擔之後，蘇式全面戰爭設想對俄軍而言已是南柯一夢。與前蘇聯強調存亡之戰的版本相比，新版本補上了主動防禦如何達成政治目標，有甚麼軍事手段可用，社會經濟要如何支撐這種戰爭模式等內容，這套學說在烏俄戰爭中成了俄軍的進退之據。

俄軍總參謀長瓦列里・格拉西莫夫大將在二〇一九年於俄羅斯軍事科學院（Academy of Military Science）演講中提出「主動防禦」即預防戰爭，在開戰前用一些手段阻止敵軍來犯，以及承平時保持軍力優勢。主動防禦戰略特點是預判國家是否正面臨威脅：在受到威脅，但戰爭尚未爆發時即要採取軍事行動，為對手製造危機，把威脅扼殺於萌芽之中。雖然俄軍不一定要每每先發制人，但搶先揮軍消滅正在集結的敵軍是選項之一。格拉西莫夫將主動防禦戰略描述為「行動迅速，先聲奪人。提防潛在敵人，識別他的弱點，以奇襲打擊其主力部隊，開戰後確保我軍享有戰略主動權。」

俄羅斯總統普京在二〇二一年年初已多次公開批評北約東擴，並試圖與美國談判，希望阻止烏克蘭繼續向西方軍事集合靠攏。其後拜登政府拒絕與俄接洽，俄羅斯旋即於冬季奧運會後興兵。

普京在戰前和戰爭初期的決策模式與主動防禦理論不謀而合，首先他判定國家已遭受威脅（雖然北約無意東擴，但烏克蘭極力促成，仍能會使北約與俄羅斯邊界接），政治危機加劇，假想敵勢力範圍和實力正不斷增強。倘若認定對手已成實際威脅，俄羅斯就必須努力拉高對手發動戰爭的成本，使假想敵感到戰爭成本與利益不成正比，使之理性地避免戰爭。有別於前蘇聯，俄羅斯把戰略重點放在遭受軍事威脅，但仍未開戰的時期，於漫長邊境線部署快速反應部隊（Quick Reaction Force），以便隨時實施軍事干預，打亂對手節奏。

主動防禦行動選項亦包括軍事動員、部署部隊、演習和測試武器等手段，向對方展示能力和決心。倘若燃起戰火，俄軍則傾向使用常規武器打一場局部戰爭：先快速攻入敵方領土，展示壓倒性優勢，最後達致震懾效果。俄軍一旦進入敵土，將按照敵國體量，破壞若干基建設施和殲滅相應數量的部隊，意在削弱和「教訓」對手，而不在深入敵方腹地發起致命攻勢。

若說「主動」是描述發動戰爭的時機和模式，「防禦」則是達到預期政治目標的手段。如只談軍事，主動防禦學說本質上與進攻無關。但軍事是政治之延伸，戰略亦為政治服務。出於政治考量，主動防禦學說涉及反攻、報復性打擊和瓦解敵軍指揮鏈等內容。容許國家領導人使用此戰略來實現目標，是因為他們深信，俄羅斯一直備受西方陣營排斥和孤立，北約在家門口虎視眈眈，國際形勢並不利於己。由於缺乏選擇，除了發動先發制人的防禦性戰爭，俄羅斯似乎別無他選。

俄軍防禦宗旨是防止敵軍在戰爭初期取得決定性戰果，保持己方優勢軍力，同時破壞敵方軍事設施和經濟，盡力使之陷入消耗戰。長此下去敵軍將難以自持，這樣俄羅斯就可以拉敵方上談判桌，尋求以可接受的條件終止戰爭。

主動防禦在俄羅斯軍事思想史中並不新穎。早在一九二〇年代初，主動防禦便和被動防禦一同面世。家傳戶曉的「紅軍拿破崙」米哈伊爾．圖哈切夫斯基元帥（Mikhail Tukhachevsky）卻不太青睞主動防禦戰略。因為在他看來，主動防禦要求己方力量至少與敵方相等。機動防禦需要強大的預備隊，他認為這是一種優柔寡斷的防禦模式。既然手中已有強大預備隊，就應該繼續進攻，源源不絕地撕開敵人縱深，而不應稍遇阻力就後撤。這種咄咄逼人的縱深戰術通常被認為更具優勢，能夠打出更具決定性的戰役。圖哈切夫斯基本人亦推崇被動防禦戰術，包括修築防禦工事、戰壕和火力點等半永久工事，使得較小的部隊能夠拖住敵軍主力，為己方主力進攻賺取時間。

近三十年來，俄羅斯不停改進主動防禦戰略的論述，它設想一旦俄羅斯被捲入局部或大規模戰爭，俄軍就該在戰爭初期癱瘓敵人進攻，使其不能獲得決定性勝利。屆時俄軍便將主動權牢牢地掌握在己方手中。

從部隊結構和組織的角度來看，實施主動防禦戰術需要一支時刻處於高度戰備狀態的軍隊。每個軍區均有各種技術單位，而且要能夠在短時間內轉移到衝突地區。俄軍前總參謀長尼古拉・馬卡羅夫（Nikolai Makarov）和國防部長阿納托利・謝爾久科夫（Anatoliy Serdyukov）二人於二〇〇八年年底開始著手改革俄軍。當時馬卡羅夫直言不諱地指出，俄軍未能適應現代戰爭的潮流——非接觸戰（Contactless warfare）。他認為企圖緊貼敵軍作戰已不合時宜，長射程精準武器未來能夠在戰區外打擊前線部隊。馬卡羅夫著手裁軍，又翻新俄軍裝備。及後俄軍再經歷了零星的改革，精簡了部隊結構。但在實踐戰略戰術時，許多部隊仍缺少有能力和經驗的軍官，亦未有完成改革的時間表。

俄軍長久以來依賴大量義務役兵員入役，唯良莠不齊的業餘兵員，難以達成主動防禦戰略的目標。俄軍必須選擇專注發展一支小規模常備部隊。這支部隊能隨時遠赴前線，且裝備精良，輔以充足後勤補給和密接空中支援，優先確保他們有足夠資源去達成戰術目標。

烏克蘭軍事學說

烏克蘭於二〇一五年九月二十四日通過的「第三版烏克蘭軍事理論」（No. 555 / 2015）直接點明俄羅斯是烏克蘭的頭號假想敵，說明自克里米亞被俄羅斯兼併後的六年間，烏克蘭於一直為烏俄軍事衝突升級有著充足準備和預案。

鑑於烏克蘭資源有限，對俄關係亦日益緊張，總統澤連斯基在二〇二一年三月發佈最新的「綜合安全理論」（Comprehensive security theory），烏軍開始重點發展地面部隊，特別提升後備兵員和國土防禦部隊的動員能力。期望充盈烏軍實力，奪回克里米亞和烏東分離地區，恢復完整國家領土主權。

在二〇一四年克里米亞被俄羅斯兼併後，烏克蘭更須面對俄羅斯實際的軍事威脅。俄軍特種部隊早已滲透烏克蘭東部，支持當地親俄武裝分子頻頻對烏克蘭發動「混合戰」。混合戰是俄軍慣用技倆：先向親俄武裝提供武器和訓練，再滲入小股單位協同作戰，最終成功控制烏克蘭東部的親俄地區。混合戰使雙方遊走於灰色地帶，烏俄並未正式交戰，西方國家也難以插手。面對親俄武裝分子愈發猖獗地蠶食國土，烏軍卻吃了內部腐敗、軍紀鬆弛和裝備老舊的大虧。及後烏克蘭痛定思痛，面對強敵臥榻鼾睡之側，如坐針氈。無奈烏克蘭戰爭潛力不能與俄羅斯比肩，他們難以發展對俄羅斯具全面優勢的海軍和空軍。僅靠自強仍未能短時間內形成戰鬥力。

然而北約國家近來十分支持烏克蘭，不論是軍援還是共同演習，全都應有盡有。波蘭在戰前已積極尋求與烏克蘭舉行聯合演習，更提出共同研發火炮和雷達等裝備，波蘭甚至想促成立陶宛、波蘭和烏克蘭三方軍事合作。

直至前總統波羅申科上臺，把加入歐盟刊入憲法，放棄不結盟政策，優先參與歐洲—大西洋和歐洲集體安全體系的發展，積極令烏克蘭融入歐洲，以獲得歐盟成員資格，並深化與北約的合作，以達到加入該組織所需的標準。波羅申科又提出烏軍要於二〇二〇年前實施北約標準，兼容北約國家軍備，並參與北約的聯合行動。

西方陣營有意拉攏烏克蘭，甚至有說美國曾派員秘密訓練和改組烏軍。不得不說，在此次烏俄戰爭中，今日的烏軍與二〇一四年那枝烏軍相比真是今非昔比，若說烏克蘭完全靠自己完成軍事改革，實頗難令人信服。為求與北約標準接軌，烏軍提出綜合安全理論以發展統一指揮鏈和通訊情報網絡，輔以戰術導彈、無人機、衛星通信和導航系統等非對稱戰爭裝備，促進部隊間的情報交流，提升烏軍戰場感知能力，摒棄了前蘇聯流傳下來的軍事哲學。

總體戰、非對稱戰爭和巷戰

全面戰爭一旦爆發，基於俄軍機動力在己方之上這一預想，烏軍會就地採取靜態防禦，後撤至城郊迎擊俄軍，烏軍目標是阻止俄羅斯吞併克里米亞和頓巴斯等情況再次發生。他們會持續在前線屯兵與俄軍對峙，甚至主動挑釁親俄武裝，防止俄軍盤踞烏克蘭東部成為既定事實。

俄羅斯體量數倍之於烏克蘭，而烏克蘭邊境線整整有約二千一百公里長，烏克蘭當局深知，倘若俄軍全面進攻烏克蘭，烏克蘭僅有全民皆兵，舉國全力抵抗一途。因此烏軍必須實施總體戰才有一線生機。按綜合安全理論所言，總體戰由四支部隊充當中流砥柱，分別是志願役正規軍、徵召役預備軍、國民警衛隊和類似民團的國土防禦部隊。該戰略設想把俄軍拖進總體戰爭的泥潭，並於開戰後以大量預備役業餘軍人擴大烏軍編制。眾所周知俄軍擅長大規模野外機動，烏軍必須極力避免在野外與俄決戰；反之率先退入腹地，依托各個城市和市郊地段纏鬥俄軍，削弱其火力優勢。總體戰前題是大片國土將被俄軍佔領，預備役軍人須就地發起抵抗運動和敵後遊擊戰，唯城郊建設會蒙受巨大損失。

俄軍慣於在進城前不計代價，把平民死傷置之不顧，對城區進行飽和式炮擊，希望最大限度地削弱守軍。但這對巷戰而言卻是個悖論，即使交戰相方能在戰區外向城區大量發射精確和覆蓋式大殺傷力武器（包括戰術核武），攻擊方投入的火力愈強，城區可供防守方使用的瓦礫殘垣就愈多。沒有一種手段可以真正把城市「夷為平地」。而部隊只能夠在城內緩慢推進，直至把守軍完全趕出城外。這也是烏軍據城而守能夠取得巨大優勢的原因。俄軍在城內會進入第一次車臣戰爭般的獵殺場，每一道窗戶、天台、街角、排氣口、下水道和樓層隨時都會有守軍槍火一閃而過，防不勝防。即使是再訓練有素的部隊也會在爭奪街區的戰鬥裡損兵折將。

烏軍在此次戰爭中的總體戰戰略方案大概分為四個階段：首先，正規軍實施非對稱戰爭來威懾敵軍，善用小型武器阻擊俄軍攻勢。第二階段則由預備役部隊支援正規軍作戰，同時在佔領區打遊擊戰消磨俄軍意志。首兩個階段均為爭取時間，讓戰爭進入第三階段的全國總動員。俄羅斯在此戰低估了烏克蘭的動員速度，烏克蘭僅在開戰後一個月即大致完成總動員，堪稱神速。雖然動員起來的單位缺乏車輛與重型武器，難以整合進入烏軍的指揮鏈中，缺乏統一的指揮系統，但是他們卻非常適合就地防禦，阻延敵方攻勢，釋出烏軍機械化部隊的進攻能力。動員兵大多會獲編入應徵地區的部隊，與本地居民形成類似「鄉勇子弟」的軍民紐帶。部隊通常能從民間獲得情報和物資支援，減輕烏軍後勤壓力。

獅子搏兔尚用全力，俄軍視這次入侵烏克蘭為「特別軍事行動」（Special Military Operation），其派遣兵力必比全民皆兵的烏克蘭少，物資預備亦不足以打一場曠日持久的戰爭。一方面烏克蘭立即取得人數優勢，足夠在各大城市堅守不出。另一方面則向世界展現烏克蘭軍民保衛家園的決心，從而獲取國際軍事援助。等到戰爭進入第四階段，穩定戰線，嘗試反推俄軍，把戰線恢復成開戰前的模樣。戰爭中處於劣勢的一方可以通過接連勝出局部戰役，使得敵國人民質疑戰局為何未如官方宣傳般順利，連帶撼動敵國政治領導層，因為多民族大國通常會害怕選舉、公眾壓力、國內反對派政治勢力失控和眾多盤踞邊境的軍閥叛亂，從而放棄繼續進行戰爭。唯根據俄國軍事理論家尤金尼・梅辛納（Evgeny Messner）的論述，優勢方有可能要二十至三十年的時間才能感受到壓力。

綜合安全戰略並沒有描述如何使用海軍打擊敵軍。它僅強調俄羅斯的侵略政策對黑海和亞速海航運的潛在威脅，卻沒有提供解決方案。戰略亦建議空軍提高偵察和導彈打擊能力，長遠而言應採購多用途戰鬥機，但它同樣沒有描述空軍的角色。興許烏軍認為其陸軍才是與俄決勝之關鍵。就開戰以來戰事而言，烏軍所想不無道理，至少在收到歐美情報和軍援之後，烏軍總算抵消了俄軍的海空優勢，能夠在自己較擅長的領域與俄軍纏鬥。

烏軍戰略顯得樸實無華沒有那麼雄心勃勃。整套戰略由始至終已經強調，若俄軍全面進攻，烏克蘭必須放任其深入腹地，用空間換取時間，完全否定所有禦敵於國門之外的可能。

參考文獻

1 Seddon, Max, Henry Foy, and Roman Olearchyk. 2022. *"Russia Raises Pressure by Sending More Troops to Ukraine Border."* Financial Times, January 21, 2022. https://www.ft.com/content/cdd4c096-b534-4b8b-a546-36fac89f66e6.

2 The Times of Isreal. 2021. *"Ukraine's President Says 100,000 Russian Troops Amassed near Border"*. November 14, 2021. https://www.timesofisrael.com/ukraines-president-says-100000-russian-troops-amassed-near-border/.

3 梁超：《中亞博弈新視角》初版，中國：社會科學文獻出版社，2011，頁 31。

4 Zabrodskyi, Mykhaylo, Watling, Jack ,Danylyuk, V, Oleksandr and Reynolds, Nick. 2022. *"Preliminary Lessons in Conventional Warfighting from Russia's Invasion of Ukraine: February–July 2022"* Royal United Services Institute for Defence and Security Studies, November 30, 2022, https://static.rusi.org/359-SR-Ukraine-Preliminary-Lessons-Feb-July-2022-web-final.pdf. p.9-11

5 Ярыгин Ю.В. 2006. *"Характерсовременныхвойн."* ВоеннаяАкадемияГенерального ШтабаВооруженныхсилРоссийскойфедерации (ВАГШ ВС РФ), (n.d.), p. 6, 8-9

6 Pentti Forsström 2022. *"Russian Concept of War, Management and Use of Military Power: Conceptual Change"*. (n.d.), p.6-8

7 Weissmann, Mikael. 2019. "Hybrid Warfare and Hybrid Threats Today and Tomorrow: Towards an Analytical Framework", Journal on Baltic Security 5, no. 1 (June 1, 2019): 17–26, https://doi.org/10.2478/jobs-2019-0002. June 1, 2019, p.20-21

8 Kofman et al. 2021. "Russian Military Strategy: Core Tenets and Operational Concepts." August 2021, p.18-19

9 Maciej,Zaniewicz. 2021. "Ukraine's New Military Security Strategy". The Polish Institute of International Affairs, May 5, 2021, https://pism.pl/publications/Ukraines_New_Military_Security_Strategy.

10 Ellen ,Mitchell. 2022. "US to expand training of Ukrainian troops" The Hill, December 17, 2022, https://thehill.com/policy/defense/3778605-us-to-expand-training-of-ukrainian-troops/

11 Amos C Fox. 2022. *"The Russo-Ukrainian War and the Principles of Urban Operations | Small Wars Journal"*. https://smallwarsjournal.com/jrnl/art/russo-ukrainian-war-and-principles-urban-operations.

12 Di Marco Louis, *"Urban Operations in Ukraine: Size, Ratios, and the Principles of War - Modern War Institute"*. Modern War Institute, June 20, 2022, accessed August 11, 2022, https://mwi.usma.edu/urban-operations-in-ukraine-size-ratios-and-the-principles-of-war/.

13 Hammes, X, Thomas. 2005. *"Insurgery: Modern Warfare Envolves into a Fourth Generation"*, Strategic Forum, Institute for National Strategy Studies (INSS), No. 214, January, 2005, p.6-7

第三章

從基輔戰役看雙方戰術特點

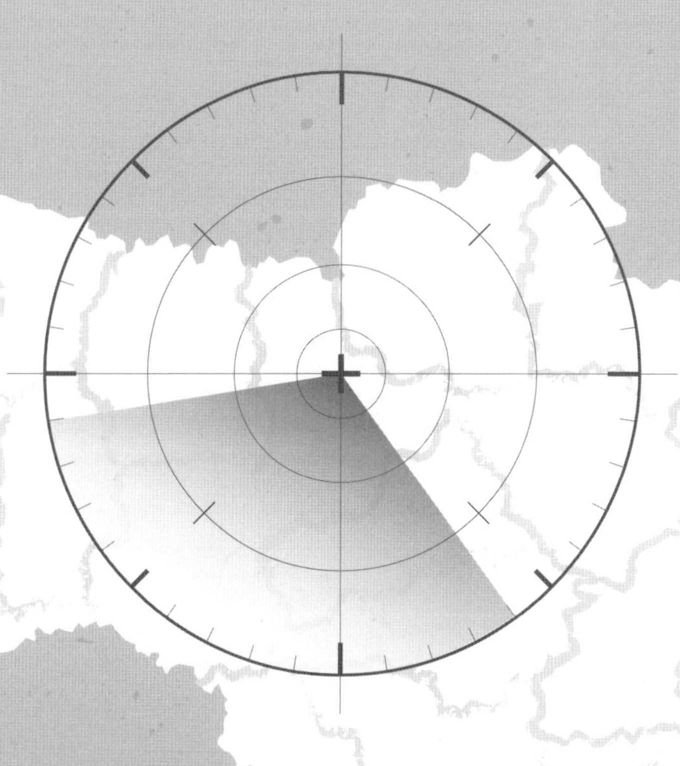

在那高山上收割機正在收割，在山下那溝壑中哥薩克人正在行軍。

——《喔，在高山上 Ой, на горі женці жнуть》

戰略理論決定國家如何開始和結束戰爭，戰術則是執行戰略的細節。俄軍選擇以機動防禦（Mobile Defense）和非接觸作戰來滿足主動防禦戰略。機動防禦旨在割裂戰場，儘可能摒棄連綿而固定的戰線。這意味著俄軍不會像一戰和二戰那樣，集中龐大兵力防守陣地。就算戰況真的演變成陣地戰，俄軍也會倒置防禦縱深，讓己方可以攻擊敵方後部。

俄軍認為，現代戰爭的特點是靜態陣地防禦和動態機動防禦相結合。機動防禦更具活力，部隊須不斷佯攻以令敵軍誤判形勢，使之提早押上主力部隊。機動部隊遭遇敵主力後不作糾纏，一觸即退，避免與優勢明顯的敵軍部隊交戰。因此，機動防禦的首要原則是保持力量，倚仗機動力伺機襲擾敵軍，盡可能殺傷敵軍的有生力量。

在靜態防禦中，守軍會因為無法再抵受攻擊，或者為了避免被包圍而全線潰散。而在動態機動防禦中，俄軍能避免決定性會戰，並在部隊間互相協調，轉移新戰線，減低被包圍的機會。

機動防禦

機動防禦的前提則是以時間和領土為代價，力求保存部隊實力。炮兵火力和各種遠端打擊系統會在且戰且迂迴的過程中磨蝕敵軍。當敵軍向側翼突擊，大部隊一邊包圍敵軍，形成規模各異的「口袋」，將對手拖入預定火力覆蓋區域，朝那裡密集開火，一舉摧毀敵軍。另一邊廂，俄軍防禦部隊可發揮其機動力，

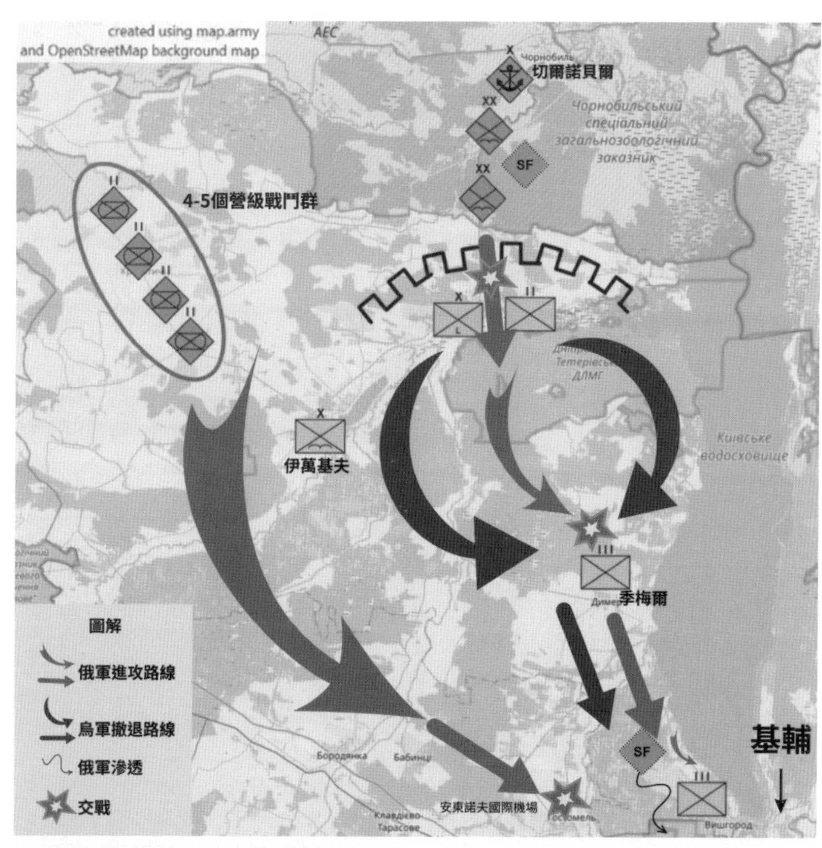

▲俄軍分兩路從西北進軍基輔。

在可行情況下從戰線後撤，並嘗試建立一層一層的防禦陣地。拖延時間以待增援，再聯手消耗敵軍的有生力量，隨後重新推進並迫使敵軍反攻。部隊會分成兩部分，機動力較低的單位負責靜態陣地防禦，而機械化部隊和空中突擊旅則負責動態機動防禦。總括而言，機動防禦戰術著眼於暫時犧牲佔領領土來引誘敵方進攻，並為往後反擊創造條件。

「阿富汗式」空降閃擊基輔

俄軍在經歷兩次車臣戰爭後，深深體會到巷戰的代價極為沉重。他們企圖仿傚蘇阿戰爭期間，蘇聯國家安全委員會阿爾法特種部隊（KGB Alpha group）突襲喀布爾（Kabul）達魯爾・阿曼宮（Daral Aman Palace）的機降突擊，佔領基輔各個重要軍政機構和機場，在巷戰發生前令烏軍崩潰。右路俄軍集團由第七十六空降突擊師、第九十八近衛傘兵師、第一五五獨立海軍步兵旅和特種部隊（Spetsnaz）組成，他們佔領烏克蘭邊境城鎮切爾諾貝爾後向南突穿烏軍防線，烏軍單位被逼後撤到季梅爾（Dymer）與友軍會合，沿路炸毀橋樑，阻延俄軍攻勢。俄軍抵達季梅爾後與好整以暇的烏軍交戰，遭受烏軍頑強抵抗，暫時退卻。俄軍續派身穿烏軍軍服和駕駛擄獲軍車的特種部隊潛入基輔，成功在城內製造「俄軍已攻入基輔」此一錯誤消息。

其左路派出四至五個營級戰術群（Battalion Tactical Group）特地繞過鎮守伊萬基夫（Ivankiv）的烏軍空降旅，奔向基輔市郊的安托諾夫國際機場（Antonov International Airport），企圖接應二月二十四日搶佔機場的俄軍近衛第四十五獨立特別用途旅和第三十一空降突擊旅。當時烏軍僅有一個國土防禦旅拱衛機場，一旦俄軍成功控制機場，他們就可以源源不絕向基輔運兵，湧入基輔。因此看上去比較弱的「左勾拳」才是俄軍真正殺著。

前軍推進至布查和伊爾平（Irpin）一帶後，長達四十公里的俄軍後續車列集中在基輔北部的P-02公路上進軍，二月二十八日車隊經過伊萬基夫，卻時常被烏軍反裝甲火力小組騷擾，進度緩慢。俄軍車隊沒有從蘇阿戰爭中汲取教訓，採取前後車距至少二十至三十米的單行隊列，反而緊密地排成雙行冒進。箇中原因我們在戰略部分已提及，因為速度主宰了俄軍此次「特殊軍事行動」的勝負，俄軍車列車輛太多，急於趕路，成為烏軍最佳目標。

由營級戰術群到「突擊隊」

戰爭初期俄軍基本戰鬥單位為營級戰術群，據俄羅斯國防部長謝爾蓋．紹伊古（Sergey Shoygu）於二〇二一年八月所言，俄羅斯共有一百七十個營級戰術群，每營六百至八百人，當中包括二百名步兵，共掌有約十輛坦克及四十輛步兵戰車。

營級戰術群的優點在於指揮官能夠從旅團抽調戰鬥力最強的部隊，按照短期任務需要，選擇不同的部隊組合，再把師團資源優先供給這個戰術群。但缺點也很明顯，營級戰術群規模較小，不能同時對多個軸線進攻，否則力量會過於分散。加上戰鬥群臨時東拼西湊而成，沒有固定指揮和控制（Command and Control）體系，傳遞命令和情報能力低下，各部戰術協調能力較差。

指揮官的情報資源本應用於

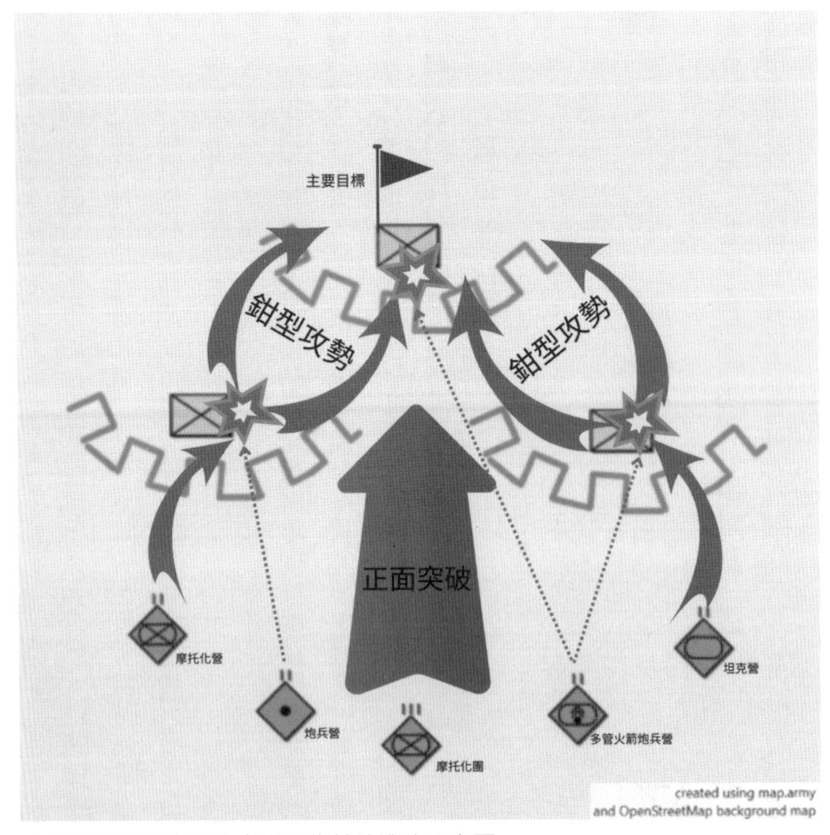

▲ 俄軍營級戰術群集中沿單條軸線進攻示意圖。

規劃進攻策略，現時卻要兼顧控制火力打擊和塑造電子戰環境上。脫離旅部後戰術群亦無法運送傷兵返回後方，一旦屬下單位大幅減員，戰鬥群將迅速失去戰力。

營級戰術群通常會分成正面和兩翼，由坦克或摩托化團作拳頭（因應該營級戰術群的成分而定），突破守軍外圍防禦陣地，單點突破朝主要目標進攻。左右兩翼各領一營，向烏軍陣地兩側迂迴突破，分割包圍守軍，佔領進攻路線兩側節點，會合正面主攻部隊對主要目標同時發動進攻，徹底擊潰守軍。必要時側翼部隊可以從後增援主攻部隊，佔領要地。俄軍還會有獨立的多管火箭炮營和炮兵營各自支援兩翼和中軍，整個突破過程完全集中於一條進攻軸線上，所有單位最後均會奔向同一目標。

隨著俄軍閃擊基輔的希望破滅，戰事逐漸演變成持久戰。營級戰術群過度抽空建制部隊的骨幹力量，俄軍裝甲和精銳部隊損失甚巨，卻不及華格納集團（Wagner Group）等準軍事組織打得頗有聲色。俄軍可能參考了他們在巴赫穆特戰役（Battle of Bakhmut）的戰術，由此衍生出新的血腥戰術單位「突擊隊」（Assault detachments）。突擊隊實際上仍是營級單位，習慣把步兵分成八人一組當作前鋒，抵近守軍陣地前沿，偵察其火力點，看見火光便標記火力點位置，讓後面的火力支援組（配備火箭筒、機槍、榴彈炮和反坦克武器）或曲射炮火逐點拔除。一次突破通常要開展四波進攻，但凡步兵組有人傷亡，立即添員補充。在索萊達爾（Soledar）一役，有華格納單位甚至要展開十四波攻擊才佔領陣地。清掃防線後步兵會繼續向守軍縱深進發，重施故技，兩側機械化部隊和坦克則會包抄守軍。突擊隊戰術自在二〇二二年下旬開始經常為俄軍所用，華格納傭兵醫官曾表示這種戰術令他們每日死傷數百人，但也對烏軍造成一定傷亡。可謂殺敵一千，自損八百。

突擊隊在參與巷戰時，理論上會有更多裝甲運兵車（Armoured personnel carrier）和坦克作火力支援。從二〇二三年三月份流出的俄軍戰鬥訓練總局《城市和森林掩護地帶的戰鬥行動》（Combat actions in the city and forest protection strip）文件可以窺探到（見下頁），突擊隊在每個主要街口均會設置機槍火力組和反坦克導彈發射器，反坦克導彈發射器用於封鎖整條街道，防止守軍裝甲部隊反攻，機槍則用於壓制守軍的移動路線。裝甲運兵車負責在路口前憑藉 AGS-17

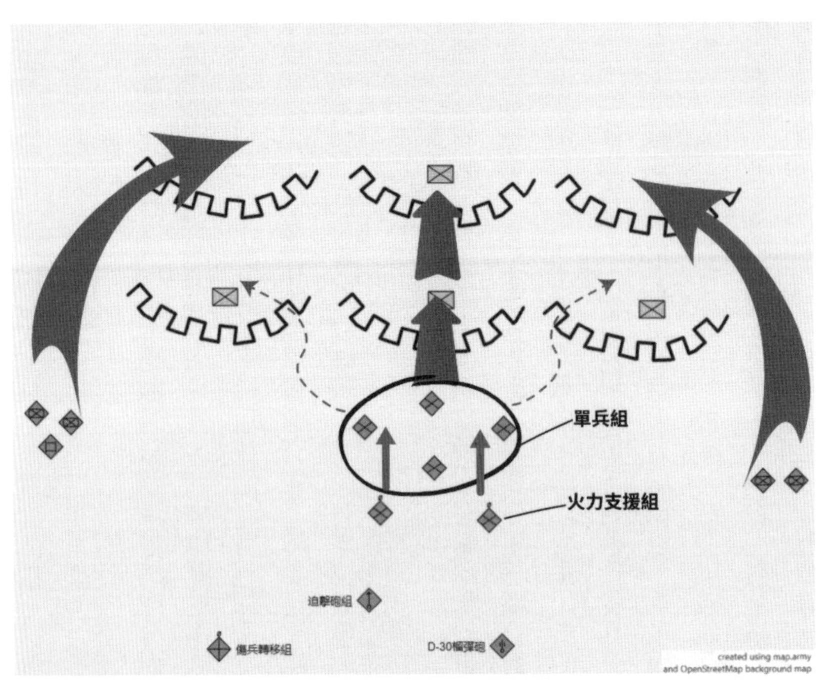

▲俄軍突擊排改以步兵作前鋒，偵察烏軍火力點。

榴彈炮和 30mm 機炮火力，拔除在建築物內或街角冒頭的守軍反坦克小組、狙擊手和機槍火力點。坦克不會進入街區，只會運用主炮射擊建築物高層的堅固火力點。最理想的情況下，俄軍步兵在逐家逐戶與守軍肉搏前，D-30 榴彈砲和迫擊炮會對街道射出徐進彈幕掩護，建築物的後院和街角也會遭到重點打擊，盡量消滅匿藏守軍。

去中心化

另一邊廂，烏軍自二〇一四年來不斷接受北約的戰術思想和

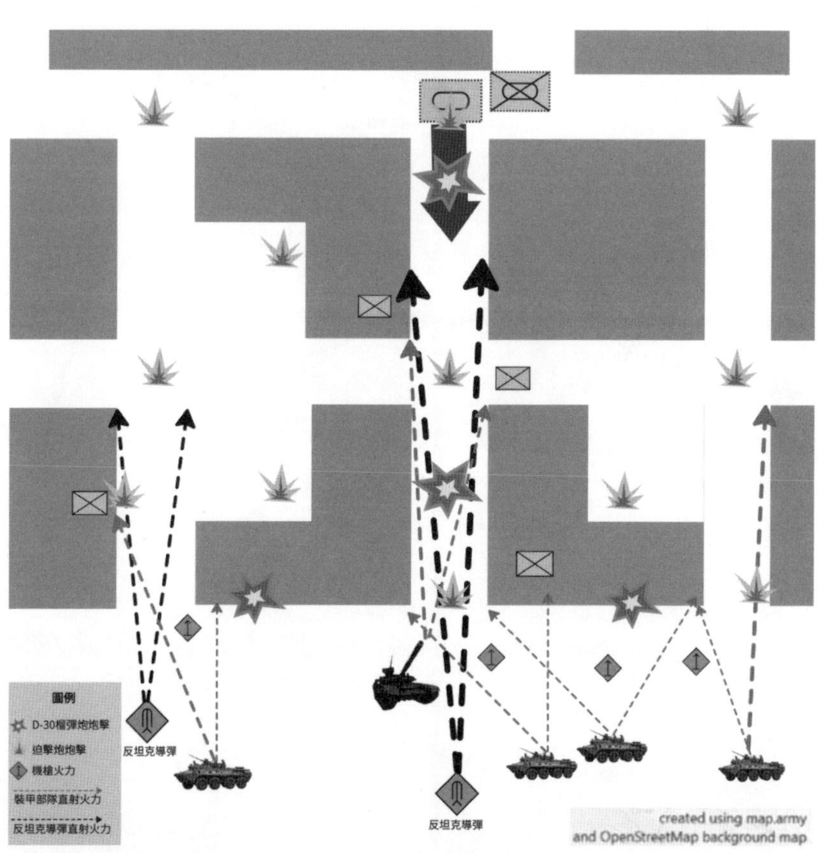

▲《城市和森林地帶的戰鬥行動》巷戰火力投射範例。

訓練，與俄軍層層疊疊的指揮體系和接收指令（Order）為主的戰鬥方式大相逕庭。去中心化概念（Decentralisation）基本上等於「權力下放」，烏軍旅團採用與美軍相似的旅級戰鬥隊編制，將師級部隊具備的聯合作戰及獨立作戰能力下放至旅級部隊。旅級部隊再下放給排級部隊，使排隊獲得額外間接火力支援單位。上級單位僅在戰略方向上指揮各旅。烏軍僅旅部配有「作戰協調組」協調戰術。排級單位沒有任何類型的功能性指揮和控制中心來協調戰術決策，相反前線指揮官獲授權自尋戰機。

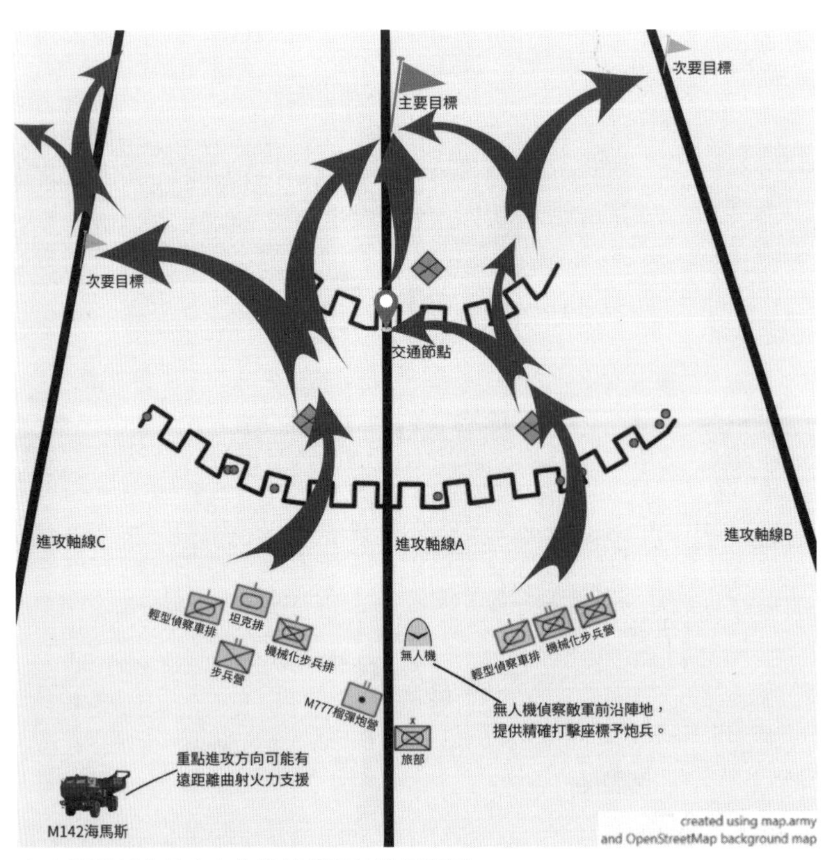

▲烏軍機械化旅向多條軸線分頭並進示意圖。

相比規模較小，缺乏建制通訊系統的俄軍營級戰鬥群，烏軍機械化旅具有更佳協調能力，能夠橫向向多條軸線進攻（參考右圖）。作為整體，烏軍旅團可以獨立戰鬥，完成數個戰術任務。旅團突破防線後持續向敵方縱深多頭並進，在攻下交通節點和目標重新組合成箭頭，再向下一個目標前進。雖然俄軍在火炮方面始終擁有二比一優勢，但烏軍勝在廣泛運用無人機較準火炮，情報、監察和偵察能力高於俄軍，在最關鍵的地段能夠用獲得域外火力支援（例如 M142 海馬斯多管火箭炮）精準消滅敵軍。

反坦克火力小組和「打帶跑」

二月二十四日凌晨，僅有戰力較低的國土防禦旅駐守安托諾夫國際機場，該旅受到俄軍第十一和第三十一空降突擊旅以直升機機降突襲。守軍缺乏炮火支援，與俄軍苦戰數小時後撤離機場，直至烏軍第四十戰術航空旅和炮兵為其提供密接支援才重奪機場，唯機場跑道在密集火力打擊下近乎全毀，俄軍兩個空降突擊旅已無力進攻，守軍得以保存實力，為後面更艱苦戰鬥作出貢獻。

針對大搖大擺穿越市區大道的俄軍裝甲車隊，烏軍策略正正是化整為零和「打帶跑」（Hit

and run）。受益於西方盟國大量提供裝備，大量烏軍單位會分散成反坦克火力組（四至五人不等），在田野間和公路兩側伏擊俄軍，從隱蔽位置用肩射反坦克武器打擊俄軍隊列首尾和側翼車輛，堵塞俄軍隊列，使之走走停停，有時還要把被擊毀的車輛推下公路才能繼續前進。由於烏軍不需要集結大型戰鬥編隊，也不需要經指揮中心策劃每一次行動，而且他們熟悉地型，反坦克火力組目標又很小，每每能夠在俄軍反應過來之前得手脫身。

　　三月初時俄軍依然勢大，

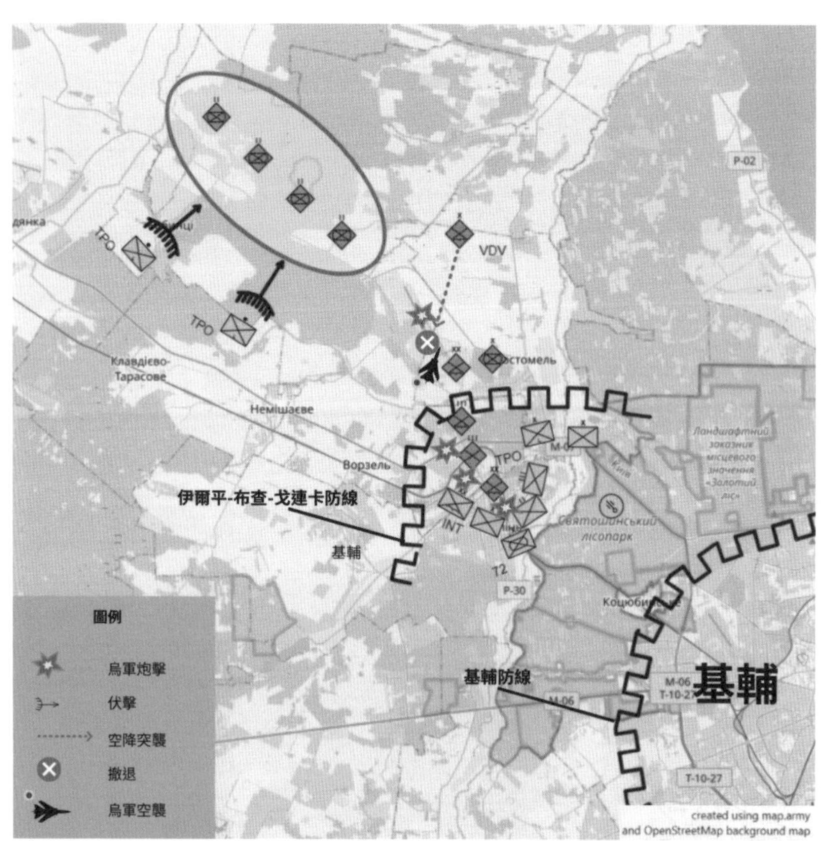

▲基輔外圍雙層防線絞殺俄軍車隊。

部屬第六十四獨立摩托化步兵師、第七十六近衛空降突擊師、卡德羅夫車臣部隊和特別用途機動單位（OMON）的主力已臨伊爾平，距基輔市中心不足三十公里。烏克蘭陸軍總司令亞歷山大・瑟爾斯基上將下令環繞基輔設立兩道防線，第一道防線位於伊爾平和布查附近，第二道防線包覆基輔外圍。從三月中基輔戰役達到高潮來看，烏軍化整為零，襲擾戰術成功削弱俄軍裝甲部隊的士氣和實力，俄軍進攻入伊爾平後已成驚弓之鳥。烏軍就光是把煙霧彈投進俄軍隊列中，也會令俄軍停止前進並四散尋找掩體。

所有早前後撤的烏軍部隊，包括新近組建的國際志願軍團、國土防禦旅均重新在布查－伊爾平防線集結，依托市區建築物繼續獵殺俄軍裝甲車列，基輔城內兩個炮兵旅亦朝俄軍傾瀉炮彈，至此已喪失進攻動能。基輔守軍主力第七十二機械化旅即從基輔殺出，成功逼退俄軍。

參考文獻

1 Sabbagh, Dan and Beaumont, Peter. 2022. *"Where Has Fighting Been Focused on Day Two of Russia's Invasion of Ukraine?"*. The Guardian, February 28, 2022, https://www.theguardian.com/world/2022/feb/25/fight-for-kyiv-russian-forces-ukraine-capital-war.

2 Dapcevich, Madison. 2022. *"IN PHOTOS: Satellite Images Show 3-Mile-Long Russian Convoy Entering Ukraine"*. Snopes, March 1, 2022. https://www.snopes.com/news/2022/03/01/russia-military-convoy-ukraine/.

3 Fiore, J, Nicolas. 2017. *"Defeating the Russian Battalion Tactical Grou*p." U.S. Army Fort Benning And the Maneuver Center of Excellence, （n.d.）.https://www.benning.army.mil/armor/earmor/content/issues/2017/spring/2Fiore17.pdf

4 Tatarigami_UA, 2023. Twitter Post. Mar 5, 2023. 19:10 PM., https://twitter.com/tatarigami_ua/status/1632337874912780294?s=46&t=3Jz1pGvifCOJy_iouu-ZVw

5 Kramer, E, Andrew. 2023. *"Ukraine Signals It Will Keep Battling for Bakhmut to Drain Russia"*. The New York Times, March 7, 2023. https://www.nytimes.com/2023/03/06/world/europe/bakhmut-ukraine-russia-siege.html.

6 Kris ,Osborn. *"Ukraine's 'Decentralized' Tactics and 'Disaggregated' Ambush Hit-and-Run Attacks Crippled Russian Armor."* Warrior Maven: Center for Military Mordernization. September 11,2022. https://warriormaven.com/russia-ukraine/russia-ukraine-ukraines-decentralized-tactics-disaggregated-ambush-hit-run-attacks-crippled-russian-armor.

7 Kivva, Ilona. 2022. *"«You Feel Freedom». The Pilot-Legend Was given the Hero of Ukraine for the Defense of Kyiv"*. Заборона, June 16, 2022.https://zaborona.com/en/you-feel-freedom-the-pilot-legend-was-given-the-hero-of-ukraine-for-the-defense-of-kyiv/?fbclid=IwAR12a1pPloponp8t2_ky-so_qAF8kjxuCjyI1OwKJXEtCiQKLsoxY5Ik7k8.

8 Разумов А. Н., Крюков Г. А., and Кузнецов А. Н. 2002."Живу, Сражаюсь, Побеждаю! ПравилаЖизниНаВойне", (РоссийскийсоюзветерановАфганистана), (n.d.). p.8-9

9 Anderson, Michael. 2002. *"How Ukraine's Roving Teams of Light Infantry Helped Win the Battle of Sumy: Lessons for the US Army."* Modern War Institute, August 17, 2022. https://mwi.usma.edu/how-ukraines-roving-teams-of-light-infantry-helped-win-the-battle-of-sumy-lessons-for-the-us-army/.

第四章
部隊編制與著名部隊

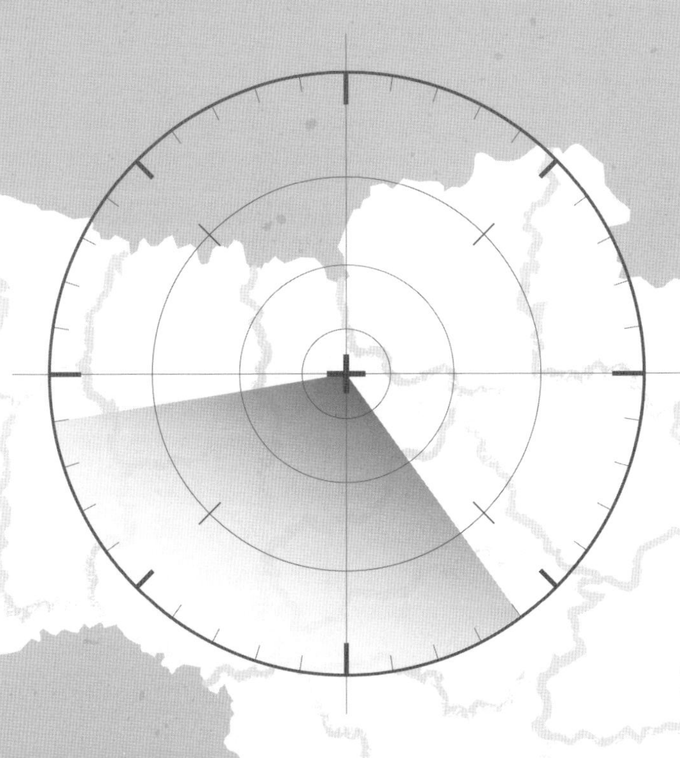

哦，草地上的紅色莢蒾垂下了頭，光榮的烏克蘭為何滿懷悲傷。我們將重新舉起那朵紅莢蒾高高挺立，為了烏克蘭的榮光，同志們，起來吧！

——《草地上的紅莢蒾 Ой, у лузі червона калина》

俄軍編制

俄羅斯武裝力量主要由國防部指揮的俄羅斯武裝部隊（俄軍），聯同聯邦安全會議直接指揮的國家近衛軍組成。另外，總統直轄的聯邦安全局（FSB）特別用途中心（TsSN）旗下共設有五支特種部隊（A, V, S, K, T），他們與同受聯邦安全局管轄的邊防警衛處邊防軍（PS FSB）、海巡隊（Coast Guard）和負責秘密行動的對外情報局（SVR）屏障特種部隊（Zaslon Unit）一同構成俄羅斯武裝力量的核心。包括是次對烏克蘭的「特別軍事行動」在內，這四大部門皆曾參與對外作戰及軍事行動。另外，負責保護要員的聯邦警衛局（FSO）與其下的克里姆林軍團（Kremlin Regiment），以及擁有民防單位的聯邦緊急狀況部（MChS），皆為俄羅斯的國防組成部分。以下是俄軍的基本架構：

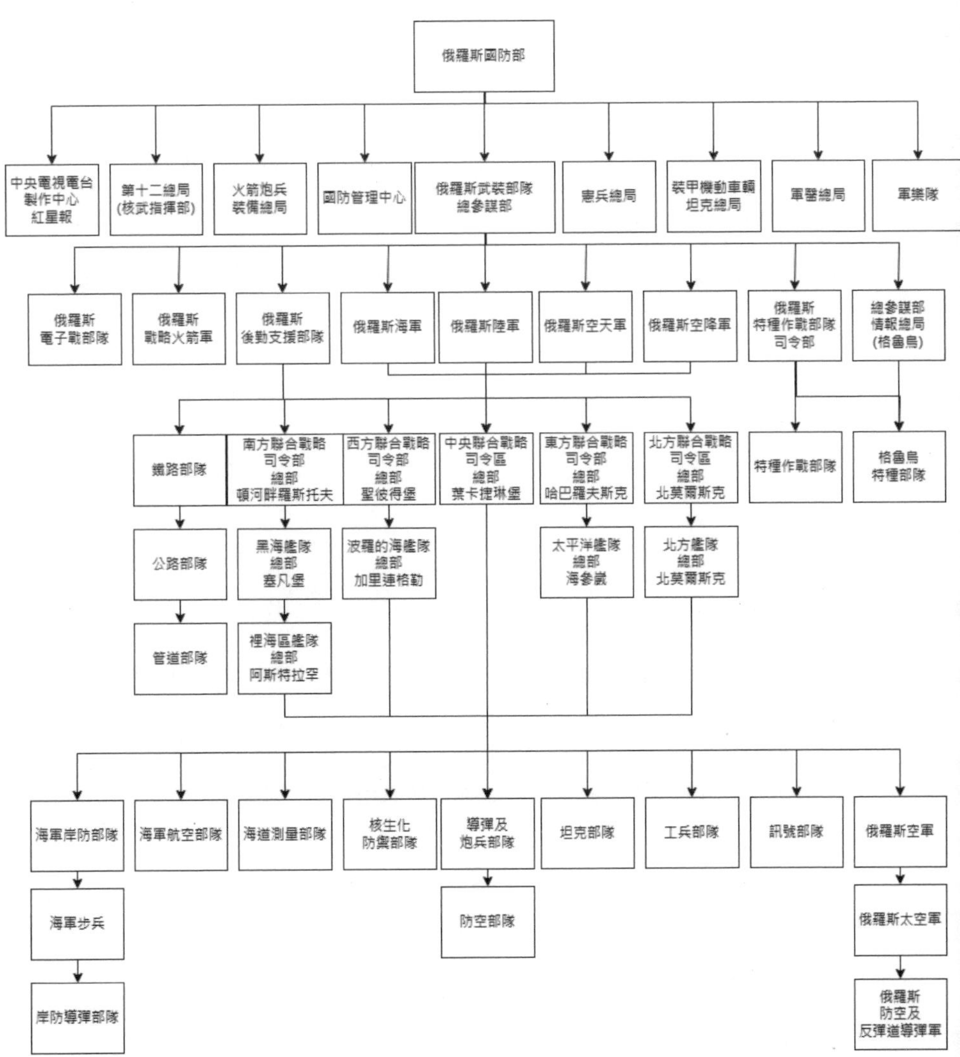
俄羅斯國防部
中央電視電台 製作中心 紅星報
第十二總局 (核武指揮部)
火箭炮兵 裝備總局
國防管理中心
俄羅斯武裝部隊 總參謀部
憲兵總局
裝甲機動車輛 坦克總局
軍醫總局
軍樂隊
俄羅斯 電子戰部隊
俄羅斯 戰略火箭軍
俄羅斯 後勤支援部隊
俄羅斯海軍
俄羅斯陸軍
俄羅斯空天軍
俄羅斯空降軍
俄羅斯 特種作戰部隊 司令部
總參謀部 情報總局 (格魯烏)
鐵路部隊
南方聯合戰略 司令部 總部 頓河畔羅斯托夫
西方聯合戰略 司令部 總部 聖彼得堡
中央聯合戰略 司令區 總部 葉卡捷琳堡
東方聯合戰略 司令部 總部 哈巴羅夫斯克
北方聯合戰略 司令區 總部 北莫爾斯克
特種作戰部隊
格魯烏 特種部隊
公路部隊
黑海艦隊 總部 塞凡堡
波羅的海艦隊 總部 加里連格勒
太平洋艦隊 總部 海參崴
北方艦隊 總部 北莫爾斯克
管道部隊
裡海區艦隊 總部 阿斯特拉罕
海軍岸防部隊
海軍航空部隊
海道測量部隊
核生化 防禦部隊
導彈及 炮兵部隊
坦克部隊
工兵部隊
訊號部隊
俄羅斯空軍
海軍步兵
防空部隊
俄羅斯太空軍
岸防導彈部隊
俄羅斯 防空及 反彈道導彈軍

根據國際戰略研究所統計，俄羅斯武裝部隊於二〇二一年共有一百零一萬四千人，另有二百萬預備役兵員可重新被徵召入伍。在烏俄戰爭爆發後，經過連串人員損耗及徵兵，現役人數推斷為八十三萬零九百人，包括三十六萬陸軍、二十五萬空軍、十五萬五千海軍，另有二十五萬預備役及二十五萬包括國家近衛軍在內的準軍事人員。在二〇〇五年前，俄羅斯每年兩度召集義務兵，但由於軍中欺凌風氣嚴重，俄軍即開始改制。把服役期由二十四個月調整至十二至十八個月，並改以志願役軍人為軍隊骨幹，定時續約。各大專業兵種，例如特種兵、海軍步兵、空降軍、管理核武的戰略火箭軍，大部分的海軍、空軍和陸軍摩托化部志願兵組成。至二〇二一年初，俄軍志願兵人數已多於義務兵兩倍。此外，俄羅斯亦勤於招募其他獨立國家聯合體（CIS）的公民參軍，只要服滿五年役期中的三年，就可以成為俄羅斯公民，烏俄戰爭爆發後，外國公民只需參軍一年便可成為俄羅斯公民。

目前，全國陸軍、海軍、空軍、空降軍（VDV）部隊被分配至五大聯合戰略司令部，除北方艦隊獨立為北方聯合戰略司令部，海軍北方艦隊第十四集團軍管轄陸軍的第八十及兩百獨立摩托化步兵旅以及空軍第四十五航空防空軍負責岸防及空防，中央軍區則只擁有陸軍、空軍及空降軍單位，其他三大軍區皆由四大軍種聯合構成，以便統合協調各部隊作戰。然而，在俄羅斯的陸權思維下，陸軍權力最大，空軍也被視為陸軍炮兵的延伸。部分屬於陸軍的特種部隊，也可隨時改由總參謀部情報總局（GRU，亦稱格魯烏）用作格魯烏特種部隊，這種情況下特種部隊會歸特種作戰司令部指揮。

這次在烏俄戰爭中擔當主力的南部軍區，下轄第五十八軍、第四十九軍、第八軍、裡海區艦隊、黑海艦隊及旗下的第二十二集團軍，還有空軍第四空中防空軍、空降軍第五十六近衛空中突擊旅及第七近衛空降師，同時管轄駐亞美尼亞第一〇二軍事基地和由第五十八軍管理的駐南奧塞梯（South Ossetia）第四軍事基地。

另一作主力是西部軍區，下轄第一近衛坦克軍、第六軍、第二十近衛軍，波羅的海艦隊與旗下負責加里寧格勒州守備的第十一集團軍，空軍第六空中防空軍，以及空降軍第七十六、九十八、一〇六近衛空降師與第四十五近衛獨立偵察旅，同時管理共有三營兵力的駐德涅斯特河沿岸戰鬥群。由於上述部隊在烏俄戰爭損失大量兵員，俄軍把新招募的志願兵編列到第三集團軍，歸西部軍區旗下指揮。

東部軍區也曾調派兵力前往烏克蘭，下轄第五軍、第二十九軍、第三十五軍、第三十六軍、第六十八集團軍、海軍太平洋艦隊，空軍第十一空中防空軍。中央軍區則由第二近衛軍、第四十一軍、第九十近衛坦克師、空軍第十四空中防空軍及空降軍第三十一近衛空降旅組成，此外亦下轄駐塔吉克斯坦的第二〇一軍事基地及派駐海外維和的納戈爾諾—卡拉巴赫（Nagorno-Karabakh）、阿布哈茲（Abkhazia）和中非第十五獨立近衛摩托化步兵旅。每支陸軍諸兵種集團軍皆包含摩托化步兵旅、炮兵旅、火箭旅、防空火箭旅，部分會擁有坦克旅、防核生化旅、通信旅、電子戰旅等設置。獨立於各大軍區外的戰略火箭軍，則擁有駐西部弗拉基米爾的第二十七近衛火箭軍、駐東南部奧倫堡（Orenburg）的第三十一火箭軍，以及駐西南部鄂木斯克（Omsk）的第三十三近衛火箭軍。

至於俄羅斯國家近衛軍（Rosgvardia），是由昔日隸屬於內政部（MVD）的內衛部隊（VV）、特別用途機動單位及特別迅速應變分隊（SOBR）成組成，其性質類似中國的武警、法國的國家憲兵（Gendarmerie）及美國的國民警衛隊，負責國內安全，同時擁有一定執法權力。在國家近衛軍於二〇一六年正式成立時，共有三十四萬僱員，下轄七大軍區，包括東部軍區、西伯利亞軍區、烏拉爾軍區、西北軍區、伏爾加軍區、北高加索（Caucasus）軍區、中部軍區，旗下擁有海事部隊及獨立作戰部隊，另外設有由 OMON、SOBR 以及從烏克蘭叛逃到克里米亞的金雕特警部隊（Berkut），四支前內衛特警部隊（ODON）及航空部隊組成的近衛軍特戰及航空中心和電子監察部門，負責保護行政部門與國家要員。

雖然國家近衛軍由中央管轄，俄羅斯車臣共和國總統卡德羅夫自家的民兵轉化而成的國家近衛軍第一四一特別摩托化軍團（Kadyrovites，又稱卡德羅夫軍）及車臣的 SOBR 與 OMON 部隊，仍保持過往的私兵性質，聽從拉姆贊・卡德羅夫（Ramzan Kadyrov）和他表哥亞當・德利姆哈諾夫（Adam Delimkhanov）的指揮。

除此之外，自烏克蘭分裂出去的頓涅茨克人民共和國和盧甘斯克人民共和國軍亦為烏俄戰爭的主力部隊，據國際戰略研究所（International Institute for Strategic Studies）在二〇二一年推斷，兩支軍隊共有四萬四千名現役人員，並在烏俄戰爭爆發前透過強制徵兵擴編。頓涅茨克共有十四支部隊、六支特戰部隊、十二支後勤部隊、以及六營領土防禦營，分別為第一斯拉維揚斯克旅（1st Slavyansk Brigade）、第五獨立步兵旅菱堡旅（Oplot Brigade）、由俄羅斯帝國主義者及白人至上主義者組成的俄羅斯帝國兵團（Russian Imperial Legion）、斯巴達營（Sparta Battalion）、柴油營（Diesel Battalion）、第一獨立營級戰鬥群「索馬里」（Somalia Battalion）、多瑙作戰群（Danube Group）、圓頂作戰群（Dome Group）、霍爾利夫卡作戰群（Horlivka Group）、鎧甲作戰群（Kolchuga Group）、新亞速斯克作戰群（Novoazovsk Group）、防空團、偵察營、颱風隊（Typhoon Unit）；特戰部隊包括「可汗」第一營（1st Battalion Khan）、第三營、快速應變隊、特戰卡利米烏斯旅（Kalmius Brigade）、擁有俄籍及北奧塞梯成員的特戰東方旅（Vostok Brigade）、歸華格納傭兵集團管轄的「俄羅斯人連」（DShRG Rusich，戰時重歸華格納集團指揮）；後勤部隊包括工程營、電子戰隊、維修營、支援營、頓巴斯愛國隊（Patriotic Forces of Donbas）、頓涅茨克安全營、草原營（Steppe Battalion）、維京營（Vikings Battalion）、下轄第十五國際旅（International Brigade "Pyatnashka"）並在烏俄戰爭中被改名為第一〇〇獨立近衛摩托化步兵旅的頓涅茨克人民共和國衛隊、馬里烏波爾及興安嶺海軍步兵（Mariupol-Khingan Naval Infantry），還有由斯拉夫本土宗教羅德教徒組成的斯瓦羅格旅（Svarozhich Brigade）；領土防禦營包括第一營、第二「礦工營」（Miner's Division），以及第三至六營。盧甘斯克則擁有十支常規部隊、三營特種部隊、七支後勤部隊及六營領土防禦營，分別為第一獨立機械化旅「八月」（1st Seperate Mechanized Brigde "August"）、第二近衛摩托化步兵旅、第四近衛摩托化步兵旅、第六獨立哥薩克摩托化步兵團、第七奇斯加科夫摩托化步兵旅（7th Chistyakovskaya Motorized Rifile Brigade）、日出營（Zarya Battalion）、哥薩克機動旅、防空營、炮兵旅、指揮團；特種部隊包括特戰「萊西」營、特戰營、偵察營；還有作為後勤部隊的後勤營、維修營、由「頓河哥薩克酋長國哥薩克國民警衛隊」分拆的第一哥薩克軍團，由俄羅斯民族布爾什維克主義者成立的「國際旅」（Interbrigades）、以及由外國志願者組成的「幽靈旅」（Prizrak Brigade）、共產主義者志願分隊及由法國塞爾維亞（Serbia）與巴西志願者組成的「大陸隊」（Continental Unit）；領土防禦營包括第十七營、阿塔曼營（Ataman Battalion）、卡爾金營（Kulkin Battalion）、砝碼營（Poid Battalion）、邊緣營（Rim Battalion）、蘇聯布良卡營（USSR Bryanka Battalion）。在俄軍轉進烏克蘭東部，發起第二階段戰事時，頓涅茨克組成了第一〇三、一〇五、一〇七、一〇九、一一三、一二三、一二五、一二七摩托化步兵團，而盧甘斯克則組成了第二〇二、二〇四、二〇八、二五四摩托化步兵團，全部由俄軍直接指揮。到了二〇二二年九月，俄軍把頓涅茨克及盧甘斯克民兵分別編作第一集團軍及第二集團軍，納入俄軍編制統一指揮。

普京親信葉夫根尼・普里戈津成立的私人軍事公司華格納集團亦自二〇一四年起已派人參與

頓巴斯內戰，當時有俄羅斯軍人以私人身分穿著無識別的俄軍制服參與戰爭，不少就是以華格納集團僱員身分作戰，他們直接在國防部的設施受訓，使這家私人軍事公司被視作俄羅斯政府編制外的代理人。在烏俄戰爭中，擁有八千名僱員的華格納集團不只派遣俄籍傭兵參戰，還從敘利亞、利比亞、中非等國招募傭兵。

著名部隊

● 近衛第一五〇摩托化步兵師（150th Rifle Division）

近衛第一五〇摩托化步兵師繼承了二戰時參與攻陷國會大廈戰鬥的步兵第一五〇師番號；第一五〇師曾搶先把蘇聯紅旗插在柏林國會大廈上，象徵蘇聯擊滅納粹德國，取得衛國戰爭勝利。在二〇二二年烏俄戰爭中，這支部隊被普京特別安排攻打被指與新納粹主義有連繫的亞速營。

作為最能代表俄羅斯的部隊，第一五〇摩托化步兵師由二〇一六年十二月起進行了改組，於二〇一七年組建完成。與一般俄軍的摩托化步兵師轄下有一個坦克團、三個摩步團不一樣，它是

（圖源：俄羅斯陸軍）

特別編成的部隊，轄下有兩個坦克團、兩個摩步團、一個砲兵團及一個防空團，摩步團中更額外編有直屬坦克營，編制龐大，獲俄軍稱之為「鋼鐵怪物」（Steel Monster）。

然而師長奧列格．米佳耶夫少將（Oleg Mityaev）在圍攻馬里烏波爾時，被擴編成團的亞速營擊殺。米佳耶夫少將成為俄羅斯入侵烏克蘭首二十日內，第四位被烏克蘭方面確認擊殺的將軍，終年四十六歲。

● 近衛第九十坦克師（90th Guards Tank Division）

近衛第九十坦克師原為蘇聯近衛第六摩托化步兵師，與曾參與過莫斯科保衛戰而獲得紅旗勳章的前近衛第九十坦克師互換番號後駐守東德，然後調防波蘭。在波蘭民主化後，這支部隊調回莫斯科軍區，降級為第一六六近衛摩托化步槍旅，在參與第一次車臣戰爭後，被併入近衛第七十武器及軍械基地，並在次年解散。

到了二〇一六年，俄軍為擴充軍隊，把這支曾取得紅旗勳章的隊伍復活，以近衛第九十坦克師之名服務中央軍區，並繼承近衛第六及第九十摩托化步兵師的榮譽。作為曾於二戰取得功勳的

（圖源：俄羅斯陸軍）

隊伍，第九十坦克師經常出席各種慶祝活動，旗下兩隊部隊包括第六十坦克團及第四〇〇自走炮團更得到俄羅斯總統普京嘉獎，分別獲賜名近衛維捷布斯克—諾夫哥羅德團（Viciebsk-Novgorod Regiment）及近衛特蘭西瓦尼亞團（Transylvania Regiment）。

在二〇二二年的烏俄戰爭中，第九十坦克師在參與基輔戰事時損失慘重，就連旗下著名的近衛第六坦克團的團長安德烈・扎哈羅夫上校（Andrei Zakharov）也遭到烏軍擊殺，使得這支擁有兩次紅旗勳章的隊伍蒙羞。

● 近衛第二摩托化步兵師（2nd Guards Motor Rifle Division）

近衛第二摩托化步兵師是俄羅斯最著名的部隊，聲譽之顯赫可媲美美國大紅一師（Big Red One）和中國第八十二集團軍「萬歲軍」。部隊於一九四一年成立，在二戰期間身經百戰，並因此成為蘇俄軍隊中最著名和最有成就的部隊之一。它的外號為「塔曼師」（Taman），為紀念米哈伊爾・加里寧（Mikhail Kalinin）和塔曼鎮而命名。

這支著名部隊曾於二〇〇九年遭到解散。二〇一三年紹

（圖源：俄羅斯陸軍）

伊古上任國防部長後進行了改革重組。自二〇一六年起，它成為西部軍區第一近衛坦克軍的一部分，主力駐紮在離莫斯科西南四十五公里，位處莫斯科州的加里尼涅茨鎮。

近衛第二摩托步兵師有兩個摩托步槍團、一個坦克團以及炮兵和防空團，同時再配有一個後勤營和一個工兵營支持作戰。其附屬的偵察營亦為機動部隊提供前方情報、監視和偵察（ISR）以及目標獲取能力。二〇二〇年，近衛第一坦克團成為首批裝備新型 T-14「阿瑪塔」（Armata）主戰坦克的測試部隊之一。然而，由於 T-14 主戰坦克生產緩慢以及可靠性不足，截至二〇二二年二月，近衛第一坦克團仍以 T-72B3 和 T-90A 主戰坦克為作戰主力。

這支部隊參加了二〇二二年俄羅斯入侵烏克蘭第一階段於烏克蘭東北部的攻勢，在切爾尼戈夫（Chernihiv）圍攻戰中失利。在第二階段入侵中，近衛第一坦克團在進攻伊爾平中亦損失嚴重，近乎無功而回。

● 近衛第四坦克師（4th Guards Kantemirovskaya Tank Division）

近衛第四坦克師，全名是「以尤里—安德羅波夫命名的第四近衛軍康特米羅夫斯卡婭勳章紅旗坦克師」

（圖源：俄羅斯陸軍）

（Gvardeiskaya Tankovaya Kantemirovskaya Divisiya imeni Y.V. Andropova），通稱坎特米羅夫師或坎特師，是俄軍精英近衛裝甲師，與近衛第二摩托化步兵師齊名是西部軍區的重要部隊。其屬下單位以及總部都設在莫斯科州的納羅-福明斯克鎮，距離莫斯科西南七十公里。部隊兩個坦克團、一個摩托化步兵團、一個自行榴彈炮團和一個防空團，具備強大的獨立作戰能力。與近衛第二摩托化步兵師相比，第四坦克師的各團主要裝備 T-80BV、T-80U 和 T-80BVM 而非各款 T-72 以及 T-90A。這些 T-80 系列主戰坦克雖然沒有俄羅斯最新的 T-90M 先進，但是得益於其燃氣發動機，T-80 系列的機動力、火力和裝甲仍然是俄羅斯一時之選。

由於戰爭初期裝備損失過多，需要投入裝有「鶇鳥 2」主動防禦系統（Droz-2）的 T-80UM2 原型車。T-80UM2 上裝備了「鶇鳥 2」主動防禦系統，性能僅次於俄羅斯最新式主戰坦克 T-14「阿富汗石」（Afghanit）主動防禦系統，能攔截單兵反坦克火箭彈的攻擊。然而，T-80UM2 原型車在戰爭中仍然難逃被擊毀的命運。這支部隊被安排攻擊蘇梅－基輔一線，在戰爭第一階段與烏克蘭的第九十三機械化旅以及其他守軍激戰，最終該師遭受人員和裝備方面的重大損失，被送回俄羅斯。

近衛第四坦克師成為第一個被指控在烏俄戰爭中犯下戰爭罪行的俄羅斯部隊。烏克蘭當局於二〇二二年五月對該師一名士兵的戰爭罪行進行審判，據稱該士兵為避免暴露俄軍行蹤，射殺了一名手無寸鐵的平民。

● 空降軍近衛第四十五獨立特別用途旅（45th Guards Spetsnaz Brigade）

在空降軍的四個師（第七山地空中突擊師、第七十六空中突擊師、第九十八空降師、第一〇六空降師）及六個旅（第十一、三十一、五十六、八十三空中突擊旅、第三十八指揮及控制旅、第四十五特別用途旅）的編制下，以近衛第四十五獨立特別用途旅最為精良，擁有被稱作特種部隊的資格。

（圖源：俄羅斯空降軍）

第四十五旅於一九九四年創立，這支部隊由第九〇一空中突擊營及第二一八特種作戰營合組而成，用於阿富汗戰爭中鎮壓游擊隊，同時接受總參謀部情部總局格魯烏（Spetsnaz GRU）指揮參與秘密任務。最初這部隊擁有十五輛 BTR-80 兩棲裝甲運兵車及一輛 BTR-D 多用途裝甲運兵車，由八百名受過精銳訓練的士兵組成，後來再增添心戰及無人機作戰能力，以應對各種叛亂。在一九九二年阿布哈茲衝突、南奧塞梯戰爭、德涅斯特河沿岸共和國衝突、兩次車臣戰爭以及北高加索動亂時，第四十五旅皆以特種部隊的身分出現，立下不少戰功，部隊指揮功也因此得到「俄羅斯聯邦英雄」的稱號。

在二〇一四年頓巴斯內戰時，作為格魯烏指揮的特種部隊之一，第四十五旅曾參與內戰，協助親俄武裝奪取頓涅茨克數座城市，不過俄羅斯政府否認曾調派第四十五旅到頓巴斯作戰。到了二〇二二年烏俄戰爭時，第四十五旅以精銳部隊的身分，配合第三十一空中突擊旅一同主導奪取首都旁安諾托夫機場的任務，以圖建立橋頭堡，讓更多部隊降落該機場並開進基輔。然而，由於烏克蘭國民警衛隊第四快速反應旅迅速趕到現場，擊落了運載空降軍隊員的軍機及包圍剛降落的傘兵，兩支隊伍皆受重創而未能第一時間奪取機場供大部隊降落，使得烏軍成功調派第三特戰旅及國家安全局阿爾法特種部隊的精銳抵擋。雖然俄軍在陸軍第四十一軍及車臣部隊協助下，仍在三月五日取得整座機場及附近戈斯托梅利鎮的控制權，但兩支空降旅已元氣大傷。隨著烏軍積極反攻，整座機場及城鎮重新被烏軍掌控，第四十五旅只得撤退回白俄羅斯及俄羅斯休整，填補兵力及損失的裝備。

● 近衛第六十四獨立摩托化步兵旅（64th Separate Guards Motor Rifle Brigade）

比起其他俄軍部隊，近衛第六十四摩托化步兵旅的戰功並非特別顯赫，但最近卻獲俄羅斯總統普京頒下「近衛」（Guards）的榮譽，不是因為這支部隊作戰特別勇猛，而是因為他夠兇狠。

（圖源：俄羅斯陸軍）

第六十四旅前身第八八二摩托化步兵團要到一九六七年才出現。它原屬遠東軍區第一二九摩托化步槍訓練師，後來作為預備反應部隊加入第十五軍，卻在一九八〇年降格為後備兵力，直至一九九四年才重新獲分派為戰時兵力。第一次參加的戰爭，是作為第二四五摩托化步兵團參與第一次車臣戰爭，此後被轉移到第八一近衛摩托化步兵師，後來更改由遠東軍區直接指揮，作為預備反應部隊。不過，到了二〇〇一年被削去預備反應部隊地位後，就只能作為第三十五軍第二七〇摩托化步兵師的一部分。直到二〇〇九年才正式升格為第六四獨立摩托化步兵旅。

這支部隊最著名的一役，當屬在烏俄戰爭中的布查大屠殺。二〇二二年三月，第六十四旅作為俄軍先頭部隊，佔領了這座京畿城鎮作為推進基輔的橋頭堡，並在佔領期間肆意濫殺平民。第六十四旅於四月一日撤退，烏軍翌日光復布查後，發現街上有不少飽受摧殘的屍體，經衛星圖片及法醫鑑定，證實這些屍體為俄軍佔領期間被殺。死者生前遭到酷刑，不少人耳朵被剪，牙齒拔掉，使遺體辨認更困難。不少屍首被發現時仍手持日用品，推斷是在日常生活及工作期間遭受酷刑及行刑式殺害，部分女性更曾慘遭性暴力；亦發現有寵物被殺害。一些屍體被匆匆埋在亂葬崗，一些被隨意棄置街上。俄軍撤退時還在城內多處埋下詭雷及設置炸彈，令不少平民誤觸炸彈或詭雷喪命。生還者則是一直躲在地下室才逃過一劫。

雖然烏克蘭政府找到不少證據指證第六十四旅參與是次屠殺，國際刑事法院也介入調查，這支部隊卻在四月十八日獲俄方頒授「近衛」名譽，以「表揚」其作為先頭部隊成功佔領布查這座橋頭堡。但是參與大屠殺這一反人類污名，將永遠烙在這支部隊的戰旗上。

● 華格納集團（Wagner Group）

華格納集團，是一間俄羅斯臭名昭著的傭兵集團，由一名大廚葉夫根尼·普利戈任，以及代號「華格納」（Wagner）的車臣戰爭老兵德米特里·烏特金（Dmitry Utkin）等幾人聯手創立，前者便是因為其廚藝受到普京喜愛，納入普京的社交圈子，並且透過其出色的業務能力，由初期的一個街頭混混，變身成了「普京的大廚」，幫其處理各種常規軍事行動不能處理的「糟事」並且個人異常熱衷於新納粹主義。

而後者則是一早在格魯烏之中擔任特種部隊指揮官，並且這兩人在其後第一次便是在二〇一四至一五年敘利亞內戰，在這段期間他們充分地明白了俄羅斯與美國的差距，亦即是整體軍事系統以及資源差距所帶來的資訊差、火力差以及後勤差。面對這種情況，他們便選擇以較為落後的「馬拉農場戰術」，

（圖源：俄羅斯陸軍）

用許多許多廉價的人命，去填補俄羅斯在這一方面的缺憾，亦即是利用人命，去摸清楚對面的火力部署以及位置，不斷重複再用火炮清除。

同時間在頓巴斯戰爭中，亦嘗試與烏東地區的親俄武裝組織配合，以及訓練指揮他們，與烏克蘭正規軍進行作戰，也有參與突襲共克里米亞的行動，在俄羅斯二月入侵克蘭之後至今，華格納集團已經多次擴編，並且至今規模相信已經超過二萬人，主要兵源有敘利亞、俄羅斯罪犯和老兵以及中亞地區的僱傭兵和白俄羅斯人等等。

據曾經與其交手的烏克蘭士兵形容：「他們根本就像一群殺不完的喪屍，面對恐懼依然不斷進攻」，並且也有很多影片指出這些人在戰場上若果受傷了，寧願吞槍自殺或者拔開手雷，同歸於盡也不會苟且偷生，因為在馬拉農場戰術下他們不再是人，而只是一種消耗品，所以比起生死這些消耗品，更怕的是華格納集團，把他們視為叛徒殘酷地虐待殺害。

現在華格納集團已經受到西方制裁，和列入黑名單並且視為恐怖組織，在烏克蘭主導犯下眾多重戰爭罪行，並且在近期相信俄羅斯陸軍高層與華格納，已經存在不信任危機。普里戈津說：「俄羅斯高層並不希望，繼續提供華格納任何彈藥，和空運物資的需求」，但是俄羅斯國防部發言人則表示：「根本沒有這些事」，明顯地華格納這個體制外的傭兵組織，已經被俄羅斯陸軍高層視為功高蓋主，搶奪他們剩餘些許功勞的障礙，並且希望透過更多手段，限制並且進一步削弱，華格納在克里姆林宮（Moskovskiy Kreml）派系中的影響力。

● 車臣特別迅速應變分隊（Special Rapid Response Unit）

車臣特別迅速應變分隊，又稱「Terek」。隸屬於國家近衛軍旗下的快速反應部隊，是一枝既可反恐也可以用於常規戰爭的部隊。其成立時間較晚，俄羅斯經濟有所改善，部隊擁有的資源以及訓練設施也相對較完善。特別迅速應變分隊的隊員質素絕非等閑，從他們二〇一五年時曾在約旦射擊比賽（Annual Warrior Competition Event）中奪冠即可見一斑。

（圖源：俄羅斯空降軍）

近五年來 SOBR 也開設了俄羅斯特種部隊大學（Russian Special Forces University），大學內有完整的體能格鬥訓練場、短中長距離靶場、室內近身距離作戰（CQB）訓練場，甚至具備大型風洞訓練室，因此車臣分隊專精室內近身作戰和夜間作戰，擁有「高跳低開」能力。在全俄羅斯境內難以找出別處能夠與其媲美的快速反應部隊。

比起其他宣誓效忠於俄羅斯的分隊，車臣分隊先宣誓效忠現任車臣共和國總統小卡德羅夫，並且以「艾哈邁德賜我力量！」（Akhmat Sila）作為口號。他們揮舞畫有小卡德羅夫頭像的車臣旗幟，作戰服臂章上亦貼有小卡德羅夫頭像，他們要先向卡德羅夫家族和小卡德羅夫本人效忠，然後才效忠於普京和俄羅斯。車臣分隊到現在還有卡德羅夫軍團，只挑選戰技最優良、最忠誠的人加入。他們先向地區領袖忠誠、後向國家領袖忠誠，作為將整個國家放到最後的武裝部隊，日後在俄羅斯弱勢時終將成為政治隱患。

在俄烏戰爭爆發不久後，小卡德羅夫曾在直播中大聲叫囂，要求澤連斯基立刻飛到俄羅斯，在普京面前下跪認錯並叫「爸爸」。小卡德羅夫又積極派出車臣分隊於東方及北方參戰。不過這些部隊到目前為止只負責在俄羅斯主力背後遊山玩水、負責跟進的戰區的治安問題。部分成員更止不住網癮，不停使用抖音、Instagram 等社交網站，無意中洩露軍隊行蹤，引來不少麻煩。小卡德羅夫亦傳聞曾經親身於前線督戰，而他們的 Telegram 發文顯示該單位參與了基輔戰役。

比起這些部隊是否有實際效用，筆者更留意普京暫時不把小卡德羅夫的車臣分隊直接派上作戰第一線，是避忌自己與小卡德羅夫可能因為傷亡問題而出現嫌隙；而小卡德羅夫的快速回應也是因為察覺到自己與普京的關係不穩，正所謂「君要臣死、臣不得不死」，唯有將自己的王牌底牌盡數攤出，才能換取君王的信任和避免受到不必要的猜忌。

不過普京也不是一個愚蠢的沙皇，在小卡德羅夫用行動表忠之後，也為其留了一點情面和周旋的空間。無論是默許其部隊放在戰線較後的位置，抑或是小卡德羅夫「表面出兵、實則劇本」，派駐馬里烏波爾的數千名車臣分隊成員正正考驗了這個「俄羅斯安祿山」與普京之間的關係和信任。究竟「俄羅斯安祿山」，對於這場戰爭的忍耐度能去到何種程度呢？隨著車臣部隊不再活躍於前線並減少對普京徵兵令的投入，以及卡德羅夫批評普京領導的俄軍表現，答案不言而喻。

烏軍編制

烏克蘭軍隊主要由國防部指揮的烏克蘭武裝部隊（Ukrainian Armed Force，下稱烏軍），聯同內政部轄下的國民警衛隊、國家警察（National Police）、國家緊急服務處（State Emergency Service），還有邊防衛隊（State Border Guard Service）與海岸防衛隊（Sea Guard）組成。烏克蘭國家安全局（Security Service）與旗下的阿爾法特種部隊（Alpha Group），負責要員安全的國家衛隊（State Guard），負責情報收集的對外情報局（Foreign Intelligence Service），以及負責通訊安全的國家特別通信局（State Special Communications Service of Ukraine）則肩負國家安全任務。除了歸總統直轄的對外情報局、國家安全局、國家衛隊外，其他部會皆受烏克蘭武裝部隊總司令節制。

戰前烏克蘭軍隊共有二十五萬現役軍人，另有預備役兵員九十萬。由於俄烏戰爭爆發，烏克蘭實施強制全民徵兵令，烏軍增至七十萬可用兵員。經過一輪人員損耗，二〇二三年推斷現役人數為二十萬，另有二十五萬包括國土防禦部隊在內的預備役人員及五萬包括國家衛隊在內的準軍事人員，把預備役計算在內，陸軍大概有二十萬人，海軍有十萬五千人，空軍有三萬五千人。本來，烏克蘭只招募烏克蘭公民服役，然而在二〇一四年頓巴斯內戰時，由於兵力不足，烏克蘭國會允許來自其他國家的志願者加入一系列的志願軍事組織（Ukrainian Volunteer Battalions），以國際志願者的身分助戰，當中比較大批的為格魯吉亞軍團（Georgian Legion）、白俄羅斯戰術小隊（Tactical Group "Belarus"）、自二〇一四年成立的兩大車臣志願組織焦哈爾・杜達耶夫營（Dzhokhar Dudayev Battalion，下轄哈姆扎特・格拉耶夫營 Khamzat Gelayev Battalion）與謝赫曼蘇爾營（Sheikh Mansur Battalion），以及由流亡的克里米亞韃靼人組成的諾曼・切萊比吉汗營（Noman Çelebicihan Battalion）與克里米亞營（Krym Battalion），皆以烏克蘭公民身分作戰，這六隊早於二〇一四年成立的國際部隊除諾曼・切萊比吉汗營由邊防部隊指揮外，均由陸軍直接指揮，一些車臣志願兵更組成烏克蘭陸軍「狂包」第三十四突擊營（34th Assault Battalion "Mad Pack"）及特種作戰大隊（Special Operations Group）。

自二〇二二年三月起，烏克蘭正式招募領土防衛國際軍團（International Legion of Territorial Defence of Ukraine），由自二〇一五年成立的國土防禦部隊（Territorial Defense Forces）管轄，烏克蘭政府於三月稱有多達兩萬人參與，成員來自多達六十個國家，主要由各國退伍軍人

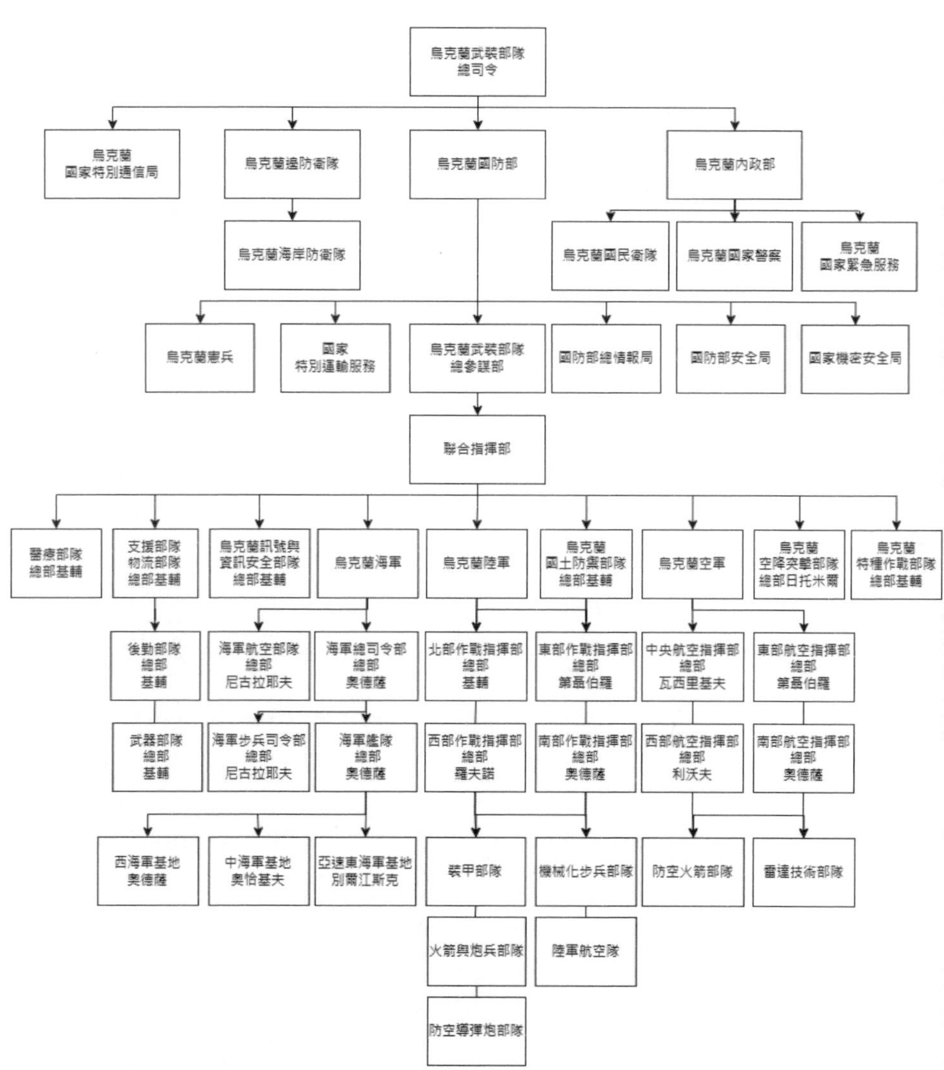

烏克蘭武裝部隊
總司令
烏克蘭
國家特別通信局
烏克蘭邊防衛隊
烏克蘭國防部
烏克蘭內政部
烏克蘭海岸防衛隊
烏克蘭國民衛隊
烏克蘭國家警察
烏克蘭
國家緊急服務
烏克蘭憲兵
國家
特別運輸服務
烏克蘭武裝部隊
總參謀部
國防部總情報局
國防部安全局
國家機密安全局
聯合指揮部
醫療部隊
總部基輔
支援部隊
物流部隊
總部基輔
烏克蘭訊號與
資訊安全部隊
總部基輔
烏克蘭海軍
烏克蘭陸軍
烏克蘭
國土防禦部隊
總部基輔
烏克蘭空軍
烏克蘭
空降突擊部隊
總部日托米爾
烏克蘭
特種作戰部隊
總部基輔
後勤部隊
總部
基輔
海軍航空部隊
總部
尼古拉耶夫
海軍總司令部
總部
奧德薩
北部作戰指揮部
總部
基輔
東部作戰指揮部
總部
第聶伯羅
中央航空指揮部
總部
瓦西里基夫
東部航空指揮部
總部
第聶伯羅
武器部隊
總部
基輔
海軍步兵司令部
總部
尼古拉耶夫
海軍艦隊
總部
奧德薩
西部作戰指揮部
總部
羅夫諾
南部作戰指揮部
總部
奧德薩
西部航空指揮部
總部
利沃夫
南部航空指揮部
總部
奧德薩
西海軍基地
奧德薩
中海軍基地
奧恰基夫
亞速東海軍基地
別爾江斯克
裝甲部隊
機械化步兵部隊
防空火箭部隊
雷達技術部隊
火箭與炮兵部隊
陸軍航空隊
防空導彈炮部隊

組成，當中包括由加拿大志願兵組成的加拿大旅（Canadian-Ukrainian Brigade）、由歐美北歐人種組成的諾曼旅（Norman Brigade），由芬蘭志願兵組成的卡累利阿民族營（Karelian National Battalion）由反亞歷山大・盧卡申科（Alexander Lukashenko）的白俄羅斯人組成的卡斯圖斯・卡利諾夫斯基團（Kastu Kalino ski Regiment）及柏康理亞分遣隊（Pahonia Regiment），由伊奇克里亞車臣共和國（Chechen Republic of Ichkeria）流亡政府軍隊（Chechen National Army）成員組成的特別用途獨立部隊（Separate Special Purpose Battalion），由一眾高加索穆斯林組成的高加索穆斯林軍團（Caucasian Muslim Corps），以及由反普京的俄羅斯人與投誠俄軍組成的自由俄羅斯軍團（Freedom of Russia Legion），由前特種部隊成員組成的美國安保顧問公司前鋒觀察小組（Forward Observation Group）亦有派員參與國際軍團，此外還有一群擁有特戰經驗的國際志願者組成一支由軍情總局指揮的特種大隊。

在二〇二〇年，總參謀部制定了三階段的預備役動員方案，先是徵召五萬名受過每兩年六十天作戰訓練的預備役官兵，再徵召受過每兩年受三十天作戰訓練的官兵，最後徵召所有合資格的烏克蘭公民進入國土防禦部隊作為傷兵替換與後勤之用。不過在是次烏俄戰爭，由於俄軍突然進軍，一切公民皆被動員進各大國土防禦部隊作戰，不少以國土防禦部隊的身分作戰，使得現役人數劇增。

與俄羅斯以五大軍區管轄海陸空三軍和空降軍不同，烏克蘭三軍及空降突擊隊歸統一的聯合指揮部管轄，各軍種再按地理分屬不同的指揮部，預備役性質的國土防禦部隊則配合陸軍編制分區作戰。由於烏克蘭海軍在二〇一四年克里米亞危機時被大幅削弱至只剩一艘護衛艦格特曼·薩蓋達奇尼酋長號（Hetman Sahaidachnyi）及數艘小型巡邏艦與輔助船艦，兵力主要靠旗下的兩支海軍步兵旅（第三十五及第三十六旅）與海軍炮兵旅（第四〇六旅）與海軍航空旅（第十旅），烏克蘭陸軍成為烏克蘭的主力部隊，而空軍直轄第七戰術航空旅（轟炸與偵察）、第二二九戰術航空旅（地面攻擊）及第三八三無人機團，還有三個運輸機旅，並設有四大航空指揮部，戰鬥機旅及防空火箭團歸航指部指揮，當中西部航指部下轄第一一四、二〇四戰術航空旅及第十一、二二三、五四〇防空火箭團，中央航指部下轄第三十九、四十、八三一戰術航空旅及第九十六防空火箭旅及第一五六防空火箭團，南部航揮部下轄第一六〇、二〇八防空火箭旅及第二〇一防空火箭團，東部航指部則下轄第一三八防空火箭旅、第三〇一防空火箭團及第三〇二防空火箭營集群。作為獨立軍種存在的空降突擊部隊，則擁有七個空中突擊空降與空中機動旅，另轄第一三二偵察營、第一四八自走炮營及第二十三坦克營，駐守全國各地。

陸軍有十三支機械化旅、兩支山地旅、兩支裝甲旅和七支火箭與炮兵旅，除五個火箭炮、炮兵與導彈旅（第十五、十九、二十七、四十三、一〇七旅）以及四個陸軍航空旅（第十一、十二、十六、十八旅）直屬總部外，其他作戰部隊分屬四大作戰指揮部，西部作戰指揮部下轄第十四、二十四機械化步兵旅，第十、一二八山地突擊旅、第四十四炮兵旅與第三十九防空導彈炮團。北部作戰指揮部下轄第一、十二坦克旅，第三十、五十八、七十二機械化步兵旅，第二十九炮兵旅，第一一二九防空導彈炮團，以及屬於精銳部隊的第六十一獵豹叢林步兵旅。南部作戰指揮旅下轄第二十八、五十六、五十七、五十九摩托化步兵旅，第四十炮兵旅，第三十八防空導彈炮團。東部作戰指揮部下轄第十七坦克旅，第五十三、五十四、九十二、九十三機械化步兵旅，第五十五炮兵旅，以及第一〇三九防空導彈炮團。

烏克蘭軍隊自二〇一五年改師北約後，採用了美國的旅級戰鬥群制度，以混合機械化步兵、炮兵、自走炮兵、裝甲兵、防空兵、通信兵、工兵、偵察兵、醫療兵、生化兵、電戰兵、運輸兵等各大兵種單位的機械化步兵旅或坦克旅作基礎戰鬥單位，部署不同地區作戰，比起俄的營級戰鬥群，兵力較為集中且多元化，雖確保在每個地區都有充足的各兵種資源作戰，不像俄軍可隨時分散包圍並在化整為零時保持擁有各兵種的戰力，但由於俄軍的部署使得資源過於分散，烏軍只需配合其他輔助單位如國土防禦部隊、國民衛隊、特別任務巡警，甚至各軍事志願者部隊與遊擊隊分散作戰，即能反制俄軍的包圍。烏軍與波蘭軍隊緊密合作，自一九九七年與波軍共同組成烏波維和營（UKRPOLBAT）在科索沃維和時，借機接受北約訓練，這經驗使得烏軍很快從蘇聯模式過渡至北約模式。

除了烏軍外，烏克蘭另一大戰力為內政部的國民警衛隊以及國家警察旗下的特別任務巡邏警察，源於二〇一三年親歐盟示威運動中的「廣場自衛隊」（Maidan Self-Defense），由在二〇一四年頓巴斯內戰時自發動員的一眾志願軍及民兵團組成，當中包括了亞速營與頓巴斯營，國民警衛隊共有六萬僱員，共分東南西北中五大作戰指揮部，擁有作戰、維安巡邏、重要設施警備、運輸與囚犯押運等任務，有如美國國民警衛隊及法國國家憲兵的混合體。總部直轄第一特種作戰旅、第四快速反應旅及第二十二外交保護旅，同時有國民航空衛隊及三團重要設施警備團、負責全國五大核電廠的五營警備營，以及專職核工業護衛與反恐的兩支特種分遣隊。

西部作戰指揮部擁有第二國民警衛旅及第八、四十、四十五、五十國民警衛團。北部作戰指揮部擁有第一作戰旅，負責公共安全及儀仗的第二十五維安旅，第二十七運輸旅，以及第二十五、七十五國民警衛團。中部作戰指揮部下轄第二十一維安旅及第十六維安團。東部作戰指揮部下轄第三、五國民警衛母及第十五、十八作戰團，當中第十八作戰團即下轄亞速營與頓巴斯營。南部作戰指揮部下轄第二十三維安旅，以及第九、十九、四十九維安團。

至於特別任務巡邏警察，則有一個團級單位「聶伯第一巡警團」（Dnipro-1 Regiment），十九個營級單位，以及兩個連級單位，和平時期協助警方巡邏，戰時則作為如國民警衛隊一般的防禦部隊作戰。此外，邊防衛隊與其下轄的海岸巡邏隊也肩負邊境巡邏與防衛的重責，而國家緊急服務則以民防的身分協助國土防禦。

除上述編制內的部隊，自二〇一四年頓巴斯內戰成立的各軍事志願組織與民兵團體及遊擊隊也積極參戰，較為出名的有由右翼政黨「右區」（Right Sector）組成的烏克蘭志願軍團（Ukrainian Volunteer Corps）還有由其劃分出來的烏克蘭志願軍（Ukranian Volunteer Army）與醫院騎士醫療營（Hospitallers Medical Battalion）、烏克蘭國家主義者營（Battalion of “Organization of Ukrainian Nationalists”），以及由左翼無政府主義者組成的黑色總部（The Black Headquarters）及 Revdia 組成的遊擊隊。

部分部隊擁有自己的坦克及核生化部隊，擁有相當戰力。他們有些與政府軍配合作戰，有些作為城市的巡守隊或以個人身分堅守特定城鎮守護自己家園，有些自行在各個戰線作戰，無論作戰形式如何，也能作為政府軍的重要補充戰力。由曾參與過烏克蘭革命的年輕人組成的無人機隊 Aerorozvidka 空中偵察隊，更以商用無人機，成功收集不少俄軍情報及襲擊俄軍，因而被收編進烏克蘭陸軍。另亦有不少來自烏克蘭及世界各國的民間資訊科技人才，協助烏克蘭收集電子情報及進行電子戰。

著名部隊

以下是部分有不少戰功的作戰單位，由於篇幅所限更多的部隊不能盡錄。

● 第十九獨立導彈旅（10th Separate Missile Bridage）

雖然西方援助的 M142 和 M270 兩款令人印象深刻的多管火箭系統為烏克蘭軍創造了輝煌的戰果，以驚人的精準度摧毀了大量俄軍設施。但未收到西方軍備支援之前，唯一使用舊式圓點–U 短程導彈的的第十九獨立導彈旅也奮勇抵抗俄軍的入侵，是少數能打擊俄軍後方的單位。用較老舊的武器抵抗俄軍入侵其實就是烏克蘭軍的縮影。

（圖源：烏克蘭陸軍）

根據烏克蘭電視台 TSN 採訪第十九旅士兵的報導，開戰前第十九旅接過緊急移出駐地的命令，在剛開戰時就馬上源頭打擊了俄國境內羅斯托夫地區的軍用機場，其後三月二十四日凌晨埋伏在港口的觀察員發現入港的「薩拉托夫」號登陸艦並呼叫導彈將其擊沉，也不斷打擊俄軍的彈藥庫、油庫、機場等關鍵設施，大大降低了俄軍作戰效率。

● 第三獨立坦克旅（3rd Tank Bridage）

烏克蘭第三獨立坦克旅「鋼鐵旅」，前身是個後備單位，該單位自二〇一九年轉成正規單位。廣泛裝備 T–72B1 和少量 T–72AV 主戰坦克而非烏軍常見的 T–64BV。而烏克蘭國產只有六輛的

T－84U 都裝備了該單位。

第三旅於三月開始底投入切爾尼戈夫方向以打破俄軍對該地的包圍，四月以後一直在斯洛文斯克強化防禦，其中第九營則部署在哈爾科夫一帶，該單位屢次用舊式的裝備擊退俄軍的攻勢。在九月哈爾科夫功勢之時，第三旅連同第十四機械化步兵旅作為攻擊箭頭進攻伊久姆方向以良好的步戰協同擊潰了俄軍防禦。其後投入了頓涅茨克方向的戰鬥。

第三坦克旅以老舊的裝備打出非常優秀的戰果，例如維爾尼霍拉中尉的 T－72B1 在新巴桑村單車擊毀四輛俄國裝甲車輛，另外第九營的波洛馬連科上尉下的六輛坦克與第二十五空降旅協同進攻哈爾科夫外郊村落之時，就算遭遇到二十輛俄軍坦克的仍擊毀了其中九輛並全身而退。上尉因此戰而獲得金星勳章。

（圖源：烏克蘭陸軍）

● 第一獨立坦克旅（1st Tank Brigade）

二月二十四日上午，俄軍裝甲部隊從俄白邊境地區湧入烏克蘭北部，首都基輔東郊僅餘烏克蘭第一坦克旅一夫當關，第一坦克旅直面俄軍十個營級戰術群，卻在接下來的五週內力保切爾尼戈夫不失。

第一坦克旅全名為第一獨立西維利亞坦克旅，前身由兩支部隊組成：第七十二機械化師和第二十五機械化師。蘇聯解體後，該部隊劃歸烏軍麾下。在俄羅斯入侵克里米亞半島七個月後，烏軍隊於二〇一四年九月重組了該旅。二〇一五年一月左右，第一坦克旅試圖突入頓涅茨克機場支援陷入困境的守軍未竟，該役第一坦克旅損失了二十幾輛坦克。頓涅茨克機場失守後，第一坦克旅繼續沿著烏克蘭東部頓巴斯地區作戰。該旅最近在去年四月駐在頓巴斯。當俄羅斯準備全面入侵烏克蘭時，第一坦克旅駐防在基輔郊外米日裡琴斯基自然保護區內。

（圖源：烏克蘭陸軍）

第一坦克旅是烏軍二十個元祖現役旅之一，它下轄三個坦克營（配備較先進的 T-64BM 和一些主力的 T-64BV 坦克）以及一個機械化步兵營（配備 BMP 步兵戰車）。每個營紙面上有四十至五十輛車和大約四百名士兵。該旅還下轄三個炮兵營（每個營配有 2S1 和 2S3 自行榴彈炮和 BM-21 多管火箭炮）以及防空部隊（配備箭-10 和通古斯卡彈炮合一防空系統）。

值得一提的是，第一坦克旅是開戰時唯一裝備 T-64BM「刀鋼」（Bulat）坦克的單位，頓巴斯內戰中一共有六十四輛 T－64BM 投入過戰場，T－64BM 是烏克蘭以 T－64B 為基礎發展而成的新坦克。在二〇一五年突破頓涅茨克機場的戰鬥中，T－64BM 曾經與親俄武裝的 T－72B 交戰，事後烏軍聲稱其中三輛 T－64BM 最少擊毀了八輛 T－72B，更有一輛 T－64BM 被多次擊中後仍繼續戰鬥。雖然實戰證明了其生存能力很高，但是 T－64BM 仍然存有大量問題，有裝甲兵反映其機動性能低下，反應裝甲的安裝需要焊接，在前線基地難以替換，因此二〇一七年後大部分 T－64BM 都被封存。

二〇二二年俄羅斯入侵烏克蘭之初，該旅被分散部署。俄軍包圍並切斷了切爾尼戈夫，試圖打通往基輔的公路，作為當地唯一的正規單位，第一坦克旅堅守陣地，重挫俄軍第四十一諸兵種集團軍，使之在切爾尼戈夫附近停罷。俄軍高階急切地想讓集團軍繼續前進，卻令集團軍反覆暴露在烏軍炮火下。有指烏軍第一坦克旅聯同防空部隊在三月五日擊落了至少一架俄軍蘇-34 戰機，兩名機組人員一死一被俘。

第一旅堅守切爾尼戈夫超過一個月後，隨即發動反攻。該旅是俄軍入侵以來第一個發動反攻改變戰線態勢的部隊。及後俄軍第四十一諸兵種集團軍殘部向北撤回白俄羅斯境內，第一坦克旅則奪回了基輔周邊城鎮和 M01 公路，成功保衛切爾尼戈夫，但代價是第一旅受了不少損失，直到七月才陸續重新部署到紮波羅熱（Zaporizhzhia）以及北頓涅茨克方向。

• 第十七獨立坦克旅（17th Separate Tank Brigade）

第十七坦克旅是二〇一四年烏克蘭陸軍中唯二的坦克旅之一，全稱第十七獨立克里維里赫坦克旅。在這次戰爭中，第十七坦克旅在戰爭第一階段中堅守哈爾科夫地區令烏軍成功反攻哈爾科夫，在第二階段中更大力參與頓涅茨克北部作戰，表現相當亮眼。

（圖源：烏克蘭陸軍）

這支部隊的歷史可以追溯至前蘇聯第十七近衛坦克師，其前身第一七四步兵師。在一九四二年，這支部隊改編成第二十近衛步兵師，參加過斯大林格勒、克里沃伊羅格、敖德薩、布達佩斯和維也納戰役。

它在一九四五年成為第二十五近衛機械化師，一九六五年改編成為第十七近衛坦克師，這個番號一直保留到蘇聯解體。烏克蘭獨立後，這支部隊根據第三五〇／九三號法令予以保留。二〇〇三年九月，該師被縮編為坦克旅。直至二〇一五年十一月十八日，由於烏克蘭開始「去蘇聯化」政策，其榮譽稱號「蘇沃洛夫紅旗勳章」被取消，但克里維里赫戰役榮譽仍獲保留。

在二〇一四年俄羅斯入侵烏克蘭東部的戰役中，這支部隊已經表現出色。部分成員參與了第二次頓涅茨克機場戰役，坦克旅獲稱呼為「鋼鐵奇俠」，原因是這支部隊一直堅守機場，能夠日以繼夜，沒有睡眠，又沒有援軍支持，仍能擊退一波又一波俄軍。彷如科幻小說中的機械人一樣。該旅有十五人因英勇作戰獲授予國家勳章和獎章。

二〇二二年烏俄戰爭中，第十七坦克旅最亮眼的表現是五月十一日至十二日之間擊潰了俄軍兩個營戰術組，當時俄軍正試圖在利西昌斯克一帶橫渡北頓內次河。坦克旅旗下三個炮兵營，包括一個營的 2S3 自走炮、一個營的 2S1 自走炮和一個營的 BM-21 多管火箭炮猛烈炮轟俄軍。根據無人機拍攝的影像顯示，俄軍損失超過一百輛裝甲車輛和浮橋，大大阻延了俄軍攻勢。

• 第九十五獨立空降突擊旅（95th Air Assault Brigade）

第九十五獨立空降突擊旅，是烏克蘭武裝部隊空降突擊部隊中的一支軍事單位，駐紮地為日托米爾（Zhytomyr）。在二〇一四年春天，它是最早迎擊俄羅斯侵略的第一批部隊。第九十五旅參加了斯洛維揚斯克的戰鬥，接著參與了烏克蘭東部戰線的各場戰鬥。二〇一四年七月至八月，第九十五旅一支部隊對敵人的後方進行了多公里的突襲。二〇一六年，第九十五旅被改組成一個突擊單位，並獲得了一個

（圖源：烏克蘭陸軍）

坦克部隊。

一九九二年，第九十五初級空降訓練中心在蘇梅砲兵學校的基礎上開始組建。訓練中心的工作人員是在烏克蘭獨立後返國的傘兵軍官，以及表示希望在武裝部隊的精英部隊中服役的優秀軍人。直到一九九三年，該中心大約訓練過九萬名學員。在一九九五至九六年之間，中心被改組成第九十五獨立空中機動旅，並在二〇〇〇年併入第八軍旗下。

在二〇一四年三月，第九十五旅因應俄羅斯軍事入侵克里米亞作出行動。第九十五旅當時有兩個戰鬥力強的營，包括經常參加國際演習的第十三營和第一營，這兩個首屈一指的營被轉移到赫爾松地區，其後轉移到克拉馬托爾斯克（Kramatorsk）。同年五月二日，第九十五旅參加了對斯洛維揚斯克的進攻。該旅第一營的一個縱隊在攻佔卡拉春山後，繼續向斯洛維揚斯克移動，但受到當地居民與武裝民兵阻擋。晚上十點十五分左右，武裝分子非常卑鄙地從平民的背後向烏克蘭傘兵開火，由於這一事件，烏克蘭軍隊撤出卡拉春地區。到十月的頓涅茨克機場防衛戰中，第九十五旅第二營第四連「熊連」投入了戰鬥，到二〇一五年一月起，第一營與第十三營也相繼投入戰鬥。其後也參與了德巴爾切夫一帶的戰鬥。

直到二〇一六年，第九十五旅獲得了空降突擊的資格，因此正式改稱第九十五獨立空降突擊旅。之後烏克蘭軍改革了空降部隊的編制，第九十五空降突擊旅獲得了一個由 T-80BV 組成的坦克連。

烏俄戰爭中，第九十五旅一直在烏東的斯洛維揚斯克與俄軍交戰，並在九月的哈爾科夫攻勢中表現活躍。

●第九十二獨立機械化旅（92nd Mechanized Brigade）

烏克蘭第九十二獨立機械化旅「伊萬．西爾科」（Ivan Siirko）常駐地為哈爾科夫地區。二〇一四年爆發頓巴斯衝突初期，該旅仍部署在哈爾科夫地區，直到二〇一四年八月，該旅部分單位被派往頓巴斯地區，馳援被包圍在伊洛瓦伊斯克的烏軍部隊。二〇二二年烏俄戰爭爆發後，九十二旅堅守哈爾科夫一帶，到三月底開始與九十三機械化步兵旅和第四坦克旅一起掃蕩哈爾科夫市郊的俄軍。

（圖源：烏克蘭陸軍）

第九十二旅前身為烏克蘭國民警衛隊第六師。一九九九年十二月，國民警衛隊第六師被移交給烏克蘭武裝部隊，並更名為第六機械化師。後來該師於二〇〇〇年再獲改編成第九十二獨立機械化旅。根據時任烏克蘭總統頒佈的一一七三號命令，當時九十二旅仍保留了「紅旗」和「十月革命勳章」這些榮譽和功勳。直到二〇一四年頓巴斯衝突後才因為去俄羅斯化而移除這些榮譽和功勳。

在二〇一二年四月，第九十二旅的防空導彈和砲兵單位被部署在頓涅茨克，保障二〇一二年歐洲杯足球賽賽事安全舉行。在二〇一三年，該旅派出一百零四名士兵參加了聯合國在黎巴嫩、利比里亞、塞拉利昂和前南斯拉夫的維和任務。二〇二一年四月，第九十二旅參與了當時的多國聯合軍演，裝備了烏克蘭最新的戰車，例如 BTR－4E 和 BREM－4RM 步兵戰車。在二〇二一年的獨立日閱兵中，第九十二旅展示了最新的 T－64BM2 坦克，T－64BM2 是 T－64BM 的升級版本。

至二〇一四年三月中旬，因應克里米亞危機，該旅被調往哈爾科夫地區的俄烏邊境，並在邊境附近進行軍事演習。但該旅的人員和作戰裝備數量不足，在春季和夏季，這些部隊沒有參加頓巴斯的戰鬥。直到八月，部分單位被派往頓巴斯地區為被困伊洛瓦伊斯克的部隊解圍。第九十二旅其後也積極投入盧甘斯克地區和傑巴爾采夫的戰鬥。

在烏俄戰爭爆發之時，第九十二旅為揚長避短，在哈爾科夫市內與入侵的俄軍交戰，原因是烏克蘭機械化程度處於下風，若在郊區接戰可能引來滅頂之災。因此第九十二旅在開戰初期，就配合哈爾科夫衛戍部隊，守衛著這個烏克蘭第二大城市。三月下旬俄軍開始把進攻重點轉移到頓涅茨克和盧甘斯克地區，第九十二旅、第九十三旅和第四旅不斷投入收復哈爾科夫市郊村落的戰鬥。

在九月的哈爾科夫攻勢中，第九十二旅連同第二十五空降旅以及第八十空中突擊旅收復了庫普揚斯克。及後十二月連同海妖部隊在盧甘斯克前線作戰，並收復了斯瓦托韋（Svatove）一帶數個城鎮。

● 第九十三獨立機械化旅（93nd Mechanized Brigade）

第九十三旅全名為第九十三獨立機械化旅「阿冷爾」，頓巴斯衝突中參與過最多高強度戰鬥的單位，包括二〇一四年伊洛瓦伊斯克戰役中頓涅茨克機場一帶的戰鬥，以及二〇一七年阿瓦迪夫卡戰役。它是烏軍表現最亮眼的單位，但同時命傷亡最多，直至二〇一七年，第九十三旅共有二百七十二名士兵陣亡。在烏俄戰爭中作為「救火隊」遊走於烏東的各前線。

「阿冷爾」的前身為蘇軍第九十三近衛摩托化步槍兵師，一九九一年從匈牙利重新部署到第聶伯羅彼得羅夫斯克地區的切爾卡西村。蘇聯解體後，該師改組成第九十三機械化師，正式成為烏克蘭武裝力量的一部分。一九九二年，代表烏克蘭軍隊首次參與維和部隊前往波斯尼亞薩拉熱窩維和。二〇〇二年十二月一日，九十三機械化師再改組成機械化旅，原本的防空導彈團獨立出來，而其他大部分部隊則被解散。在二〇〇四至〇五年，第九十三旅作為烏克蘭維和部隊的一部

（圖源：烏克蘭陸軍）

分在伊拉克執行任務，之後也在利比里亞、塞拉利昂、黎巴嫩執行過維和行動。

而第九十三最著名的行動是參與了二〇一四年頓涅茨克機場的戰鬥，當年自九月開始，第九十三旅的士兵佔據了機場客運大樓和控制塔的重要據點，並投入了十一月至翌年一月最激烈的戰鬥。米哈伊洛維奇准將親身在前線指揮作戰，第九十三旅在敵眾我寡的情況下擊退了親俄武裝一浪接一浪的攻勢，接近大樓的裝甲車輛接二連三被擊毀。另外，第九十三旅的裝甲兵曾在機場一帶與親俄武裝分子的坦克交戰，當中葉夫肯・梅列維金中校的 T－64BV，在二〇一四年八月至十月接連擊毀了五輛 T－72 而獲得烏克蘭英雄的榮譽。經歷了大約八個月的戰火洗禮並缺乏補給的情況之下，二〇一五年四月，特種部隊協助第九十三旅成功突圍撤出機場。此後有份參戰的士兵都獲得了「鋼鐵奇俠」這個傳奇的稱號。

在烏俄戰爭中，第九十三旅是表現最傑出的烏克蘭陸軍部隊。這支部隊在戰爭第一階段中佈署於哈爾科夫，從蘇梅方向一直堅守陣地，持續對抗俄軍的精銳部隊近衛第四坦克師。第九十三旅在開戰第一天就俘虜了俄軍士兵，擄獲多款俄軍裝備，其中包括二〇一七年面世的 T－80BVM 和 TOS-1 多管火箭炮，更擊毀了俄軍唯一的 T－80UM2 原型坦克。截至三月十五日，俄羅斯第一近衛坦克軍的 T80U／UK／UE 車隊中損失了六十二輛。這個系列戰車的唯一使用者是第一坦克近衛軍中第四坦克師麾下第十二坦克團和第十三坦克團。當中為數不少的 T－80BV、T－80U 和 T-80BVM 塗上烏克蘭國旗或獨特塗裝後陸續被第九十三旅用於對抗其前主人。

在戰爭第二階段，於四月二十三日反攻哈爾科夫一帶的戰鬥中，第九十三旅成功伏擊了因在布查屠殺村民「立大功」而獲得近衛稱號的第六十四獨立摩托化步兵旅，並且在接著的多場戰鬥中將俄軍驅逐出哈爾科夫以北地區。八月第九十三旅收服了伊久姆以南包括馬薩尼夫卡在內的數個城鎮。

在九月的哈爾科夫攻勢中，第九十三旅在俄軍的左翼發動猛攻並成為伊久姆的功臣之一。後來十月被調去巴赫姆抵抗華格納傭兵的攻勢，曾一度奪回 M03 和 M06 公路，但其後幾歷包括蘇萊達爾等多場戰鬥後受了不少傷亡，第九十三旅的位置由其他單位接手。

● 亞速旅（Azov Brigade）

在是次烏俄戰爭中，有一隊備受爭議的部隊立下彪炳戰功成為世界焦點。這支本為營級的軍事志願團體，因在二〇一四年九月守住馬里烏波爾而擴編為團，再於二〇二三年二月擴編為旅，與斯巴達旅及國民衛隊第四快速反應旅等戰功顯赫的國民衛隊、邊防衛隊及國家警察旅團合組「進攻衛隊」（Offensive Guard），以突擊旅身分作戰。然而，這支

（圖源：烏克蘭陸軍）

部隊面對的新納粹指控，卻成為俄羅斯進攻烏克蘭「去納粹化」的藉口。

亞速營源於一群極端球迷組織，在二〇一四年頓巴斯戰爭中成立。當時，由於烏克蘭東部的政府軍不敵親俄武裝的猛烈攻勢直接潰逃，哈爾科夫正被親俄民兵佔領，參考烏克蘭革命中政黨右區吸納狂熱球迷（ultras）組成志願軍來對抗警察鎮壓，烏克蘭頂級球會「哈爾科夫米達列斯」（FC Metalist Kharkiv，也譯「哈爾科夫冶金工人」）的球迷組織八二派別（Section 82），在極右政黨「烏克蘭愛國者」（Patriot of Ukraine）協助下，組成了自衛部隊「東部兵團」（Eastern Corps）守衛家園。

當時哈爾科夫很快被政府軍收復，但頓巴斯地區不少城市正被親俄民兵割據，烏克蘭政府無法動員足夠的政府軍處理，遂向由東部兵團及黑色軍團（Black Corps）組成的亞速營（“Azov” Battalion）及其他民兵團招手，先編入領土防衛營（Territorial Defence Battalions），再於年底成為由內政部控制的特別任務巡邏警察（Special Tasks Patrol Police）。他們被調派到正被親俄武裝佔領的馬里烏波爾進行首場戰役，即在烏克蘭傘兵的協助下大捷，使得他們愈戰愈勇，愈來愈多民眾及有經驗的老兵加入，規模也漸漸從營擴充至團。他們戰力提高後被劃入新成立的烏克蘭國民警衛隊，成為代號三〇五七的「亞速」特種作戰獨立支隊（“Azov” Special Operations Detachment），得到更多軍方的重武器，變成一支有特種部隊地位的機動步兵團，擁有自己的偵察、排爆、坦克、炮兵、工兵部隊，以至核生化防禦排，他們馳騁於頓巴斯各大戰場取得不少戰功。同期還有一支名為頓巴斯營（"Donbas" Battalion）的志願軍，頓巴斯營是一群由有服役經驗的平民組成的民兵團，由領土防衛營指揮，被囊括進國民警衛隊，逐成為「頓巴斯」第二特種作戰支隊（2nd Battalion of Special Assignment "Donbas"），與亞速營平起平坐。

只是，亞速營卻與新納粹主義擺脫不了關係。其第二版隊徽上，便畫有納粹親衛隊第二師的隊徽「狼之鈎」（Wolfsangel）及同為親衛隊使用的「黑太陽」（Schwarze Sonne），雖然亞速營指這兩個符號分別指的是「國家理念」（National Idea）的縮寫及在亞速海上升起的太陽，但仍難以說明為何隊徽上同時出現兩個直接來自納粹親衛隊的符號，且比起烏克蘭國徽更大更明顯。後來，因應亞速營正式併入國民警衛隊，隊徽被要求重新設計，但仍保留了「狼之鈎」的變異版於其隊徽中。二〇一四年有德國電視二台（ZDF）在採訪亞速營時，拍到亞速營士兵的頭盔上有納粹標誌；二〇一五年還有亞速營士兵向波蘭記者展示納粹紋身與制服上的納粹標誌。

其明顯的意識形態吸引了世界各國人士加入作志願者，成員包括英、美、法、希臘、巴西、克羅地亞，甚至俄羅斯，即使烏克蘭曾根據《明斯克協議》禁止外籍人員參軍，亞速營仍有不少具極右以至新納粹主義傾向的外國成員，當中包括了美國「核武之師」（Atomwaffen Division）的成員。在二〇一五年《今日美國》（USA Today）的訪問中，一名亞速營發言人坦言整團有十至二十百分比的人是新納粹主義者，但他們大多只是被誤導而已，發言人指亞速營雖然認同納粹主義那種強人領導，但不認同反猶太主義。現實中，亞速營確實也有猶太成員，如曾在烏克蘭革命中領導猶太示威組織「猶太數百人」（Jewish hundreds）的卡贊（Nathan Khazin），整支隊伍更被指由猶太裔商人伊戈爾・科洛莫伊斯基（Ihor Kolomoyskyi）幕後贊助，他們亦會使用以色列製武器如塔沃爾突擊步槍（IMI TAR-21）及內蓋夫輕機槍（IMI NEGEV）。

究竟亞速營是否真的實行新納粹主義值得商榷，但至少，這支隊伍有不少白人至上主義者，創辦人安德烈・比列茨基（Andriy Biletsky）曾公開指其歷史使命乃領導世界上的白人為生存作最後鬥爭，並針對閃米特人（Semitic People）領導的劣等人進行十字軍東征。只是，同時間，他認同應倣法以色列作為烏克蘭發展的榜樣。對於亞速營的新納粹傾向，美加皆立法禁止援助亞速營。

亞速營另一大爭議，是他們與頓巴斯營被聯合國人權專員發現在內戰期間觸犯了不少有違人道的行為，曾多次酷刑迫供一些親俄民兵的支持者，如施以電刑及水刑，另外也曾對精神有問題的人施以酷刑及性暴力，過去亦有強搶民居的紀錄；在俄烏戰爭爆發時，則被指以武力阻止民眾離開馬里烏波爾而被俄羅斯官媒大肆批評。亦因此，烏克蘭當局曾多次要求亞速營改善其行為，以及下令他們摒棄新納粹主義，只是作為擁有相當戰鬥力及在頓巴斯內戰擁有不少戰功的隊伍，亞速營並未完全改善作風，頂多只是減少宣揚其新納粹傾向，把政治部分留在與其相關的政黨國民軍黨（National Corps）及非政府團體亞速民團（"Azov" Civil Corps）中。其理念主要是切割與俄羅斯的連結，以及拒絕烏克蘭加入歐盟與北約，還有恢復烏克蘭的核武力量，而他們也擁有自己的國家民兵團（National Militia），表面上協助警方維持治安，實際上作為國民軍黨的私人武裝力量存在。雖然他們在上一次國會大選並未得到任何議席，但仍在一些地區議會擁有影響力。自身為猶太人的現任總統澤連斯基上台後，便一直對國內的極右及新納粹有所警惕，過往也曾在其節目中嘲諷烏克蘭的極右分子。

在是次烏俄戰爭中，亞速營作為馬里烏波爾主力守備部隊，於戰場中屢建奇功。不少烏軍部隊會以運動相機或手機紀錄作戰過程，其中亞速營較擅長製作精美的影片宣傳其戰功，使其由過去的聲名狼藉瞬間成為媒體寵兒，美國及日本也一改過去視之為新納粹組織的態度，允許為亞速營提供支援。亞速營不只在馬里烏波爾戰場上不斷摧毀俄軍的坦克，也有成員在基輔周邊的城鎮布羅瓦里（Brovary），與有「黑紮波羅熱人」（Black Zaporozhians）之稱的烏軍第七十二獨立機械化步兵旅共同摧毀數輛俄軍坦克。

最著名的一役是在二〇二二年三月十五日，把以攻陷柏林在國會大廈插上紅旗的俄羅斯王牌部隊第一五〇機動步槍師司令米佳耶夫少將（Oleg Mityaev）擊殺，使高呼「反納粹」的俄兵遭他們口中的「新納粹」摧毀而大失顏面。然而，儘管亞速營戰績彪炳，仍不敵俄軍的重重包圍，在四月初與第三十六海軍步兵師等退守亞速鋼鐵廠後只能勉強防守。本來亞速營仍能透過鋼鐵廠地底深達七層的地道網絡進行遊擊戰，使得俄軍難以攻進鋼鐵廠，但隨著俄軍一直圍攻，以導彈及炮擊摧毀鋼鐵廠的地面結構，亞速營最終不敵俄軍，在防守八十二天後投降，撤離亞速鋼鐵廠。

馬里烏波爾一戰後的亞速團雖然元氣大傷，但不少亞速團成員化整為零後，組成各部隊繼續作戰，俄裔極右成員組成了俄羅斯志願軍（Russian Volunteer Corps）以國際志願軍團的名義作戰，在沃倫的成員組成由國土防禦部隊管轄的「魯巴特」（Lubart）獨立特別任務作戰部隊，國民軍黨副領袖兼亞速團老兵在聶伯成立了「亞速－聶伯」（Azov－Dnipro）第九十八國土防禦營，另外還有一些亞速團老兵在哈爾科夫組成第二二五及二二六偵察營還有歸駐哈爾科夫國土防禦部隊第一二七防禦旅管轄的亞速坦克連，亦有亞速團老兵在伊凡諾－法蘭科夫斯克（Ivano－Frankivsk）成立「亞速－普裡卡帕亞」部隊（Azov－Prykarpattia）還有在波爾塔瓦（Poltava）成立「亞速－波爾塔瓦」（Azov-Poltava）部隊。

這些歸國土防禦部隊管轄的亞速團分支由於戰功顯赫，故被歸納作亞速特種作戰部隊（Azov SSO），以特種部隊身分作戰，在二〇二三年一月更正式編成第三突擊旅，作為烏克蘭陸軍的一支機械化步兵旅作戰，在巴赫穆特戰役中協助守軍解圍立下戰功。另有一批亞速團老兵及國民軍黨成員組成了志願性質的海妖團（Kraken Regiment），這支部隊成為了烏克蘭國防部情報總局下轄的一支特種部隊，進行各種特別任務。他們在收復伊久姆一役中以出其不意的突襲，一舉擊潰當地俄軍，成為哈爾科夫閃擊戰中顯赫的一場勝仗。

這支由球迷志願建立的民兵組織，因俄羅斯入侵而生，一步步成為正規軍甚至特種部隊，即使曾在馬里烏波爾遭毀滅性打擊仍能死灰復燃甚至擴編。在亞速團主部隊正式擴編為亞速旅以進攻衛隊身分作戰後，將繼續與一眾由亞速團老兵成立的部隊如第三突擊旅及海妖特種部隊，立下更多戰功。

●第三十六獨立海軍步兵旅（36th Separate Marine Brigade）

雖然烏克蘭早於俄羅斯帝國時代便設有海軍步兵，並短暫獨立設有三團合共六萬五千人的海軍步兵旅，守衛烏克蘭沿岸地區及海軍設施；但第三十六海軍步兵旅到二〇一五年才正式建立。由於原來的母港克里米亞在二〇一四年被俄羅斯兼併，烏克蘭海軍實力大減，海軍步兵只剩下第一獨立海軍步兵營和第五〇一獨立海軍步兵營約二百人。為重整海軍實力，上述兩支部隊連同第三十六獨立岸防旅於二〇一五年七月重組成第三十六獨立海軍步兵旅，共有二千多人；同時亦成立第三十五海軍步兵旅、第三十二海軍步兵炮兵團，以及第四〇六海軍步兵野戰與岸防兩棲炮兵旅。參考英國皇家海軍陸戰隊的專業化改革，此部隊於二〇一八年五月海軍步兵日改由海軍艦隊海軍師管轄。

（圖源：烏克蘭海軍）

第三十六獨立海軍步兵旅重組後，一直在頓巴斯一帶作戰。馬里烏波爾被俄軍包圍時，總部位於尼古拉耶夫的部隊被調至馬里烏波爾作戰，與亞速營一同成為這座城市最主力守備部隊。與亞速營一樣，第三十六獨立海軍步兵旅戰績彪炳，但仍不敵俄軍重重包圍而先是退守至伊里奇金屬廠，後來因難以抵擋俄軍攻勢，在四月十三日突圍撤退至亞速鋼鐵廠與亞速營匯合，但突圍過程中有大批成員被俘，死守一個月後最終只能與亞速營投降撤離，旅長及參謀被俘。

• 第四十戰術航空旅（40th Tactical Aviation Brigade）

在烏俄戰爭爆發首日，俄軍雖聲稱摧毀烏軍的空軍力量，但烏克蘭空軍的戰機卻一直翱翔天際，與俄羅斯空軍的戰機交戰，當中，便有傳一架烏克蘭的米格－29戰鬥機成功在基輔上空擊落六架俄羅斯戰機，包括兩架蘇－35、兩架蘇－25、一架蘇－27，及一架米格－29戰鬥機，被稱為「基輔之鬼」，不少人猜想該飛行員可能成為二十一世紀第一名擊落五架戰機以上的飛行員。到了二月二十七日，烏克蘭安全局稱「基輔之鬼」已擊落十架俄軍戰機，成為一時佳話。

只是，後來烏克蘭國防部稱「基輔之鬼」可能只是回到烏克蘭軍隊作戰的一眾預備役軍人中

（圖源：烏克蘭空軍）

的一個，唯一能確認的是當天在基輔上空有六架俄國軍機被擊落。一直有指基輔之鬼真身可能是已陣亡的烏軍飛行員，但未能確認。直到四月三十日，烏克蘭空軍才確認「基輔之鬼」並非單一飛行員，而是一眾烏克蘭空軍飛行員及其勇毅精神創造的傳奇。縱觀整支烏克蘭空軍，在基輔防守並使用米格－29戰鬥機的，就只有中央航空指揮部第四十戰術航空旅。

這支二〇一八年成立的部隊停泊在基輔州瓦西里基夫空軍基地，裝備了米格–29、米格–29UB、米格－29M1，以及L39M1教練機，由克拉夫琴高上校指揮，與使用蘇－27戰鬥機的第三十九及第八三一戰術飛行旅共同守衛首都上空。這三支戰術飛行旅的蘇－27及米格－29戰鬥機同時面世，按蘇聯當年的構想，屬於重型戰機的前者及屬於輕型戰機的後者以高低搭配之組合，一同對抗敵軍戰機。在基輔空戰中，擁有較高機動性的第四十戰術航空旅米格－29戰機在這場空戰中大放異彩，成功周旋在一群俄軍戰機中，配合地面的防空系統擊落不少俄羅斯軍機，創下了一代傳奇。

參考文獻

1 IISS. 2021. *"The Military Balance 2021"*. International Institute for Strategic Studies. London: Routledge. February 25, 2021. ISBN 9781032012278.

2 *"2023 Russia Military Strength"*. Global Fire Power. Retrieved on March 22, 2023. https://www.globalfirepower.com/country-military-strength-detail.php?country_id=russia

3 Sudakov, Dmitry. 2007. *"History of Russian Armed Forces started with biggest military redeployment ever"*. Pravda. May 7, 2007. https://english.pravda.ru/history/91060-russian_army/

4 The State Duma. 2022. *"Foreign citizens serving in the Russian army under contract to be able to obtain citizenship of Russia under a simplified procedure"*. The State Duma. September 20, 2022. http://duma.gov.ru/en/news/55276/

5 Beardsworth, James. 2022. *"Despite Modernization Drive, Russia's Air Force Struggles for Superiority in Ukraine"*. The Moscow Times. October 27, 2022. https://www.themoscowtimes.com/2022/10/25/despite-modernization-drive-russias-air-force-struggles-for-superiority-in-ukraine-a79158

6 Wallace, Andrew. 2010. "New military command structure and outsourcing initiatives". THE ISCIP ANALYST (Russian Federation) an Analytical Review. Boston University. XVI (13). May 27, 2010

7 "Internal Troops - Regional Commands". Global Security. Retrieved on March 22, 2023. https://www.globalsecurity.org/intell/world/russia/mvd-orbat-regions.htm

8 "Separatists Military Units". Military Land. retrieved on March 22, 2023. https://militaryland.net/separatists/

9 ISW. 2022. "RUSSIAN OFFENSIVE CAMPAIGN ASSESSMENT, APRIL 13". Institute for the Study of War. April 13, 2022. https://www.understandingwar.org/backgrounder/russian-offensive-campaign-assessment-april-13

10 Президент России. 2022. "Посещение Южного военного округа". Президент России. 31/12/2022. http://kremlin.ru/events/president/news/70314

11 Faulkner, Christopher. 2022. Cruickshank, Paul; Hummel, Kristina (eds.). "Undermining Democracy and Exploiting Clients: The Wagner Group's Nefarious Activities in Africa". CTC Sentinel. West Point, New York: Combating Terrorism Center. 15 (6): 28–37. June 2022

12 Grynszpan, Emmanuel, Bensimon, Cyril, Brachet, Eliott, Sallon, Hélène, Vincent, Elise, and Bobin, Frédéric. 2023. "Wagner Group's influence spreads across Africa even as war rages in Ukraine". Le Monde. February 1, 2023. https://www.lemonde.fr/en/le-monde-africa/article/2023/02/01/wagner-group-s-influence-spreads-across-africa-even-as-war-rages-in-ukraine_6014035_124.html

13 John Pike, "150th Motorized Rifle Division," n.d., https://www.globalsecurity.org/military/world/russia/150-mrd.htm.

14 Ben Tobias, "War in Ukraine: Fourth Russian General Killed - Zelensky," BBC News, March 16, 2022, https://www.bbc.com/news/world-europe-60767664.

15 Kushnikov Vadim, "Russia's Commander of Tank Regiment Was Killed near Brovary," Militarnyi, March 10, 2022, https://mil.in.ua/en/news/russia-s-commander-of-tank-regiment-was-killed-near-brovary/.

16 John Pike, "2nd Guards Tamanskaya Motorized Rifle Division," n.d., https://www.globalsecurity.org/military/world/russia/2-div.htm.

17 John Pike, “4th Guards Kantemirovskaya Tank Division,” n.d., https://www.globalsecurity.org/military/world/russia/4-div.htm.

18 Joe Saballa, “Russia’s Only T-80UM2 Prototype Tank Destroyed in Ukraine: Report,” The Defense Post, March 23, 2022, https://www.thedefensepost.com/2022/03/22/russia-t80um2-tank-ukraine/.

19 Rachel Treisman, “Ukraine Tries Its First Russian Soldier for Alleged War Crimes,” NPR, May 11, 2022, https://www.npr.org/2022/05/11/1098242940/ukraine-russia-war-crimes-trial.

20 John Pike, “76th Airborne Division,” n.d., https://www.globalsecurity.org/military/world/russia/76-abn.htm.

21 Igor Sutyagin, “Russian Forces in Ukraine”, Royal United Services Institute, March 2015, https://static.rusi.org/201503_bp_russian_forces_in_ukraine.pdf, p.2-3,8

22 Jeremy Kofsky, “An Airfield Too Far: Failures at Market Garden and Antonov Airfield - Modern War Institute,” Modern War Institute, May 5, 2022, https://mwi.usma.edu/an-airfield-too-far-failures-at-market-garden-and-antonov-airfield/.

23 John Pike, “64th Separate Motorized Rifle Brigade,” n.d., https://www.globalsecurity.org/military/world/russia/64-omsbr.htm.

24 Simon Shuster, “A Visit to the Crime Scene Russian Troops Left Behind at a Summer Camp in Bucha,” Time, April 14, 2022, https://time.com/6166681/bucha-massacre-ukraine-dispatch/.

25 Ukrinform and Ukrinform, “Putin Honors 64th Brigade Accused of Bucha Massacre,” April 18, 2022, https://www.ukrinform.net/rubric-ato/3461024-putin-honors-64th-brigade-accused-of-bucha-massacre.html.

26 Faulkner, Christopher. Cruickshank, Paul and Hummel, Kristina (eds.). 2022. "Undermining Democracy and Exploiting Clients: The Wagner Group's Nefarious Activities in Africa". CTC Sentinel. West Point, New York: Combating Terrorism Center. 15 (6): 28–37. June 2022. https://ctc.westpoint.edu/wp-content/uploads/2022/06/CTC-SENTINEL-062022.pdf

27 Beale, Jonathan. "Russia-supporting Wagner Group mercenary numbers soar". BBC

28 News. December 22, 2022. https://www.bbc.com/news/world-europe-64050719

29 Lister, Tim, Pleitgen, Frederik, and Hak, Konstantin. 2023. “Fighting Wagner is like a 'zombie movie' says Ukrainian soldier”. CNN. February 1, 2023. https://edition.cnn.com/2023/02/01/europe/ukraine-soldiers-fighting-wagner-intl-cmd/index.html

30 Zdechovský, Tomáš. 2023. “Designation of the Wagner Group as a terrorist organisation”. European Parliament. January 24, 2023. https://www.europarl.europa.eu/doceo/document/P-9-2023-000194_EN.html

31 Kirby, Paul. 2023. “Russian Wagner chief Prigozhin blames ammunition shortage for high deaths”. BBC. February 22, 2023. https://www.bbc.com/news/world-europe-64731945

32 "Event - Annual Warrior Competition". Warrior Competition. Retrieved on March 22, 2023. http://www.warriorcompetition.com/Pages/viewpage.aspx?pageID=25&ID=54

33 “Выпуск прекращен в 2018 г.”. ОРИЕНТИР. Retrieved on March 22, 2023. http://orientir.milportal.ru/kapkan-dlya-terroristov-gotovitsya-v-gudermese/

34 艾哈邁德：艾哈邁德哈吉・阿卜杜勒哈米多維奇・卡德羅夫（Akhmad Kadyrov），車臣共和國首任總統，現任總統小卡德羅夫之父。

35 Mirumyan, Karine. 2019. “Analysis: How Chechen leader builds his father's personality cult”. BBC Monitoring. June 6, 2019. https://monitoring.bbc.co.uk/product/c200v0oc

36 Query, Alexander. 2020. “Chechnya’s Kadyrov wants Zelensky to apologize for old joke, again”. Kyiv Post. July 19, 2020. https://www.kyivpost.com/post/7380

37 Boffey, Daniel. 2023. "'We're fighting for a free future': the Chechen battalions siding with Kyiv". The Guardian. January 30, 2023. https://www.theguardian.com/world/2023/jan/30/chechen-dzhokhar-dudayev-battalion-kyiv-ukraine-putin-ramzan-kadyrov

38 The Moscow Times. 2022. "Chechnya Exempts Itself From Russia's Draft". The Moscow Times. September 23, 2022. https://www.themoscowtimes.com/2022/09/23/chechnya-exempts-itself-from-russias-draft-a78874

39 Walker, Shaun. 2022. "Putin loyalist Kadyrov criticises Russian army's performance over Ukraine retreat". The Guardian. September 11, 2022. https://www.theguardian.com/world/2022/sep/11/putin-loyalist-kadyrov-criticises-russian-armys-performance-over-ukraine-retreat

40 Interfax. 2020. "Zelensky appoints Khomchak Chief Commander of Armed Forces, Korniychuk Chief of General Staff". Interfax. March 28, 2020. https://en.interfax.com.ua/news/general/650657.html

41 IISS. 2022. "The Military Balance 2022". International Institute for Strategic Studies. February 2022. ISBN 9781000620030.

42 "2023 Ukraine Military Strength". Global Military Strength. Retrieved on March 22, 2023. https://www.globalfirepower.com/country-military-strength-detail.php?country_id=ukraine

43 Goncharova, Olena 2015. "Foreign fighters struggle for legal status in Ukraine". Kyiv Post. October 18, 2015. https://www.kyivpost.com/post/9153

44 Sparks, John. 2022. "Ukraine war: Meet the Georgian Legion joining the fight against Russia's invasion". Sky News. November 7, 2022. https://news.sky.com/story/ukraine-war-meet-the-georgian-legion-joining-the-fight-against-russias-invasion-12737984?dcmp=snt-sf-twitter

45 Ling, Justin. 2022. "Moscow Turns U.S. Volunteers Into New Bogeyman in Ukraine". Foreign Policy. March 15, 2022. https://foreignpolicy.com/2022/03/15/russia-mercenaries-volunteers-ukraine/

46 Ministry of Defence. 2017. "The State Program for the Development

47 of the Armed Forces of Ukraine until 2020". The Ministry of Defence of Ukraine. July 31, 2017. https://www.mil.gov.ua/content/oboron_plans/2017-07-31_National-program-2020_en.pdf

48 "Про основи національного спротиву". Rada. retrieved on March 22, 2023. https://zakon.rada.gov.ua/go/1702-20

49 "Defeating the Russian Battalion Tactical Group". Fort Benning. Retrieved on March 22, 2023. https://www.benning.army.mil/armor/earmor/content/issues/2017/spring/2Fiore17.pdf

50 Коментувати. 2014. ""Армію" самооборони Майдану збільшать до 30-40 тисяч - Парубій". Gazeta. February 7, 2014. https://gazeta.ua/articles/np/_armiyu-samooboroni-majdanu-zbilshat-do-3040-tisyach-parubij/540749

51 "Завдання - НГУ". National Guard. Retrieved on March 22, 2023. https://ngu.gov.ua/zavdannya/

52 Friedman, Masha and Gessen, Misha. 2015. "The Cops Who Would Save a Country". Foreign Policy. September 8, 2015. https://foreignpolicy.com/2015/09/08/cops-that-would-save-a-country-ukraine-patrol-police-maidan/

53 Прес-центр УКМЦ. 2015. "Добровольчі батальйони на Сході України: хто вони?". Ukraine Crisis Media Center. March 16, 2015. https://uacrisis.org/uk/20026-volunteer-battalions-eastern-ukraine

54 Тсн Редакція, “Швидкі і таємні: ракетники в ексклюзивному інтерв’ю розказали, як ‘Точка У’ знищує ворожі склади та кораблі,” TCH.Ua, August 17, 2022, https://tsn.ua/exclusive/tochki-u-yak-raketniki-znischuyut-rosiyan-2135965.html?fbclid=IwAR0xjlIuEcAUKAYKVhDqeqLyl0XW82rfXXDwnlnBugBKSmQVNuLCl7Pxm-U.

55 Оксана Іванець, “Під час боїв на Харківщині на один наш танк приходилося п’ять ворожих — командир танкової Залізної бригади,” October 13, 2022, https://armyinform.com.ua/2022/10/13/pid-chas-boyiv-na-harkivshhyni-na-odyn-nash-tank-pr

56 yhodylosya-pyat-vorozhyh-komandyr-tankovoyi-zaliznoyi-brygady/.

57 Ukrainian Presidential Video and Serhiy Horbatenko, “Ukrainian Tank Crews Recount Battles From The Front Lines,” RadioFreeEurope/RadioLiberty, July 31, 2022, https://www.rferl.org/a/ukrainian-tank-crews-recount-battles-from-the-front-lines/31965726.html.

58 Ukrinform, “Сергій Пономаренко, Герой України,” June 21, 2022, https://www.ukrinform.ua/rubric-ato/3511530-sergij-ponomarenko-geroj-ukraini.html.

59 David Axe, “Ukraine’s Best Tank Brigade Has Won The Battle For Chernihiv,” Forbes, March 31, 2022, https://www.forbes.com/sites/davidaxe/2022/03/31/ukraines-best-tank-brigade-has-won-the-battle-for-chernihiv/?sh=2124388b7db9.

60 Олександр Дідур, “«Однокласники» зійшлись на полі бою. Т-64 VS Т-72,” November 25, 2019, https://armyinform.com.ua/2019/11/25/odnoklasnyky-zijshlys-na-poli-boyu-t-64-vs-t-72/.

61 David Axe, “How Ukraine’s 1st Tank Brigade Fought A Russian Force Ten Times Its Size—And Won,” Forbes, December 25, 2022, https://www.forbes.com/sites/davidaxe/2022/12/25/how-ukraines-1st-tank-brigade-fought-a-russian-force-ten-times-its-size-and-won/?sh=1be190826c59.

62 David Axe, “The Russians Lost An Entire Battalion Trying To Cross A River In Eastern Ukraine,” Forbes, May 11, 2022, https://www.forbes.com/sites/davidaxe/2022/05/11/the-russians-lost-nearly-an-entire-battalion-trying-to-cross-a-river-in-eastern-ukraine/.

63 Редакция Фокус, “95 бригада на учениях: огневая подготовка, езда в темное время суток и танки (фото),” ФОКУС, March 8, 2023, https://focus.ua/ukraine/481446-95-brigada-na-ucheniyah-ognevaya-podgotovka-ezda-v-temnoe-vremya-sutok-i-tanki-foto.

64 Amos C. Fox,“Cyborgs at Little Stalingrad”: A Brief History of the Battles of the Donetsk Airport, U.S Army, May 2019 https://www.ausa.org/sites/default/files/publications/LWP-125-Cyborgs-at-Little-Stalingrad-A-Brief-History-of-the-Battle-of-the-Donetsk-Airport.pdf p.3

65 Christopher J. Miller, “Rebel Ambush near Kramatorsk Kills Seven Ukrainian Paratroopers; One Rebel Dead (UPDATED) - May. 13, 2014 | KyivPost,” Kyiv Post, May 13, 2014, https://archive.kyivpost.com/article/content/ukraine-politics/defense-ministry-armed-separatist-rebels-ambush-ukrainian-troops-in-kramatorsk-killing-six-347651.html.

66 David Axe, “One Of Ukraine’s Best Brigades Defends One Of Its Most Vulnerable Cities,” Forbes, February 1, 2022, https://www.forbes.com/sites/davidaxe/2022/02/01/one-of-ukraines-best-brigades-defends-one-of-its-most-vulnerable-cities/?sh=79d3b70976f9.

67 Серпень 2014 Року. Іловайськ. Частина V. Вихід «Південної» Групи, “Серпень 2014 року. Іловайськ. Частина V. Вихід «південної» групи.,” Український Тиждень, September 15, 2015, https://tyzhden.ua/serpen-2014-roku-ilovajsk-chastyna-v-vykhid-pivdennoi-hrupy/.

68 Kushnikov Vadim, “The 92nd Mechanized Brigade Demonstrated How It Is Liberating Ukraine from the Invaders,” Militarnyi, May 12, 2022, https://mil.in.ua/en/news/the-92nd-mechanized-brigade-demonstrated-how-it-is-liberating-ukraine-from-the-invaders/.

69 Olgaberdnyk, "The General Staff Confirmed That the Armed Forces of Ukraine Entered Kupiansk-Vuzlovyi," Militarnyi, September 27, 2022, https://mil.in.ua/en/news/the-general-staff-confirmed-that-the-armed-forces-of-ukraine-entered-kupiansk-vuzlovyi/.

70 Amos C. Fox,"Cyborgs at Little Stalingrad": A Brief History of the Battles of the Donetsk Airport, U.S Army, May 2019 https://www.ausa.org/sites/default/files/publications/LWP-125-Cyborgs-at-Little-Stalingrad-A-Brief-History-of-the-Battle-of-the-Donetsk-Airport.pdf p.5

71 Dmytro Putiata, Andrii Karbivnychyi, Vasyl Rudyka, "Ukraine's Armed Forces on the Eve of the Conflict - Militarnyi," March 27, 2020, https://mil.in.ua/en/articles/ukraine-s-armed-forces-on-the-eve-of-the-conflict/.

72 David Axe, "Ukraine's 93rd Mechanized Brigade Just Liberated A Village From The Russians," Forbes, August 9, 2022, https://www.forbes.com/sites/davidaxe/2022/08/09/ukraines-93rd-mechanized-brigade-just-liberated-a-village-from-the-russians/?sh=a7a6040327c4.

73 Ukrainska Pravda. 2023. "Azov regiment expands to brigade within National Guard of Ukraine". Ukrainska Pravda. February 10, 2023. https://news.yahoo.com/azov-regiment-expands-brigade-within-195700966.html

74 Сергацкова, Катерина. 2016. "«Ми намагаємося прийти до влади через вибори, хоча маємо всякі можливості» — як «Азов» стає партією". Hromadske. 13/10/2016. https://hromadske.ua/posts/my-namahaiemosia-pryity-do-vlady-cherez-vybory-khocha-maiemo-vsiaki-mozhlyvosti-iak-azov-staie-partiieiu

75 Lazaredes, Nicholas. 2015. "Ukraine crisis: Inside the Mariupol base of the controversial Azov battalion". ABC News. March 23, 2015. https://www.abc.net.au/news/2015-03-13/inside-the-mariupol-base-of-ukraines-azov-battalion/6306242

76 НГУ.. 2016. "До уваги представників ЗМІ: Підрозділ Нацгвардії "АЗОВ" участі у марші та мітингу під ВР не брав". НГУ. 23/5/2016. http://ngu.gov.ua/ua/news/do-uvagy-predstavnykiv-zmi-pidrozdil-nacgvardiyi-azov-uchasti-u-marshi-ta-mityngu-pid-vr-ne-brav

77 Miller, Jonas and Kagermeier, Elisabeth. 2022. "Asow-Regiment: Ukrainische Helden oder Extremisten?". BR24. April 13, 2022. https://www.br.de/nachrichten/deutschland-welt/asow-regiment-ukrainische-helden-oder-extremisten,T2nKOyA

78 NBC. 2014. "German TV Shows Nazi Symbols on Helmets of Ukraine Soldiers". NBC News. September 9, 2014. https://www.nbcnews.com/storyline/ukraine-crisis/german-tv-shows-nazi-symbols-helmets-ukraine-soldiers-n198961

79 Interia. 2015. "Chłopcy z 'Azowa' bronią Mariupola. Ukrainy, Europy i… białej rasy". Interia. July 8, 2015. http://fakty.interia.pl/tylko-u-nas/news-chlopcy-z-azowa-bronia-mariupola-ukrainy-europy-i-bialej-ras%2CnId%2C1848612%2CnPack%2C1

80 Kuzmenko, Oleksiy. 2019. ""Defend the White Race": American Extremists Being Co-Opted by Ukraine's Far-Right". Bellingcat. June 14, 2019. https://www.bellingcat.com/news/uk-and-europe/2019/02/15/defend-the-white-race-american-extremists-being-co-opted-by-ukraines-far-right/

81 Dorell, Oren. 2015. "Volunteer Ukrainian unit includes Nazis". USA Today. March 10, 2015. https://www.usatoday.com/story/news/world/2015/03/10/ukraine-azov-brigade-nazis-abuses-separatists/24664937/

82 Червоненко, Виталий. 2018. "Антисемитизм или манипуляция: усиливается ли притеснение евреев в Украине?". BBC News. 14/5/2018. https://www.bbc.com/ukrainian/features-russian-44110741

83 Bender, Dave. 2022. "Ukraine: Battalion Backed by Jewish Billionaire Sent to Fight Pro-Russian Militias". The Algemeiner. June 24, 2022. https://www.algemeiner.com/2014/06/24/ukraine-jewish-billionaires-batallion-sent-to-fight-pro-russian-militias/

84 Bennets, Marc. 2018. "Ukraine's National Militia: 'We're not neo-Nazis, we just want to make our country better'". The Guardian. March 13, 2018. https://www.theguardian.com/world/2018/mar/13/ukraine-far-right-national-militia-takes-law-into-own-hands-neo-nazi-links

85 Farley, Robert. 2022. "The Facts on 'De-Nazifying' Ukraine". FactCheck.org. March 31, 2022. https://www.factcheck.org/2022/03/the-facts-on-de-nazifying-ukraine/

86 OHCHR. 2016. "Report on the human rights situation in Ukraine 16 February to 15 May 2016". Office of the United Nations High Commissioner for Human Rights. May 2016. https://www.ohchr.org/sites/default/files/Documents/Countries/UA/Ukraine_14th_HRMMU_Report.pdf

87 TASS. 2022. "Nationalists preventing civilians from leaving Mariupol via humanitarian corridor — DPR". TASS. March 3, 2022. https://tass.com/world/1415597

88 John, Tara and Lister, Tim. 2022. "A far-right battalion has a key role in Ukraine's resistance. Its neo-Nazi history has been exploited by Putin". CNN. March 30, 2022. https://edition.cnn.com/2022/03/29/europe/ukraine-azov-movement-far-right-intl-cmd/index.html

89 Engel, Valery. 2020. "Can Volodymyr Zelensky Bring Peace to Eastern Ukraine?". Centre for Analysis of the Radical Right. July 8, 2020. https://www.radicalrightanalysis.com/2020/07/08/can-volodymyr-zelensky-bring-peace-to-eastern-ukraine/

90 Sabbagh, Dan. 2022. "Drone footage shows Ukrainian ambush on Russian tanks". The Guardian. March 10, 2022. https://www.theguardian.com/world/2022/mar/10/drone-footage-russia-tanks-ambushed-ukraine-forces-kyiv-war

91 Tobias, Ben. 2022. "War in Ukraine: Fourth Russian general killed - Zelensky". BBC. March 16, 2022. https://www.bbc.com/news/world-europe-60767664

92 ICRC. 2022. "Ukraine: ICRC registers hundreds of prisoners of war from Azovstal plant". International Committee of the Red Cross. May 19, 2022. https://www.icrc.org/en/document/ukraine-icrc-registers-hundreds-prisoners-war-azovstal-plant

93 "Azov Movement". Center for International Security and Cooperation. Stanford University. Retrieved on March 22, 2023. https://cisac.fsi.stanford.edu/mappingmilitants/profiles/azov-battalion

94 Mazurenko, Alona. 2023. "Special operations forces of Azov regiment become separate assault brigade of Ground Forces and fight in Bakhmut". Ukrainska Pravda. January 26, 2023. https://www.pravda.com.ua/eng/news/2023/01/26/7386607/

95 Haynes, Deborah. 2022. "Ukraine war: Behind Russia's abandoned lines, ammunition, scattered clothes and wrecked vehicles found". Sky News.September 15, 2022. https://news.sky.com/story/ukraine-war-russian-military-might-is-a-big-fake-crack-volunteer-unit-spearheads-liberation-of-key-city-12697702

96 "36 Окрема Бригада Морської ПіхотиІмені Контр-Адмірала Михайла Білинського," n.d., https://www.ukrmilitary.com/2015/11/36-separate-marine-brigade.html.

97 Радіо Свобода, "Підрозділи 36-ї бригади морської піхоти в Маріуполі прорвалися до «азовців» – Арестович," Радіо Свобода, April 13, 2022, https://www.radiosvoboda.org/a/news-mariupol-36-bryhada-polk-azov/31801152.html.

98 Володимир Даценко, "Битва за Гостомель врятувала Київ, Херсон захистив Миколаїв та Одесу. Бої перших днів, які не дали зламатись Україні, – детальний розбір Forbes," March 15, 2023, https://forbes.ua/war-in-ukraine/bitva-za-gostomel-vryatuvala-kiiv-kherson-zakhistiv-mikolaiv-ta-odesu-boi-pershikh-dniv-yaki-ne-dali-zlamatis-ukraini-de

99 talniy-rozbir-forbes-28122022-10784.

100 BBC News Україна, "Привид Києва. Як народилась легенда, яка підняла дух українців," May 1, 2022, https://www.bbc.com/ukrainian/features-61291455.

第五章

著名裝備以及各國對烏克蘭軍援的階段性變化

他們以各種武器來爭吵，強勁的火箭與鋼鐵洪流，而我們只有一個回應，拜克拉吉爾無人機，拜克拉塔爾無人機。

——《拜克拉塔爾 Bayraktar》

雙方著名裝備簡介

● 主戰坦克

一、T-64

自蘇聯解體，烏克蘭獨立後繼承了國土中所有前蘇聯的軍工和裝備，其中包括鼎鼎大名的哈爾科夫莫洛佐夫機械設計局（KMDB）以及大約二千二百 T-64 系列，由於完善的後勤系統和零件

⮝ 烏克蘭陸軍第一坦克旅的 T-64BV（圖源：烏克蘭陸軍）

庫存，T-64BV 廣泛地裝備於烏克蘭陸軍的裝甲和機械化單位，烏克蘭也是二十一世紀唯一一個大量使用 T-64 的國家，可見其標誌性。直至二〇一四年頓巴斯戰爭開始啟封 T-72 系列坦克之前，T-64 系列是烏克蘭軍唯一使用的坦克。根據國際戰略研究所發表的世界軍力二〇二二，烏俄戰爭開戰前大約有七百輛 T-64 服役，其中有大約三百八五輛 T-64BV、二百三十五輛 T-64BV mod 2017、一百輛 T-64BM／T-64BM2 和十二輛 T-64B1M。而俄軍勢力方面，盧甘斯克人民共和國以及頓涅茨克人民共和國也有少量裝備 T-64BV。

二、T-72

烏俄戰爭中雙方均有使用，但以俄軍為主。俄軍方面除了老舊的 T-72A、T-72AV 和 T-72B 之外，也有二〇一一年推出的 T-72B3。T-72B3 是基於 T-72B 的全面升級版，內容包括火控系統，熱成

▲烏克蘭陸軍第三坦克旅的 T-72B1（圖源：烏克蘭陸軍）

像以及「接觸 -5」反應裝甲等等，二〇一六年推出的 T-72B3 mod 2016 更追加了「化石」反應裝甲。T-72 是廣泛地裝備俄軍裝甲部隊。

烏克蘭獨立後繼承約一千三百輛 T-72 系列，但烏克蘭政府熱衷於將 T-72 外銷而非自用。直到二〇一四年的頓巴斯衝突，烏克蘭開始整修庫存的 T-72 以投入前線，其中包括 T-72AV 以及 T-72B1。根據世界軍力二〇二二，烏俄戰爭開戰前有共一百三十三輛 T-72 在烏軍服役，其中包括八十二輛 T-72AV／T-72B1、四十七輛 T-72AMT 以及四輛 T-72AV mod 2021。裝備於後備裝甲旅，以及正規摩托化步兵旅和機械化步兵旅。與俄軍最大對比的是烏軍的 T-72 缺乏升級，性能仍是八〇年代的水平。

三、T-80

雙方均有使用，但以俄軍為主。俄軍第四近衛裝甲師為最著名的用戶，裝備了蘇聯時期最先進的 T-80U，以及二〇一七年面世的 T-80BVM。另外其他單位也使用比較舊式的 T-80BV。烏軍在二〇一五年開始引入 T-80 系列，只有大約兩百輛 T-80BV 包括八十八輛升級過的 T-80BV mod 2017。裝備在海軍步兵以及空降突擊單位。

四、T-90A

俄軍最標誌性的坦克，在侵烏的單位中，T-90A 只裝備了摩托化步兵第十九師和近衛第

▲烏克蘭海軍第三十六海軍步兵旅的 T-80BV（圖源：烏克蘭海軍）

▲俄羅斯陸軍的 T-90A（圖源：筆者自行拍攝）

二十七摩托化步兵旅，最大特徵是有別於傳統地使用銲接炮塔令「接觸-5」反應裝甲沒有空隙，以及「幕牆-1」被動防禦系統。

●步兵戰車

一、BTR-4

烏克蘭自主研發的輪式步兵戰車，別稱「布拉發西斯」，出處為亞歷山大大帝的愛馬。自二〇一四年起量產裝備烏克蘭軍，也有外銷到泰國及其他亞洲國家。直到戰前有約四十五輛裝備著名的第九十二機械化步兵旅以及數量不明的BTR-4裝備了國民警衛隊。自烏俄戰爭爆發以來，有大量亞速團使用BTR-4的戰鬥影像流出。

二、BTR-3

烏克蘭獨立後第一款自主研發並量產的輪式步兵戰車，是基於BTR-94和BTR-80的設計改良。戰前有約有一百輛裝備空降突擊旅及不明數目的裝備於國民警衛隊，其中超過八十百分比是裝備國民警衛軍。包括開戰初期反攻安東洛夫機場的第四快速反應旅。

▲烏克蘭陸軍第九十二機械化旅的 BTR-4（圖源：烏克蘭陸軍）

▲烏克蘭空降軍第九十五空降突擊旅的 BTR-3（圖源：烏克蘭空降軍）

●無人機

一、TB-2

由土耳奇軍工企業拜卡研發，早於二〇二〇年納卡衝突就一戰成名。TB-2的引擎為小型飛機常見的Rotax912，由於Rotax母公司龐巴迪禁止土耳其把Rotax系列引擎用在軍事無人機上，之後使用了自研的一百三十匹馬力引擎導致巡航速度不過一百三十公里／每小時，酬載量不過一百五十公斤。

不過俄軍未奪得完全制空權，這就為後來TB-2旗手無人機頻頻出動創造了機會。TB-2同時有監視和攻擊地面目標，能裝備MAM-L和MAM-C兩種小型化導彈能對裝甲單位和人員進行有效的殺傷。欠缺完整防空系統和電戰手段的民兵，面對無人機攻擊幾近束手無策。

▲烏克蘭海軍的TB2（圖源：烏克蘭海軍）

●戰鬥機

一、Mig-29

與 Su-27 一樣烏軍爭奪制空權的要角，「基輔之鬼」們的座機，有大約四十至七十架為現役。自二〇一八年利沃夫飛機維修廠開始將部分 Mig-29 升級到 Mig-29MU2 的規格。

●步兵裝備

一、FGM-148 標槍反坦克導彈

標槍是自一九九六年開始由美國製造的反坦克導彈，使用紅外引導並有著「射後不理」的設計，所以發射後射手就可以馬上回到掩體而不需要另外導引，大大增加了射手的生存率。

標槍的彈頭為反坦克高爆彈（HEAT），有別於傳統的步兵反坦克武器，標槍的「攻頂」模式能攻擊坦克防護力

▲第四十戰術航空旅的 Mig-29（圖源：烏克蘭空軍）

最差的頂部，就算俄軍坦克兵臨時在車頂加建棚架也防不了標槍的攻擊。另外標槍也有直射模式，實際上的直接攻擊模式亦需要在導彈發射後攀升一段距離，並且在導彈一段飛行後，以淺俯衝攻擊目標。這有利於攻擊目標頂部，但在城市複雜環境發動攻擊的時候都仍然有一定限制。

另外，瞄準器具有一台性能強大的熱成像，有一個電池供電的獨立冷卻系統來降低溫度讓熱成像達到工作溫度，根據官方手冊，需要三分鐘左右的時間才能讓熱成像系統開機，但可以重複使用，或者直接使用可見光觀瞄模式來進行射擊。

二、FIM-92 刺針防空飛彈

刺針與標槍同樣是美製裝備，採用紅外引導以及紫外線物體追蹤，早在蘇聯入侵阿富汗時就被阿富汗游擊隊用來對付蘇軍的直升機。烏俄戰爭中烏軍廣泛地使用刺針防空飛彈對抗俄軍的航空兵力。

三、NLAW 反坦克導彈

戰前英國提供了二千發 NLAW 反坦克飛彈給烏克蘭。與標槍一樣具有「攻頂」模式以及「射後不理」的特點。雖然瞄具只有光學瞄準鏡，而且是一次性用的武器。但是與只有職業軍人裝備的標槍相比之下，NLAW 的操作簡單，而且重量只有十二公斤十分輕便，烏軍廣泛地使用 NLAW 對抗俄軍的裝甲部隊。

美軍的 FGM-148 標槍反坦克導彈
（圖源：美國陸軍）

美軍的 FIM-92 刺針防空飛彈
（圖源：美國陸軍）

英軍的 NLAW 反坦克導彈
（圖源：英國國防部）

四、馬柳克突擊步槍（Malyuk）

馬柳克（在烏克蘭語中解作嬰兒）又名火山（Vulcan）或火山-M型（Vulcan-M），該槍的研發始於二〇〇五年，前身為野豬突擊步槍（Vepr）。研發項目由一間名為InterProInvest的私人企業資助，原型槍則由烏克蘭太空局負責設計。經過多年的測試後，馬柳克終於在二〇一二年完成定型，並在二〇一五至二〇一六年間正式投產。儘管已完成烏克蘭軍方的實地測試，馬柳克目前只少量裝備於特種作戰部隊（CCO）、國家警察快速行動應變單位（KORD）和烏克蘭國民警衛隊。

馬柳克在佈局上採用了犢牛式設計，內部結構則沿用自AK的作動機制，甚至可以說成是犢牛版的AK-74。雖說如此，馬柳克在人體工學方面確實比AK有很大的改進。比如說槍機拉柄可按用戶需求而設置在護木的左側或右側，而且射擊時不會隨槍機復進，這可避免在射擊時撞傷射手。彈匣釋放裝置為一個位於射控扳機後方的小型扳機，撥動後可令彈匣從槍上解脫。射擊選擇桿和保險裝置均位於扳機護弓上方，扳機的前方，可選擇半自動或全自動射擊模式。更重要的是，馬柳克的機匣頂部裝有皮卡汀尼導軌，意味著它可安裝各種北約標準的先進瞄準器材。口徑方面馬柳克目前主要有兩個版本：5.45×39mm或7.62×39mm，兩者皆是烏克蘭軍現役的制式步槍彈，並直接通用AK的供彈具。

這款步槍會裝備特種作戰部隊的主要考量大概是其緊湊的犢牛式佈局，在馬柳克正式裝備之前，烏軍特種部隊就只能使用AKM或AK-74，這些步槍本身太長和太笨重，並不適合用於近身距離作戰。另外，俄軍特種部隊亦曾在戰爭初期手持這款槍偽裝烏克蘭士兵試圖進入烏軍控制區發動顛覆活動，被烏軍生擒，他們如何取得這批步槍則不得而知。

對烏克蘭軍事援助的類型

雖然談及軍事援助往往令人聯想到提供武器，其實可以分成軍事物資援助、後勤援助、人員訓練數個類別，以下是烏克蘭獲得的各種援助類別。

一、直接提供軍事物資

顧名意義，由當事國家提供實質物資上的支援，可以是武器、彈藥、個人防具、戰略物資等等。以下將每款提供一個例子。

武器 — 美國提供三十一輛 M1A2 主戰坦克

彈藥 — 美國提供四萬五千發一百五十二毫米炮彈

個人防具 — 德國提供五千頂防護頭盔

戰略物資 — 保加利亞提供石油

二、後勤

服務性質的支援，鄰近國家使用其設施維修烏克蘭受損的裝備，但通常是收費的。

維修 — 立陶宛維修受損的 PzH2000

三、人員訓練

服務性質的支援，訓練新的兵員以及重裝備使用者，後者在獲得某款原本未在烏克蘭軍服役的重裝備時必然連帶。

訓練重裝備使用人員 — 英國提供兩個月 M270B1 使用訓練

訓練兵員 — 波蘭訓練一個旅級規模的兵員

四、合作提供武器

由第三方國家去採購別國的裝備，或透過交換出現役或庫存裝備再送去烏克蘭。

採購裝備 — 英國在比利時 OIP 公司採購 M109A4BE

換取裝備 — 德國以十五輛豹 2A4 換取斯洛伐克三十輛 BMP-1

各國對烏克蘭軍援的階段性變化及意義

歐美多國的軍事援助對抗擊俄羅斯的侵略絕對功不可沒，提供的支援除了物資如單兵裝備，個人防具以及重裝備之外，更包含了人員訓練以及後勤維護。比如一月波蘭開始為烏克蘭訓練一個旅級單位的兵員，也連同捷克、立陶宛、波蘭等多個鄰國維修烏克蘭受損的重裝備以減低其後勤壓力，另外接收西式裝備之前，那些國家往往會連同提供兩個月的人員基礎訓練以及彈藥，但篇幅所限難以詳細探討人員訓練以及後勤支援方面的努力。本章節將大量引用 Oryx 的軍援重裝備資料。

本章節會集中探討西方（主要為冷戰時期的北約國家，也包含北歐中立國家）與東歐國家（包含前衛星國以及前蘇聯加盟共和國）對烏克蘭的地面裝備援助。將他們分類開的原因是部分同期的軍援內容性質上有著重大的分別，也會講解特定階段最關鍵性的裝備類型。簡而言之，西方初期是集中提供防禦性裝備（如 NLAW，鐵拳 -3 單兵坦克導彈），五月開始才逐步提供裝甲車輛以及自走炮，十一月起北約式遠程防空系統進駐要地，直到二〇二三年一月才陸續決定提供主戰坦克和步兵戰車。而東歐各國在二〇二二年三月就開始持續提供包含單兵防空，自走榴彈砲、多管火箭炮、主戰坦克、步兵戰車等幾乎所有傳統陸軍地面單位所需的重裝備。以下將會把軍援的變化分為不同的時期，並作性質上的簡單比較。

●二〇二一年至二〇二二年開戰前夕——單兵防禦性裝備

雖然頓巴斯戰爭自二〇二一年已持續了七年，但仍維持在地區衝突的級數，後來俄羅斯自二〇二一年四月起就不斷在烏克蘭邊境增兵舉行軍事演習，局勢日漸緊張。因此在二〇二一年下旬各國就開始有軍援烏克蘭的聲音，但絕大部分的實行時間都在二〇二二年開戰前夕。此時各國的軍援都集中於提供單兵反坦克導彈以及單兵防空導彈等的防禦性質裝備。

西方國家方面，根據美國富比士（Forbes）在二〇二二年一月的新聞報導，因應烏俄局勢不斷升級，英國在一月十七至七九日之間派遣英國皇家空軍第九十九中隊的 C-17 運輸機隊將二千枚 NLAW 單兵反坦克導彈送往烏克蘭，與此同時，三十位英國傘兵也一同派去訓練烏克蘭士兵使用 NLAW。而美國國務院早在二〇二一年一月就宣佈大批軍援，最觸目者為烏克蘭八千五百枚「標槍」反坦克導彈、一千六百枚「刺針」防空導彈以及七百架「彈簧刀」無人機。另外也包含一百六十門一五五毫米榴彈炮連同一百萬發彈藥以及更多輕型車輛，迫擊炮等多元化的裝備。

東歐國家方面，波羅的海三國的政府均宣佈軍援烏克蘭，立陶宛以及拉脫維亞也提供了數量不明的美援「刺針」防空導彈，而愛莎尼亞也提供了數量不明的美援「刺針」防空導彈。

就第一階段而言，以美國為首的西方國家提供了大量以非對稱作戰為考慮的裝備，波羅的海國也幾乎提供了所有的庫存，可謂拳拳盛意。單兵反坦克導彈和防空導彈在戰爭初期的防禦戰表現出色，但此時軍援的內容都只能助烏克蘭士兵防衛國土，仍缺乏傳統重裝備。根據國際戰略研究所發佈的世界軍事平衡二〇二二年版的數據，俄烏之間的重裝備比例非常懸殊，比如主戰坦克的三點四比一（二千九百二十七比八百五十八）、步兵戰車的四點三比一（五千一百八十比一千一十二）、裝甲運兵車的九點七比一（六千零五十以上比六百二十二）、火炮的二點七比一（四千八百九十四以上比一千八百一十八）。而進攻方是需要大量以上的重裝備。意義上烏克蘭在此階段的防禦力被大幅強化，但仍缺乏重裝備而缺乏進攻能力。

●二〇二二年二月至四月——大量前蘇聯重裝備入場

各國陸續回應澤連斯基的請求並提供軍事援助，此階段烏克蘭獲得東歐多國提供的大批蘇式重裝備，其中最觸目的是波蘭及捷克合共提供了約三百輛 T-72M1 主戰坦克。另有大量步兵戰車、火炮類裝備。西方國家方面，除了英美持續提供第一階段中提及的單兵防空導彈和反坦克導彈之外，多個歐洲國家加入了提供同類裝備的軍援的行列。

東歐國家方面，以波蘭和捷克為首的兩國在三月宣佈提供了大量的前蘇聯製重裝備，當中包括超過三百輛的 T-72M1／M1R 主戰坦克、約一百五十輛 BMP-1 步兵戰車、超過四十輛包括 VZ.77「達納」、2S1「康乃馨」在內的自走榴彈炮、超過四十輛包括 RM-70 以及 BM-21 的多管火箭炮。另外波蘭也提供了國產的數目不明的「雷霆」單兵防空導彈，以及上述重裝備使用的大量彈藥。此時波羅的海三國也不斷開展新的軍援，例如愛莎尼亞再提供了超過二十門 D-30 以及 FH-70 榴彈砲。

西方國家方面，西歐多國在三月開始陸續援助反坦克和防空導彈，例如德國提供了九百套「鐵拳 -3」反坦克武器連同三千發 DM72A1 彈藥以及一萬四千九百枚 DM31 反坦克地雷，同時法國也提供了數目不明的米蘭反坦克導彈以及西北風單兵防空導彈，還有更多提供相關裝備的國家不能盡錄，但如同第一階段英美提供裝備的方向，都是偏向防禦以及支援性質。

就第二階段而言，東歐國家提供的前蘇聯重裝備可補充戰損，根據 Oryx 的統計，烏克蘭自開戰到五月之間主戰坦克共錄得大約二百輛的戰損，這批坦克剛好補充烏克蘭兩個月以來的戰損，雖然前蘇聯裝備比西式同級裝備性能較差，但烏克蘭本身就使用蘇式裝備，無論是後勤維修還是人員訓練還是可以「無痛」接軌。自五月以及這批裝備就陸續服役，T-72M1／M1R 就加裝了「接觸 -1」反應裝甲來強化生存能力。另外能擴充現有的編制，比如後來新編的第一一〇獨立機械化步兵旅的旅級火炮群全由捷克提供的 RM-70 多管火箭炮以及 VZ.77「達納」自走榴彈炮組成，而機械化步兵單位則使用 BMP-1。另外大量的裝甲旅、機械化步兵以摩托車化步兵旅都獲得 T-72M1 來補充戰力，其中第五獨立裝甲旅幾乎完全裝備 T-72M1。為八至九月之間的赫爾松攻勢以及哈爾科夫攻勢打好了基礎。而西方國家的援助仍留於防禦性質，但仍在五月時戰線膠著，俄軍以炮兵轟擊並每日推進一百多米的時段有表現。

●二〇二二年五月至十月——先進的西式自走炮、多管火箭炮以及更多支援性質裝甲車輛入場

自五月份開始，西方國家的軍援裝備開始升級，擺脫只提供防禦性質裝備的政策，西方國家除了提供庫存的牽引式火炮之外，也提供了現役的自走榴彈砲，最觸目者為法國的凱撒自走榴彈炮以及德國和荷蘭的 PzH 2000 自走榴彈炮，同時東歐的波蘭也有捐出波蘭國產武器的代表作 AHS「蟹式」自走榴彈砲大大強化了烏軍的曲射火力。而多管火箭炮方面，烏克蘭獲得美國提供的 M142「海馬斯」以及分別由英國和德國和意大利提供一共十三輛 M270B1、MARS 和 M270A1，法國後來在十一月都提供了 LRU（法國版 M270），烏克蘭軍獲得了更多源頭打擊力量。

東歐國家方面，波蘭此階段最特別的軍援是 AHS「蟹式」自走榴彈砲，這款出自斯塔洛瓦沃拉鋼鐵公司的國產裝備代表作就只有不到一百輛在二〇一七年開始在波蘭陸軍服役。六月時波蘭決定捐贈十八輛到烏克蘭，其後再簽定了五十四輛的採購合約，根據波蘭軍事新聞網防務二十四的在二〇二三年一月新聞稿，波蘭為此合約擴充了生產線以應付自身以及烏克蘭的需求。順帶一提，先前自由歐洲電台的戰地記者採訪過使用 AHS 的第二十六獨立炮兵旅，士兵指出蟹式高度

自動化、駕駛方式比前蘇聯的 2S19 MSTA-S 容易、舒適度高、有熱水機泡茶等而大獲好評，另外「蟹式」的五十二倍徑一五五炮能發射後來美援的 M982「神劍」導引炮彈，由於更長的倍徑，射程由一般的四十公里升至五十公里。

西方國家的自走炮方面，德國、荷蘭和法國分別於四月和五月就決定軍援現役的自走炮，其中包含了兩個月的基礎訓練。德國和荷蘭各提供了十四輛以及八輛 PzH 2000，而德國的援助內容更包含有效對抗裝甲目標的 SMArt 集束彈以及射程達七十公里的「火山」增程彈藥。自由歐洲電台曾採訪第二十六獨立炮兵旅的士兵，他們指出作戰效率因為高度自動化，只需輸入座標就會自動瞄準，因此只需要五分一的時間就能完成用前蘇聯牽引式火炮的工作。而法國的十八輛凱撒則由第五十五獨立炮兵旅使用，自由歐洲電台的訪談指出車上的 METCM-3 計算機氣象代碼能因應氣象參數來修正射擊參數，所以凱撒的炮擊極為精準。同期挪威也捐出了庫存的二十多輛 M109A3GN，裝備了第七十二獨立機械化步兵旅的旅級火炮群，炮兵讚揚其舒適度和簡單的操縱性。

多管火箭炮方面，烏克蘭炮兵獲得更強的源頭打擊能力。西方的多管火箭炮設計理念為精準打擊，有別於前蘇聯同類裝備的大範圍打擊。M142 和 M270 發射的彈藥是導引的，可以精準打擊八十公里以內的目標，除了能對付戰線後方的彈藥庫、人員集結地等高價值目標外，也能精準炸毀橋樑阻礙俄軍推進。M142 和 M270 武裝基本上一樣，都是使用 M30 導引火箭彈，不過 M270 的承載量是 M142 的兩倍（十二發對比六發），但 M142 的機動力更強大，輪式底盤以及高達九十四公里／小時的車速可以更快部署到指定位置，而履帶底盤的 M270 只有最高六十公里／小時的車速。M142 的部署相對靈活。M142 以及 M270 主要對付高價值目標，之前烏克蘭軍事媒體「軍事資訊」採訪 MARS 使用單位時，士兵指一收到一列載滿運油車的火車到達俄軍控制區時，就馬上用導引火箭彈精準地炸毀目標了，足以證明烏軍能夠有效運用情報以及西式多管火箭炮在短暫檔期內消滅時間敏感目標。

各國（主要是西方）大量的步兵機動車、防地雷反伏擊車以及裝甲運兵車等多款支援性裝甲車輛在此階段陸續運抵，雖然早在四月美國和澳洲已分別宣佈提供大量悍馬以及九十輛「巨蝮蛇」防地雷反伏擊車。但烏克蘭收到大量款式的裝甲車輛，絕大部分是由五月至九月之間開始供應的。如五月開始英國提供不明數量的獒犬以及獵狼犬防地雷反伏擊車，八月起美國提供的四百四十輛 M1124 MaxxPro 防地雷反伏擊車和超過一千八百輛悍馬。另外西方各國合計大約七百輛 M113 連同 VAB 裝甲運兵車也陸續送達，大大強化了摩托化步兵以及二線單位的效率。另外，東歐的斯洛文尼亞在九月宣佈援助二十八輛 M-55S 主戰坦克，是少數提供坦克的國家。

順帶一提，此階段開始有防空系統的援助，不過數量不多，很大程度上局限於短程防空，比如東歐國家捷克提供的六套 9K35「箭-10」短程防空系統、斯洛伐克則捐出了唯一一套 S-300PMU 遠程防空系統。而西方的英國也提供了的六套「暴風」短程防空系統，德國亦提供了三十輛「獵豹」自走防空炮。這一定程度填補了防空火力不足的問題，如「獵豹」在接收初期派駐敖德薩防禦港口設施，根據德國圖片報的報導，「獵豹」可有效對抗「見證者-136」自殺無人機。

就第三階段而言，烏克蘭除了傳統曲射火力現代化，也令更多單位得到源頭打擊的能力，烏克蘭未來武器和軍事裝備研究中心在二〇二三年一次發佈會表示戰爭中百分之六十傷亡是由炮兵造成的。而五月至七月時戰況膠著之時炮擊就是除了推進之前殺傷敵方有生力量以及裝備的主要手段，也突顯出火炮的重要性。而西方的多管火箭炮令更多烏軍單位有了遠程源頭打擊力量。烏克蘭第二十七獨立火箭炮兵旅就開始裝備了M142，與原有的BM-27一同使用。開戰前只有裝備「圓點-U」的第十九獨立導彈旅有如此的能力，而且準度仍不及M142及M270。多管火箭炮擊毀大量彈藥庫、運油車、人員集結點，以打擊後勤來降低俄軍作戰效率實在功不可沒。另外大量的裝甲車輛到達也強化了前線部隊的機動力。

●二〇二二年十一月至十二月——北約式遠程防空系統開始進駐

早在十月底，德國就成為首個宣佈提供北約式防空系統的國家，但大量西方國家相關的決定都在十一月之內。此階段東歐國家就只有波蘭提供的蘇式防空系統以及其升級版，不過捷克以及斯洛伐克早在四月就提供過少量防空系統了。雖然遠程防空系統在此階段之後仍不斷有新的提供消息，但都比一月份的北約重裝備搶去焦點。

西方國家方面，德國早在十月份就宣佈供應四套 IRIS-T，有言論指十月十日德國駐烏克蘭大使館被擊中後加快了交付程序。此外，同期最觸目的援助就分別是美國的八套 NASAMS、法國的兩套「響尾蛇」NG，以及西班牙的一套「阿斯派德」2000 防空系統。其中 IRIS-T 和 NASAMS 都用於首都基輔的防空。

東歐國家方面，波蘭提供了數量不明的兩款短程防空系統，包括 9K33「黃蜂」AK（M）以及 S-125「涅瓦河」SC。其後在一月追加了「黃蜂」AKM-P1。由於都是蘇式系統，烏克蘭能快速學識使用，用於前線野戰防空的單位。

此階段烏克蘭首次獲得北約式的先進防空系統，以往其防空部隊的遠程和中程防空都分別依賴蘇聯時代的 S-300 以及「山毛櫸 -M1」，而且缺乏重大升級。所以較先進的北約防空系統將強化重要設施的防禦能力。

• 二〇二三年一月至？——西方提供北約式步兵戰車，主戰坦克等重裝備

西方國家終於決定提供北約式主戰坦克及步兵戰車等等的重裝備，其中以英國的挑戰者 2、德國的豹 2A6 以及美國的 M1A2 主戰坦克。另外法國宣佈提供的「坦克」其實是四十輛 AMX-10RC 裝甲車而非真正的坦克。另外大量西方國家都提供庫存的豹 2A4。而東歐也開始提供更先

進的坦克，比如波蘭的 PT-91 以及豹 2A4。在一月之前，只有東歐國家包括波蘭、捷克、北馬其頓以及斯洛文尼亞提供過主戰坦克。

西方國家方面，英國在二〇二三年一月初「拋磚引玉」捐出十四輛挑戰者 2，其後更多西方國家都響應英國的行動，如加拿大、挪威、西班牙都捐出其庫存合計二十二輛的豹 2A4 而葡萄牙和瑞典都分別捐出的三輛豹 2A6 和 10 輛 Strv 122。雖然德國初期未有意願提供，更表示要美國都提供才有所行動，但最後都迫於壓力下提供十八輛豹 2A6。而美國都決定提供三十一輛 M1A2。步兵戰車方面，德國、美國、法國都開始提供分別四十輛黃鼠狼 1A3、六十輛 M2A2 ODS 以及二十五輛 AMX-10P 步兵戰車。而瑞典除了 Strv 122 之外，一口氣打破了以往的政策開始提供五十輛 CV90 步兵戰車和數目不明的「射手」自走榴彈砲。為西方軍援打開新的一頁。

東歐國家方面，波蘭當時已打算不理德國授權直接提供豹 2A4，後來波蘭決定提供六十輛 PT-91 以及十四輛豹 2A4，性能比去年三月提供的 T-72M1／M1R 好，算是升級了軍援內容。而捷克獲美國和荷蘭一共九千萬美元資助去為烏克蘭升級九十輛 T-72 至 T-72EA 的水平，由於裝備現代化的火控系統、熱成像、動力系統。性能優於烏克蘭舊式的 T-64BV、T-72AV 以及 T-72B1。

此階段烏克蘭獲得強大的地面推進能力，大量現代化的主戰坦克以及步兵戰車都是進攻方必要的裝備，就算敵方據點被空襲或者炮擊炸掉，不派出地面部隊推進是無法取得當地的控制權。

西方打破了不提供進攻性裝備的信條，而東歐也升級了提供主戰坦克的水平，可謂意義重大。

結論

西方國家在頭四個階段除了提供現代化自走榴彈砲以及多管火箭炮這些曲射火力裝備之外，都是防禦性以及支援性裝備，直到第五階段才提供北約式的進攻裝備。而東歐國家在第二階段開始的軍援內容就已包含了進攻性、防禦性以及支援性裝備，但皆是前蘇聯時代的裝備性能較落後，而在第三階段起波蘭開始提供現代化的自走炮，直至第五階段再開始提供現代化的主戰坦克。可見雖然西方國家以及東歐國家都是隨時間升級軍援裝備的水平，但東歐由一開始就提供了所有類型包括進攻性的裝備，同一時期西方國家援助仍留於防禦性裝備，後來西方國家與東歐國家也漸漸提供更多類型以及更現代化裝備，直至二〇二三年初雙方都全方位而且現代化的重裝備了。

就意義而言，西方以及東歐國家提供的人員訓練以及後勤支援可以減低烏克蘭相關方面接近飽和的壓力。武器裝備的援助除了可補充烏克蘭連日以來的戰損，進行編制擴充之外，更有助烏克蘭軍裝備現代化。

參考文獻

1 Military-Today, *"T-64BM Bulat Main Battle Tank"* n.d., http://www.military-today.com/tanks/t64bm_bulat.htm.

2 John Chipman, Bastian Giegerich, James Hacket, Natalia Forrest. 2022. *"The International Institute for Strategic Studies."* https://www.iwp.edu/wp-content/uploads/2019/05/The-Military-Balance-2022.pdf.

3 Михаил Жирохов *"Украинский арсенал: Т-72"*. Фраза, n.d., https://fraza.com/analytics/262941-ukrainskij-arsenal-t-72-.

4 John Chipman, Bastian Giegerich, James Hacket, Natalia Forrest. 2022. *"The International Institute for Strategic Studies."* https://www.iwp.edu/wp-content/uploads/2019/05/The-Military-Balance-2022.pdf. p.192-198,211-215

5 Ukrinform and Ukrinform, *"Українські військові отримали модернізовані танки Т-80БВ"*. March 27, 2020,https://www.ukrinform.ua/rubric-ato/2906285-ukrainski-vijskovi-otrimali-modernizovani-tanki-t80bv.html.

6 John Chipman, Bastian Giegerich, James Hacket, Natalia Forrest. 2022. *"The International Institute for Strategic Studies."* https://www.iwp.edu/wp-content/uploads/2019/05/The-Military-Balance-2022.pdf. p.192-198,211-215

7 Збанацький Юрій, *"Ukrainian BTR-4 Will Take Part in Combined Resolve Exercise for the First Time."* Militarnyi, November 29, 2021, https://mil.in.ua/en/news/ukrainian-btr-4-will-take-part-in-combined-resolve-exercise-for-the-first-time/.

8 John Chipman, Bastian Giegerich, James Hacket, Natalia Forrest. 2022. *"The International Institute for Strategic Studies."* https://www.iwp.edu/wp-content/uploads/2019/05/The-Military-Balance-2022.pdf. p.192-198,211-215

9 Михаил Жирохов *"БТР-3: служба на благо Украины"*. Фраза, n.d., https://fraza.com/analytics/274542-btr-3-sluzhba-na-blago-ukrainy.

10 BAYKAR, *"Bayraktar TB2"*. n.d., https://www.baykartech.com/en/uav/bayraktar-tb2/."

11 Tom Karako, *"FGM-148 Javelin | Missile Threat"*. Missile Threat, March 21, 2022, https://missilethreat.csis.org/missile/fgm-148-javelin/.

12 "FIM-92 Stinger Man-Portable Air Defense Missile System |Military-Today.Com".

13 Sebastien Roblin, *"The NLAW Missiles The U.K. Rushed To Ukraine May Only Be Useful In Desperate Circumstances"*. Forbes, January 25, 2022, https://www.forbes.com/sites/sebastienroblin/2022/01/25/the-uk-airmailed-2000-nlaw-missiles-to-ukraine-are-they-useful/?sh=8d1add24170b.

14 Military-Today, *"NLAW Anti-Tank Guided Missile | Military-Today.Com"*. n.d., http://www.military-today.com/missiles/nlaw.htm.

15 Neville, Leigh. 2019. The Elite: The A–Z of Modern Special Operations Forces. Oxford: Osprey Publishing. pp173. 2019. ISBN 978-1472824295.

16 Mick, F. 2022. "Weapons & equipment seized from alleged Russian saboteurs in Ukraine". Armament Research Service.

17 Gov.Pl, *"Poland Will Train and Equip a Ukrainian Brigade-Level Unit - Ministry of National Defence - Gov.Pl Website"*. Ministry of National Defence, n.d., https://www.gov.pl/web/national-defence/poland-will-train-and-equip-a-ukrainian-brigade-level-unit.

18 Frank Hofmann, *"Who Repairs Ukraine's Western Weapons?"* dw.com, September 26, 2022, https://www.dw.com/en/ukraine-war-how-to-repair-the-ukrainian-armys-modern-weapons/a-63215373.

19 Oryx, *"Answering The Call: Heavy Weaponry Supplied To Ukraine"*. Oryx, n.d., https://www.oryxspioenkop.com/2022/04/answering-call-heavy-weaponry-supplied.html.

20 Sebastien Roblin, *"The NLAW Missiles The U.K. Rushed To Ukraine May Only Be Useful In Desperate Circumstances"*. Forbes, January 25, 2022, https://www.forbes.com/sites/sebastienroblin/2022/01/25/the-uk-airmailed-2000-nlaw-missiles-to-ukraine-are-they-useful/?sh=8d1add24170b.

21 *"U.S. Security Cooperation with Ukraine - United States Department of State"*. United States Department of State, March 3, 2023,https://www.state.gov/u-s-security-cooperation-with-ukraine/.

22 John Chipman, Bastian Giegerich, James Hacket, Natalia Forrest. 2022. *"The International Institute for Strategic Studies."* https://www.iwp.edu/wp-content/uploads/2019/05/The-Military-Balance-2022.pdf. p.192-198,211-215

23 Oryx, *"A European Powerhouse: Polish Military Aid To Ukraine,"* Oryx, n.d., https://www.oryxspioenkop.com/2022/08/a-european-powerhouse-polish-military.html.

24 Oryx, *"Bohemian Brotherhood: List Of Czech Weapons Deliveries To Ukraine,"* Oryx, n.d., https://www.oryxspioenkop.com/2022/07/bohemian-brotherhood-list-of-czech.html.

25 Oryx, "*Fact Sheet On German Military Aid To Ukraine,"* Oryx, n.d., https://www.oryxspioenkop.com/2022/09/fact-sheet-on-german-military-aid-to.html.

26 Oryx, "Arms For Ukraine: French Weapons Deliveries To Kyiv," Oryx, n.d., https://www.oryxspioenkop.com/2022/07/arms-for-ukraine-french-weapon.html.

27 Oryx, *"Attack On Europe: Documenting Ukrainian Equipment Losses During The 2022 Russian Invasion Of Ukraine,"* Oryx, n.d., https://www.oryxspioenkop.com/2022/02/attack-on-europe-documenting-ukrainian.html.

28 Rfe/Rl, *"Ukrainian Forces Use Poland's AHS Krab Howitzer Against Russian Invaders,"* Radio Free Europe/Radio Liberty, October 20, 2022, https://www.rferl.org/a/ukrainian-forces-poland-ahs-krab-howitzer-russia/32003796.html.

29 Andriy Kuzakov, *"Ukrainian Gunners Say They Advance 5 Kilometers Every Week,"* RadioFreeEurope/RadioLiberty, November 11, 2022, https://www.rferl.org/a/ukraine-luhansk-donetsk-artillery-russia-drone-advance/32124462.html.

30 Roman Lohinov, *"Ukraine's Big German Howitzers Roll Into Action Against Russian Forces,"* Radio Free Europe/Radio Liberty, July 20, 2022, https://www.rferl.org/a/ukraine-war-artillery-big-german-gun-russia/31952218.html.

31 RFE/RL's Ukrainian Service, *"Ukrainian Army Uses New Caesar Long-Range Howitzer Supplied By France,"* RadioFreeEurope/RadioLiberty, June 10, 2022, https://www.rferl.org/a/ukraine-artillery-french-caesar-howitzer-donbas-russia/31892607.html.

32 Дмитро Чалий, *"Американські САУ M109 щоденно палять окупантів,"* January 23, 2023, https://armyinform.com.ua/2023/01/23/amerykanski-sau-m109-shhodenno-palyat okupantiv/?fbclid=IwAR0GgUXj6fYFcIPT7S7yBJ0IU3giWfZjgp4RcgzctyaLwTWHRJQ9CG7Knlk.

33 Катерина, Супрун. *"Військові розповіли про бойову роботу РСЗВ MARS II."* Мілітарний, November 28, 2022. https://mil.in.ua/uk/news/vijskovi-rozpovily-pro-bojovu-robotu-rszv-mars-ii/?fbclid=IwAR2wZ02YFsOYQ1jbyf3f3N9XdNDFifNNkY14SKnxJnQ_G_FaKv9IefvcRdc.

34 Björn Stritzel Dmytro Zahrebelny Und Lars Berg, *"Ukrainer bejubeln deutsches System: Dieser Gepard schießt die Mullah-Drohnen ab | Politik,"* bild.de, November 1, 2022, https://www.bild.de/politik/ausland/politik-ausland/ukrainer-bejubeln-deutsches-system-dieser-gepard-schiesst-die-mullah-drohnen-ab-81796606.bild.html.

35 Олександр Козубенко, *"Понад 60% втрат під час війни спричинені артилерією,"* February 9, 2023, https://armyinform.com.ua/2023/02/09/ponad-60-vtrat-pid-chas-vijny-sprychyneni-artyleriyeyu/.

36 Тсн Редакція, *"Швидкі і таємні: ракетники в ексклюзивному інтерв'ю розказали, як 'Точка У' знищує ворожі склади та кораблі,"* ТСН.Ua, August 17, 2022, https://tsn.ua/exclusive/tochki-u-yak-raketniki-znischuyut-rosiyan-2135965.html?fbclid=IwAR0xjlIuEcAUKAYKVhDqeqLyl0XW82rfXXDwnlnBugBKSmQVNuLCl7Pxm-U.

37 Michael Holden, *"Britain to Send 14 of Its Main Battle Tanks to Ukraine,"* Reuters, January 15, 2023, https://www.reuters.com/world/europe/uk-has-ambition-send-tanks-ukraine-pm-sunak-tells-zelenskiy-2023-01-14/.

38 Oryx, *"Answering The Call: Heavy Weaponry Supplied To Ukraine,"* Oryx, n.d., https://www.oryxspioenkop.com/2022/04/answering-call-heavy-weaponry-supplied.html.

第六章

全面入侵

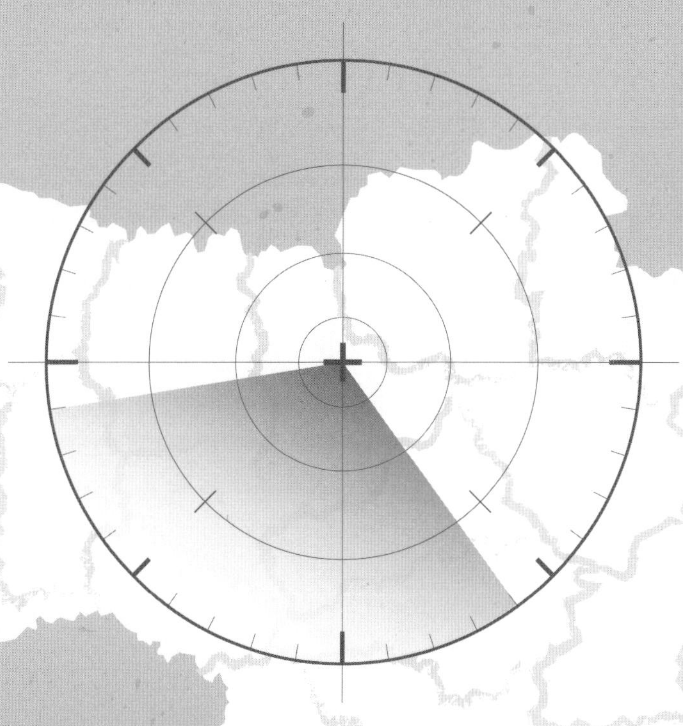

敵夷妄圖奴役我們，侵佔我們的土地。
他們終將自掘墳墓，他們的墳墓使我們的自由意志得以綻放！

——《嘿，草原！Гей степами》

烏克蘭原國土面積為六十萬三千五百五十平方公里，當中五十七萬九千三百三十平方公里為土地。然而在開戰前，有四萬三千一百三十三平方公里領土，包括克里米亞全境及頓涅茨克與盧甘斯克二州的三分之一領土為俄羅斯及親俄民兵所佔，故實控為五十六萬零四百一十七平方公里。

以下烏俄戰爭一年戰報乃綜合美國戰爭研究所（Institute for the Study of War）與英國國防部每日戰報分析及各家傳媒的報導所撰寫，日後也可留意美國戰爭研究所及英國國防部的戰況跟進。

●二〇二二年二月二十一至二十三日——俄羅斯宣戰「維和」與烏克蘭緊急動員戒備

俄羅斯指稱烏克蘭炮擊俄烏邊境的邊防設施，然後指控有五名烏克蘭士兵乘坐裝甲車非法入侵俄羅斯國境而被擊斃。總統普京於晚上宣稱因應此事件及此前烏克蘭對頓巴斯親俄人士的炮

▲圖為「Viewsridge」根據美國戰略研究所分析俄軍宣戰前佈署資料所繪的情勢。圖附上中文翻譯，可見俄軍蒐前已積極在烏克蘭邊境屯兵。

擊，決定承認由親俄武裝勢力的「頓涅茨克人民共和國」及「盧甘斯克人民共和國」的獨立地位，與這兩國建立大使級外交關係，並稱烏克蘭為列寧於蘇聯時期創造的國家，不具主權。普京授權國防部派兵到此兩國進行「維和任務」，以防烏克蘭對此兩國作「種族滅絕」。此一舉動，被視為俄羅斯對烏克蘭宣戰的舉動。在宣戰前的二月十八日，此兩國已下達動員令動員所有現役及後備民兵，命令民眾撤離至俄羅斯，亦對烏克蘭展開多輪炮擊。此番在北京冬奧後的舉動，儼如俄羅斯趁二〇〇八年八月北京奧運時以保護南奧塞梯俄裔民眾之名入侵格魯吉亞的戰爭翻版。

針對俄羅斯宣戰，烏克蘭進入高度戒備，自二月二十三日宣佈進入緊急狀態，動員一眾十八至六十歲的成年人參軍。俄羅斯同日再次針對烏克蘭的銀行及政府機構展開新一輪的網絡攻擊，幸烏克蘭成功抵擋。由於普京宣佈針對烏克蘭進行「維和行動」時正值聯合國對烏俄局勢開會談判，故聯合國秘書長古特雷斯批評俄羅斯的做法曲解「維持和平」的概念，要求俄羅斯撤兵。美國及歐盟也自普京宣戰後宣佈制裁數家俄羅斯銀行，並禁止頓巴斯地區親俄勢力與美國有任何商業往來，德國也立即中斷對即將投產的俄羅斯北溪二號天然氣管道項目作認證審核，使北溪二號項目擱置。

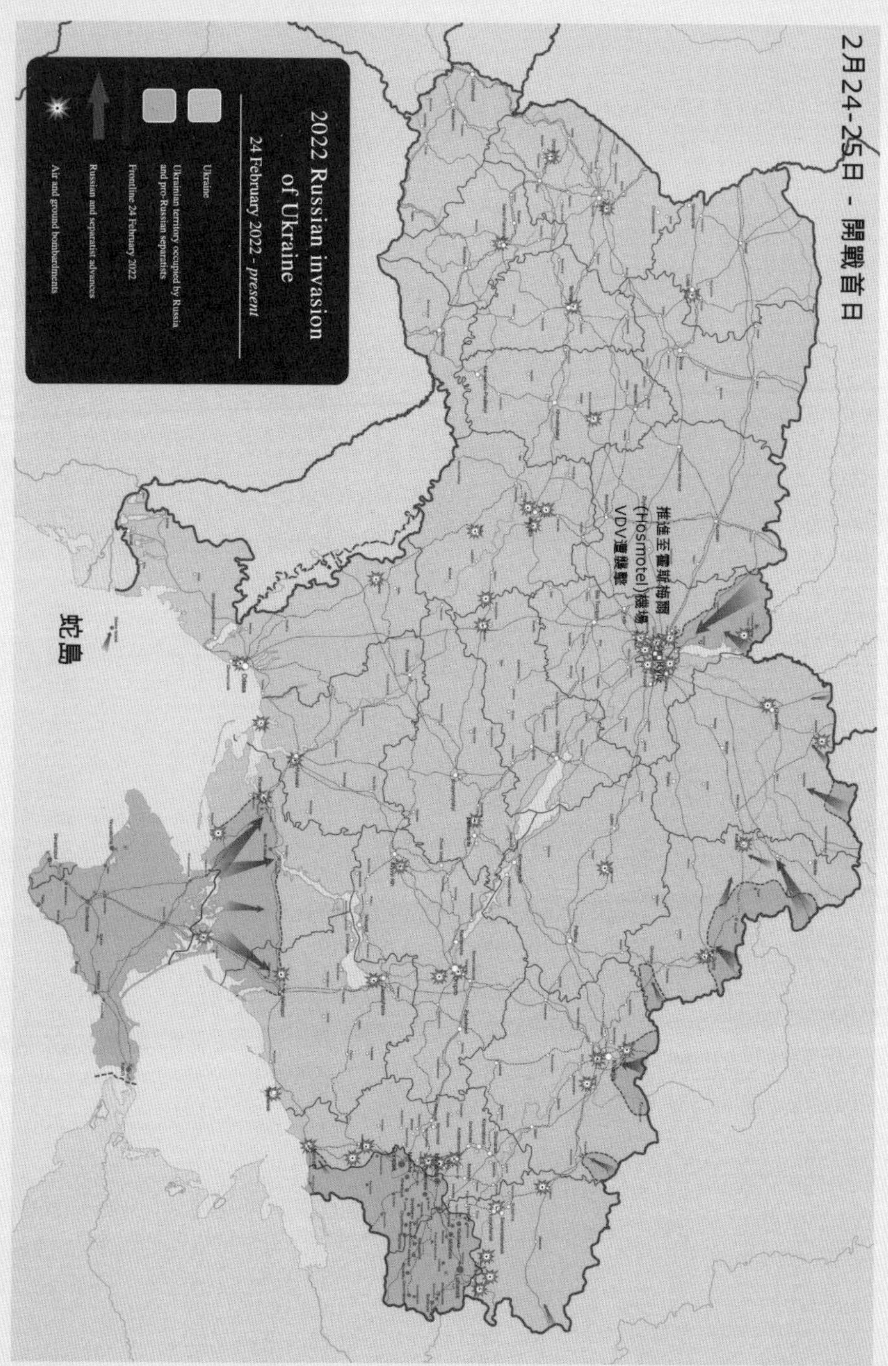

▲俄軍以鉗形攻勢三路進軍烏克蘭，伴之以導彈襲擊。圖為 Viewsridge 根據美國戰爭研究所資料所繪製的情勢圖。

•二〇二二年二月二十四日——俄羅斯兵分四路全面入侵烏克蘭

〔烏克蘭戰況〕

烏克蘭時間 0050

整場戰爭，以俄羅斯總統普京在莫斯科時間清晨六時（烏克蘭時間五時）的宣佈進行「特殊軍事行動」以把烏克蘭「去軍事化及去納粹化」開始，雖然他稱俄羅斯沒有計劃佔領烏克蘭領土並尊重烏克蘭人民的自決權，卻同時派俄軍兵分四路入侵烏克蘭全境。

北線俄軍由白俄羅斯出發，向基輔進攻，主要由東部軍區第三十五及三十六集團軍所組成。東北線從俄羅斯本土進發，朝哈爾科夫進攻，主要由中部軍區第二及四十一集團軍與西部軍區第六集團軍及被譽為王牌部隊的第一近衛坦克軍所組成。東線俄軍從俄羅斯經頓巴斯親俄武裝勢力控制區出發，擴大親俄武裝勢力範圍，主要由南部軍區第八集團軍及西部軍區第二十集團軍結合頓涅茨克人民共和國與盧甘斯克人民共和國的武裝部隊所組成。南線俄軍從克里米亞半島出發，朝馬里烏波爾及赦德薩進發，主要由陸軍南部軍區第五十八集團軍及黑海艦隊轄下的第三三六及八一〇海軍步兵旅組成，配合黑海艦隊意圖控制黑海及亞速海海岸。

由於烏軍在戰前主力部署烏克蘭東部以及首都所在的北部，五分之三的兵力位於預估會成為主戰場的東部與共二十四個營級戰鬥群的俄軍（佔俄軍最初投入兵力的一半）對陣，故南部的十二個營級戰鬥群的俄軍部隊得以長驅直進，配合北線的俄軍，以南北翼協同雙鉗攻勢意圖圍殲烏軍主力。然而，把其他大大小小的部隊計算起來，烏克蘭國防部評估已有十五萬名俄軍加上二千八百四十輛坦克在邊境集結後入侵烏克蘭。

隨著普京宣戰，俄軍同一時間從克里米亞半島登陸南部重要港口敖德薩及馬里烏波爾，同時對基輔、哈爾科夫、敖德薩，以及烏克蘭控制的頓巴斯地區進行炮擊並發射導彈攻擊機場與軍事設施。為配合登陸作戰，俄軍黑海艦隊早於清晨三時半封鎖亞速海，同時在馬里烏波爾打響第一炮。俄羅斯民航局同時在《給飛行員通知》（NOTAM）要求所有民航客機繞開烏克蘭以及俄羅斯高加索空域，歐洲飛行安全局將整個地區劃為活躍衝突區，全區一度只有美軍的偵察機飛過。

烏克蘭時間 0630

俄軍派遣陸軍及空降軍從東部及北部白羅斯進軍哈爾科夫與首都基輔，邊防部隊報告盧甘斯克（Lugansk）、蘇梅（Sumy）、切爾尼戈夫、日托米爾同時受襲。海軍及空軍一度被傳被全殲，就連國民警衛隊司令部也一度被指摧毀，但後來證實為誤傳。

烏克蘭時間 0700

烏克蘭總統澤連斯基宣佈實行戒嚴，進入戰時狀態，全日拉響防空警報，地鐵站免費開放作防空洞供市民避難。眾多民眾紛紛從西面經波蘭、羅馬尼亞及摩爾多瓦逃離烏克蘭，火車站擠滿了難民。

烏克蘭時間 0940

烏克蘭攻擊俄羅斯喬特基諾的軍事基地，然而俄軍宣稱無人受傷。

烏克蘭時間 1000

烏克蘭擊退俄羅斯對華倫州的進攻，並於十時三十分開始收復馬里烏波爾及夏斯季耶，而俄軍派出空降軍第十一近衛空中突擊旅佔領基輔安托諾夫國際機場，烏克蘭國民警衛隊王牌部隊第四快速反應旅即時反擊，擊退俄空降軍，至少三架俄軍直升機被擊落。

烏克蘭時間 1100

俄軍攻入維利恰（Vilcha），並轟炸日托米爾州的烏軍，同時以導彈襲擊基輔、敖德薩、哈爾科夫、

▲ 基輔地鐵免費開放車站供民眾作防空洞之用（圖源：Oles_Navrotskyi/Depositphotos.com）

利沃夫，部分飛彈來自白俄羅斯。布格列達爾有醫院遭轟炸，從白俄進軍的俄軍進入了切爾諾貝爾核電站一帶，很快佔領了該核電站，以及克里米亞北部運河。蛇島亦被黑海艦隊旗艦莫斯科號攻擊，駐守該島的邊防衛隊在無線電說出「俄羅斯軍艦，去你媽的！」（Russkiy voyenny korabl', idi na khuy）後一度誤傳被炸死，後來證實只是被俘。

烏克蘭時間 1600

基輔市長宣佈宵禁，此後多天持續。

烏克蘭時間 2200

俄軍佔領蛇島，烏軍一度奪回安托諾夫國際機場。被俄羅斯海軍封鎖港口的赫爾松被俄軍於晚上攻擊，有士兵自殺式引爆赫尼切斯克大橋（Henichesk Bridge）以阻擋俄軍攻勢。

針對俄羅斯入侵烏克蘭，歐盟、英、美、澳、加、日、韓、台紛紛對俄羅斯實際最嚴格的制裁，中止對俄羅斯與白俄羅斯銀行與資產的往來及技術轉讓，同時禁止俄羅斯及白俄羅斯客機飛越領空，不少公司亦參與制裁，禁止俄羅斯代表團出賽國際體育賽事。本已建成的北溪二號天然氣管道也胎死腹中。俄羅斯因此威脅禁止歐美航空公司進入領空，禁止出口火箭引擎給歐美公司或協助執行太空任務，禁止出口糧食，以及禁止俄羅斯公民與公司向外匯出資金，更對歐美多國政商界要員實施制裁。

北約拒絕介入俄烏戰爭，但決定連同日韓及以色列等國為烏克蘭提供更多軍備及防護用品，最初以防衛性軍備與反坦克飛彈如標槍及NLAW為主，後來各國包括一向對輸出武器立場較為保守的德國也送出愈來愈多款式的軍備。

全球多座城市爆發反俄示威，抗議俄軍侵佔烏克蘭，不少名人相繼發聲聲援烏克蘭。國際駭客組織「匿名者」（Anonymous）更宣佈向俄羅斯政府發動網絡攻擊，一度癱瘓克里姆林宮、國防部、官媒《今日俄羅斯》（RT）以及一些銀行網站，亦有不少國際駭客與網絡安全專家志願協助保衛烏克蘭基建免受俄國黑客襲擊。

俄羅斯國內五十三座城市爆發反戰示威，雖然警方強硬鎮壓，但示威仍持續多天。有二千多名科學家與科學記者聯署反戰，另外有上百名俄羅斯高級官員與多座城市的官員聯署譴責普京入侵烏克蘭。

莫斯科及聖彼得堡證交所暫停交易，盧布持續貶值，跌至歷史新低。俄羅斯中央銀行只能進行市場干預，以穩定市場。俄羅斯大批民眾提取現金，更有不少人紛紛逃到其他國家，當中以芬蘭及土耳其等對俄羅斯立場較為溫和的國家為主。

•二〇二二年二月二十五日俄軍攻勢放緩

凌晨

烏克蘭內政部於凌晨十二時起宣佈禁止所有十八至六十歲烏克蘭男性公民離境，老弱婦孺繼續獲安排撤離，成年男性則在有效期達九十天的全國總動員令下被號召在不同崗位抵抗俄軍。隨著烏克蘭動員全國軍隊、國民警衛隊、警察，以及國土防禦部隊及民間軍事志願者共同抵抗俄軍進攻，俄軍的攻勢被拖慢。就算是普通民眾，也紛紛製作燃燒瓶以對抗俄羅斯的坦克，也有些民眾修改路牌以混淆俄軍的定位。佔領了切爾諾貝爾核電廠及附近交通要道的俄軍部隊向基輔進發，但另一批俄軍在凌晨一時半起從蘇梅撤退。凌晨四時左右，基輔市內傳來兩起爆炸，內政部稱是因為俄軍發射導彈所致，另外烏克蘭軍方成功擊落一架俄軍戰機，然而卻墜落在基輔市內住宅大樓，引起火災，市政府稱造成八人受傷。然而，內政部後來澄清該戰機為烏軍的蘇-27戰機。

早上，俄軍開始包圍新卡霍夫卡市，另外烏克蘭國防部稱俄軍坦克已經抵達基輔市郊，到達距基輔市中心僅九公里的奧博隆，俄軍戰機群於早上八時二十分飛越基輔，俄軍稱成功空降基輔郊區的戈斯托米路機場一帶。

下午，烏克蘭成功堵截一批俄軍，他們嘗試駕駛兩輛從烏軍繳獲的軍車進入基輔，並發現有些便裝俄軍正試圖混進基輔進行破壞及斬首行動。俄軍稱已封鎖了烏克蘭北部城市切爾尼戈夫，

▲ 烏克蘭民眾製作燃燒瓶準備用作對抗俄軍之用（圖源：Ukrinform/Depositphotos.com）

但烏軍稱成功擊退進佔的俄軍，並使得打算從東部進攻基輔的俄軍被迫繞路。俄國政府表示打算派代表團前往明斯克談判，但普京表明扔拒絕與澤連斯基會談。

俄軍使用 IL-96M 改裝而成的電子干擾機，干擾烏軍 S-300 和 9K37 系列中、長程陸基防空系統。烏軍雷達製導地對空導彈（SAM）系統在基輔北部受到嚴重干擾。俄軍隨即向烏克蘭傾瀉巡航和彈道導彈，摧毀了多個遠程預警系統雷達。多得俄軍導彈火力準備不足，機場損毀未如預期中嚴重。烏軍得以仰賴 Mig-29 和 SU-27 戰鬥機保衛全國空域，更出現「基輔之鬼」擊落多架俄軍戰機這一空軍傳說。

烏克蘭陸軍第十九獨立導彈旅更成功向俄羅斯南部軍區指揮部駐地羅斯托夫州的第四航空軍第三十一近衛航空團駐地米勒羅沃空軍基

地發射 OTR-21「圓點 -U」短程導彈，摧毀俄軍兩架 SU-30 戰鬥機。俄軍成功佔領赫爾松市，並正逐步攻陷梅利烏托波爾。據聯合國統計，至少一百一十二名平民在兩天的戰爭中受傷，二十五人死亡，烏軍一百三十七死一百一十六傷。

●二月二十六日
——StarLink 正式為烏克蘭服務

凌晨時分，俄羅斯空降軍試圖空降基輔南部近郊城市瓦西里基夫，試圖奪取該市的空軍基地，遇到烏軍第四十戰術航旅奮力頑抗，爆發激戰。烏軍擊落了兩架載滿俄軍傘兵的伊 -76 運輸機，使得戰事得以在一夜間平息。同時，基輔多處出現爆炸，俄烏兩軍在特洛伊希納北部的 CHP-6 發電站與基輔動物園交戰。

早上八點，澤連斯基發佈在基輔拍下的影片，

▲烏克蘭婦孺逃往斯洛伐克等鄰國（圖源：Ukrinform/Depositphotos.com）

證明他即使面對俄軍車臣部隊暗殺風險，仍沒有離開，鼓勵民眾奮戰。烏軍在基輔勝利大道擊退俄軍攻勢，亦在切爾尼戈夫州襲擊了一個五十六輛坦克組成運送柴油的車隊，俄軍對基輔的包圍完全失敗。烏軍還使用土耳其製的 TB-2 無人機空襲了赫爾松一帶的俄軍車隊，甚至一度奪回該市，使俄軍對敖德薩的攻勢受阻，俄軍後勤補給也因運輸車隊連番受襲及規劃失當而面臨困境，不少車輛因陷於融雪中的泥濘及缺乏燃料而只能拋棄，被烏克蘭民眾繳獲。俄軍攻擊基輔一家兒童醫院，造成兒童傷亡。俄羅斯一度稱已佔領梅利托波爾（Melitopol），但直到三月一日才完全佔領。

同日晚上，俄軍進一步向安赫德和紮波羅熱核電廠推進，有日資巴拿馬籍貨船「納穆拉皇后號」（Namura Queen）及摩爾多瓦船隻千日禧精神號（Millennial Spirit）在黑海被攻擊。

俄軍另奪得別爾江斯克（Berdiansk），使馬里烏波爾面臨被包圍的風險。

俄羅斯於二月二十六日封鎖 Twitter，次日封鎖 Facebook，外國網站陸續被屏蔽，國內獨立媒體也被查封。美、加及歐盟等國決定把俄羅斯的銀行踢出全球銀行金融電信協會交易體系（SWIFT），俄羅斯不能再享用國際結算服務，對外貿易受阻，嚴重影響經濟。大量富豪及專業人士開始外逃西方國家。北約也決定調派應變部隊駐防東歐俄羅斯邊境，臨時組建四個多國部隊戰鬥集群，擔當增強前沿威攝（Enhanced Forward Presence）防俄羅斯入侵波羅的海三國、波蘭和東南歐成員國。

為響應烏克蘭第一副總理兼數碼發展部長米哈伊洛．費多羅夫（Mykhailo Fedorov）在 Twitter 上的求援，SpaceX 行政總裁馬斯克決定開放烏克蘭使用 Starlink 系統作軍事及民事通訊之用，以填補被俄軍電子干擾及破壞通訊站時的通訊困境，至此馬斯克便積極協助烏克蘭，引起俄羅斯政府不滿。

●二月二十七日——夢想號之歿

俄軍在基輔的戰術性攻勢暫緩，以便恢復補給，但仍有親俄武裝分子潛入基輔與烏軍激戰。據烏軍總參謀部稱，俄軍在深夜至早上至少發起五次空襲及十六起飛彈襲擊，瓦西里基夫的油庫、基輔國際機場、日托米爾機場，還有烏軍第一一四戰術航空旅的駐地伊凡諾—法蘭科夫斯克空軍基地皆遭受空襲，全球最大飛機 An-225「夢

▲斯洛伐克等國家的義工接濟烏克蘭難民之餘，亦把各種人道物資送進烏克蘭（圖源：Ukrinform/Depositphotos.com）

想號」（Mriya）貨機更於安托諾夫機場被俄軍摧毀。

盧甘斯克人民共和國控制的羅韋尼基（Rovenky）石油碼頭被烏克蘭導彈擊中，俄軍主力也在布查（Bucha）及伊爾平（Irpin）遭烏軍擊退。

馬里烏波爾則漸漸被俄軍包圍，西部已有俄軍重重佈陣開始攻擊該市，市內有希臘僑民被俄羅斯導彈炸死。

新卡霍夫卡市（Nova Kakhovka）同樣也開始遭俄軍入侵，俄軍更聲稱完全包圍赫爾松、別爾江斯克（Berdyansk）及庫皮揚斯克（Kupiansk），別爾江斯克後來被澤連斯基的顧問證實落入俄軍手中，但據美國戰爭研究所（Institute for the Study of War）表示俄軍仍未能攻入已被烏軍前一天重新奪回的赫爾松，來自克里米亞的俄軍也正推進至紮波羅熱一帶。

俄軍亦開始進入哈爾科夫，該處有天然氣管道被俄軍炸毀，然而哈爾科夫州州長表示烏軍還是成功奪回對全州的控制權。

俄羅斯代表團在早上抵達白俄羅斯準備與烏克蘭和談，烏克蘭也準備派代表團談判，澤連斯基則與白俄羅斯總統盧卡申科有過電話通話，對方稱不會派白俄軍隊前往烏克蘭，但隨著普京宣布國家核威懾力量進入高度戒備狀態，這是自一九六二年古巴導彈危機後首次，普京更警告若北約參戰，俄羅斯不排除動用核武，白俄羅斯也隨時被俄軍部署核武器。

●二月二十八日——烏俄首次談判告吹

俄軍恢復對基輔的攻勢，調派重兵進攻基輔，但攻勢緩慢。他們也改為使用炮火攻擊哈爾科夫。俄軍以猛烈炮火及反坦克飛彈攻擊馬里烏波爾東部，亦針對烏克蘭西部的機場與運輸中心進行轟炸，試圖打擊烏克蘭的空軍及後勤能力。烏軍則成功在日托米爾至伊爾平之間的高速公路上摧毀二百多輛俄軍軍車。

俄羅斯宣稱已控制別爾江斯克、安赫德和紮波羅熱核電廠，但烏克蘭否認，然而紮波羅熱核電站後來還是落入俄羅斯手中。有消息指，俄羅斯私人軍事公司華格納集團已從非洲調派傭兵至基輔暗殺澤連斯基，但被烏軍擊退。另一方面美國有情報指白俄羅斯將派兵參戰，白俄傘兵將被調派至基輔一帶，然而一直未有跡象顯示白俄軍隊會介入。時任俄羅斯中央軍區第四十一諸兵種集團軍副指揮官安德烈・蘇霍維茨基少將（Andrei Sukhovetsky）證實於二月二十八日被烏克蘭狙擊手擊斃，成為首名被烏軍擊殺的俄軍將領。

烏克蘭與俄羅斯代表於烏白邊境戈梅利州（Gomel）一處秘密地點談判，談判持續到晚上，但雙方未能達成任何協議，只同意往後再次談判。

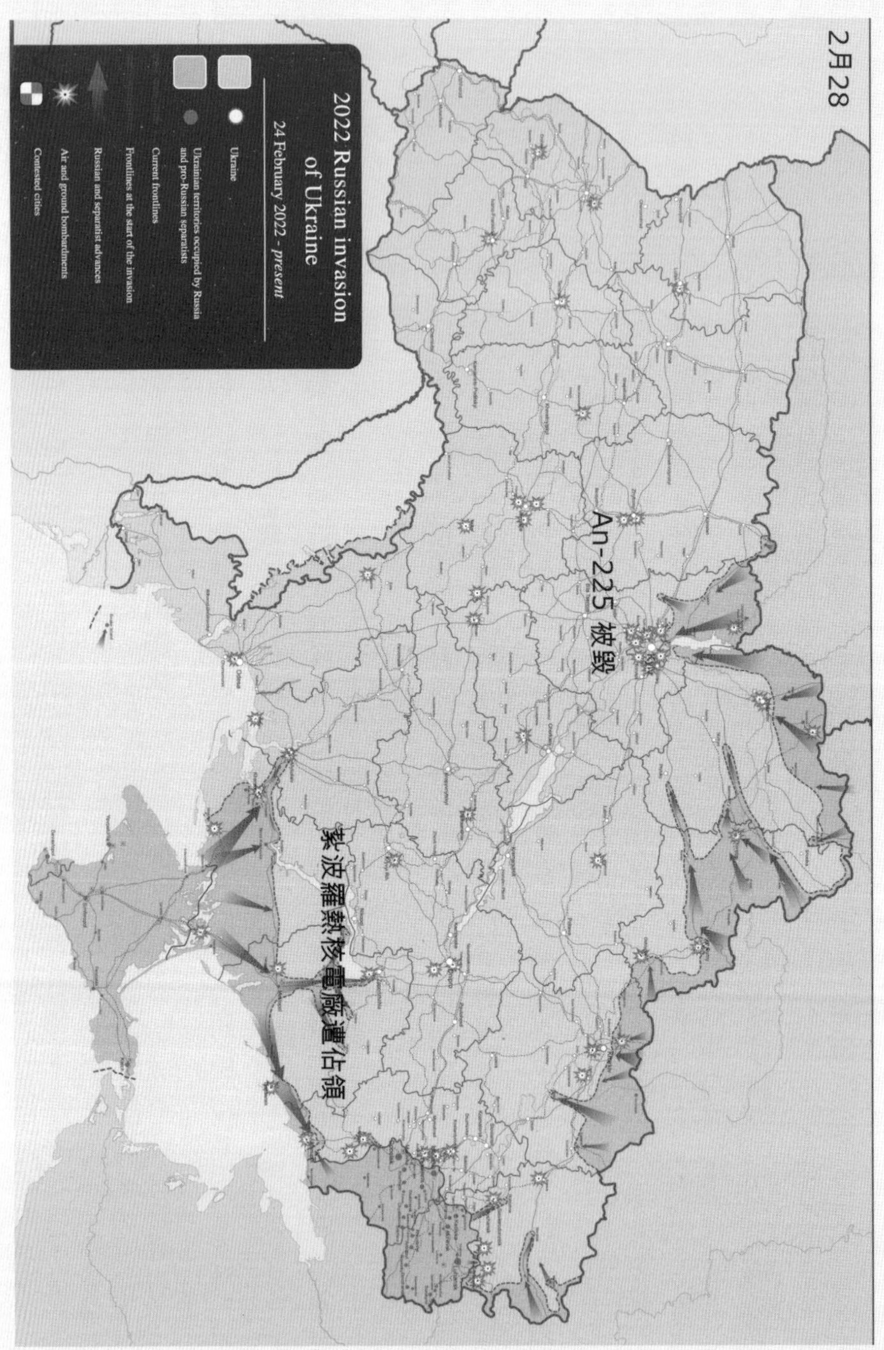

▲俄軍攻勢最強為剛開戰的二月，共佔領了一萬六千平方公里，共控制烏克蘭法定領土十一萬九千平方公里，相當於美國密西西比州的面積。圖為 Viewsridge 根據美國戰爭研究所資料所繪製的情勢圖。

•三月一日——烏克蘭加入歐盟第一步

俄軍向切爾尼戈夫及哈爾科夫發射導彈，導彈擊中哈爾科夫自由廣場（Ploshcha Povstannya）及州政府大樓，造成至少十名平民死亡。同日，俄羅斯攻擊基輔電視塔，造成五人死亡，當地電視訊號受到影響，一度中斷。電視塔附近的巴賓亞爾猶太人大屠殺紀念中心也受到損壞，俄軍對阿赫特爾卡（Okhtyrka）空軍基地的空襲更造成七十多名烏軍軍人死亡。美國的情報顯示，別爾江斯克及梅利托波爾在三月一日被俄軍全面佔領，赫爾松亦被重重圍攻，以便建立連接克里米亞至俄羅斯本土的陸橋。不過，有賴烏軍強力還擊，俄軍的攻勢減緩。

烏克蘭總統澤連斯基宣佈允許外國志願者加入對抗俄軍，烏克蘭政府亦發行戰爭債券為軍隊募款。烏克蘭政府指控白俄羅斯軍隊出現在切爾

▲哈爾科夫州政府大樓被空襲，然而民眾仍繼續在對開的自由廣場紮營

（圖源：PavelDorogoy/Depositphotos.com）

尼戈夫一帶，嘗試介入戰爭，但遭白俄羅斯政府否認。

歐洲議會緊急批准烏克蘭申請加入歐盟，雙方開啟加入歐盟談判。

●三月二日——聯合國大會譴責俄羅斯入侵烏克蘭

澤連斯基在反戰的俄羅斯情報人員通風報信下，再一次逃過暗殺。

《烏克蘭真理報》引述情報部門消息指，親俄前總統維克托·亞努科維奇（Viktor Yanukovich）身處明斯克，以便烏克蘭投降後回國復任總統。俄羅斯首次公佈傷亡數字，有四百九十八名俄軍死亡及一千五百九十七名俄軍受傷。但美國情報卻指陣亡數目遠比俄軍公佈數字多，至少有五千名俄軍被擊斃或俘虜。至少六十六萬烏克蘭平民因戰爭流離失所，為周邊國家帶來難民壓力。國際原子能組織（International Atomic Energy Agency）針對俄軍準備攻擊紮波羅熱核電廠，敦促俄羅斯謹慎行事。

俄羅斯自凌晨起正式佔領赫爾松及托斯提也納（Trostianets），馬里烏波爾三面被圍，俄軍派出第四十九集團軍的三個營級戰術群、第四十二步兵團的四個營級戰術群、第五十八集團軍和第十九步兵團的三個營級戰術群，還有來自第二十二軍及第八集團軍第二十步兵師，加上第二裝甲旅合圍馬里烏波爾。烏軍則依賴第十突擊旅、第三十六海軍步兵旅及亞速營死守城區。

俄軍襲擊哈爾科夫的軍醫院，整個日托米爾州都遭到猛烈攻擊。不過，烏軍亦奮起反攻，重奪馬卡里夫（Makariv）之餘，亦正攻向霍爾利夫卡。一艘停泊在奧爾維亞港（Olvia Port）的孟加拉散貨船被導彈擊中，船上孟加拉籍工程師當場死亡。

聯合國大會大比數通過了對俄羅斯侵略烏克蘭的譴責，然而中印兩國投下棄權票。同時，烏克蘭代表團準備與俄羅斯展開第二輪談判。

●三月三日——俄軍部署的九成兵力均已進入烏克蘭

烏克蘭國會通過法案允許沒收俄羅斯政府或僑民資產。俄軍宣佈佔領巴拉克列亞（Balakliya），美軍情報指早前在邊境集結的俄軍已有九成進入烏克蘭。當晚，澤連斯基公開要求俄羅斯賠償是次戰爭為烏克蘭帶來的所有損失，供烏克蘭重建每座城市及房屋街道。

俄軍在日托米爾州開新戰線，打算另開闢戰線開進基輔。

烏克蘭南方樞紐赫爾松的陷落，使尼古拉耶夫成為俄軍下一目標。哈爾科夫國立文化學院學生宿舍遭俄軍襲擊，造成十三名學生死亡，有指死者包括四名中國留學生及一名印度留學生，唯中方否認有中國留學生傷亡，並指炮彈只是落在宿舍附近。

在第二輪烏俄和談中，雙方決定在馬里烏波爾臨時開放人道主義走廊疏散平民。愛沙尼亞貨船赫爾號（Helt）在敖德薩對開黑海海域誤觸水雷沉沒，幸而六名船員生還。為免俄羅斯俘獲船隻，烏克蘭海軍旗艦兼唯一一艘護衛艦薩蓋達奇尼酋長號（Hetman Sahaidachnyi）被烏軍主動鑿沉於尼古拉耶夫港（Port of Mykolaiv），至此烏克蘭海軍只剩中至小型船隻在列。

•三月四日——紮波羅熱核電廠被佔

紮波羅熱核電廠的訓練設施被俄軍擊中起火，幸好未有造成輻射泄漏，然而俄軍成功佔領核電廠，此舉違反了《日內瓦第四公約》第五十六條禁止攻擊核電站。

俄羅斯海軍步兵部署登陸敖德薩，與地面部隊合圍這座烏克蘭重要軍港。北約拒絕烏克蘭的禁飛區申請，擔心一旦設立禁飛區會引起全面戰爭，但仍保證繼續供應大量武器予烏克蘭。俄羅斯簽訂《假新聞法》，正式關閉一眾獨立媒體及禁止報導有關俄軍「虛假信息」，使得俄羅斯僅剩官方認可的媒體報導新聞，外媒大多撤出，而官方媒體亦減少報導烏俄戰爭的新聞。

•三月五日——馬里烏波爾人道通道首次短暫開放

烏軍在切爾尼戈夫、尼古拉耶夫（Mykolaiv）及科扎羅維奇（Kozarovichi）擊落俄軍的戰機與直升機，但在切爾尼戈夫被擊落的 SU-34 戰機墜落民居造成破壞。俄羅斯遵守第二輪和談的協定，於烏克蘭時間九點停火，開放馬里烏波爾及沃爾諾瓦哈（Volnovakha）的人道主義通道。不過，烏克蘭指俄羅斯仍繼續襲擊，影響民眾撤離，俄羅斯則指烏克蘭無意延長停火期，故在三月五日下午五點起重啟對馬里烏波爾的進攻，再度包圍整座城市。

俄軍同時正在包圍蘇梅、切爾尼戈夫及哈爾科夫，並試圖把哈爾科夫及親俄民兵控制的盧甘斯克連成一線，同時俄軍佔領了布恰及霍斯托梅爾（Hostomel）。俄羅斯海關在莫斯科機場以藏有含大麻油的電子煙為名拘捕了美國女子籃球球星兼奧運金牌得主布里妮．格琳娜（Brittney Griner），被外國輿論指是為了脅持人質作談判籌碼，她直到同年十二月八日才在美俄交換戰俘時獲釋回美國。

•三月六日——馬里烏波爾再次撤離平民失敗

烏克蘭於中午十二點打算再次從馬里烏波爾撤離平民，但失敗告終，俄羅斯指責烏克蘭破壞停火協定在先，但俄軍卻不斷炮轟市內各處以致令平民難以撤離。

文尼察國際機場（Vinnytsia Airport）被俄羅斯導彈摧毀，然而有定期轟炸哈爾科夫的 SU-25 戰機被烏軍導彈擊毀。

更多俄軍補給車輛被烏軍襲擊，逼使俄軍要徵用民用車輛來運送燃料，減低受襲機會。俄羅斯指控美國國防部資助烏克蘭進行軍事生物武器項目，而美國則指美方與烏方合作避免生物研究設施落入俄羅斯手中。

●三月七日──俄軍總參謀長格拉西莫夫侄子疑似被擊殺

俄羅斯宣稱會在多個城市，包括基輔、馬里烏波爾、哈爾科夫、蘇梅、沃爾諾瓦哈和尼古拉耶夫開放人道主義走廊，但烏克蘭政府指這些走廊只能通往俄羅斯或白俄羅斯，只有兩條通道能通往其他烏克蘭城市，且有部分人道物資通道被埋下地雷，就連撤離用的巴士也被摧毀。以上城市的網絡也因通訊設施被毀而中斷，另外日托米爾及切爾尼亞希夫的油庫被俄軍擊中起火。

烏軍同日奪回楚胡伊夫（Chuhuiv）及尼古拉耶夫機場，使俄軍打算繞過尼古拉耶夫去攻擊敖德薩。烏軍亦稱成功以火箭擊中曾炮擊蛇島及運載烏軍戰俘的俄國巡邏艦瓦西里・畢可夫號（Vasily Bykov），但該艦後來在三月十六日仍被發現在其母港塞瓦斯托波爾服役。

下午兩點，烏俄舉行第三輪會談，依然沒有進展。烏軍在哈爾科夫反攻，聲稱擊斃了俄軍第四十一諸兵合種集團軍參謀長維塔利・格拉西莫夫少將，維塔利是俄軍總參謀長格拉西莫夫的侄子。烏方稱他之所以被烏軍發現只因使用了當地的電話卡撥打電話。唯後來俄軍於五月二十三日發佈消息指他仍活著。

●三月八日──二百萬難民逃離家園

馬里烏波爾和哈爾科夫繼續被空襲，使得平民撤離行動因人道救援走廊被炸而再度中斷。聯合國難民署指共有一千二百零七名平民死於俄軍轟炸，共有兩百萬難民逃離家園。俄羅斯繼續宣稱烏克蘭正研製核生化武器，試圖粉飾其「特別軍事行動」。

●三月九日──烏克蘭呼籲各國提供戰機

烏克蘭政府為馬里烏波爾及其他城市開啟六條人道走廊，俄羅斯方面稱會停火，但蘇梅仍被俄軍空襲，導致二十二人死亡，馬里烏波爾則已有一千二百平民死亡，部分只能草草埋葬。

俄軍打算全取頓涅茨克及盧甘斯克州，對敖德薩的攻勢也因未能攻佔尼古拉耶夫及紮波羅熱去保障從克里米亞出發的補給線而未能開展，烏軍更成功在敖德薩建立完備的防禦陣地抵抗俄軍，不少平民得以安全撤離。

烏克蘭呼籲西方國家提供戰機，以牽制俄空軍，避免俄羅斯取得制空權。波蘭一度同意提供國內所有 MiG-29 戰機烏克蘭使用，但波蘭要求經美國之手送達，美國卻為免直接介入而拒絕。

●三月十日——俄軍襲擊馬里烏波爾醫院

俄軍空襲馬里烏波爾的婦幼醫院，造成三名平民死亡，當中包括兒童。世界衛生組織（World Health Organization）指俄軍十八次針對醫護人員及設施發動襲擊，至少造成十死十六傷。俄烏兩國外長於土耳其安塔利亞（Antalya）會談，但沒有進展。在和談期間，俄軍繼續向基輔推進，西線推進了五公里，東線則距離基輔四十公里，另外俄軍亦開始一反早前承諾，調派徵兵部隊到烏克蘭。

俄軍雖然投入主力圍攻主要城市，但烏軍仍拖住了俄軍大部分攻勢，於布羅瓦里郊區的 E95 公路上摧毀了俄軍第六坦克團一支裝甲車隊。烏軍防空系統仍有效運作而使俄羅斯的空中攻勢大大削弱。在被俄軍佔領的城市如赫爾松、梅利托波爾、別爾江斯克，不少烏克蘭人示威抗議，單單赫爾松便有四百名示威者被俄軍拘捕。

俄羅斯偵察無人機圖 -141 飛越羅馬尼亞及匈牙利，途中墜毀在克羅地亞首都薩格勒布（Zagreb），未有任何國家的防空部隊發現該無人機。由於無人機可攜一百二十公斤炸彈，事件引起北約警惕。

●三月十一日——俄軍招募敘利亞傭兵

俄軍第三度轟炸聶伯城，亦轟炸了靠近波蘭的盧斯科機場，然而俄軍宣稱主要目標其實是距該機場二百五十公里的伊萬諾─弗蘭科夫斯克州軍用機場。親俄武裝協助俄軍佔領亞速海港口及馬里烏波爾北部的沃爾諾瓦哈，俄軍仍繼續以圍困及炮轟戰術來攻擊馬里烏波爾，未有進一步派兵入城。

基輔方面，烏俄兩軍於伊爾平、蘇梅、戈斯托梅利及沃爾澤利（Vorzel）激戰，俄軍第二十九集團軍司令被烏軍擊斃。烏軍更稱截至三月十一日，已摧毀三十一個俄羅斯的營級戰術群。為了把白俄軍隊扯進戰場，俄軍被指派戰機於白俄境內實行偽旗行動（False flag），偽裝成烏軍攻擊白俄，企圖栽贓嫁禍把白俄捲入戰爭。

為了追究戰事失利責任，有消息指普京開除數名高級將領及拘捕數名涉嫌向烏軍通風報信的情報官員，另外克里姆林宮也宣佈將招募一萬六千名敘利亞傭兵以及華格納集團傭兵投入烏克蘭戰場。

●三月十二日——梅利托波爾市長被綁架

梅利托波爾市長伊萬・費多羅夫（Ivan Fedorov）被親俄武裝分子綁架，武裝分子扶植親俄的前市議員加琳娜・丹尼爾琴科（Galina Danilchenko）作傀儡市長，是為俄軍在是次戰爭中首次公開綁架非軍事人員。基輔北面的俄軍攻勢持續，俄軍推進至距離市中心僅二十五公里的位置，切爾尼戈夫也正面臨包圍。為阻嚇西方停止軍援烏克蘭，克里姆林宮宣佈將會針對西方的軍事援助物資進行攻擊。

以色列總理納夫塔利・貝內特（Naftali Bennett）牽頭促提議烏俄再次談判，澤連斯基指新談判可於以色列耶路撒冷舉行。另外，烏克蘭總統辦公室指西方國家已經將制裁俄羅斯中央銀行時凍結的三千億美元儲備預留給烏克蘭重建國土用，澤連斯基正制定重建方案。

• 三月十三日——國際軍團基地受空襲

俄軍發向靠近波蘭的亞沃里夫國際維和中心（Yavoriv International Peacekeeping and Security Centre）發射八枚導彈，導致三十五死一百三十四傷，當中包括不少響應烏克蘭號召的國際軍團人士，此次襲擊亦是最接近北約邊界的一次。紐約時報特約記者布倫特・雷諾（Brent Renaud）被俄軍槍殺，成為首位在俄烏戰爭死亡的戰地記者。第聶伯羅魯德內（Dniprorudne）市長葉夫亨・馬特維耶夫（Yevhen Matveyev）被俄軍綁架，是第二名被綁架的烏克蘭市長。

俄軍試圖在哈爾科夫和馬里烏波爾兩條戰線包圍烏克蘭東部的烏軍部隊，並包圍尼古拉耶夫市，馬里烏波爾州立大學亦遭俄軍炮擊。為了支援俄軍行動，俄羅斯不只招募敘利亞及利比亞傭兵，亦從亞美尼亞及納戈爾諾—卡拉巴赫（Nagorno-Karabakh）及俄羅斯遠東抽調更多兵力到烏克蘭，此舉成為了亞塞拜疆此後對亞美尼亞與納卡新一輪攻勢的起因之一。

•三月十四日——俄羅斯電視台員工示威反戰

基輔西北部一棟住宅大樓及安托諾夫飛機廠被俄軍炮擊，羅夫諾州（Rivne Oblast）也有輸電塔被導彈襲擊，這數起襲擊皆造成不少平民死傷。俄軍持續轟炸對馬里烏波爾，不少俄軍及親俄民兵刻意向住宅區開火，據當地市議會統計至少有二千一百八十七名當地平民身亡，聯合國則指全國至少有一千六百六十三名平民傷亡，另有二百五十萬難民流離失所，頓涅茨克全境正漸漸被俄軍與親俄民攻占。頓涅茨克人民共和國指成功擊落烏克蘭的 OTR-21 導彈，但導彈碎片波及市中心，俄羅斯國防部指導彈碎片造成了二十三名當地平民死亡，然而烏軍質疑該襲擊乃俄羅斯自導自演。

烏克蘭真理報報導，俄羅斯於敘利亞開設十四個招募中心招募傭兵，敘利亞人權觀察指已有四萬敘利亞人登記加入俄軍。亞速營成功在馬里烏波爾擊毀七輛俄軍裝甲車，並擊斃十七名格魯烏特種部隊成員。

是日再有俄羅斯無人機墜毀北約國家，這次是俄羅斯的 Orlan-10 墜毀於羅馬尼亞北部比斯特里察（Bistrița），由於這款無人機可用作收集情報，故再度引起北約不滿。俄羅斯第一頻道製片人瑪麗娜・奧斯雅尼可娃（Marina Ovsyannikova）在晚間新聞直播中舉牌反戰，引起不少迴響。

烏俄雙方以視像方式舉行第四輪會談，然而進展不大。針對外界對中國軍援俄羅斯的指控，中俄兩國皆否認，並指俄羅斯不需額外的軍事援助。

●三月十五日——東歐三國元首深入戰地拜訪

捷克、波蘭、斯洛文尼亞總理會與波蘭副總理坐火車到基輔會見澤連斯基，成為首批在戰爭中到訪基輔的外國元首。

澤連斯基設立了軍民聯合指揮部，統籌基輔的防禦。俄軍稱已控制赫爾松州，並擊落六架TB-2無人機，但美國戰爭研究所發現俄軍當天在附近未有主要軍事行動，故認為俄軍的聲稱不實。研究所認為被佔領的赫爾松市亦有可能會舉行如同頓涅茨克一般的「獨立公投」以建立「赫爾松人民共和國」親俄傀儡政權。

梅利托波爾及別爾江斯克的反俄示威甚為激烈，俄軍要鳴槍鎮壓。

俄烏雙方代表繼續視像談判，澤連斯基讓步表示烏克蘭可放棄加入北約。

•三月十六日——國際法院裁定俄羅斯需停止入侵

被指控為新納粹的亞速營在馬里烏波爾擊斃了俄軍「偉大衛國戰爭」（Great Patriotic War）反納粹象徵的一五〇師（曾於二戰結束時把蘇聯紅旗插上柏林國會大樓的部隊）指揮官米佳耶夫少將，成為第四名被烏軍擊殺俄軍將領。另有還有七名普京直屬的總統衛隊成員在烏克蘭作戰時被擊殺。俄羅斯只得從亞美尼亞及南奧塞梯調派部隊到烏克蘭填補空缺。

俄軍兩架 SU-30 戰機於敖德薩對開的海域被擊落，另有一架 SU-34 戰機於切爾尼戈夫被擊落。

烏軍正在布查、霍斯托梅及伊爾平反擊接近基輔的俄軍，雖然俄軍在基輔的攻勢暫停，但對馬立波的包圍圈在遂漸縮窄，俄軍對馬立波和哈爾科夫平民區的炮擊持續，容納一千三百名難民的馬立波劇院被摧毀。

俄軍犯下了不少針對難民的戰爭罪行，切爾尼戈夫有民眾買麵包時被俄軍槍殺。針對連串俄軍犯下戰爭罪行的指控，國際刑事法庭調查組抵達烏克蘭，搜集俄軍戰爭罪行證據；國際法院也裁定烏克蘭對俄羅斯入侵的指控屬實，要求俄羅斯停止對烏克蘭的入侵。面對國際輿論及戰事失利，俄羅斯外長謝爾蓋·拉夫羅夫（Sergey Lavrov）開始表示烏俄有望在談判桌上達成妥協。

●三月十七日——馬里烏波爾八成被毀

魯比日內（Rubizhne）及伊久姆（Izium）被俄軍佔領，馬里烏波爾市區建築物有超過八成被毀。副市長指死亡人數已超過二千三百人，仍有不少罹難者被困瓦礫，故估計死亡人數應遠超目前數字。

烏軍在聶伯彼得羅夫斯克擊落兩架俄軍戰機，並且成功阻止俄軍海陸空的大部分攻勢，承受嚴重損傷。

●三月十八日——烏克蘭成功疏散近萬平民

烏克蘭開通九條人道主義走廊，共疏散了九千一百四十四名平民，當中有四千九百七十二人從馬里烏波爾撤離到紮波羅熱，有四千一百七十二人從蘇梅撤出，聯合國統計已有超過三百二十萬難民逃離家園。

俄軍進一步縮窄馬里烏波爾包圍圈，尼古拉耶夫有一座二百名士兵駐紮的軍營受襲，使得五十名烏軍士兵在睡夢中被炸死，但尼古拉耶夫的俄軍卻因烏軍的反攻而窒礙了對敖德薩的進攻。俄羅斯空天軍使用匕首飛彈（Kh-47M2 Kinzhal）襲擊伊凡諾－法蘭科夫斯克州（Ivano-Frankivsk Oblast）一處大型地下彈藥庫，成為高超音速飛彈（hypersonic missile）面世以來的首次實戰經驗。

烏軍情報部門設立了專門網站，為俄軍佔領區內的烏軍戰鬥人員及平民提供情報支援。

●三月十九日——聯合國人道援助車隊抵達蘇梅

烏軍承認俄軍已控制亞速海海岸，馬里烏波爾一所藝術學校遭俄軍轟炸，當時校內有四百名平民避難。

戰爭持續接近一個月，俄羅斯未能達到其最初使烏克蘭去軍事化的目標，開始放棄攻佔敖德薩，轉為以炮擊狂轟濫炸，使南線戰事陷入僵局。

俄羅斯政府繼續嚴格控制國內媒體，以免民眾發現戰事失利及傷亡率高企。

第一批聯合國人道援助車隊抵達蘇梅，提供三萬五千人分量的醫療用品、瓶裝水、即食及罐頭食品。前英國首相戈登·布朗（Gordon Brown）與一百四十名學者、律師與政界人物呼籲國際刑事法庭開設類似二戰紐倫堡大審的審判，審判俄軍對烏克蘭平民的戰爭罪行。

●三月二十日——俄軍黑海艦隊副司令遭擊斃

烏軍成功在馬里烏波爾附近擊殺俄軍黑海艦隊副司令安德烈·帕利上校（Andrey Paliy），帕利成為俄羅斯海軍中最高級別的陣亡軍官，另外有三名俄羅斯團級指揮官在二十四小時內被連續擊殺。

烏軍亦成功在尼古拉耶夫及哈爾科夫東南部的伊久姆反擊俄軍。為了填補兵力不足，俄軍不只加快從利比亞調派華格納傭兵到烏克蘭，烏克蘭總參謀部更稱俄軍打算徵召十七至十八歲的青年軍事組織成員到烏克蘭長期作戰。

●三月二十一日——烏俄首次交換戰俘

基輔一家購物中心遭俄軍襲擊，造成八人死亡，俄軍指襲擊原因是因為商場附近被用作烏軍的彈藥庫。

基輔再次實施三十五小時的戒嚴，關閉一切商店與加油站等設施。蘇梅一家化工廠遭俄軍襲擊，導致氨泄漏，有毒氣體卻波及俄軍。

是日烏俄首次交換戰俘，烏克蘭日釋放九名俄羅斯軍人，換取梅利托波爾市長費多羅夫獲釋。車臣領袖卡德羅夫在「Telegram」上公佈國家近衛軍車臣部隊在馬里烏波爾的攻勢，宣傳車臣士兵如何貢獻俄軍。

•三月二十二日——切爾諾貝爾實驗室被摧毀

俄軍出動軍機八十架次，空襲烏克蘭數座主要城市。但無阻烏軍成功在基輔西北部重奪馬卡里夫及莫遜（Moshchun）兩鎮，東部烏軍同日擊退俄軍在日頓涅茨克州和盧甘斯克州的進攻。

聯合國表示，截至三月二十二日，超過一千萬烏克蘭人流離失所。

烏克蘭政府指俄軍摧毀了切爾諾貝爾（Chernobyl）自二〇一五年開始啟用的一座新實驗室。

有消息指俄軍為了補充兵力，正考慮擴大強制徵兵，並引誘欠下巨債的俄羅斯人以參軍換取免債。美國國防部官員指俄軍的指揮及控制系統出現嚴重失誤，缺乏加密網絡使通訊時泄漏情報，美國更指俄軍可能未有協調各軍區。

烏克蘭總參謀部報告，由於俄羅斯兩大坦克工廠烏拉爾機車車輛廠（Ural Vagon Zavod）及車里雅賓斯克拖拉機廠（CTZ-Uraltrak）被西方制裁，缺乏國外零件，無法再組裝坦克供俄軍使用。

從各部隊擁有坦克的數量來看，俄軍本來有二千六零九輛坦克在列，當中千禧年後生產或升級的約有一千三百四十輛，但從專門追蹤烏俄戰場戰損的研究網站 Oryx 上收集到，且有實際照片的戰損報告顯示，至少有二百六十四輛坦克被摧毀或遭俘獲，佔在列數目至少一成，若計上沒有照片佐證的損失，實際損失數字可能更高。

●三月二十三日——烏軍擊退基輔方向俄軍

烏軍已將俄軍從基輔以東的陣地擊退，烏軍在基輔東部的與西邊的馬卡里夫及莫遜連成一片，隨時包圍盤踞於布查及伊爾平的俄軍。俄軍開始撤出基輔，轉進頓巴斯地區。

●三月二十四日——俄羅斯準備轉為持久戰

烏克蘭聲稱已用 OTR-21 導彈摧毀在別爾江斯克港卸貨的奧爾斯克號（Orsk）大型登陸艦，並使另外兩艘俄軍登陸艦新切爾卡斯克號（Novocherkassk）及凱薩·庫尼科夫號（Caesar Kunikov）起火，後來發現奧爾斯克號其實早在前一天離港，被擊沉的實為同級的薩拉托夫號（Saratov）大型登陸艦。

波羅的海三國議長訪問基輔，以示支持，另外立陶宛外長同日到訪利沃夫（Lviv），與烏克蘭外長會晤。

俄軍開始進入馬里烏波爾展開巷戰，當地烏克蘭官員指有一萬五千名烏克蘭平民在非自願下被俄軍強行帶往俄羅斯，另外俄軍炮擊了哈爾科夫一處人道援助運送點，造成六死十五傷。

烏俄再次交換戰俘，這次烏克蘭釋放十一名在敖德薩俘獲的俄羅斯水手，俄羅斯則釋放十九

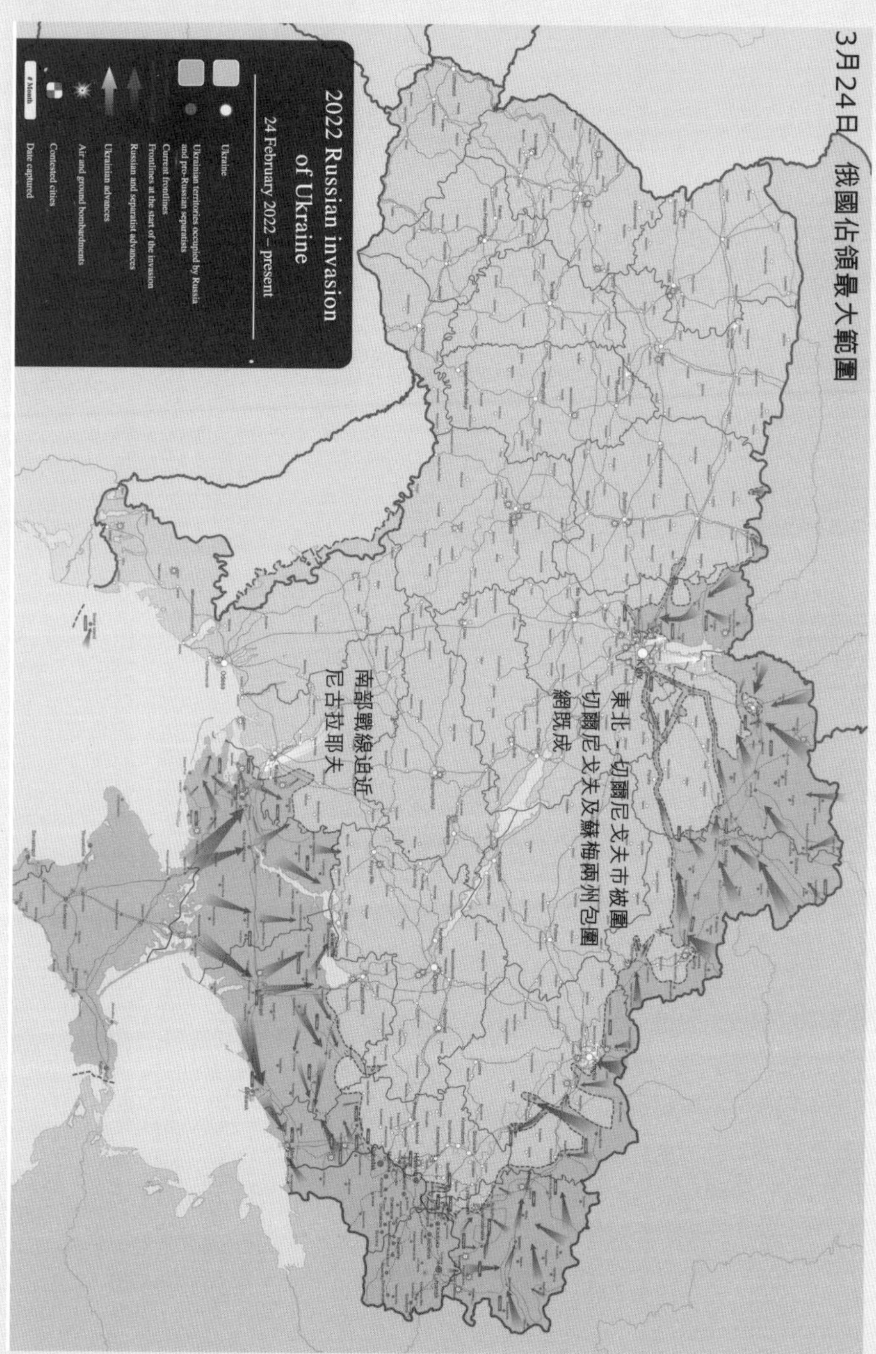

⮝俄軍在整個三月雖然攻勢仍強，但開始疲弱，整個月新取得的領土只有三萬九千平方公里，共佔領烏克蘭領土的十六萬三千平方公里，約為四分一個烏克蘭，亦是俄軍佔領烏克蘭最高峰之時。圖為 Viewsridge 根據美國戰爭研究所資料所繪製的情勢圖。

名烏克蘭民船船員。

烏克蘭軍方是日接到消息指，克里姆林宮打算轉為進行局部的持久戰，集中兵力維持所佔領的領土，並盡快恢復空降軍的作戰能力，因為俄羅斯早前投入空降軍全部四個師的兵力（近衛空降七十六師負責基輔、近衛空降七師負責赫爾松、第九十八及一〇六空降師負責哈爾科夫）已因戰損遭大幅削弱。

參考文獻

1 ISW. 2022. "Russian Force Posture Around Ukraine in Battalion Tactical Groups (BTGs). Institute for the Study of War. January 27, 2022. https://www.facebook.com/InstitutefortheStudyofWar/photos/10159957244091810/

2 Viewsridge. "2022 Russian invasion of Ukraine - major escalation of the Russo-Ukrainian War". Wikipedia. Retrieved March 1, 2023. https://en.wikipedia.org/w/index.php?title=File%3A2022_Russian_invasion_of_Ukraine.svg&offset=&limit=500&fbclid=IwAR2d3R1Bb3smdegeky88DRra-WOUY0Ir1743WSHH_BQlUwwGBiSfMxru6RA

3 CIA. 2022. "Ukraine". The World Factbook. CIA. March 23, 2022. https://www.cia.gov/the-world-factbook/countries/ukraine/#geography

4 Child, David and Allahoum, Ramy. 2022. "Putin orders Russian forces to Ukraine rebel regions". Al Jazeera. February 21, 2022. https://www.aljazeera.com/news/2022/2/21/us-warns-of-possible-targeted-killings-by-russia-live-news

5 Gramer, Robbie, Detsch, Jack and Mackinnon, Amy. 2022. "Putin Orders Russian Troops Into Ukraine's Breakaway Provinces". Foreign Policy. February 21, 2022. https://foreignpolicy.com/2022/02/21/ukraine-russia-recognizes-breakaway-provinces/

6 BBC. 2022. "Ukraine conflict: Rebels declare general mobilisation as fighting grows". BBC. February 19, 2022. https://www.bbc.com/news/world-europe-60443504

7 Reuters. 2022. "Ukraine starts drafting reservists aged 18-60 after president's order". Reuters. February 23, 2022. https://www.reuters.com/world/europe/ukraine-starts-drafting-reservists-aged-18-60-after-presidents-order-2022-02-23/

8 Reuters. 2022. "Ukraine computers hit by data-wiping software as Russia launched invasion". Reuters. February 25, 2022. https://www.reuters.com/world/europe/ukrainian-government-foreign-ministry-parliament-websites-down-2022-02-23/

9 Lakshman, Sriram. 2022. "Security Council reacts to Putin announcement of 'Special Operation' in Eastern Ukraine". The Hindu. February 24, 2022. https://www.thehindu.com/news/international/security-council-reacts-to-putin-announcement-of-special-operation-in-eastern-ukraine/article65079653.ece

10 《聯合早報》：〈俄承認烏東兩分離地獨立派軍進駐 國際譴責侵犯烏主權和領土完整〉，《聯合早報》，2022 年 2 月 23 日，https://www.zaobao.com/news/world/story20220223-1245454

11 ISW. 2022. "UKRAINE CONFLICT UPDATE 7". Institute for the Study of War. February 24, 2022. https://www.understandingwar.org/backgrounder/ukraine-conflict-update-7?fbclid=IwAR2ge4gX_UPpSab4wQzkchJs8ywg0O95hC14xWB5-8QddkRjqbFHjv0sPKI

12 "2022 Russian invasion of Ukraine - major escalation of the Russo-Ukrainian War"

13 小山：〈普京下令對烏克蘭實施「特別軍事行動」歐美批「出師無名」〉，法國廣播電台，2022 年 2 月 24 日， https://www.rfi.fr/tw/%E6%AD%90%E6%B4%B2/20220224-%E6%99%AE%E4%BA%AC%E4%B8%8B%E4%BB%A4%E5%B0%8D%E7%83%8F%E5%85%8B%E8%98%AD%E5%AF%A6%E6%96%BD-%E7%89%B9%E5%88%A5%E8%BB%8D%E4%BA%8B%E8%A1%8C%E5%8B%95-%E6%AD%90%E7%BE%8E%E6%89%B9-%E5%87%BA%E5%B8%AB%E7%84%A1%E5%90%8D

14 Butusov, Yuri. 2022. "Отвода войск РФ от границ Украины нет, а замечена новая активность врага, - Бутусов. КАРТА". Censor.net. February 18, 2022. https://censor.net/ru/n3317188

15 "Ukraine Military Map". Military Map. accessed 24 February, 2023, https://www.map.army/?ShareID=1009383&UserType=RO-eaELa9vw

16 AS English. 2022. "How many troops has Russia sent into invasion of Ukraine?". Diario AS. February 26, 2022. https://en.as.com/en/2022/02/24/latest_news/1645729870_894320.html

17 Sheftalovich, Zoya. 2022. "Battles flare across Ukraine after Putin declares war". Politico. February 24, 2022. https://www.politico.eu/article/putin-announces-special-military-operation-in-ukraine/

18 "LVIV (UKLV), FIR KYIV (UKBV), UIR KYIV (UKBU), FIR DNIPROPETROVSK (UKDV), FIR SIMFEROPOL (UKFV), FIR ODESA (UKOV), FIR MOSCOW (UUWV), ROSTOV-NA-DONU (URRV) and FIR MINSK (UMMV)". EASA. accessed 24 February, 2023. https://www.easa.europa.eu/en/domains/air-operations/czibs/czib-2022-01r07

19 Yeung, Jessie, Renton, Adam, Picheta, Rob, Upright, Ed, Sangal, Aditi, Vogt, Adrienne, Macaya, Melissa, and Chowdhury Maureen. 2022. "Russia attacks Ukraine". CNN. February 24, 2022. https://edition.cnn.com/europe/live-news/ukraine-russia-news-02-23-22/index.html

20 DPSU. 2022. "Державний кордон України піддався атаці російських військ з боку РФ та РБ". DPSU. 24/2/2022. https://dpsu.gov.ua/ua/news/derzhavniy-kordon-ukraini-piddavsya-ataci-rosiyskih-viysk-zi-storoni-rf-ta-rb/

21 陳奕凱：〈大批居民車輛駛離基輔，恐慌情緒蔓延〉，《新京報》，2022 年 2 月二 24 日，https://www.bjnews.com.cn/detail/164568686614281.html

22 中央社：〈聯合國：逃離烏克蘭難民達 327 萬人 波蘭收容最多〉，《經濟日報》，2022 年 3 月 17 日，https://money.udn.com/money/story/5599/7038813

23 President of Ukraine Website. 2022. "President has made all necessary decisions to defend the country, the Armed Forces are actively resisting Russian troops - Adviser to the Head of the Office of the President". President of Ukraine Volodymyr Zelenskyy Official Website. February 24, 2022. https://www.president.gov.ua/en/news/prezident-uhvaliv-usi-neobhidni-rishennya-dlya-zahistu-krayi-73117

24 MOD Ukraine. 2022. "General Staff of the Armed Forces of Ukraine: Operative information as of 10.30". Ministry of Defence of Ukraine official web site. February 24, 2022. https://www.mil.gov.ua/en/news/2022/02/24/general-staff-of-the-armed-forces-of-ukraine-operative-information-as-of-10-30/

25 Cichowlas, Ola and Clark, Dave. 2022. "Russia's Putin Announces Military Operation in Ukraine". The Moscow Times. February 24, 2022. https://www.themoscowtimes.com/2022/02/24/russias-putin-announces-military-operation-in-ukraine-a76549

26 McGregor, Andrew. 2022. "Russian Airborne Disaster at Hostomel Airport". Aberfoyle International Security. March 8, 2022. https://www.aberfoylesecurity.com/?p=4812

27 Hromadske. 2022. "Перші три дні повномасштабної російсько-української війни（текстовий онлайн）". Hromadske. 24/2/2022. https://hromadske.ua/posts/rosijsko-ukrayinska-vijna-tekstovij-onlajn

28 УНИАН. 2022. "В Офисе президента подтвердили захват россиянами Чернобыльской АЭС". УНИАН. 24/2/2022. https://www.unian.net/war/rossiyskie-voyska-zahvatili-chernobylskuyu-aes-ofis-prezidenta-novosti-vtorzheniya-rossii-na-ukrainu-11716741.html

29 EA Daily. 2022. "Российские войска берут под контроль Херсонщину: Крым готов получать воду". Подробнее. 24/2/2022. https://eadaily.com/ru/news/2022/02/24/rossiyskie-voyska-berut-pod-kontrol-hersonshchinu-krym-gotov-poluchat-vodu

30 Harding, Luke. 2022. "'Russian warship, go fuck yourself': what happened next to the Ukrainians defending Snake Island?". The Guardian. November 19, 2022. https://www.theguardian.com/world/2022/nov/19/russian-warship-go-fuck-yourself-ukraine-snake-island

31 Interfax. 2022. "Kyiv imposes curfew from 22:00 to 7:00, transport not to work at this time – Klitschko". Interfax. February 24, 2022. https://ua.interfax.com.ua/news/general/801462.html

32 Коментувати . 2022. "Острів Зміїний захопили російські окупанти - ДПСУ". Gazeta UA. 24/2/2022. https://gazeta.ua/articles/donbas/_ostriv-zmiyinij-zahopili-rosijski-okupanti-dpsu/1072429

33 UK Inform. 2022 "Ukraine's Armed Forces regain control of Hostomel airport – Arestovych". UK Inform. February 24, 2022. https://www.ukrinform.net/rubric-ato/3412045-ukraines-armed-forces-regain-control-of-hostomel-airport-arestovych.html

34 Radio Svoboda. 2022. "Український морпіх загинув при підриві Генічеського мосту". Radio Svoboda. 25/2/2022. https://www.radiosvoboda.org/a/news-ukrayinskyy-morpikh-zahynuv-pry-pidryvi-henicheskoho-mostu/31722755.html

35 《明報》：〈俄烏局勢｜俄羅斯反制裁英國　禁英航機飛越領空〉，《明報》，2022 年 2 月 25 日，https://news.mingpao.com/ins/%E4%BF%84%E7%83%8F%E5%B1%80%E5%8B%A2/article/20220225/special/1645782533211

36 NOW新聞:〈西方多國加強對俄製裁　俄羅斯宣布一系列反制措施〉，NOW新聞，2022 年 3 月 16 日，https://news.now.com/home/international/player?newsId=469709

37 Jackson, Siba. 2022. "Ukraine: Police arrest more than 1,700 anti-war protesters in Russia as anger erupts over invasion". Sky News. February 25, 2022. https://news.sky.com/story/ukraine-police-arrest-more-than-1-700-anti-war-protesters-in-russia-as-anger-erupts-over-invasion-12550653

38 Kroeker, Joshua. 2022. "Russia's anti-war opposition: a thing of the past?". New Eastern Europe. July 26, 2022. https://neweasterneurope.eu/2022/07/26/russias-anti-war-opposition-a-thing-of-the-past/

39 觀察者網:〈俄軍向基輔進發，烏克蘭副防長稱距基輔約38千米城鎮可能被佔領〉，觀察者網，2022 年 2 月 25 日，https://m.guancha.cn/internation/2022_02_25_627683.shtml

40 Hodge, Nathan, Chance, Matthew. Lister, Tim, Smith-Spark, Laura, and Regan, Helen. 2022. "Battle for Ukrainian capital underway as explosions seen and heard in Kyiv". CNN. February 25, 2022. https://edition.cnn.com/2022/02/24/europe/ukraine-russia-invasion-friday-intl-hnk/index.html

41 24 Канал. 2022. "У Сумах біля артучилища знову почався бій: горить церква – відео з місця події". 24 Канал. 26/2/2022. https://24tv.ua/sumah-bilya-artuchilishha-znovu-pochavsya-biy-gorit-tserkva_n1877748

42 The Kyiv Independent news desk. 2022. "Russian troops moving towards town of Nova Kakhovka in Kherson Oblast.". The Kyiv Independent. February 24, 2022. https://kyivindependent.com/uncategorized/russian-troops-moving-towards-town-of-nova-kakhovka-in-kherson-oblast

43 BBC. 2022. "As it happened: Kyiv warned of toxic fumes after strike on oil depot". BBC. February 27, 2022. https://www.bbc.com/news/live/world-europe-60517447

44 衛星通訊社：〈俄羅斯聯邦武裝力量在基輔郊區的戈斯托梅爾機場地區成功實施空降行動〉，俄羅斯衛星通訊社，2022 年 2 月 25 日，https://sputniknews.cn/20220225/--1039578239.html

45 Milmo, Cahal. 2022. "Russian special forces have entered Kyiv to hunt down Ukraine's leaders, says Zelensky". i news. February 26, 2022. https://inews.co.uk/news/russia-special-forces-kyiv-ukraine-leaders-mercanaries-behind-lines-1483303

46 Reuters. 2022. "Russia ready to send delegation to Minsk for talks with Ukraine - agencies". Reuters. February 25, 2022. https://www.reuters.com/world/europe/russia-ready-send-delegation-minsk-talks-with-ukraine-agencies-2022-02-25/

47 Oryx. 2022. "Destination Disaster: Russia's Failure At Hostomel Airport". Oryx. April 13, 2022. https://www.oryxspioenkop.com/2022/04/destination-disaster-russias-failure-at.html

48 Lamothe, Dan. 2022. "Airspace over Ukraine remains contested, with no one in control, Pentagon says". Washington Post. February 25, 2022. https://www.washingtonpost.com/world/2022/02/25/ukraine-invasion-russia-news/#link-RCVQQO7CNFC33LEDYG2O3Q3JAE

49 Донбасса, Беженцы с. 2022. "Вооруженные силы Украины атаковали Миллерово «Точкой-У»". Rostov Gazeta. 25/2/2022. https://rostovgazeta.ru/news/2022-02-25/vooruzhennye-sily-ukrainy-atakovali-millerovo-tochkoy-u-1292729

50 Trianovski, Anton. 2022. "Russia says it won't enter talks until Ukraine stops fighting". New York Times. February 25, 2022. https://www.nytimes.com/2022/02/25/world/europe/sergey-lavrov-ukraine-talks.html

51 Давыгора, Олег. 2022. "Месть за Луганск 2014: возле Василькова сбили Ил-76 с вражескими десантниками". Ukrainian Independent Information Agency. February 26, 2022. https://www.unian.net/war/mest-za-lugansk-2014-vozle-vasilkova-sbili-il-76-s-vrazheskimi-desantnikami-novosti-vtorzheniya-rossii-na-ukrainu-11718622.html

52 Grady, Siobhán and Kornfield, Meryl. 2022. "Multiple explosions rock Kyiv as Russian forces target city". The Washington Post. February 25, 2022. https://www.washingtonpost.com/world/2022/02/25/ukraine-invasion-russia-news/#link-TAIGHCFPGRBUVBQRFBISDQJSL4

53 Bella, Timothy. 2022."Assassination plot against Zelensky foiled and unit sent to kill him 'destroyed,' Ukraine says". The Washington Post. March 2, 2022. https://www.washingtonpost.com/world/2022/03/02/zelensky-russia-ukraine-assassination-attempt-foiled/

54 Reuters. 2022. "Ukraine military says it repels Russian troops' attack on Kyiv base". Reuters. February 26, 2022. https://www.reuters.com/world/europe/russian-troops-attack-kyiv-military-base-are-repelled-ukraine-military-2022-02-26/

55 Pravda. 2022. "Ukrainian troops defending Chernihiv blow up 56 tanks of diesel fuel". Pravda. February 26, 2022. https://www.pravda.com.ua/eng/news/2022/02/26/7326282/

56 MEE Staff. 2022. "Russia-Ukraine war: Turkish drones 'strike invading troops'". Middle East Eye. February 26, 2022. https://www.middleeasteye.net/news/russia-ukraine-war-turkish-drones-strike-troops-tb2

57 ISW. 2022. "Ukraine Conflict Update 9: February 26, 2022". Critical Threats. Institute for the Study of War. February 26, 2022. https://www.criticalthreats.org/analysis/ukraine-conflict-update-9

58 Vogt, Adrienne, Moorhouse, Lauren, Ravindran, Jeevan, Yeung, Jessie, Lendon, Brad, George, Steve, Wagner, Meg, and Amir, Vera. 2022. "Six-year-old boy killed in Kyiv clashes, several more Ukrainian civilians wounded". CNN. February 26, 2022. https://www.cnn.com/europe/live-news/ukraine-russia-news-02-26-22/h_60a7db10bfe4a64fb7fc9c2232fca43d

59 Lock, Samantha, Gabbatt, Adam, Davidson, Helen, Taylor, Harry, Bartholomew, Jem, and Bryant, Miranda. 2022. “Liz Truss says ‘nowhere left to hide’ for Putin allies – as it happened”. The Guardian. February 27, 2022. https://www.theguardian.com/world/live/2022/feb/26/russia-ukraine-latest-news-fighting-kyiv-zelenskiy-assault-putin-capital?page=with:block-6219cd2e8f08db56730fc8a1

60 Świat. "Wojna na Ukrainie. Rosjanie blisko elektrowni atomowej. Jest ryzyko, że zostanie ostrzelana". Polsat News. February 26, 2022. https://www.polsatnews.pl/wiadomosc/2022-02-26/wojna-na-ukrainie-rosjanie-blisko-elektrowni-atomowej-jest-ryzyko-ze-zostanie-ostrzelana/

61 Vogt, Adrienne, Said-Moorhouse, Lauren, Lendon, Brad, George, Steve, and Wagner, Meg. 2022. "Japanese-owned cargo ship hit by a missile off Ukrainian coast". CNN. February 26, 2022. https://www.cnn.com/europe/live-news/ukraine-russia-news-02-26-22/h_d79d1d542a90f15d7c38c6e3b03d73ab

62 Clark, Mason, Barros, George, and Stepanenko, Katya. 2022. "Russia-Ukraine Warning Update: Russian Offensive Campaign Assessment, February 26". Institute for the Study of War. February 26, 2022. https://www.understandingwar.org/backgrounder/russia-ukraine-warning-update-russian-offensive-campaign-assessment-february-26

63 Dilmo, Dan. 2022. “Russia blocks access to Facebook and Twitter”. The Guardian. March 4, 2022. https://www.theguardian.com/world/2022/mar/04/russia-completely-blocks-access-to-facebook-and-twitter

64 Hotten, Russell. 2022. ”Ukraine conflict: What is Swift and why is banning Russia so significant?”. BBC. May 4, 2022. https://www.bbc.com/news/business-60521822

65 Johnson, Jamie. 2022. “Thousands of Russians flee to US to escape conscription amid Ukraine war”. The Telegraph. February 26, 2022. https://www.telegraph.co.uk/world-news/2022/02/26/thousands-russians-flee-us-escape-conscription-amid-ukraine/

66 NATO. 2022. “NATO’s military presence in the east of the Alliance”. NATO. December 21, 2022. https://www.nato.int/cps/en/natohq/topics_136388.htm

67 The Independent. "Elon Musk says SpaceX's Starlink satellites now active over Ukraine". The Independent. February 27, 2022. https://www.axios.com/2022/02/27/elon-musk-spacex-starlink-satellites-active-ukraine

68 Ukrinform. 2022. “Russian occupiers have hit the city of Vasylkiv, Kyiv Region, with cruise or ballistic missiles”. Ukrinform. February 27, 2022. https://www.ukrinform.net/rubric-ato/3414231-russia-hits-kyiv-regions-vasylkiv-with-cruise-or-ballistic-missiles.html

69 Karmanau, Yuras, Heintz, Jim, Isachenkov, Vladimir, and Miller, Zeke. 2022. “Russia hits Ukraine fuel supplies, airfields in new attacks”. Associated Press. February 27, 2022. https://apnews.com/article/russia-ukraine-volodymyr-zelenskyy-kyiv-europe-united-nations-edc6df79755195b29473cfd6d38b1ebb

70 Interfax. 2022. “Russian military destroyed An-225 Mriya aircraft, it will be restored at expense of occupier – Ukroboronprom”. Interfax Ukraine. February 27, 2022. https://en.interfax.com.ua/news/general/803343.html

71 Reuters. 2022. “Town near Ukraine's Kyiv hit by missiles, oil terminal on fire”. Reuters. February 27, 2022. https://www.reuters.com/world/europe/town-near-ukraines-kyiv-hit-by-missiles-oil-terminal-fire-2022-02-27/

72 Sabbagh, Dan. 2022. “Russian forces advance on Kyiv: fighting on fourth day of invasion”. The Guardian. February 27, 2022. https://www.theguardian.com/world/2022/feb/27/kyiv-surrounded-says-mayor-fighting-on-fourth-day-of-russian-invasion-of-ukraine

73 Al Jazeera. 2022. "Greece summons Russian envoy after bombing kills 10 nationals". Al Jazeera. February 27, 2022. https://www.aljazeera.com/news/2022/2/27/russian-air-strikes-in-ukraine-kills-10-greek-nationals-fm

74 ВИНОГРАДОВА, УЛЬЯНА. 2022. "Новая Каховка полностью под контролем российских оккупантов - мэр". Korrespondent. 27/2/2022. https://korrespondent.net/ukraine/4452018-novaia-kakhovka-polnostui-pod-kontrolem-rossyiskykh-okkupantov-mer

75 Reuters. 2022. "Russia says it "blocks" Ukraine's Kherson, Berdyansk - RIA". Reuters. February 27, 2022. https://www.reuters.com/world/europe/russia-says-it-blocks-ukraines-kherson-berdyansk-ria-2022-02-27/

76 Ukrinform. 2022. "Russian invasion update: Ukrainian military destroy Kadyrov forces unit near Hostomel". Ukrinform. February 27, 2022. https://www.ukrinform.net/rubric-ato/3414341-russian-invasion-update-ukrainian-military-destroy-kadyrov-forces-unit-near-hostomel.html

77 Захарченко Юля. 2022. "Бердянськ захопили бойовики, у Харкові та Сумах – тиша: Арестович про ситуацію в Україні". Fakty. February 28, 2022. https://fakty.com.ua/ua/ukraine/suspilstvo/20220228-melitopol-zahopyly-bojovyky-u-harkovi-ta-sumah-tysha-arestovych-pro-sytuacziyu-v-ukrayini/

78 ISW. 2022. "UKRAINE CONFLICT UPDATE 10". Institute for the Study of War. February 27, 2022. https://www.understandingwar.org/backgrounder/ukraine-conflict-update-10

79 BBC. 2022. "As it happened: Deadly blast at Kyiv TV tower after Russia warns capital". BBC. February 27, 2022. https://www.bbc.com/news/live/world-europe-60542877

80 Daily Sabah. 2022. "Ukraine has restored full control of Kharkiv: Governor". February 27, 2022. https://www.dailysabah.com/world/europe/ukraine-has-restored-full-control-of-kharkiv-governor

81 Politis Chios. 2022. "Ρωσία: Στη Λευκορωσία έφτασε αντιπροσωπεία, έτοιμη για διαπραγματεύσεις με την Ουκρανία". Politis Chios. February 27, 2022. https://www.politischios.gr/politiki/rosia-sti-leukorosia-eftase-antiprosopeia-etoimi-gia-diapragmateuseis-me-tin-oukrania

82 Interfax. 2022. "Зеленский сообщил об обещании Лукашенко не посылать войска на Украину". Interfax. 27/2/2022. https://www.interfax.ru/world/824987

83 Karmanau, Yuras, Heintz, Jim, Isaxhwnkov. Vladimir, and Litvinova, Dasha. 2022. "Putin puts nuclear forces on high alert, escalating tensions". Associated Press. February 28, 2022. https://apnews.com/article/russia-ukraine-kyiv-business-europe-moscow-2e4e1cf784f22b6afbe5a2f936725550

84 Reuters. 2022. "Fighting around Ukraine's Mariupol throughout the night - regional governor". Reuters. February 28, 2022. https://www.reuters.com/world/europe/fighting-around-ukraines-mariupol-throughout-night-regional-governor-2022-02-28/

85 Espreso. 2022. "До 14:00 було знищено понад 200 одиниць техніки окупантів на напрямках траси Ірпінь-Житомир, - Арестович". Espreso. 28/2/2022. https://espreso.tv/do-1400-bulo-znishcheno-ponad-200-odinits-tekhniki-okupantiv-na-napryamkakh-trasi-irpin-zhitomir-arestovich

86 Reuters. 2022. "Ukraine calls for no-fly zone to stop Russian bombardment". Reuters. March 1, 2022. https://www.reuters.com/world/europe/russias-isolation-deepens-ukraine-resists-invasion-2022-02-28/

87 Rana, Manveen. 2022. "Volodymyr Zelensky: Russian mercenaries ordered to kill Ukraine's president". The Times. February 28, 2022. https://www.thetimes.co.uk/article/volodymyr-zelensky-russian-mercenaries-ordered-to-kill-ukraine-president-cvcksh79d

88 Ponomarenko, Illia. 2022. "Sources: Belarus to join Russia's war on Ukraine within hours". The Kyiv Independent. February 28, 2022. https://kyivindependent.com/sources-belarus-to-join-russias-war-on-ukraine-within-hours/

89 Batchelor, Tome and Dalton, Jane. 2022. "Russian Major General Andrei Sukhovetsky killed by Ukrainians in 'major demotivator' for invading army". The Independent. March 7, 2022. https://www.independent.co.uk/news/world/europe/andrei-sukhovetsky-russian-general-killed-b2029363.html

90 CBS. 2022. "Russian forces close in on Ukraine's capital as death toll mounts". CBS News. March 2, 2022. https://www.cbsnews.com/live-updates/russia-ukraine-news-kyiv-war-putin-invasion-talks-today/

91 Croker, Natalie, Byron, Manley, Lister, Tim, and the CNN Data and Graphics team. 2022. "The turning points in Russia's invasion of Ukraine". September 30, 2022. CNN. https://edition.cnn.com/interactive/2022/09/europe/russia-territory-control-ukraine-shift-dg/?fbclid=IwAR1QE00dGer60YjVa2q4RT6dPZvX01ZqwCEGzgjLB2E0MwvBGzPGUKTgg6w

92 ISW. 2022. "RUSSIAN OFFENSIVE CAMPAIGN ASSESSMENT, FEBRUARY 28, 2022". Institute for the Study of War. February 28, 2022. https://www.understandingwar.org/backgrounder/russian-offensive-campaign-assessment-february-28-2022?fbclid=IwAR2R5Cjqk6nYRuMQKxeGgnvBKDmnzyQm4uBmzbNmwfQlsRFX3i2szJXy410

93 "2022 Russian invasion of Ukraine - major escalation of the Russo-Ukrainian War"

94 WION Web Team. 2022. "Russia to pursue Ukraine offensive until all 'goals achieved'". Wion News. March 1, 2022. https://www.wionews.com/world/russia-to-pursue-ukraine-offensive-until-all-goals-achieved-457787

95 The Associated Press. 2022. "Live updates: Russia kills 5 in attack on Kyiv TV tower". Associated Press. March 2, 2022. https://apnews.com/article/russia-ukraine-war-live-updates-6bcdf50c08dd62a4c5305aa34d045cce

96 Associated Press. 2022. "More than 70 Ukrainian soldiers killed after Russian artillery hit Okhtyrka base". The Washington Times. February 28, 2022.https://www.washingtontimes.com/news/2022/feb/28/ukrainian-soldiers-killed-after-russian-artillery-/

97 BBC. 2022. "As it happened: Deadly blast at Kyiv TV tower after Russia warns capital". BBC. February 27, 2022. https://www.bbc.com/news/live/world-europe-60542877

98 AFP and TOI Staff. 2022. "Ukraine forms 'international brigade' of foreign volunteers to fight Russia". Times of Israel. February 27, 2022. https://www.timesofisrael.com/ukraine-forms-international-brigade-of-foreign-volunteers-to-fight-russia/

99 BBC. 2022. "Ukraine to sell 'war bonds' to fund armed forces". BBC. March 1, 2022. https://www.bbc.com/news/business-60566776

100 Reuters. 2022. "Belarus leader says Minsk won't join Russian operation in Ukraine, Belta reports". Reuters. March 1, 2022. https://www.reuters.com/world/europe/belarus-leader-says-minsk-wont-join-russian-operation-ukraine-belta-reports-2022-03-01/

101 Reuters. 2022. "Presidents of 8 EU states call for immediate talks on Ukrainian membership". Reuters. March 1, 2022. https://www.reuters.com/world/europe/presidents-8-eu-states-call-immediate-talks-ukrainian-membership-2022-02-28/

102 Bella, Timothy. 2022. "Assassination plot against Zelensky foiled and unit sent to kill him 'destroyed,' Ukraine says". The Washington Post. March 2, 2022. https://www.washingtonpost.com/world/2022/03/02/zelensky-russia-ukraine-assassination-attempt-foiled/

103 Pravda. 2022. "Ukraine's former President Yanukovych ousted in 2014 is in Minsk, Kremlin wants to reinstall him in Kyiv". Ukrayinska Pravda. March 2, 2022. https://www.pravda.com.ua/eng/news/2022/03/2/7327392/

104 Vakil, Caroline. 2022. "Russia says 498 of its soldiers have died in Ukraine". The Hill. March 2, 2022. https://thehill.com/policy/international/596545-russia-says-498-of-its-soldiers-have-died-in-ukraine/#:~:text=The%20Russian%20Ministry%20of%20Defense,time%20offering%20a%20specific%20number.

105 Karmanau, Yuras, Heintz, Jim, Isachenkov, Vladimir, and Litvinova, Dasha. 2022. "Russia takes aim at urban areas; Biden vows Putin will 'pay'". Associated Press. March 2, 2022. https://apnews.com/article/russia-ukraine-war-abc3e297725e57e6052529d844b5ee2f

106 Reuters. 2022. "Over 660,000 people flee Ukraine, UN agency says". Reuters. March 1, 2022. https://www.reuters.com/world/over-660000-people-flee-ukraine-un-agency-says-2022-03-01/

107 Lister, Tim, Voitovych, Olya, McCarthy, Simone, and Kolirin, Lianne. 2022. "Ukrainian nuclear power plant attack condemned as Russian troops 'occupy' facility". CNN. March 4, 2022. https://edition.cnn.com/2022/03/03/europe/zaporizhzhia-nuclear-power-plant-fire-ukraine-intl-hnk/index.html

108 Murphy, Jessica. 2022. "As it happened: Zelensky asks Putin for talks". BBC. March 2, 2022. https://www.bbc.com/news/live/world-europe-60582327

109 Zaczek, Zoe. 2022. "Russian paratroopers launch fresh attack on embattled Kharkiv with battle underway at military hospital". Sky News. March 2, 2022. https://www.skynews.com.au/world-news/russian-paratroopers-launch-fresh-attack-on-embattled-kharkiv-with-battle-underway-at-military-hospital/news-story/4cbd5625944ddf500545c11291e46302

110 Interfax. 2022. "First in 7 days of war Ukrainian units go on offensive advancing to Horlivka – Arestovych". Interfax. March 2, 2022. https://en.interfax.com.ua/news/general/805456.html

111 Devnath, Arun. 2022. "Missile Sets Bangladeshi Vessel Ablaze in Ukraine Port, One Dead". Bloomberg. March 3, 2022. https://www.bloomberg.com/news/articles/2022-03-03/missile-sets-bangladeshi-vessel-ablaze-in-ukraine-port-one-dead

112 UN. 2022. "General Assembly resolution demands end to Russian offensive in Ukraine". United Nations News. March 2, 2022. https://news.un.org/en/story/2022/03/1113152

113 Reuters. 2022. "Ukraine's delegation has left for second round of talks with Russia, official says". Reuters. 3 March, 2022. https://www.reuters.com/world/russia-expects-discuss-ceasefire-with-ukraine-talks-thursday-russian-agencies-2022-03-02/

114 Reuters. 2022. "Ukraine, Russia agree on need for evacuation corridors as war rages". Arab News. March 3, 2022. https://www.arabnews.com/node/2035291/world

115 Doornbos, Caitlin. 2022. "First Ukrainian city reportedly falls to Russia as Pentagon says 90% of Russian troops amassed for war are now in Ukraine". Stars and Stripes. Mach 3, 2022. https://www.stripes.com/theaters/europe/2022-03-03/ukraine-russian-invasion-war-pentagon-kherson-5213281.html

116 Reuters. 2022. "Ukrainian parliament backs bill to seize Russia-owned assets in Ukraine". Reuters. March 3, 2022. https://www.reuters.com/world/europe/ukrainian-parliament-backs-bill-seize-russia-owned-assets-ukraine-2022-03-03/

117 張柏源：〈烏克蘭媒體：哈爾科夫學校宿舍遭俄羅斯軍隊轟炸 四名中國學生死亡〉，新頭殼，2022 年 3 月 4 日，shorturl.at/nrM26

118 Reevell, Patrick and Hutchinson, Bill. 2022. "2nd round of talks between Russia and Ukraine end with no cease-fire". ABC News. March 4, 2022. https://abcnews.go.com/International/2nd-round-talks-russia-ukraine-end-cease-fire/story?id=83226054

119 Saul, Jonathan and Paul, Ruma. 2022. "Two cargo ships hit by blasts around Ukraine, one seafarer killed". Reuters. March 4, 2022. https://www.reuters.com/world/bangladesh-cargo-ship-hit-by-missile-crew-member-killed-bangladesh-official-2022-03-03/

120 Rogoway, Tyler. 2022. "The Ukrainian Navy's Flagship Appears To Have Been Scuttled". The War Zone. March 3, 2022. https://www.thedrive.com/the-war-zone/44563/the-ukrainian-navys-flagship-appears-to-have-been-scuttled

121 D'Andrea, Aaron and Boynton, Sean. 2022. "Russia's capture of Europe's largest nuclear plant in Ukraine raises global alarm". Global News. March 5, 2022. https://globalnews.ca/news/8658032/ukraine-russia-nuclear-plant-fire/

122 Al Jazeera. 2022. "NATO rejects no-fly zone; Ukraine slams 'greenlight for bombs'". Al Jazeera. March 5, 2022. https://www.aljazeera.com/news/2022/3/5/nato-rejects-no-fly-zone-ukraine-decries-greenlight-for-bombs

123 Цветаев, Леонид. 2022. "Госдума одобрила расширение закона о фейках".Gazeta. 22/3/2022. https://www.gazeta.ru/politics/2022/03/22/14655949.shtml

124 Tasnim. 2022. "Ukrainian Forces Shoot Down Russian Helicopter (+Video)". Tasnim News Agency. March 5, 2022. https://www.tasnimnews.com/en/news/2022/03/05/2676933/ukrainian-forces-shoot-down-russian-helicopter-video

125 Gadzo, Mersiha, Najjar, Farah, and Siddiqui, Usaid. 2022. "Latest Ukraine updates: Moscow resumes offensive on Mariupol". Al Jazeera. March 4, 2022. https://www.aljazeera.com/news/2022/3/4/russia-ukraine-moscow-blocking-access-to-facebook-liveblog

126 Lister, Tim, Pennington, Josh, McGee, Luke, and Gigova, Radina. 2022. "'A family died… in front of my eyes': Civilians killed as Russian military strike hits evacuation route in Kyiv suburb". CNN. March 7, 2022. https://edition.cnn.com/2022/03/06/europe/ukraine-russia-invasion-sunday-intl-hnk/index.html

127 ESPN. 2022. "Brittney Griner Russia drug case timeline: Prison, trial, release". ESPN. December 8, 2022. https://www.espn.com/wnba/story/_/id/34877115/brittney-griner-russia-drug-case-line-prison-trial-more

128 Sky News. 2022. "Ukraine war: Mariupol evacuation halted again as Russia 'regroups forces'". Sky News. March 6, 2022. https://news.sky.com/story/ukraine-invasion-second-attempt-to-evacuate-mariupol-to-begin-as-temporary-ceasefire-announced-12559009

129 Mohamed, Hamza, Asrar, Nadim, and Marsi, Federica. 2022. "Latest Ukraine updates: Russian strikes destroy Vinnytsia airport". Al Jazeera. March 5, 2022. https://www.aljazeera.com/news/2022/3/5/russia-ukraine-nato-support-liveblog

130 Field, Matt. 2022. "In Ukraine, US-military-linked labs could provide fodder for Russian disinformation". Bulletin of the Atomic Scientists. March 9, 2022. https://thebulletin.org/2022/03/in-ukrainian-cities-under-russian-attack-us-linked-research-labs-could-provide-fodder-for-future-russian-disinformation/

131 Henley, Jon, Beaumont, Peter, and Borger, Julian. 2022. "'Humanitarian corridors' leading to Russia or Belarus rejected by Kyiv". The Guardian. March 7, 2022. https://amp.theguardian.com/world/2022/mar/07/russia-humanitarian-corridors-ukraine-war-mariupol-kyiv

132 Clarke, Tyrone. 2022. "Two oil depots burst into flames following Russian airstrike in Ukraine, as Putin sends in nearly 100 per cent of invading troops", Sky News. March 8, 2022. https://www.skynews.com.au/world-news/two-oil-depots-burst-into-flames-following-russian-airstrike-in-ukraine-as-putin-sends-in-nearly-100-per-cent-of-invading-troops/news-story/01fbe920dc8d5b80dea5af8c4b3ebb99

133 Van Brugen, Isabel. 2022. "Ukraine Recaptures City of Chuhuiv, Kills Top Russian Commanders: Officials". News Week. March 7, 2022. https://www.newsweek.com/ukraine-russia-recapture-chuhuiv-kharkiv-region-armed-forces-claim-facebook-1685356

134 Reuters. 2022. "Ukrainian forces have retaken Mykolayiv regional airport, says governor". Reuters. March 7, 2022. https://www.reuters.com/world/ukrainian-forces-have-retaken-mykolayiv-regional-airport-says-governor-2022-03-07/

135 ABC 7 Chicago. 2022. "Russian warship that attacked defiant Ukrainian soldiers on Snake Island has been destroyed". ABC 7 Chicago. March 10, 2022. https://abc7chicago.com/snake-island-russian-warship-vasily-bykov-ukraine/11636208/

136 Massie, Graeme. 2022. "Ukraine claims it has killed another Russian general during fighting in Kharkiv". The Independent. March 8, 2022. https://www.independent.co.uk/news/world/europe/ukraine-russia-fighting-general-killed-b2030661.html

137 Zaks, Dmitry and Clark, Dave. 2022. "Ukraine accuses Russia of attacking humanitarian corridors as civilians flee cities". The Times of Israel. March 8, 2022. https://www.timesofisrael.com/ukraine-accuses-russia-of-attacking-humanitarian-corridors-as-civilians-flee-cities/

138 The Kyiv Independent news desk. 2022. "UN: Number of refugees from Ukraine reaches 2 million.". The Kyiv Independent. March 8, 2022. https://kyivindependent.com/un-number-of-refugees-from-ukraine-reaches-2-million/

139 BBC：〈俄羅斯入侵烏克蘭：3月9日最新情況綜述〉，BBC中文，2022年3月9日，https://www.bbc.com/zhongwen/trad/world-60661535

140 Child, David, Gadzo, Mersiha, Abdalla, Jihan, and Marsi, Federica. 2022. "Latest Ukraine updates: Strike hits Mariupol hospital complex". Al Jazeera. March 8, 2022. https://www.aljazeera.com/news/2022/3/8/us-europe-ramp-up-pressure-russian-energy-amid-ukraine-war-liveblog

141 Mariya, Petkova. 2022. "Russia-Ukraine war: The battle for Odesa". Al Jazeera. March 9, 2022. https://www.aljazeera.com/news/2022/3/9/russia-ukraine-war-the-battle-for-odesa

142 Al Jazeera. 2022. "US rejects Poland's offer to send MiG-29 fighter jets to Ukraine". Al Jazeera. March 9, 2022. https://www.aljazeera.com/news/2022/3/9/us-rejects-poland-offer-to-send-mig-29-fighter-jets-to-ukraine#:~:text=The%20United%20States%20has%20rejected,for%20the%20entire%20NATO%20alliance.

143 RFE/RL's Ukrainian Service. 2022. "Outrage Over Russian Hospital Attack Grows As Ukraine Cease-Fire Talks Make No Progress". Radio Free Europe/Radio Liberty. March 10, 2022. https://www.rferl.org/a/ukraine-invasion-mariupol-hospital-evacuations/31745921.html

144 Cohen, Li. 2022. "WHO confirms 18 attacks on Ukrainian hospitals and ambulances, creating the "worst possible ingredients" for spread of disease". CBS News. March 9, 2022. https://www.cbsnews.com/news/russia-ukraine-news-18-attacks-hospitals-ambulances-world-health-organization/

145 Taylor, Chloe. 2022. "Logistics problems, Ukraine defenders still thwarting Russian attacks; talks fail to yield cease-fire". CNBC. March 11, 2022. https://www.cnbc.com/2022/03/10/russia-ukraine-live-updates.html

146 Sabbagh, Dan. 2022. "Drone footage shows Ukrainian ambush on Russian tanks". The Guardian. March 10, 2022. https://www.theguardian.com/world/2022/mar/10/drone-footage-russia-tanks-ambushed-ukraine-forces-kyiv-war

147 Krymr. 2022. "В захваченных городах Запорожской области проходят акции протеста против присутствия российских войск". Krymr. 10/3/2022. https://ru.krymr.com/a/news-ukraina-zakhvachennyye-goroda-zaporozhskaya-oblast-aktsii-protesta-rossiyskikh-voysk/31746683.html

148 Žabec, Krešimir. 2022. "MORH: Banožić nije rekao da zna tko je lansirao dron koji je pao na Zagreb". Jutarnji list. December 1, 2022. https://www.jutarnji.hr/vijesti/hrvatska/morh-banozic-nije-rekao-da-zna-tko-je-lansirao-dron-koji-je-pao-na-zagreb-15281770

149 Reich, Aaron, Reuters, and Jerusalem Post Staff. 2022. "Belarus denies plans to join Russian invasion but is 'rotating' troops at border". The Jerulalem Post. March 11, 2022. https://www.jpost.com/breaking-news/article-700998

150 Reuters. 2022. "Russian-backed separatists capture Ukraine's Volnovakha - RIA". Reuters. https://www.reuters.com/world/europe/russian-backed-separatists-capture-ukraines-volnovakha-ria-2022-03-11/

151 Sangal. Aditi, Vogt, Adrienne, Wagner, Meg, Ramsay, George, Guy, Jack, Regan, Helen, Renton, Adam, Macaya, Melissa, Kurtz, Jason, Sangal, Aditi, and Vera, Amir. 2022. "March 10, 2022 Russia-Ukraine news". CNN. March 11, 2022. https://edition.cnn.com/europe/live-news/ukraine-russia-putin-news-03-10-22/h_105d7446ed9380aff7930aba65db7058

152 Murphy, Matt. 2022. "Ukraine war: Another Russian general killed by Ukrainian forces - reports". BBC. June 6, 2022. https://www.bbc.com/news/world-europe-61702862

153 Clark, Mason, Barros, George, and Stepanenko, Kateryna. 2022. "RUSSIAN OFFENSIVE CAMPAIGN ASSESSMENT, MARCH 12". Institute for the Study of War. March 12, 2022. https://www.understandingwar.org/backgrounder/russian-offensive-campaign-assessment-march-12

154 RFE/RL. 2022. "Ukraine Accuses Moscow Of 'False Flag' Operation To Lure Belarus Into War". Radio Free Europe/Radio Liberty. March 11, 2022. https://www.rferl.org/a/ukraine-belarus-false-flag-operation-russia/31748531.html

155 Porter, Tom. 2022. "Putin is rumored to be purging the Kremlin of Russian officials he blames for the faltering invasion of Ukraine". Business Insider. March 18, 2022. https://www.businessinsider.com/putin-rumored-to-be-purging-kremlin-officials-over-ukraine-invasion-2022-3

156 Rasool, Mohammed. 2022. "Putin Says 16,000 Syrians Will Fight in Ukraine. But It's Complicated.". Vice. March 12, 2022. https://www.vice.com/en/article/m7vkm4/syrian-fighters-ukraine

157 Al Jazeera. 2022. "Ukraine accuses Russian forces of abducting Melitopol mayor". Al Jazeera. March 12, 2022. https://web.archive.org/web/20220429034802/https://www.aljazeera.com/news/2022/3/12/ukraine-accuses-russian-forces-of-abducting-melitopol-mayor

158 Chalk, Natallie. 2022. "Volodymyr Zelensky says future peace talks with Russia could take place in Jerusalem as Israel mediates". iNews. March 12, 2022. https://inews.co.uk/news/volodymyr-zelensky-peace-talks-russia-could-take-place-jerusalem-israel-mediates-conflict-1513778

159 Reuters Staff. 2022. "Sanctions have frozen around $300 bln of Russian reserves, FinMin says". Reuters. March 13, 2022. https://www.reuters.com/article/ukraine-crisis-russia-reserves-idUSL5N2VG0BU

160 Lock, Samantha, Bhuiyan, Johana, Grierson, Jamie, and Taylor, Harry. 2022. "Russia-Ukraine war latest: 20 people reportedly killed after military base near Polish border hit by missiles – live". The Guardian. March 14, 2022. https://www.theguardian.com/world/live/2022/mar/13/ukraine-news-russia-war-ceasefire-broken-humanitarian-corridors-kyiv-russian-invasion-live-vladimir-putin-volodymyr-zelenskiy-latest-updates-live#block-622da83a8f08d64fa95eb257

161 Schwirtz, Michael. 2022. "Brent Renaud, an American journalist, is killed in Ukraine". New York Times. March 13, 2022. https://www.nytimes.com/2022/03/13/world/europe/brent-renaud-irpin.html

162 BBC. 2022. "War in Ukraine: Russian forces accused of abducting second mayor". BBC. March 13, 2022. https://www.bbc.com/news/world-europe-60725962

163 Regan, Helen, George, Steve, Chowdhury, Maureen, Hayes, Mike, and Vera, Amir. "March 13, 2022 Russia-Ukraine news". CNN. March 14, 2022. https://edition.cnn.com/europe/live-news/ukraine-russia-putin-news-03-13-22/h_ea59635fb47e77ce4dc38888bf322879

164 Glantz, Mary. 2022. "Armenia, Azerbaijan and Georgia's Balancing Act Over Russia's War in Ukraine". United States Institute of Peace. March 15, 2022. https://www.usip.org/publications/2022/03/armenia-azerbaijan-and-georgias-balancing-act-over-russias-war-ukraine

165 Deccan Herald. 2022. "Russia-Ukraine crisis: European Union agrees on 4th set of sanctions on Russia". Deccan Herald. March 15, 2022. https://www.deccanherald.com/international/world-news-politics/russia-ukraine-war-news-live-updates-kyiv-maruipol-kharkiv-vladimir-putin-volodymyr-zelenskyy-attack-shelling-nuclear-war-chernobyl-zaporizhzhia-1091060.html#4

166 Tan, Yvette. 2022. "Ukraine accuses Russia of preventing evacuation". BBC. March 15, 2022. https://www.bbc.com/news/live/world-europe-60717902

167 "March 13, 2022 Russia-Ukraine news"

168 Al Jazeera. 2022. "Russia says 23 dead in missile attack on Donetsk". Al Jazeera. March 14, 2022. https://www.aljazeera.com/news/2022/3/14/ukraine-missile-debris-kill-16-in-donetsk-separatists

169 Ott, Haley. 2022. "Over 40,000 Syrians reportedly register to fight for Russia in Ukraine". CBS. March 14, 2022. https://www.cbsnews.com/news/russia-ukraine-war-syrians-reportedly-register-foreign-fighters/

170 БАЛАЧУК, ІРИНА. 2022. "1 Тайфун, 4 БТРи, 2 "Рисі" і 17 спецпризначенців – Азов прозвітував про знищення ворога". Pravda. 14/3/2022. https://www.pravda.com.ua/news/2022/03/14/7331272/

171 Venckunas, Valius. 2022. "Russian-made Orlan-10 drone crashes in Romania". Aero Times. March 14, 2022. https://www.aerotime.aero/articles/30476-russian-made-orlan-10-drone-crashes-in-romania

172 Agence France-Presse. 2022. "Russian journalist who staged anti-war TV protest quits job, but rejects French asylum offer". The Guardian. March 18, 2022. https://www.theguardian.com/world/2022/mar/18/russian-journalist-who-staged-anti-war-tv-protest-quits-job-but-rejects-french-asylum-offer

173 Al Jazeera. 2022. "Ukraine-Russia talks to continue as Moscow steps up onslaught". Al Jazeera. March 14, 2022. https://www.aljazeera.com/news/2022/3/14/talks-to-resume-as-russian-strikes-widen-in-western-ukraine

174 RFE/RL. 2022. "Czech, Polish, And Slovenian PMs Visit Zelenskiy In Kyiv". Radio Free Europe/Radio Liberty. March 15, 2022. https://www.rferl.org/a/ukraine-kyiv-czech-poland-slovenia-visit/31753678.html

175 Reuters. 2022. "Russian forces take control of Ukraine's Kherson region: Agencies". Alarabiya News. March 15, 2022. https://english.alarabiya.net/News/world/2022/03/15/Russian-forces-take-control-of-Ukraine-s-Kherson-region-Agencies

176 Clark, Mason, Barros, George, and Stepanenko, Kateryna. 2022. "RUSSIAN OFFENSIVE CAMPAIGN ASSESSMENT, MARCH 15". Institute for the Study of War. March 15, 2022. https://www.understandingwar.org/backgrounder/russian-offensive-campaign-assessment-march-15

177 McFadden, Brendan. 2022. "Ukraine war: Protests held in Russian occupied Ukrainian cities Kherson, Energodar and Berdyansk". iNews. March 20, 2022. https://inews.co.uk/news/protests-held-russian-occupied-ukrainian-cities-kherson-energodar-and-berdyansk-1528616

178 Koshiw, Isobel, Henley, Jon, and Borger, Julian. 2022. "Ukraine will not join Nato, says Zelenskiy, as shelling of Kyiv continues". The Guardian. March 15, 2022. https://www.theguardian.com/world/2022/mar/15/kyiv-facing-dangerous-moment-amid-signs-of-russias-tightening-grip

179 Williams, Kieren and Stewart, Will. 2022. "Russian general killed with 7 soldiers from feared unit under Putin's direct control". Mirror. March 16, 2022. https://www.mirror.co.uk/news/world-news/russian-general-killed-trying-storm-26478770

180 РОМАНЕНКО, ВАЛЕНТИНА. 2022. "Два російські винищувачі Су-30см побачили дно Чорного моря - збито біля Одеси". Pravda. 16/3/2022. https://www.pravda.com.ua/news/2022/03/16/7331814/

181 Interfax. 2022. "Ukrainian Armed Forces in Chernihiv shot down another enemy Su-34 fighter". Interfax. March 16, 2022. https://interfax.com.ua/news/general/814288.html

182 Cullison, Alan, Coles, Isabel, and Trofimov, Yaroslav. 2022. "Ukraine Mounts Counteroffensive to Drive Russians Back From Kyiv, Key Cities". The Wall Street Journal. March 16, 2022. https://www.wsj.com/articles/ukraine-mounts-counteroffensive-to-drive-russians-back-from-kyiv-key-cities-11647428858

183 Tondo, Lorenzo and Koshiw, Isobel. 2022. "Mariupol: Russia accused of bombing theatre and swimming pool sheltering civilians". The Guardian. March 17, 2022. https://www.theguardian.com/world/2022/mar/16/mariupol-ukraine-russia-seized-hospital

184 Ukrinform. 2022. "Russian troops fired on people standing in queue for bread in a residential district in Chernihiv city, north Ukraine.". Ukrinform. March 16, 2022. https://www.ukrinform.net/rubric-ato/3431291-10-killed-as-russians-fire-on-people-standing-in-queue-for-bread-in-chernihiv.html

185 РОЩІНА, ОЛЕНА. 2022. "Слідчі суду в Гаазі вже в Україні, збирають докази проти РФ – Зеленський". Pravda. 16/3/2022. https://www.pravda.com.ua/news/2022/03/16/7331869/

186 Reuters. 2022. "Russia's Lavrov says Ukraine peace talks not easy, sees hope for compromise". National Post. March 16, 2022. https://nationalpost.com/pmn/news-pmn/russias-lavrov-says-ukraine-peace-talks-not-easy-sees-hope-for-compromise

187 BBC. 2022. "Pentagon says Russian advance is frozen". BBC. March 17, 2022. https://www.bbc.com/news/live/world-europe-60774819

188 BALACHUK, IRYNA. 2022. "Mariupol is 80-90% bombed - deputy mayor". Pravda. March 17, 2022. https://www.pravda.com.ua/eng/news/2022/03/17/7332133/

189 РОМАНЕНКО, ВАЛЕНТИНА. 2022. "ППО уночі збила 2 літаки РФ над Слобожанщиною - Повітряне командування "Схід"". Pravda. 17/3/2022. https://www.pravda.com.ua/news/2022/03/17/7332143/

190 TRT：〈烏武裝部隊：暫時失去對亞速海的控制權〉，土耳其廣播電視總台，2022 年 3 月 19 日，https://www.trt.net.tr/chinese/guo-ji/2022/03/19/wu-wu-zhuang-bu-dui-zan-shi-shi-qu-dui-ya-su-hai-de-kong-zhi-quan-1798236

191 NHK：〈俄軍在烏克蘭加強攻勢〉，日本放送協會，2022 年 3 月 29 日，https://www3.nhk.or.jp/nhkworld/zh/news/355587/

192 Harding, Andrew. 2022. "Ukraine conflict: Scores feared dead after Russia attack on Mykolaiv barracks". BBC. March 18, 2022. https://www.bbc.com/news/world-europe-60807636

193 Reuters. 2022. "Russia uses hypersonic missiles in strike on Ukraine arms depot". Reuters. March 19, 2022. https://www.reuters.com/world/europe/russia-uses-hypersonic-missiles-strike-ukraine-arms-depot-2022-03-19/

194 Clark, Mason, Barros, George, and Stepanenko, Kateryna. 2022. "RUSSIAN OFFENSIVE CAMPAIGN ASSESSMENT, MARCH 18". Institute for the Study of War. March 18, 2022. https://www.understandingwar.org/backgrounder/russian-offensive-campaign-assessment-march-18

195 Tondo, Lorenzo, Henley, Jon, and Boffey, Daniel. 2022. "Ukraine: US condemns 'unconscionable' forced deportations of civilians from Mariupol". The Guardian. March 20, 2022. https://www.theguardian.com/world/2022/mar/20/russia-bombed-mariupol-art-school-sheltering-400-people-says-ukraine

196 Kagan, Frederick W., Barros, George, and Stepanenko, Kateryna. 2022. "RUSSIAN OFFENSIVE CAMPAIGN ASSESSMENT, MARCH 19". Institute for the Study of War. March 19, 2022. https://www.understandingwar.org/backgrounder/russian-offensive-campaign-assessment-march-19

197 OCHA. 2022. "UN's first humanitarian aid convoy to conflict-affected eastern Ukraine arrives". United Nations Office for the Coordination of Humanitarian Affairs. March 18, 2022. https://www.unocha.org/story/uns-first-humanitarian-aid-convoy-conflict-affected-eastern-ukraine-arrives

198 Snowdon, Kathryn and Turner, Lauren. 2022. "War in Ukraine: Gordon Brown backs Nuremberg-style trial for Putin". BBC. March 19, 2022. https://www.bbc.com/news/uk-60803155

199 Reuters. 2022. "Russian navy commander killed in Ukraine". Reuters. March 20, 2022. https://www.reuters.com/world/europe/russian-navy-commander-killed-ukraine-2022-03-20/

200 Clark, Mason, Barros, George, and Stepanenko, Kateryna. 2022. "RUSSIAN OFFENSIVE CAMPAIGN ASSESSMENT, MARCH 20". Institute for the Study of War. March 20, 2022. https://www.understandingwar.org/backgrounder/russian-offensive-campaign-assessment-march-20

201 CNA. 2022. "At least 6 dead in overnight bombing of Kyiv mall". Channel News Asia. March 21, 2022. https://www.channelnewsasia.com/world/least-6-dead-overnight-bombing-kyiv-mall-2576926

202 RFI：〈基輔再實施 35 小時宵禁〉，法國國際廣播電台，2022 年 3 月 21 日，https://www.rfi.fr/cn/%E5%9F%BA%E8%BE%85%E5%86%8D%E5%AE%9E%E6%96%BD35%E5%B0%8F%E6%97%B6%E5%AE%B5%E7%A6%81

203 Associated Press. 2022. "Live updates: Ammonia leak contaminates area in east Ukraine". Washington Post. March 20, 2022. https://www.washingtonpost.com/politics/live-updates-ukraine-officials-say-russians-bombed-school/2022/03/20/b350573e-a820-11ec-8628-3da4fa8f8714_story.html

204 中國報：〈俄烏開戰 俄烏首次交換被俘人員 9 俄戰俘換 1 烏市長〉，中國報，2022 年 3 月 22 日，https://www.chinapress.com.my/20220322/%E2%97%A4%E4%BF%84%E4%B9%8C%E5%BC%80%E6%88%98%E2%97%A2-%E4%BF%84%E4%B9%8C%E9%A6%96%E6%AC%A1%E4%BA%A4%E6%8D%A2%E8%A2%AB%E4%BF%98%E4%BA%BA%E5%91%98-9%E4%BF%84%E6%88%98%E4%BF%98%E6%8D%A21%E4%B9%8C/

205 UN. 2022. "Conflict, Humanitarian Crisis in Ukraine Threatening Future Global Food Security as Prices Rise, Production Capacity Shrinks, Speakers Warn Security Council". United Nations. March 29, 2022. https://press.un.org/en/2022/sc14846.doc.htm

206 AP. 2022. "Russians forces destroy laboratory in Chernobyl nuclear power plant". Business Standard. March 24, 2022. https://www.business-standard.com/article/international/russians-forces-destroy-laboratory-in-chernobyl-nuclear-power-plant-122032300155_1.html

207 Clark, Mason, Barros, George, and Stepanenko, Kateryna. 2022. "RUSSIAN OFFENSIVE CAMPAIGN ASSESSMENT, MARCH 22". Institute for the Study of War. March 22, 2022. https://www.understandingwar.org/backgrounder/russian-offensive-campaign-assessment-march-22

208 Oryx. 2022. "Attack On Europe: Documenting Russian Equipment Losses During The 2022 Russian Invasion Of Ukraine". Oryx. February 24, 2022. https://www.oryxspioenkop.com/2022/02/attack-on-europe-documenting-equipment.html

209 Regan, Helen, O'Murchú, Seán Federico, Ramsay, George, Khalil, Hafsa, Vogt, Adrienne, and Wagner, Meg. 2022. "March 23, 2022 Russia-Ukraine news". CNN. March 26, 2022. https://edition.cnn.com/europe/live-news/ukraine-russia-putin-news-03-23-22/h_878787a43ccff97a0ce8c6b6595ed60e

210 Reuters. 2022. "Ukraine says it has destroyed a large Russian landing ship". Alarabiya News. March 24, 2022.https://english.alarabiya.net/News/world/2022/03/24/Ukraine-says-it-has-destroyed-a-large-Russian-landing-ship-%7CUkraine

211 Ukrinform. 2022. "Russia's large landing ship destroyed by the Ukrainian Army near Berdiansk Port was not Orsk but Saratov.". Ukrinform. March 25, 2022. https://www.ukrinform.net/rubric-ato/3439345-general-staff-update-not-orsk-but-saratov-landing-ship-destroyed-at-berdiansk-port.html

212 ERR News. 2022. "Baltic parliament speakers visit Kyiv, address Verkhovna Rada of Ukraine". ERR News. March 24, 2022. https://news.err.ee/1608542443/baltic-parliament-speakers-visit-kyiv-address-verkhovna-rada-of-ukraine

213 Reuters. 2022. "Mariupol says 15,000 deported from besieged city to Russia". Reuters. March 24, 2022. https://www.reuters.com/world/europe/mariupol-says-15000-deported-besieged-city-russia-2022-03-24/%7CMariupol/

214 RFI：〈烏克蘭副總理：已與俄羅斯交換戰俘〉，法國國際廣播電台，2022 年 3 月 25 日，https://www.rfi.fr/cn/%E4%B9%8C%E5%85%8B%E5%85%B0%E5%89%AF%E6%80%BB%E7%90%86-%E5%B7%B2%E4%B8%8E%E4%BF%84%E7%BD%97%E6%96%AF%E4%BA%A4%E6%8D%A2%E6%88%98%E4%BF%98

215 Clark, Mason, Barros, George, and Stepanenko, Kateryna. 2022. "RUSSIAN OFFENSIVE CAMPAIGN ASSESSMENT, MARCH 24". Institute for the Study of War. March 24, 2022. https://www.understandingwar.org/backgrounder/russian-offensive-campaign-assessment-march-24

216 “Key turning points in Russian invasion of Ukraine”

217 ISW. 2022. “RUSSIAN OFFENSIVE CAMPAIGN ASSESSMENT, MARCH 24”. Institute for the Study of War. March 24, 2022. https://www.understandingwar.org/backgrounder/russian-offensive-campaign-assessment-march-24?fbclid=IwAR30KWTS90Wujqs49Um34A_SNC6DhkUfqB7wInqKYR4fqDMAajrmuYXClog

218 “2022 Russian invasion of Ukraine - major escalation of the Russo-Ukrainian War”

第七章

轉戰烏東

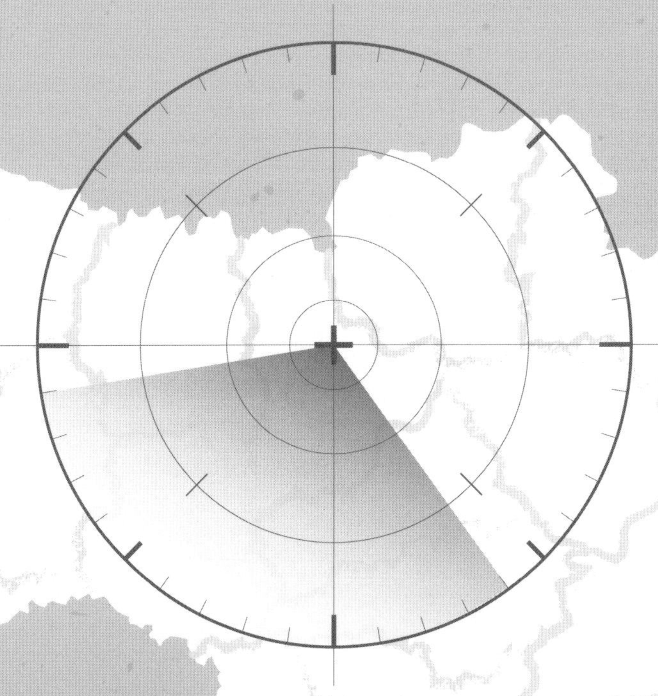

> 願她長存，願她長存，自由的烏克蘭。
> 活著吧，活著吧，哥薩克永存！綻放吧，綻放吧，紅莓花，願敵人永遠滅亡！
> ——《自由烏克蘭千秋萬代 Хай живе, вільна Україна》

●三月二十五日至三月三十一日——戰事進入第二階段，俄軍轉攻為守

在三月二十五日，俄軍第一副總參謀長謝爾蓋·魯德斯科伊（Sergei Rudskoy）宣佈已達成第一階段軍事目標，全軍將開展第二階段行動，解放頓巴斯。魯德斯科伊在簡報時稱俄軍在第一階段共陣亡一千三百五十一人，三千八百二十五人受傷，然而烏克蘭方面稱俄軍死亡人數高達一萬五千人，北約則推斷約有七千至一萬五千俄國軍人戰死。俄羅斯官媒《共青團真理報》於三月二十二日曾一度引述國防部消息指總共有九千八百六十一名俄軍軍人陣亡，一萬六千一百五十三人傷，但隨即刪除文章，這一數字較接近北約公佈的陣亡數據。

總結第一階段戰事，魯德斯科伊稱烏克蘭空軍及防空力量已幾乎被完全摧毀，海軍更不復存在，烏軍已損失百分之六十五點七的坦克和裝甲車輛、百分之四十二點八的野戰炮和迫擊炮、百

分之三十點五的各種火箭發射系統、百分之八十二的 S-300 和 Buk-M1 防空導彈系統、四分之三的軍機、一半直昇機、以及三十六架 TB-2 無人機當中的三十五架。然而，事實證明烏克蘭空軍仍在戰場上活躍，單單三月二十五日，一天內烏克蘭便擊落了一架戰機、一架無人機及四枚巡航導彈。

反觀美國情報認為俄軍的長程導彈十射僅四中，失效率達百分之六十以上，若要維持目前的轟炸力度，就只能用非精準制導導彈。

〔俄軍兵力填充〕

美國官員認為，俄軍選擇轉進頓巴斯，是因為未能佔領基輔、哈爾科夫和敖德薩等主要城市；未能迫使烏克蘭政權更迭，所以他們打算退而求其次，把籌碼壓在烏克蘭東部，企圖切斷烏克蘭東部烏軍與其他地方的聯繫，使烏克蘭如同冷戰時的德國般東西分裂。為補充兵力，俄軍開始抽調駐格魯吉亞的維和部隊到烏克蘭，俄羅斯在格魯吉亞扶植的南奧塞梯共和國也派兵支援，這批共一千二百至二千人的部隊被編配成三個營級戰術群。據烏軍收集到的情報，俄軍人員損失過半的單位正從烏克蘭撤離，與第一〇六近衛空降師一同被安排到白俄羅斯休整，部分重組合併為新的營級戰術群，重新調派到白俄羅斯待命。

這些獲輪調休整的單位包括東部軍區第三十六集團軍第三十七獨立步兵旅與第五獨立坦克

旅、東部軍區第三十五集團軍第三十八獨立步兵旅，以及太平洋艦隊第四十海軍步兵旅，同屬太平洋艦隊的第一五五海軍步兵旅和第十四獨立近衛軍特別用途旅其中一個分隊，還有更多的華格納集團傭兵後來也被派到白俄。

另外第四十九諸兵種集團軍亦被派到烏克蘭南部作戰。第二十近衛諸兵種集團軍及第一近衛坦克軍則正在重整兵力，等待調配。

烏軍預測，俄軍會在四月一日開始新一輪的徵兵計劃，並啟動「BARS-2021」國家作戰預備役計劃來填補兵員。軍方有可能會徵召罪犯，以特赦為條件引誘他們參。然而俄軍士氣低落，不少徵召兵拒絕作戰。按烏克蘭總參謀部評估，俄軍部署到烏克蘭的七十五個營級戰術群中已有三分之二暫時或永久失去作戰能力。

俄軍與親俄武裝控制了盧甘斯克州百分之九十三的土地，以及頓涅茨克州百分之五十四的土地，因俄軍改變策略，烏俄戰爭的主要戰場已由基輔轉為頓涅茨克州，馬里烏波爾圍城戰成為了第二階段持久戰的重心。

〔俄軍飽和轟炸〕

雖然俄軍決定轉進烏東，但仍維持以大炮、軍艦、戰機、導彈轟炸烏克蘭各地軍事設施，代替地面部隊打擊烏克蘭軍事力量。敖德薩海軍基地以及文尼察空軍指揮中心成為俄軍主要空襲目標。烏克蘭各處的基建包括西部大城利沃夫與羅夫諾的燃料庫、哈爾科夫的核科學研究設施，亦在這週成為重點攻擊目標。

基輔、切爾尼戈夫、伊久姆、哈爾科夫、盧茨克（Lutsk）、羅夫諾（Rivne）、尼古拉耶夫，皆有遭到俄軍空襲及炮擊，不只是軍事及政府設施遭轟炸，還有不少民居受波及。

另外由於黑海被佈下重重水雷，部分水雷漂流到他國海域，羅馬尼亞及土耳其對開海域皆發現水雷，當中有水雷更出現在分隔歐亞大陸的黑海入海口博斯普魯斯海峽（Bosporus strait），影響國際航道安全，幸好土耳其因應戰爭限制黑海以外的船隻進入，故未有造成意外，但嚴重影響烏克蘭的海運貿易。在俄軍加強炮擊時，俄羅斯邊境重鎮別爾哥羅德突然發生一系列爆炸意外，當地油庫、彈藥庫及國防部設施離奇爆炸，雖然未知何人策動，但被認為與烏俄戰爭有關。

雖然俄軍決定轉進烏東，但俄軍仍繼續在烏克蘭北部有零星行動，包括佔領北部城鎮斯拉夫蒂奇（Slavutych），更綁架了當地市長尤里·福米喬夫（Yuri Fomichev），巴拉克列亞市長伊萬·斯托爾博維（Ivan Stolbovyy）與兩名市政府官員、赫尼切斯克（Henichesk）委員會代表阿列克謝·科諾瓦洛夫（Oleksiy Konovalov），還有曾協助烏軍躲藏的烏克蘭記者伊琳娜·杜布琴科（Iryna Dubchenko）同樣遭俄軍綁架。不過，俄軍只是短暫佔領斯拉夫蒂奇，強佔城鎮引起當地居民強烈反應，俄軍改為在該市外圍設置關卡。

俄軍部隊陸續撤離基輔北部一帶，切爾諾貝爾核電廠、安托諾夫機場、布羅瓦里、盧基亞尼夫卡（Lukianivka）、托斯提也納（Trostianets）、胡利艾波萊、小羅漢（Mala Rohan）、維爾希夫卡（Vilkhivka）、伊爾平、紮波羅熱及切爾尼戈夫一帶在三月三十一日重歸烏克蘭控制。

隨著俄軍轉進，頓巴斯的戰事變得更猛烈，不只馬里烏波爾、馬林卡（Marinka）、克拉斯諾霍里夫卡（Krasnohorivka）、阿夫迪伊夫卡（Avdiivka）、利西昌斯克（Lysychansk）皆出現激烈戰鬥，佐洛塔尼瓦（Zolotarivka）被俄軍攻佔，然而俄軍官兵怯於巷戰，仍繼續以炮擊為進攻主調。不過，隨著俄軍在哈爾科夫及馬里烏波爾方向達成合圍，烏克蘭東部的烏軍大部面臨被圍殲的危機。

• 四月一日至四月七日——揭發布查大屠殺

烏軍逐步修復基輔及切爾尼戈夫一帶土地，雖偶有激烈戰鬥，但總括而言俄軍北部戰線正逐漸後撤。不過俄軍在撤退時在民居內埋下了大量詭雷及地雷，危害平民安全。

俄軍另在切爾諾貝爾核電廠旁遭嚴重輻射污染的「紅色森林」挖掘戰壕，有俄軍士兵受到輻射污染緊急送院。由於俄軍撤退時未有好好統籌，內部通訊混亂使得部分軍隊被遺留在外，遭烏軍殲滅。陷入混亂狀態的俄軍被烏克蘭形容為「迷失的獸人」（Lost Orcs）。

南線方面，俄軍重整其兩棲作戰能力，開始威脅到亞速海及黑海沿岸以及黑海航道，使得烏軍難以從海路取得補給和西方軍援。敖德薩的儲油設施及軍事設施繼續成為俄軍目標，尼古拉耶夫、哈爾科夫、紮波羅熱及丘古耶夫也遭俄軍空襲。

烏軍重奪基輔附近的城鎮布查時，發現大批當地居民遭到佔領該處的俄軍屠殺，至少有二百八十具屍體被埋在了亂葬崗，這些平民不少被反綁雙手，身前遭受酷刑凌虐並以行刑方式槍殺，屍體佈滿傷痕及彈孔，數十具屍體經法醫解剖後，判斷在是因俄羅斯的 122mm 榴彈炮破片致死，更發現女性屍體有被性侵的痕跡。單單布查一鎮的平民死亡人數已經超過四百人，在翻查衛星圖像時，平民屍體只在俄軍佔領期間才大量出現，故此可推斷這些平民大多是在俄軍佔領時被殺害。部分倖存的居民因躲在沒有電力的地下室才得以生還，直到確認俄軍離開才重新回到地面。

犯下這些反人類屠殺罪行的俄軍，不少是俄軍第六十四旅較年長的士兵，有情報指有俄羅斯聯邦安全局情報部門及車臣大部隊也牽涉其中。除此之外，烏克蘭政府還發現博羅江卡（Borodianka）的平民也遭俄軍屠殺，規模有可能比布查更大，然而俄軍一直否認，更反指是烏軍殺害平民嫁禍。

針對布查大屠殺，聯合國大會在四月七日召開緊急特別會議，以超過三分之二票表決，暫停俄羅斯在人權理事會的成員資格，俄羅斯隨即主動退出人權理事會。

烏克蘭東部城市的火車站與基建設施遭俄軍不斷轟炸，俄軍佔領了伊久姆，向斯洛維揚斯克（Sloviansk）推進，希望與魯比日內作戰的部隊取得聯繫，或向霍爾利夫卡與頓涅茨克推進。為打通俄羅斯本土連接克里米亞半島的陸路走廊，俄軍在四月八日聲稱已完全佔領馬里烏波爾市中心。在俄軍轟炸下，十六萬馬里烏波爾居民失去水電、通訊和藥物供應，雖然國際紅十字會一直交涉嘗試運送人道物資進城及撤離平民，但馬里烏波爾被重重圍困，從未接收到人道援助。

俄方稱別爾哥羅德市的油庫被兩架烏軍直升機轟炸，這是俄方首次公佈烏克蘭襲擊其本土的消息。

由於俄軍在連場戰事中的連連失利使士氣大受打擊，烏克蘭及各國志願者正從包括俄羅斯未屏蔽的「Telegram」與「VK」發放各種俄軍戰事失利及俄軍犯下戰爭罪行的消息，還會聯絡俄軍家人揭發俄軍在戰場上的行為。一系列民間自發心戰行動使部分俄軍士兵以各種形式自殘拒絕戰鬥，或向烏軍投誠，以「自由俄羅斯軍團」的身分叛逃烏克蘭，反過來加入烏軍戰鬥。為了避免俄軍接收到外界的不利資訊，軍方開始限制俄軍士兵上網及接觸社交網絡。

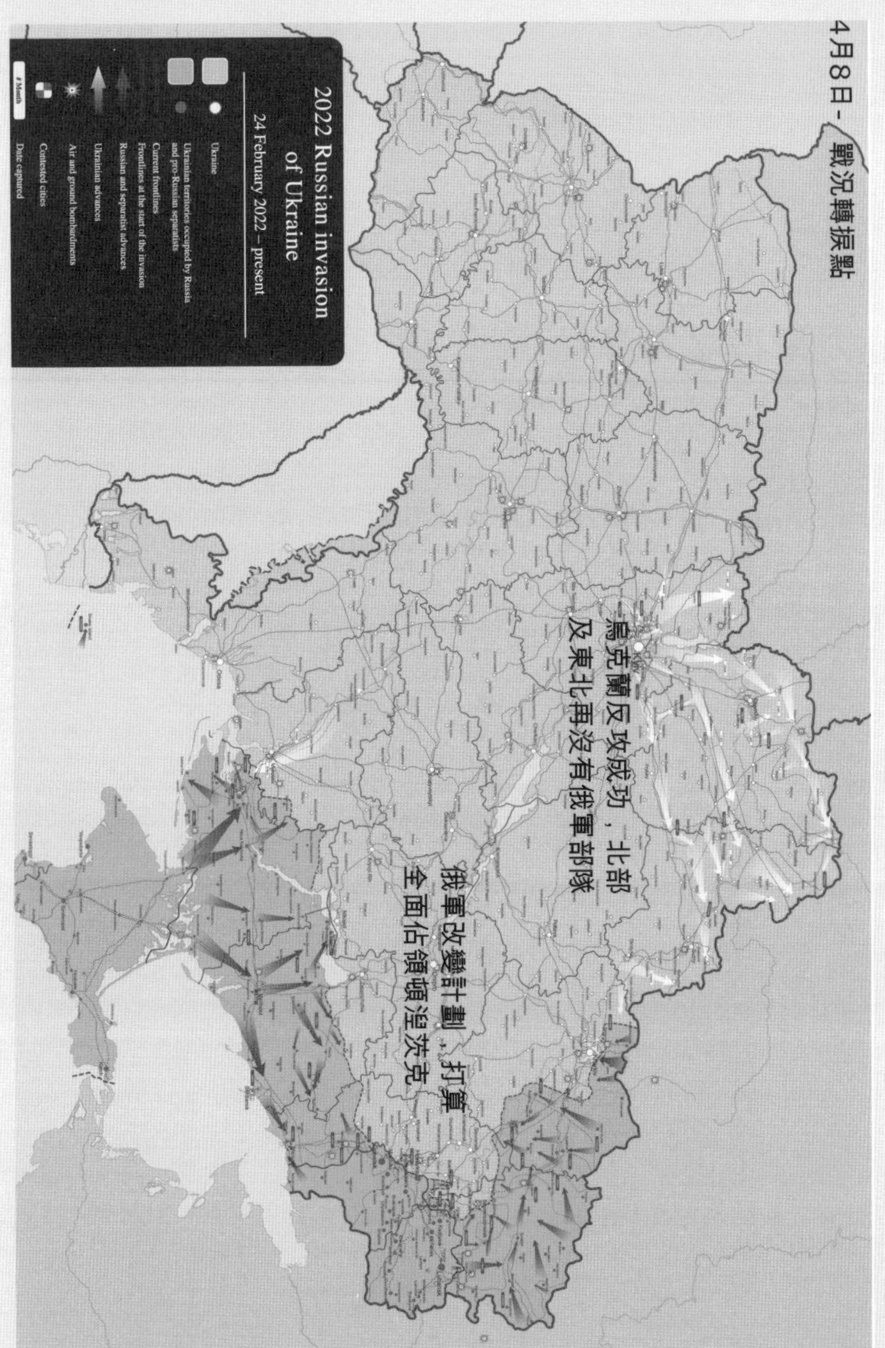

▲俄軍正式撤離北線戰場，專注東南兩線戰場，使得烏軍在四月成功修復三萬六千平方公里的領土，接近俄軍新佔領領土的一半，俄軍所佔烏克蘭領土餘下十一萬四千平方公里。圖為 Viewsridge 根據美國戰爭研究所資料所繪製的情勢圖。

• 四月八日至四月十四日——黑海旗艦莫斯科號沉沒

俄羅斯北線的部隊已完全撤出烏克蘭。鑑於過往侵俄烏軍缺乏統一指揮中心，部隊各自為戰。故普京在四月十三日正式任命前俄軍駐敘利亞部隊首任指揮官及南部軍區司令，人稱「敘利亞屠夫」的亞歷山大・德沃爾尼科夫大將（Aleksandr Dvornikov）為侵烏俄軍總司令，嘗試藉他在敘利亞作戰時的成功經驗來為俄軍帶來轉機。

俄羅斯開始徵召二〇一二年以後退伍的軍人及六萬名預備役軍人回俄軍服務，嘗試讓這些擁有經驗的老兵帶領缺乏經驗義務役新兵，改善目前前線士兵普遍作戰經驗不足的問題。

因應本土徵兵困難，俄軍開始從由摩爾多瓦旁的德涅斯特河沿岸共和國（Transnistria）徵召士兵，俄羅斯在此地擁有三旅步兵，但一直未有調動，過去只有調到派駐敘利亞、南奧塞梯、納戈爾諾—卡拉巴赫，俄軍亦嘗試從北方艦隊、波羅的海艦隊及第八集團軍調動兵員，東部軍區所屬第三十六集團軍及中央軍區數個單位被部署到俄羅斯西南與烏克蘭接壤的州份。

除此之外，俄軍加緊向頓涅茨克及盧甘斯克動員當地居民充軍，目標為動員六至七萬人，但最後只能徵召到不到目標兩成的人數。兩地居民全部組成五個不滿員的摩托化步兵團，分別為第一〇三、一〇九、一一三、一二五及一二七團，然而這些團最多只管有五個營，每營三百人，全團則只有一千五百人，遠低於俄軍正常一個俄羅斯營級戰術群所需的六百人及正常編制每團二千五百人。這些臨時徵召的部隊更只有百分之五至十的新兵有少量戰鬥經驗，戰力相當有限。

按烏克蘭軍方估計，俄羅斯在烏克蘭及周邊地區共有一百八十個營級戰術群，烏軍已消滅了二十個，另有四十個戰術群嚴重減員，佔俄軍部署的三分之一兵力。

康斯坦丁諾夫卡（Kostiantynivka）及克拉馬托爾斯克正被俄軍攻擊，克拉馬托爾斯克火車站遭到噴有「代表孩子」（ЗА ДЕТЕЙ）字樣的俄羅斯 SS-21 聖甲蟲戰術飛彈（Tochka-U missile）攻擊，造成五十九名平民死亡，引起國際輿論強烈批評。聶伯城國際機場、周邊基建和敖德薩一處國際軍團訓練遭俄軍導彈摧毀，魯比日內一個裝有硝酸的儲存罐也遭到襲擊，紮波羅熱州及頓涅茨克州的村莊更遭白磷彈攻擊，引起國際社會強烈批評。礙於西方制裁，俄軍現階段使用的炮彈大多沒有制導功能，容易波及平民，與俄軍聲稱會避免攻擊平民的承諾有明顯出入。俄軍四月十四日稱烏克蘭兩架直升機襲擊了包括克利莫沃（Klimovo）在內的布良斯克州（Bryansk Oblast）住宅以及包括斯波達里烏西諾（Spodariushino）在內的別爾哥羅德州村莊，負責俄羅斯邊防的聯邦安全局指控烏軍向布良斯克州的新尤羅維奇（Novye Yurkovichi）邊境檢查站開火，這些襲擊未有造成傷亡。然而，除俄羅斯政府的消息外，未有其他方面證實消息，烏克蘭政府指這只是俄羅斯自導自演的把戲。

馬里烏波爾遭到更猛烈的攻擊，烏軍控制區被一分為二，烏克蘭安全局大樓也被佔領，本來在伊里奇金屬廠（Illich Steel and Iron Works）防守的烏軍第三十六海軍步兵旅最終不敵俄軍，俄軍稱駐守該處的一千零二十六名士兵盡數向俄軍投降，但實際只有部分烏軍投降及三十名士兵向北突圍時被俘，還有部分成功突圍與死守亞速鋼鐵廠（Azovstal Iron and Steel Works）的亞速團友軍滙合。蘇聯時期興建的亞速鋼鐵廠宛如迷宮，設有密集及深入的地下通道。烏軍合兵一處後仍能在的抵擋俄軍數週。

馬里烏波爾市內平民仍能撤出，但會被俄軍嚴格搜查盤問，以免放過任何偽裝成平民烏軍士兵。在這週內，烏俄兩度交換戰俘，雙方交換了五名官員、十七名軍人、八名平民。

烏軍也正漸漸收復赫爾松州一帶，第八十空中突擊旅奪回部分南部村莊，赫爾松的俄軍補給彈藥庫於四月十三日被烏軍摧毀，烏軍同時猛烈炮擊俄軍佔領的赫爾松機場。烏克蘭遊擊隊也在梅利托波爾一帶的俄佔區活躍行動，當中「無名愛國者」遊擊隊從三月二十日至四月十二日擊殺了七十名俄軍。

曾參與炮擊蛇島的俄羅斯海軍黑海艦隊旗艦莫斯科號（Moskva）巡洋艦，於四月十三日被烏克蘭從敖德薩海岸發射的兩枚 R-260 海王星反艦導彈（Neptun）擊中，殉爆沉沒。俄軍起初只表示是船上起火，並嘗試派船把莫斯科號拖回港口。未幾卻改口稱莫斯科號因風暴沉沒。莫斯科號沉沒嚴重影響黑海艦隊戰力，身為負有首都盛名的旗艦，其沉沒亦重挫俄軍士氣。理應擁有反導彈設備的莫斯科號會之所以被兩枚海王星導彈擊沉，或與莫斯科號只顧攻擊數架作為誘餌的TB-2無人機，忽略攔截海王星導彈有關。莫斯科號沉沒後，烏克蘭政府嘗試把擊沉軍艦的擁有權列作烏克蘭文化遺產，而俄羅斯則派出包括世上最古老的現役軍艦公社號和其他八艘打撈艦前往黑海，爭奪莫斯科號殘骸。

在這一週，更多外國元首訪問烏克蘭，歐盟委員會主席烏蘇拉・馮德萊恩（Ursula von der Leyen）、英國首相鮑里斯・約翰遜（Boris Johnson）及奧地利總理卡爾・內哈默（Karl Nehammer）分別於四月八及九日前來基輔訪問，承諾提供烏克蘭更多軍事及經濟援助。奧地利總理隨後到莫斯科訪問普京，是為戰爭開始後首位訪問俄羅斯的西方領導人。本來，德國總統法蘭克—華特・史坦麥爾（Frank-Walter Steinmeier）也想拜訪烏克蘭，但因其過去親俄的立場，被烏克蘭政府拒絕，最後改為由德國總理奧拉夫・朔爾茨（Olaf Scholz）拜訪。四月十四日，普京宣佈戰事已進入第二階段，第二階段戰略目標是為保護頓巴斯的人民，與他在二月二十一日的戰前發言相呼應。

為報復烏克蘭擊沉莫斯科號之仇，俄軍加強對基輔的空襲，空襲令生產海王星反艦導彈的軍工廠受到局部損毀。另外基輔的裝甲車廠和尼古拉耶夫的軍事維修設施於四月十六日遭俄羅斯的高精度導彈摧毀，布羅瓦里附近的彈藥廠、利沃夫附近儲存歐美武器的後勤中心、以及瓦西里基夫的彈藥庫也被俄軍聲稱以空軍及戰略火箭部隊的高精度導彈摧毀。俄軍仍有相當多的高精度導彈可以針對烏軍的重要設施攻擊，以及阻止烏克蘭為東部的烏軍補充彈藥燃料。在四月二十一日，俄羅斯宣稱成功試射了新的洲際彈道導彈。參與布查大屠殺的俄軍第六十四步兵旅，更被普京頒下「近衛」的榮譽稱號。

頓巴斯一帶繼續成為烏俄角力的主戰場，東部軍區第六十八集團軍開始出現在東部協助第六及二十集團軍與第一近衛坦克軍，在伊久姆一帶更聚集了多達二十二個營級戰術群。俄軍雖然成功在四月十九日佔領盧甘斯克州的克列緬納亞（Kreminna），對波帕斯納（Popasna）一帶發動小規模攻勢，並摧毀位於阿瓦迪夫卡（Avdiivka）的 N20 公路和奧列克桑德里夫卡（Oleksandrivka）的烏軍基地，但哈爾科夫州的羅漢（Rohan）、巴莎涅夫卡、列比亞熱（Lebyazhe）及庫圖濟夫卡（Kutuzivka）均獲烏克蘭成功收復。烏俄兩軍在魯比日內附近的妥斯克及澤連拿多莉娜交戰，俄軍試圖在捷米里夫卡（Temyrivka）及胡利艾波萊包圍烏軍。俄軍以 S-400 防空系統擊落他們早前相信參與了對俄羅斯布良斯克州攻擊的烏軍 Mi-8 直升機，並在伊久姆擊落烏軍的 SU-25 戰機。

反過來烏克蘭空軍聲稱在四月二十一日成功以防空部隊擊毀俄羅斯空軍的十五個目標，包括戰機、直升機及無人機，是開戰以來單日擊落戰績最高的一天，另外烏克蘭海軍步兵隊也以刺針飛彈擊落了一架俄軍直升機。

南部軍區第八集團軍副司令弗拉基米爾・弗羅洛夫少將（Vladimir Frolov）被俄羅斯確認陣

亡，是為繼戰爭初期陣亡的第四十一集團軍副司令蘇霍維茨基空軍少將後，俄羅斯正式承認陣亡的第二名高級將領。

蘇霍維茨基空軍少將死後，俄軍對馬里烏波爾的攻勢更加猛烈，這次還派出頓涅茨克人民共和國的部隊進佔中馬里烏波爾的海灘，頓涅茨克親俄民兵與俄軍一同攻入烏克蘭國民警衛隊第十二作戰旅的基地和海灘邊的警察局，馬里烏波爾港被俄軍完全佔領，檢察部、國家警察地區總部、交通控制中心等已落入俄軍控制。自頓涅茨克親俄民兵到達後，便開始在市中心開設俄羅斯執政黨「統一俄羅斯黨」（United Russia）黨部，象徵親俄勢力接掌這城市，在市中心一帶採取「過濾」措施篩查民眾，以搜查盤問的方式來確保仍在馬里烏波爾的平民不會對俄軍構成威脅，而「過濾」過程時常出現私刑等情況。烏軍此時只剩下亞速鋼鐵廠可以死守，連同廠內一千名平民及五千名傷兵依靠蘇聯時期的儲備來支撐長期作戰，而俄軍則一直以各種手段包括炮擊、導彈、戰略轟炸機投彈來襲擊鋼鐵廠，把地面上的建築摧毀成頹垣敗瓦，但烏軍仍能躲在其中繼續遊擊作戰。

直至四月二十一日東正教復活節前夕，普京宣佈暫停轟炸，改為包圍封鎖鋼鐵廠，然而普京並未有聆聽烏克蘭的復活節停戰呼聲，命令俄軍繼續攻擊其他地區。俄羅斯聯邦委員會副主席謝爾蓋・米羅諾夫（Sergey Mironov）及華格納傭兵集團金主普里戈津更在頓巴斯一帶合照，以證明俄軍已控制頓巴斯地區。華格納集團及俄軍開始在俄軍佔領區強行徵兵，以填充兵員。鑑於愈來愈多俄軍士兵拒絕作戰，就連王牌部隊第一五〇步兵師也有情報指多達六至七成人拒絕作戰，烏克蘭軍情局指俄軍正威脅士兵家屬及在拒絕作戰的士兵檔案上留下案底，以強迫他們作戰。

為了追究作戰失利及人員嚴重短缺的責任，烏克蘭軍情局指俄羅斯已成立專門委員會進行調查，拘捕了不少官員，包括未有徵集足夠人員使作戰時只有半旅兵力的第三步兵旅兩名營長，及不慎透露俄軍在馬里烏波爾使用化學武器的頓涅茨克人民共和國國防部發言人愛德華・巴蘇林（Eduard Basurin）。從俄軍變得愈發強烈的攻勢推斷，俄羅斯試圖在五月九日「偉大衛國戰爭勝利日」前取得戰果。

●四月二十二日至四月二十八日──俄羅斯試圖佔領烏克蘭東南全線

俄羅斯中央軍區副司令強調俄羅斯第二階段的軍事目標是為全取頓巴斯及南烏克蘭，他們打算在這兩處大力扶植頓涅茨克及盧甘斯克的「人民共和國」傀儡政權，並下令在赫爾松改用俄羅斯盧布作流通貨幣。普京把部分主攻亞速鋼鐵廠的兵力調走，俄軍在哈爾科夫州的伊久姆到南部紮波羅熱州沿線遇到更多小規模的戰鬥，北頓涅茨克（Sievierodonetsk）、利曼（Lyman）、巴爾溫科韋（Barvinkove）、波帕斯納、克列緬納亞、克拉馬托爾斯克、斯拉維揚斯克皆見俄軍攻勢，俄軍務求全取頓涅茨克和盧甘斯克，滿足他們完全控制烏克蘭東部及南部的目的。

烏克蘭政府承認俄軍已控制了烏克蘭東部四十二個小城鎮及村莊，並稱逮捕了一百多名烏軍士兵。不過，俄軍還是主要靠炮擊及導彈不斷空襲克雷門丘克煉油廠（Kremenchuk Oil Refinery）和烏軍軍事設施，俄軍更特地攻擊了六個向頓巴斯輸送外國武器及軍事裝備的火車站。

幸而烏軍空軍與防空系統重重把守領空，俄軍只能在烏克蘭東部及南部上空活動，對西部及北部的活動相對較少。可惜當天有一架烏軍 An-26 運輸機在紮波羅熱墜毀，造成一名機師死亡兩人受傷，烏軍稱 An-26 墜毀是意外事件，運輸機是因為撞上電線杆才墜毀。黑海一帶仍有二十艘俄軍船隻活動，攻擊烏克蘭沿岸設施，但由於土耳其封鎖博斯普魯斯海峽，俄軍未能派其他船艦來填補沉沒的莫斯科號。

東線方面，烏軍把俄軍阻擋在尼古拉耶夫，就連負責指揮從赫爾松對尼古拉耶夫攻勢的俄軍指揮所也被烏克蘭襲擊，烏軍稱成功擊殺兩名俄羅斯將領。俄羅斯公佈，與烏克蘭接壤的別爾哥羅德州發生連串爆炸，有彈藥庫受襲，事後俄軍截獲烏軍的無人機。

雖然俄軍應普京的命令不再強攻改為圍封亞速鋼鐵廠，成功釋出兵力回到頓涅茨克市並重新調配到其他戰場，但俄軍仍會以導彈或空投炸彈空襲亞速鋼鐵廠。由於烏軍堅守鋼鐵廠這座地下要塞，俄軍要強攻並佔領整座鋼鐵廠將付出巨大代價，故俄軍決定以圍代攻。

美國國務卿安東尼．布林肯（Antony Blinken）及國防部長勞埃德．奧斯汀（Lloyd Austin）於四月二十四日在基輔與澤連斯基、烏克蘭外交部長德米特羅．庫列巴（Dmytro Kuleba）及國防部長阿列克謝．列茲尼科夫（Oleksii Reznikov）會面，商討美國援烏計劃，會後庫列巴稱烏軍正改用北約武器，以使烏軍全面達至北約標準。兩日後，聯合國秘書長安東尼奧．古特雷斯（António Guterres）到莫斯科拜訪普京，嘗試勸普京停戰。此後，古特雷斯又在四月二十八日到基輔拜訪澤連斯基，同日基輔有住宅樓被俄軍導彈擊中，造成一死十傷。古特雷斯除了拜訪基輔，還到訪了曾發生大屠殺的博羅江卡、布查及伊爾平，烏克蘭警方指整個包括這些地方在內的基輔一帶，自俄軍入侵後已發現一千一百五十具平民屍體，當中有五至七成屍體有槍傷彈痕。

自四月二十七日起，俄羅斯以波蘭及保加利亞未有按要求以盧布付款為由，停止對這兩國的天然氣供應，使依賴俄羅斯天然氣的保加利亞及波蘭需要尋找其他替代能源方案。

● 四月二十九日至五月五日——格拉西莫夫遇襲受傷逃回俄羅斯

英國國防部推斷，自俄羅斯入侵烏克蘭以來，俄軍共調派一百二十個營級戰術群到烏克蘭作戰，佔整個俄軍作戰部隊的百分之六十五，但這一百二十個戰術群已有超過四分之一失去作戰能力，一些精銳部隊，例如空降軍遭受了嚴重打擊，需要數年時間重建。雖然俄羅斯的軍費開支已是二〇〇五年的兩倍，他們在這二十年重點投資的高端現代化的設備未能使俄羅斯在烏克蘭戰場上取得勝利，俄軍補給、戰略策劃及前線執行力陳腐，使得軍備優勢未能發揮，整支俄軍在裝備及士氣皆明顯比以前更弱，西方的制裁更使得俄軍難以恢復至戰前實力水平。

俄軍繼續把主力部署在烏克蘭東部及南部，除了打算全面控制頓巴斯地區及連接克里米亞半島的赫爾松與札波羅熱外，他們也想控制烏克蘭整條海岸線。伊久姆一帶的戰事相對激烈，俄軍調動了二十二個營級戰術群的兵力，在利西昌斯克、利曼及北頓涅茨克一帶與烏軍激戰，試圖從伊久姆攻進斯洛維揚斯克及克拉馬托斯克，控制頓巴斯東北部作為切斷烏克蘭部隊的據點。

為應對俄軍大型攻勢，烏軍先行在哈爾科夫發動反攻，使得伊久姆的俄軍要分散兵力防守。俄軍總參謀長格拉西莫夫在五月一日視察位於伊久姆的俄軍第二集團軍指揮所，遭遇烏軍導彈襲擊，指揮所內不少高級軍官陣亡，格拉西莫夫則負傷逃回俄羅斯，伊久姆的攻勢因此暫緩。

赫爾松俄軍攻至赫爾松州的邊界，準備向烏克蘭南部縱深進發，直抵札波羅熱市、胡利艾波萊、尼古拉耶夫，以及克里維里赫（Kryvyi Rih）。同時繼續在德涅斯特河沿岸進行偽旗行動，使得當地局勢緊張，企圖重演頓巴斯劇本，取道他國攻擊摩爾多瓦。為了隨時支援當地俄軍，俄軍極力嘗試控制整個黑海沿岸，故敖德薩繼續成為俄軍偵察及空襲的主要目標。俄軍更在四月二十九日從黑海的潛艇發射潛射導彈攻擊烏克蘭，成為俄軍首次在這場戰爭中以潛艇發動攻擊。

俄軍在全烏克蘭皆加強空襲，聲稱日內摧毀了烏克蘭近四百個軍事設施，當中至少包括三個控制中心及十五個武器庫，基羅夫格勒州的卡納托沃機場及敖德薩機場部分航空設備、德涅斯特河口一座有戰略意義的橋樑，以及基輔的阿爾喬姆火箭及航天工業廠房（Artem factory）也遭俄軍摧毀。利沃夫也有發電廠受襲，當地長時間停電，火車停駛。

馬里烏波爾的亞速鋼鐵廠繼續遭俄軍重重包圍，烏俄雙方在這週開始局部停火，供鋼鐵廠內的平民撤出，前往紮波羅熱。俄軍在馬里烏波爾市內設立了四座「過濾營」（Filtration camp），篩查烏軍士兵，部分被送往俄羅斯。俄軍在佔領馬里烏波爾幾天後，市內實施軍事管治，交通標誌換成俄羅斯制式，烏軍指俄軍於五月九日俄羅斯衛國戰爭勝利日在馬里烏波爾舉行閱兵，以象徵「戰勝納粹」，佔領軍當局逐步把早前送往俄羅斯的馬里烏波爾局民遣回，當中包括孕婦。

俄羅斯在這週頻頻指控烏克蘭襲擊俄羅斯境內設施，包括庫爾斯克州的邊境、布良斯克的石油碼頭、別爾哥羅德市、鮑里索夫斯基市及雅科夫列夫斯基市的設施，以及梅季希的燃料庫，烏克蘭則對以上的指控不置可否。俄羅斯在這週也頻頻派軍機進犯歐洲國家如丹麥、瑞典、芬蘭領空，引來北約抗議。因此，瑞典及芬蘭認真考慮加入北約，得到英美等國支持。五月一日，俄羅斯外長拉夫羅夫在回應澤連斯基身為猶太人不會是納粹主義者的言論時，稱希特拉也流著猶太人的血液，使得以色列不滿，以俄兩國互相指責對方支持納粹主義，最後以普京致歉結束鬧劇。

俄羅斯國內有不少金融寡頭離奇死亡，這些寡頭的死亡被認為與普京內部清算有關。

天主教教宗方濟各（Pope Franciscus）在評論烏俄戰爭時，稱匈牙利總理奧班．維克多（Viktor Orbán）曾透露普京打算在五月九日俄羅斯偉大衛國戰爭勝利大日結束戰事，故加強對頓巴斯、克里米亞周邊及赦德薩的攻擊，但俄羅斯外長拉夫羅夫表明戰事不會在五月九日結束，美國有官員卻認為，俄羅斯會在五月九日正式宣戰而非單單維持現在的「特別軍事行動」狀態，以合理化調動後備兵力及徵集更多民眾參戰。

• 五月六日至五月十二日──陷入僵局的勝利日

雖然俄羅斯一直嘗試在偉大衛國戰爭勝利日前在烏克蘭戰場上取得戰果，但持續兩個月的圍城戰卻在這週陷入僵局。俄軍成功佔領馬里烏波爾亞速鋼鐵廠的地面部分，使得馬里烏波爾基本上受俄軍控制，但在其他地方，俄軍並未能寸進，只能不斷空襲烏克蘭的重要能源設施及嘗試擊落烏軍戰機取得戰績。五月九日，俄軍在馬里烏波爾舉行簡單閱兵，慶祝擊敗他們視之為新納粹主義者的亞速營及全佔亞速海沿岸打通俄羅斯本土與克里米亞半島的陸橋。普京在莫斯科偉大衛國戰爭勝利日閱兵儀式上為自己在烏克蘭的軍事行動辯解，稱行動是「必要、及時和唯一正確的解決方案」。

整個星期，俄軍主要還是包圍哈爾科夫及馬里烏波爾，並在蛇島與烏軍角力。俄軍在伊久姆的攻勢被哈爾科夫烏軍拖住，只能在北頓涅茨克及巴赫穆特（Bakhmut）取得些微進展，並進一步控制魯比日內和波斯帕納。

烏軍從斯洛維揚斯克向巴文科伏方向奪回戰略優勢，俄軍嘗試渡過北頓涅茨克河時為斷橋所擋，不少坦克被摧毀，近一個營的部隊被打殘。烏軍更成功擊殺俄軍總參謀局情報總局（GBU）特種部隊的指揮官阿爾貝・卡里莫夫中校（Albert Karimov）。為應對烏軍在哈爾科夫集中的兵力，俄軍在接壤烏克蘭的別爾哥羅德州集結新部隊，加強炮擊哈爾科夫，當地一座文學紀念館幾乎被摧毀，附近儲藏西方軍援的博霍杜希夫（Bohodukhiv）火車站也被擊中。黑海港口敖德薩繼續成為俄軍轟炸目標，敖德薩機場、彈藥庫、購物中心、酒店皆被俄軍空襲，俄軍甚至炸毀比洛戈里夫卡及切爾尼戈夫的學校和希皮洛沃的民居，數十名在此避難的平民身亡。雖然俄羅斯強調自己可以用導彈作手術式打擊，但其精確制導導彈存量已見底，不少空襲要用老一代的彈藥進行無差別攻擊，造成大量平民傷亡。俄烏兩國在蛇島的角力愈演愈激，烏軍派出海空兵力嘗試重奪這座把守國之西境與黑海西北部的島嶼，俄軍稱擊落烏軍數架軍機與一艘半人馬級巡邏艦（Centaur Class Aircraft Carrier），烏軍也聲稱擊落俄軍數架軍機以及馬卡洛夫海軍上將號巡防艦（Admiral Makarov）、一架俄軍登陸艇，並重創俄軍後勤補給艦博布羅夫號（Vsevolod Bobrov），博布羅夫號後來需退出戰場維修。

烏克蘭國防部在俄羅斯衛國戰爭勝利日公佈俄軍最新的戰損，指在整場戰爭中已有二萬五千六百五十名俄軍陣亡，一千一百四十五輛戰車及一百九十九架軍機遭摧毀。

馬里烏波爾亞速鋼鐵廠的圍攻持續，五月七日烏俄雙方宣佈已撤回所有平民，全廠只剩下逾千士兵留守，雙方談判如何讓傷兵離開接受救治，俄羅斯副總理馬拉特．胡斯努林（Marat Khusnullin）也前往馬里烏波爾視察，他是開戰後踏上烏克蘭領土的俄方最高級別官員。赫爾松在俄軍佔領下，打算在五月中舉行「獨立公投」，決定成立如同頓涅茨克一般的「人民共和國」及加入俄羅斯聯邦。俄羅斯別爾哥羅德州長稱烏克蘭炮擊境內村莊造成一死六傷，這是開戰以來首次有俄羅斯境內居民遭烏軍攻擊致死。

美國戰爭研究所稱德涅斯特沿岸的俄軍偽旗行動持續，使得當地反俄情緒繼續蘊釀，另外俄羅斯駐德國大使館稱柏林有人針對俄羅斯記者策劃「恐怖襲擊」，當地警方證實在該記者住處附近有可疑裝置，引來俄羅斯政府關注。

更多外國政要訪問烏克蘭，波羅的海三國及德國外長分別在五月六日及十日到訪基輔，商討加入歐盟進程及了解俄羅斯犯下的戰爭罪行，德國總理朔爾茨也在歐戰結束七十七周年時表明德國協助烏克蘭抗俄乃歷史責任。加拿大總理賈斯汀．杜魯多（Justin Trudeau）在五月八日到訪基輔及曾發生大屠殺的伊爾平，了解俄軍的暴行及準備更多援烏軍火，同日美國第一夫人吉爾．拜登（Jill Biden）與烏克蘭第一夫人奧蓮娜．澤連斯卡婭（Olena Zelenska）在烏克蘭與斯洛伐克的邊界會面。美國總統拜登在隔日簽署烏克蘭版「租借法案」（Lend-Lease Program），加速運送援烏武器的過程，之後會有更多美製軍械送往烏克蘭。由於俄軍佔領使得烏克蘭天然氣輸送設施，部分烏克蘭輸往歐洲的天然氣只能停止輸送。

聯合國安理會首次發表聲明深切關注烏克蘭和平與安全形勢，並表示支持聯合國秘書長古特雷斯為和平所作的努力，聯合國人權理事會則在取消俄羅斯成員資格後，大比數通過加強對俄羅斯侵略引起烏克蘭人權狀況惡化進行調查，重點評估在馬里烏波爾的情況。不只國際特赦組織呼籲調查俄軍的戰爭罪行，烏克蘭法庭也開始審判一名二十一歲被俘俄羅斯士兵的戰爭罪行，指控他在二月二十八日在蘇梅射殺平民，是為戰爭開始後首例。

● 五月十三日至五月十九日——亞速鋼鐵廠陷落倒數

戰事繼續陷入僵持，俄軍繼續在哈爾科夫遭到烏軍牽制，未能向斯洛維揚斯克及克拉馬托爾斯克進發，只能留在伊久姆，並全力包圍北頓涅茨克及利昌西斯克，加強對利曼與波斯帕納的攻勢。攻勢使這數座城市面臨危機，俄軍同時嘗試建立從俄羅斯本土經烏俄邊境沃夫昌斯克（Vovchansk）到伊久姆的通道。然而，在建立浮橋渡過頓內次河前往北頓涅茨克時，烏軍用海馬斯火箭炮突襲俄軍，俄軍損失至少一個營級戰術群的裝備與大量裝甲車輛，浮橋遭截斷。北線烏軍甚至把防線推回烏俄邊境，重新豎立界碑，象徵他們已收復失地。

在紮波羅熱戰線，俄軍嘗試接近紮波羅熱市，希望推進到他們火炮的射程內。俄軍不斷轟炸全國各處的軍事設施，利沃夫州亞沃利夫及尼古拉耶夫相繼遭導彈襲擊，有鐵路設施、民居、商店和天然氣管道遭到破壞。頓巴斯地區有二十三座房屋被摧毀。截至這週，切爾尼科夫已有三千五百座建築遭俄軍損毀，當中八成是普通民居。

俄羅斯庫斯克州（Kurskaya Oblast）政府稱，烏克蘭再度攻擊俄烏邊界的村莊，造成一死數傷，烏克蘭未有承認。俄羅斯副總理胡斯努林視察烏克蘭南部俄佔區時，表示俄軍佔領的紮波羅熱核電廠將改為向俄羅斯供電，並暗示若烏克蘭不向俄羅斯支付電費，將停止這座核電廠向烏克蘭供電。

英國國防部推斷俄羅斯部署在烏克蘭的兵力已死傷近三分之一，烏克蘭國防部則判斷有高達二萬八千五百俄軍陣亡，另有一千二百輛坦克及三千輛裝甲車被摧毀。英國情報指俄軍接連失利，不少高級軍官遭開除，當中包括王牌部隊第一近衛坦克軍及黑海艦隊的司令官。

亞速鋼鐵廠頑抗的烏軍，在俄軍海陸空夾攻包圍及攻陷廠房地面部分後，一千七百三十名守軍相繼投降，二百六十四名傷兵循人道走廊送往附近的醫療設施。然而，俄羅斯有議員認為絕不能把亞速鋼鐵廠的戰俘與烏克蘭交換，更有議員要求處死全部亞速鋼鐵廠投降的軍人作為報復。隨著更多烏軍投降，亞速鋼鐵廠陷落已臨倒數階段，俄羅斯考慮把馬里烏波爾市直接納入俄羅斯聯邦治下。

美國國防部長奧斯汀於五月十三日首次與俄羅斯國防部長紹伊古通電話，討論局勢發展，另外美國參議院共和黨領袖米治・麥康奈爾（Mitch McConnell）率領美國國會代表團到訪基輔，與澤連斯基會晤。面對俄軍在戰爭期間犯下的戰爭罪行，國際刑事法院宣佈派出有史以來規模最大的特派團進行調查，特派團由四十二名調查員及專家組成。烏克蘭自己亦進行各項涉及俄軍的兇殺及強姦罪行的調查，當中首名被控的二十一歲俄軍士兵正式承認殺害平民，等候判決。

俄羅斯外長拉夫羅夫認為，烏克蘭已退出和談，而烏克蘭亦表示談判已暫停，因為烏克蘭拒絕割讓領土及不會在俄軍未完全撤離之下停火，更不會與俄羅斯簽訂類似《明斯克協議》的停戰協定。

芬蘭及瑞典正式申請加入北約，卻遭土耳其、匈牙利及克羅地亞三個北約成員國拒絕，土耳其指控芬蘭及瑞典讓土耳其其視為恐怖分子的庫爾德人藏匿，匈牙利及克羅地亞則擔心北約進一步東擴會觸怒俄羅斯。

聯合國難民署統計，自戰爭以來，已有六百萬名難民逃出烏克蘭，因為成年男性皆需被強制留在烏克蘭應戰，當中九成為婦孺。為解決人道危機及國際糧食短缺，聯合國請求俄羅斯解除對烏克蘭港口的封鎖，以便運送糧食及人道物資，唯俄羅斯要求聯合國先取消制裁，才能解封港口。

•五月二十日至五月二十六日——戰火延綿三個月

〔馬里烏波爾圍城〕

經歷八十二天頑抗，所有烏軍於五月二十日撤出亞速鋼鐵廠，馬里烏波爾正式宣告淪陷。俄羅斯方面稱共有二千四百三十九名烏克蘭軍人棄械投降，而美國戰爭研究所則推斷俄軍有可能誇大數字以突顯戰果，希望在交換戰俘談判時取得優勢。馬里烏波爾圍城戰持續將近三個月，守軍主力烏軍第三十六海軍步兵旅和亞速營一直堅持艱苦卓絕地戰鬥，雖然最後還是難以與規模龐大的俄軍匹敵，但仍成功拖住俄軍大部分兵力，為重要軍港敖德薩及黑海海岸解圍。為了攻陷這座城市，俄軍不只調派了一五〇師的精銳部隊，還派出了車臣國家近衛軍及協助俄軍國際志願軍「幽靈旅」。車臣總統卡德羅夫的表哥德利姆哈諾夫更不得不親自率兵進攻。

馬里烏波爾失陷後，俄軍控制當地資訊流通，除了早前報導民眾繼續被送進「過濾營」審查外，外界已難以了解城內情況。佔領馬里烏波爾的俄軍宣佈要審判烏軍戰爭罪行，以證明他們已牢控當地的司法權及合理化俄羅斯的戰爭行為。

早前烏克蘭開座庭審判的首位俄軍戰犯，則在五月二十三日因槍殺六十二歲烏克蘭平民而被判無期徒刑。

俄軍在取得馬里烏波爾後，開始沿南線部署 S-400 防空飛彈，俄軍在佔領赫爾松後，立即興建軍事基地，扶植當地傀儡政府，宣佈開始改用俄羅斯盧布作官方貨幣，邀請俄羅斯的銀行在當地開業，供民眾及企業把烏克蘭格里夫納（Hryvnia）以固定匯率兌換作盧布。

另外俄軍已控制黑海，商船難以進入黑海與烏克蘭貿易，使得歐洲糧倉烏克蘭無法輸出農產品，使得全球糧食價格急升。

俄軍在這週全力進攻烏軍在盧甘斯克州最後的據點北頓涅茨克，準備接掌全盧甘斯克州。為了盡早奪得北頓涅茨克，俄軍推進到佐洛提鎮（Zolote）及魯比日內，同時從波斯帕納向巴赫穆特進攻，配合在利曼嘗試切斷烏軍補給線的俄軍，縮窄北頓涅茨克包圍圈，切斷烏軍在北頓涅茨克及利西昌斯克之間的聯絡線，避免烏軍威脅俄軍進攻路線與伊久姆之間的聯絡線，同時全力進佔利曼附近的村莊及鐵路樞紐。俄軍若奪取北頓涅茨克，將滿足部分戰略目標，但同時會造成的補給與聯絡線過長，使得烏軍更易切斷並分而圍之。同一時間，為避免哈爾科夫的烏軍能推進到烏俄邊境，俄軍正聚集更多兵力備戰，率先佔數個據點如捷爾諾瓦，阻擋烏軍在哈爾科夫東北部反攻。

俄軍繼續針對敖德薩、尼古拉耶夫、日托米爾等地發動空襲，攻擊烏克蘭的交通樞紐、燃料設施及儲藏西方軍備的設施。澤連斯基表示，在頓巴斯地區每天有多達一百名烏軍士兵失蹤，只是，烏軍的聯合作戰仍然保持其功效，阻擋了俄軍在各線的進軍。烏軍還擊落了可能以瓦格納傭兵身分參戰的退役空軍少將博塔舍夫，使俄羅斯被確認遭擊殺的將級軍官升至三人，若加上尚待證實的遭擊殺名單，則有八名將官被殺，另有三名將級軍官一度被指死亡，但俄方傳來的消息指他們仍然生龍活虎接受採訪，引來猜測。由於戰事尚未完結，本來在五月二十四日屆滿的徵兵令延長九十天，可預見只要烏俄未能達成停戰協定前，仍會繼續徵兵。

由於俄軍加緊對俄羅斯公民及盧甘斯克公民徵兵，甚至通過法例允許徵召較年長的退伍軍人操作高精確度武器，開始有俄羅斯及盧甘斯克士兵開腔抗議。烏克蘭總參謀部指俄羅斯發生十二宗徵兵辦公室被燃燒彈及氣槍襲擊事件。本來支持開戰的俄羅斯激進民族主義者如老兵團體及軍事評論員正公開批評俄羅斯在烏克蘭戰事失利。更多的跨國企業如麥當勞、星巴克、Nike 決定退出俄羅斯市場，俄羅斯隨時將接管這些企業的在俄資產。

綜合這九十天的戰事，英國國防部判斷俄軍約有一萬五千人死亡，死亡人數已經與蘇聯阿富汗戰爭的九年戰事相若，俄軍戰術效能低下、缺乏彈性、欠缺空中支援，指揮鏈重複犯錯並導致在頓巴斯的戰役死亡人數節節上升。烏克蘭國防部更推斷，俄軍已有二萬九千二百人陣亡，逾一千三百輛坦克及三千一百輛裝甲車被毀。

波蘭總統安傑伊・杜達（Andrzej Duda）在五月二十二日到訪基輔，杜達親自在烏克蘭國會發表演說。美國參謀長聯席會議主席馬克・米利陸軍上將（Mark Milley）則首次與俄羅斯總參謀長格拉西莫夫通話，兩人討論多項烏俄戰爭有關的安全議題。

德國及意大利短時間內仍需用到俄羅斯天然氣，故允許企業以盧布購買俄羅斯天然氣而不當作違反歐盟制裁令，雖然歐盟各國正研究減少對俄羅斯天然氣的依賴，但仍未對制裁俄羅斯能源達成共識。

• 五月二十七日至六月二日——美援海馬斯來臨

俄軍派出第一坦克軍增強圍攻哈爾科夫，更成功控制北頓涅茨克七成土地。北頓涅茨克有化工廠在攻勢中被炮火波及，泄漏硝酸，民眾只能留在室內避難。在俄軍包圍下，利曼落入俄軍手中。俄軍亦以長程飛彈轟炸多瑙河上烏克蘭與羅馬尼亞之間的橋樑，嘗試阻斷烏克蘭從羅馬尼亞獲得補給。

俄羅斯繼續嘗試進佔更多南部城市，同時炸毀赫爾松的橋樑阻擋烏軍反攻。烏軍則努力在赫爾松西北反攻，嘗試沿 T2207 公路阻斷俄軍的地面通訊線路。

唯俄軍在這一系列的戰役中，損失相當數量的基層軍官，雖然俄軍努力把殘部重整至新的營級戰術群內，但缺乏有經驗的基層軍官令戰力大減。俄軍現役的坦克數量亦開始不足，故開始把庫存的 T-62 坦克派上南部戰場。

雖然美國拒絕提供射程超過二百九十七公里的火箭炮，以免烏克蘭用作攻擊俄羅斯本土之用挑起俄軍升級行動，但仍決定提供 M142 海馬斯（HIMARS）火箭炮讓烏克蘭作防衛之用。德國隨即表明會提供現代的地對空導彈供烏克蘭作防空用。另外，美國國防部網絡司令部確認在烏克蘭的請求下，一直對俄羅斯進行網戰。澤連斯基表示，截至六月二日，烏克蘭有百分之二十的領土被俄軍佔領。

●六月三日至六月九日——北頓涅茨克爭奪戰

烏軍反擊成功修復北頓涅茨克七成領土，俄軍則在重炮支援下於阿佐特化工廠（Azot chemical plant）戰鬥，與烏軍拉鋸。烏軍迫使哈爾科夫市外的俄軍轉攻為守，又在南部迫退俄軍黑海艦隊，使其後退至海岸一百公里外。俄軍第二十九集團軍司令官羅曼·庫圖佐夫（Roman Kutuzov）少將同日被擊殺。而紮波羅熱一帶的俄軍正逐步撤出。

烏軍亦在赫爾松西南部取得進展，控制部分因胡萊茨河（Inhulets）東岸。俄軍嘗試加強東部戰線的攻勢進軍伊久姆，然而仍未有多少進展。俄羅斯建築與房屋部的網站被駭入，網站出現「願榮光歸烏克蘭」（Slava Ukraini）的字眼。可惜的是，俄軍炮火擊中聖山拉伏拉修道院（Sviatohirsk Lavra），使這座建於十六世紀的修道院毀於一旦。

●六月十日至六月十六日——北頓涅茨克再度陷落

烏克蘭表示其炮彈存量正嚴重短缺，需西方支援才能滿足每天近五千至六千發的耗彈量，每天還有一百至二百名軍人犧牲。烏克蘭指控俄羅斯每天發射多達六萬發炮彈或火箭，為了滿足需要還在倉庫搬出 T-62 坦克、152mm 火炮、五〇年代的地雷及火箭炮等來應戰，還曾以自殺式無人機及反艦導彈 Kh-ss 攻擊村莊等地面目標，後者因缺乏精度造成無辜平民死亡，在波帕斯納市附近的弗魯比夫卡鎮（Vrubivka）更發現有俄軍使用火焰發射器。俄羅斯則指他們以巡航導彈摧毀捷爾諾波爾儲存西方援助武器的儲存地點，亦摧毀了烏軍與頓涅茨克的彈藥庫及航空管制雷達站，同時擊落了三架烏克蘭的 SU-25 戰機。俄烏雙方皆指烏軍擊沉對方的海軍船隻，俄軍救援船瓦西里・貝赫號（Spasatel Vasily Bekh）證實被反艦導彈擊沉，為烏克蘭首個使用西方援助飛彈擊沉艦者紀錄，烏軍則在奧恰基夫（Ochakiv）外海自沉了反潛護衛艦文尼察號（Vinnytsia）。

俄軍再次控制北頓涅茨克八成地區，切斷三條連接當地與烏克蘭其他地方的橋樑，並命令在阿佐特化工廠作戰的烏軍棄械投降，民眾則被要求撤離當地。俄羅斯正嘗試恢復俄軍佔領區內的市政功能，研究把俄軍佔領地直接劃入俄羅斯領土，並開始為當地居民簽發俄羅斯護照。但馬里烏波爾等地情勢仍然惡劣，更有指出現不少屍體被俄軍集體掩埋。

此外，俄軍也在伊久姆附近推進並與烏軍激戰，甚至在梅里烏波爾偽裝成烏克蘭反抗勢力襲擊平民以偽旗行動誣蔑反抗勢力。不過，烏軍在赫爾松一帶有所進展，光復了布拉霍達特內村（Blahodatne），漸漸向赫爾松市北部推進。白俄羅斯軍隊則在六月十四日展開指揮演習，未有跡象顯示白俄會派兵參戰。

在六月十日，俄羅斯表示國防預算將提高六至七千億盧布，相當於現時國防開支兩成，而增加的預算使國防工業漸漸擴充產能，滿足對烏作戰需求，然而國際制裁使俄羅斯軍工產業未能製造先進電子器材。

●六月十七日至六月二十三日——頓涅茨克民兵累計過半兵力傷亡

俄羅斯成功控制除阿佐特化工廠外北頓涅茨克全境以及梅特奧爾基內（Metiolkine）和托什基夫卡（Toshkivka），並逐步在利西昌斯克南部推進，然而俄軍在赫爾松卻只能持續防守。烏軍成功光復附近的基謝利夫卡村（Kyselivka）。俄羅斯雖有不少先進戰機，但未能維持空中優勢，亦未能培養足夠人才去執行空中行動，只能靠炮彈及飛彈持續進行轟炸各大城市的重要設施如燃油庫，俄羅斯國防部指他們以「口徑」（Kalibr）3M-54型飛彈成功炸中聶伯附近一座烏軍指揮部，稱殺死超過五十名將級官員，然而烏克蘭方面未有相關消息。然而，烏軍則以無人機擊中俄羅斯邊境城市新沙赫京斯克的煉油廠。

雖然俄羅斯自三月二十五日起未有再公佈軍方傷亡人數，但頓涅茨克人民共和國公佈指自二〇二二年已有二千一百二十八名軍人死亡及八千八百九十七人傷，達到原有兵力的百分之五十五，英國國防部分析指如此嚴重的傷亡源於這些親俄民兵只能使用過時武器作戰。英國國防大臣再指，俄羅斯動員了全國四分之一的兵力並付出五萬人傷亡的代價，卻只換來少量的領土擴張。另外，烏克蘭成功擊落一架俄羅斯的Su-25陸上攻擊機並俘獲一名為華格納集團工作的前俄羅斯空軍少校，證實不少退役俄軍被華格納招攬前往烏克蘭作戰，當中不少退役空軍機師被派往進行空中支援，以填補正規軍缺乏的人手，然而他們只能用較舊的 Su-25 攻擊機，並改用商用 GPS 而非俄軍軍用設備。然而，烏軍亦指他們已消耗了三至五成重裝備，蘇制火炮的彈藥已經用盡，請求西方各國提供更多長程飛彈。

俄羅斯政府為了打壓反戰聲音，國會正努力把散播針對「特別軍事行動」的「假新聞」及反俄羅斯的聲音視為刑事罪行，使國內反戰聲音減少，但自由俄羅斯軍團及英國國防部指仍有不少商界精英甚至高級俄羅斯官員對戰爭持續抱質疑態度，認為這樣會損害俄羅斯經濟，過萬俄羅斯百萬富翁正嘗試離開俄羅斯。由於立陶宛限制俄羅斯鐵路運送物資出入飛地加里寧格勒，引來俄羅斯向歐盟抗議。

• 六月二十四日至三十日——俄軍無差別轟炸

遭俄軍圍困的北頓涅茨克烏克蘭守軍亦被迫投降或撤出，撤退的烏軍死守利昌西斯克，而俄軍繼續全力攻擊以擴展波斯帕納戰線，最主要的地面戰場在當地煉油廠一帶，而盧甘斯克共和國駐俄大使則稱烏軍正從利西昌斯克撤離。反而，蛇島的俄國守軍通宵撤走以免離補給點太遠，烏軍成功在六月二十九日重奪這座邊境島嶼。首都基輔在三個星期的平和後再一次遭俄軍轟炸，俄軍 Tu-95 及 Tu-160 轟炸機由裡海基地出發，以 X101 飛彈摧毀基朝市內數座民居甚至幼稚園，導致一死六傷，此外中部波爾塔瓦州（Poltava Oblast）克雷門丘克市（Kremenchuk）一座商場亦於六月二十七日被俄軍轟炸，造成至少二十人死亡。這段時間，俄軍加強從俄羅斯及白俄羅斯境內向烏克蘭發射導彈轟炸，使用的武器包括蘇製 AS-4 及 AS-23a 飛彈，哈爾科夫等重要城市成為空襲的重災區。美國表示會繼續向烏克蘭提供中長程飛彈及防空系統，只是涉及精密科技的無人機並未在援助清單中。

反抗勢力遊擊隊在俄佔區中持續活動，俄佔赫爾松市主管青年政策的官員遭炸彈炸死，烏克蘭醫療人員亦拒絕與俄軍合作，使得俄羅斯未能實際在赫爾松推行盧布。俄羅斯繼續推動把佔領區劃為俄羅斯領土的公投，有指他們打算參考俄羅斯帝國時期的疆域，把新佔領土劃分行政區域。此外敘利亞亦正式承認頓涅茨克及盧甘斯克為獨立國家，半個月後與烏克蘭斷絕外交關係。

• 七月一日至七月七日——俄軍暫時休整個半星期

烏軍有序撤離利西昌斯克及謝韋爾斯克（Siversk）一帶，向斯洛維揚斯克及巴赫穆特一帶進發，以免大部隊被完全包圍，俄軍於是佔領利西昌斯克市郊的普里維利亞（Pryvillia），使盧甘斯克州界落入俄軍佔領。如是者，盧甘斯克一帶的俄軍自七月四日開始暫緩攻勢休整，仍繼續炮轟斯洛維揚斯克。不久後俄軍恢復攻勢，攻擊克拉馬托爾斯克。哈爾科夫一帶的俄軍開始進攻索斯尼夫卡（Sosnivka）一帶。南線俄軍繼續對包括蛇島在內的烏軍陣地炮轟，甚至炸毀了敖德薩州塞爾希伊夫卡（Serhiivka）的一所住宅與康樂中心，使得二十一人死亡。俄羅斯當局則指烏克蘭亦有向俄羅斯邊界的庫爾斯克及別爾哥羅德發動炮轟及無人機襲擊，造成平民死亡。有烏克蘭反抗軍（Ukrainian Insurgent Army）成功炸毀梅里托波爾附近的鐵路橋，使一列運載彈藥的俄軍裝甲列車出軌。

俄軍中線及南線到此時開始表現得更有默契，然而指揮層面仍依靠臨時的作戰單位，欠缺長遠佈署。此外俄羅斯大批動員預備役及退伍軍人，就連被俄羅斯佔領的別爾江斯克（Berdyansk）也有俄軍要求各住宅呈交住戶名單，以便徵召當地市民參軍，諾夫戈諾德亦出現志願坦克連請戰。

俄羅斯開始在國會審議「特別經濟措施」，允許政府動用特權，動員各種國家儲備以支援「特別軍事行動」，並讓更多企業加強戰備生產，當中被俄羅斯佔領的紮波羅熱核電廠便在動員範圍內。

歐美澳各國加強對烏軍事援助，包括更多海馬斯飛彈、「挪威先進地對空導彈系統」（NASMAS）、更多炮彈、迫擊炮、反炮兵雷達系統和各式裝甲車。

• 七月八日至七月十四日——烏克蘭加入北約多邊互相調控計劃

俄軍繼續在謝韋爾斯克一帶集結，同時在哈爾科夫附近的傑緬季伊夫卡（Dementivk）進攻以分散烏克蘭的攻勢。總體來說，東線俄軍這兩星期未有準備大規模攻勢，俄軍繼續導彈襲擊頓涅茨克州恰西夫亞爾市（Chasiv Yar）及烏克蘭中西部文尼察市（Vinnitsa）皆有民居被擊中，分別造成四十八死及二十六死。烏軍則成功襲擊赫爾松國際機場內的俄軍彈藥庫，俄軍於是加強赫爾松市郊的防衛。在俄佔區，烏克蘭反抗勢力繼續針對更多俄羅斯委任的市長及警察局長，一些俄佔區的電力公司員工拒絕為俄羅斯服務。

俄羅斯則把一些俄佔區的烏克蘭兒童送往克里米亞，迫使他們的父母為俄佔區政府服務。烏克蘭政府呼籲俄佔區或俄羅斯境內的烏克蘭國民想辦法逃到未被佔領的地方或歐盟境內，因俄羅斯當局會限制他們自由，然而烏克蘭政府仍會對這些烏克蘭國民一視同仁，提供援助。烏克蘭總統顧問米哈伊洛·波多利亞克（Mykhailo Podolyak）指開戰後已有三萬七千名俄軍陣亡及十萬俄軍受傷，當中包括十名將軍，另外有一千六百零五輛俄軍坦克及四百零五架俄軍戰機及直升機被擊毀。然而，另一名烏克蘭政府發言人則指已有七千二百名烏克蘭人員在戰爭中失蹤，希望能安排換俘來換回被囚的烏軍及安全人員。

在俄羅斯境內，貝加爾湖（Ozero Baykal）東部一些第三十六集團軍的軍眷請求當地政客協助她們的丈夫回家，這些自開戰起進駐烏克蘭的軍人已經精神及肉體上相當疲憊。還有報導指一些俄羅斯境內的徵兵中心遭汽油彈襲擊。然而這些小插曲無阻俄軍動員更多人前往烏克蘭，試圖通過華格納集團招攬更多兵員甚至動員監獄服刑人員上戰場，當中一些參與者甚至高達五十至六十歲，同時立例讓在烏克蘭服役人員全都享有軍人待遇，希望吸引更多人加入作戰。

國際方面，北韓正式承認頓涅茨克及盧甘斯克獨立，而烏克蘭則加入北約的多邊互操作性計劃成為準成員，可以與眾北約成員共同制定、修改北約作戰指揮系統。

● 七月十五日至七月二十一日——俄軍重展攻勢

俄軍結束休整，重新開始攻勢，他們在謝韋爾斯克、巴赫穆特及頓涅茨克市的攻勢。俄羅斯國防部長紹伊古與東線司令官會面，指示俄軍先集中對謝韋爾斯克及巴赫穆特進攻，稍後再進軍斯洛維揚斯克。普京下還令俄軍奪取哈爾科夫州全境，然而當地的俄軍根本無力進攻，只能守住防線。

南線的俄軍嘗試進軍赫爾松附近的安德里伊夫卡（Andriivka），但因烏軍守勢強勁及炸掉橋樑而無功而還，俄軍未能控制作為交通要道的聶伯河。有見烏軍多次擊中俄軍的彈藥庫及指揮部，俄軍開始把部分重型武器放到紮波羅熱核電廠儲存，令烏軍投鼠忌器，俄軍甚至躲到民用建築以用民眾作擋箭牌。

華格納集團降低了招募標準，因人力充沛漸漸成為俄軍作戰重心，並在俄軍頻頻換將時高歌猛進。

英國總參謀長指俄軍已有五萬人員傷亡，同時有一千七百輛坦克及四千輛軍車損毀，佔俄軍總量的三成以上。美國中情局長則推斷俄軍有一萬五千人死四萬五千人傷。

烏克蘭政府因發現有多達六十名烏克蘭安全局及檢察院的僱員與俄羅斯合作，勒令解僱兩個部門的負責人。

•七月二十二日至七月二十八日——武赫萊希爾斯克發電廠被佔

在聯合國及土耳其促成烏俄兩國簽署協議允許烏克蘭可在黑海沿岸進出口糧食的同時，俄軍繼續在謝韋爾斯克的攻勢，但受制於烏克蘭使用海馬斯火箭炮壓制俄軍炮兵，使俄軍在謝韋爾斯克及巴赫穆特的攻勢減弱。另一路俄軍卻在攻勢中成功奪取烏克蘭第二大的武赫萊希爾斯克（Vuhlehirsk）發電廠。

俄軍在哈爾科夫則未有多少進展。烏軍繼續轟炸赫爾松市附近的橋樑，並成功在聶伯河西岸建立橋頭堡，使所有從俄佔區進入赫爾松市的橋樑無法通車，切斷俄軍對赫爾松市的補給，駐紮當地的第四十九軍將受烏軍正面威脅。車臣領導人卡德羅夫卻開始失去派兵助戰的意慾，這有可能與面對當地車臣族群的壓力有關。俄軍則轉而組織更多的志願隊伍派送到烏克蘭，當中有些由烏克蘭裔人士組成，被稱為「敖德薩旅」（Odessa Brigade）。另外，俄軍有見早前烏軍擊沉俄軍軍艦，集中精力打擊烏軍的反艦能力。

當俄羅斯加強對非洲的外交遊說以讓非洲一些國家支持俄羅斯時，歐美多國加強對烏軍援，送出更多各式飛彈，美軍更開放駐德基地的醫療設施醫治烏軍傷員，並與英國一同在烏克蘭境外為烏軍提供訓練。

•七月二十九日至八月四日——奧列尼夫卡監獄遇襲

俄軍繼續在伊久姆至斯洛維揚斯克一帶行動，主攻謝韋爾斯克及巴赫穆特。在哈爾科夫一帶，俄軍則未有多少進展，只能守住防線。俄軍在赫爾松附近有更多彈藥庫以及梅利托波爾機場遭烏軍襲擊，雖然俄軍在聶伯河上搭建臨時浮橋與渡輪碼頭，嘗試恢復河岸與其他俄佔區之間的交通，但烏克蘭繼續炸毀其他橋樑使俄軍在赫爾松的補給受阻，另外還有一列有四十節車廂的俄羅斯列車在布里利夫卡（Brylivka）遭襲擊，造成八十名俄軍死亡及二百人受傷，來往赫爾松及克里米亞的鐵路線中斷。為了應對烏軍在南線的攻勢，俄軍從其他地區抽調更多兵力，主力炮轟在尼古拉耶夫州及聶伯彼得羅夫斯克州的烏軍。

七月三十一日俄羅斯海軍日，位於克里米亞半島的俄羅斯黑海艦隊總部受無人機襲擊，慶祝活動腰斬。

俄軍管理的頓涅茨克州由奧列尼夫卡（Olenivka）監獄於七月二十九日遭到炮擊，導致五十三名被囚烏克蘭戰俘死亡，七十五人受傷，當中大部分為馬里烏波爾亞速鋼鐵廠的烏克蘭守軍，俄烏雙方皆指責對方策動是次炮擊，烏克蘭更認為俄軍是借詞掩飾酷刑及屠殺戰俘的罪行而為，國際紅十字會要求派員前往調查，俄軍卻未有答覆。另外，國際原子能組織主席形容俄軍佔領下的紮波羅熱核電廠已經失控，要求派員檢查，但俄烏雙方未有答允。

自俄烏在土耳其簽署協議允許烏克蘭從黑海海岸輸出糧食後，首艘糧船八月一日從敖德薩出發前往黎巴嫩，更多船隻也陸續從烏克蘭其他港口出發經土耳其前往世界各地。不只西歐及美國繼續提供更多飛彈與火炮給烏克蘭，東歐的北馬其頓（North Macedonia）也打算把烏克蘭過往賣給該國的四架 Su-25 戰機捐回烏克蘭。

•八月五日至八月十一日——俄羅斯第三軍團成立

俄軍繼續攻擊謝韋爾斯克、巴赫穆特、頓涅茨克市、伊久姆及斯洛維揚斯克，試圖突破烏軍防線，但攻勢有限，頂多只在巴赫穆特附近以一個月時間推進十公里，其他地方則不足三公里，同時他們在東部防線佈下被稱為「蝴蝶地雷」的 PFM-1 及 PFM-1S 反人員地雷以阻擋烏軍。

俄軍在哈爾科夫並未有多少攻勢，南線嘗試進攻尼古拉耶夫但不成功。反倒克里米亞、俄佔赫爾松甚和白俄羅斯的空軍基地傳出多起爆炸。八月九日克里米亞薩基空軍基地（Saky airbase）遭到烏軍導彈襲擊，衛星圖像顯示至少八架戰機被擊毀在停機坪上，當中包括一架 SU-30SM。而紮波羅熱核電廠也再次遭到炮擊，俄烏雙方皆指責為對方所為。

俄軍新組建第三軍團，加入這個軍團的志願兵有不少是基於金錢誘因參軍，參軍者只要五十歲以下有中學學歷的便可。在遭俄羅斯佔領的地區，烏籍政府官員正逐漸被俄籍官員取代，佔領軍繼續以包括短信在內的不同方式向當地烏克蘭人徵兵。雖然俄佔區政府嘗試使這些地方俄羅斯化，但民間反抗勢力仍然強勁，甚至出版報章《反抗之聲》（Voice of the Partisan）宣傳反抗俄軍的資訊。

受限於西方制裁，俄軍裝甲車輛產能劇減，使得白俄羅斯也只能把外判給俄羅斯公司的 T-72B 升級工程計劃改為自己處理。據部分俄媒表示，北韓官員提出可為俄羅斯提供十萬名志願兵員，俄國官員正在考慮當中。

• 八月十二日至八月十八日——俄軍赫爾松補給線遭切斷

俄軍因在謝韋爾斯克的行動連連失利，部分隊伍撤退轉往巴赫穆特，然而由於南部戰線遭烏軍猛攻，故俄軍加強對東線的攻勢以轉移烏軍注意力，然而進度仍然緩慢，哈爾科夫方面俄軍仍未能有多少有效攻勢。只是八月十六日有消息指俄軍在哈爾科夫城外投下白磷彈，並以導彈擊中市內三層樓高的民居，造成十二死二十傷。南線方面，烏軍除了繼續轟炸俄軍彈藥庫，還切斷了卡霍夫卡水力發電廠（Kakhovka Hydroelectric Power Plant）旁的橋樑，使得俄軍失去出入赫爾松市的所有橋樑，只能靠臨時浮橋為市內俄軍補給。

馬里烏波爾也有鐵路橋遭烏克蘭反抗勢力炸毀，就連克里米亞占科伊市的俄軍彈藥庫也遭攻擊，使得附近的鐵路設施及變電站受損，使得俄軍對克里米亞的安全相當關注。俄烏雙方皆指控對方炮擊紮波羅熱核電廠，使得日常運作受阻及產生泄漏輻射性物料的風險，有見及此，聯合國秘書長古特雷斯提出需要在核電廠附近設置非軍事區，以免核電廠遭攻擊發生意外。雖然俄羅斯未答應這一主張，但同意讓國際原子能組織人員視察。由於黑海艦隊戰力在烏軍持續攻勢下大減，水面艦隻只能有限度運作，故克里姆林宮決定更換黑海艦隊指揮官。

在頓巴斯俄佔區，由於未能有效招徠足夠人口，俄羅斯開始以雙倍工資吸引俄羅斯人前往頓巴斯工作。來自頓涅茨克人民共和國及盧甘斯克共和國的民兵愈來愈厭戰，故俄軍只能想辦法在國內徵召更多士兵。據英國國防部分析，俄軍前線坦克兵缺乏保養爆炸反應裝甲（Reaction

Armour）的訓練，是俄軍坦克損耗率增高的原因之一。據基輔獨立報（The Kyiv Independent）分析，烏軍炮兵缺乏有效的高層組織以及足夠的反炮擊戰技，庫存蘇制 152mm 口徑炮彈也接近用盡，面對俄軍每天七百至八百次炮擊相對吃緊，幸而烏軍成功以北約 155mm 口徑炮彈填補不足，配合西方援助軍備，多番摧毀俄軍指揮及控制設施。隨著瑞典答允直接為烏克蘭製造武器，烏軍勢力有望提升。

●八月十九日至八月二十八日——烏克蘭獨立日俄軍減緩攻勢

俄羅斯總計動員十三萬七千人，繼續在謝韋爾斯克、巴赫穆特、伊久姆、頓涅茨克市一帶進攻，奪取了巴赫穆特附近的宰采韋（Zaitseve）。哈爾科夫方面，俄軍在魯比日內一帶與烏軍對峙，他們曾一度重啟哈爾科夫的攻勢，然而效果不彰，未能突破烏軍防線。烏軍海馬斯火箭炮反擊，炮轟盧甘斯克卡季伊夫卡（Kadiivka）一座駐紮滿俄軍的酒店，炸死二百名俄軍傘兵。

俄軍在南線嘗試重奪赫爾松市及進攻尼古拉耶夫，但未有多少效果，只佔領到尼古拉耶夫前線的部分村莊。紮波羅熱核電廠曾一度失去聯絡及冒煙，使得烏克蘭政府決定為居民派發碘片（Iodine pills）。烏克蘭反抗軍繼續以簡易炸彈暗殺俄羅斯委任的官員，並攻擊俄軍政府設施，阻礙俄羅斯準備的入俄公投進度。

俄佔區政府嘗試把更多烏裔學童送往克里米亞等地接受「俄羅斯化」教育，並以此要脅反抗軍。雖然，不少輿論預測俄軍會在八月二十四日烏克蘭獨立日時加強攻勢，但當天俄羅斯國防部長紹伊古卻在上海合作組織會議上宣佈暫緩攻勢以減少民眾傷亡。

英國國防部認為紹伊古只是為俄軍表現不濟找藉口，當天便有俄羅斯的 SS-26 伊斯坎德爾（Iskander-M）導彈炸中聶伯彼得羅夫斯克州恰普利內（Chaplyne）的火車，導致二十五名平民死亡，當中包括兩名兒童。當天，時任英國首相約翰遜第三度到訪烏克蘭，宣佈加強軍援。

美軍加強對烏克蘭的軍援，援助物資包括：掃描鷹偵察無人機（ScanEagle）、海馬斯火箭炮、FGM-148 標槍反坦克導彈（Javelin）、MaxxPro M1224 防地雷裝甲車、105mm 口徑火炮，以及 AGM-88 高速反輻射導彈（High-speed anti-Radiation Missile）。歐美等國也繼續為烏軍提供訓練。

繼愛沙尼亞後，拉脫維亞也把蘇聯時期的二戰紀念碑拆毀，表態反對俄軍侵佔烏克蘭，俄羅斯則在八月二十七日拒絕繼續簽署《核不擴散協議》，原因是協議「並不公平」。

參考文獻

1 ISW. 2022. “Russian Force Posture Around Ukraine in Battalion Tactical Groups (BTGs). Institute for the Study of War. January 27, 2022. https://www.facebook.com/InstitutefortheStudyofWar/photos/10159957244091810/

2 Viewsridge. “2022 Russian invasion of Ukraine - major escalation of the Russo-Ukrainian War”. Wikipedia. Retrieved March 1, 2023. https://en.wikipedia.org/w/index.php?title=File%3A2022_Russian_invasion_of_Ukraine.svg&offset=&limit=500&fbclid=IwAR2d3R1Bb3smdegeky88DRra-WOUY0Ir1743WSHH_BQlUwwGBiSfMxru6RA

3 CIA. 2022. “Ukraine”. The World Factbook. CIA. March 23, 2022. https://www.cia.gov/the-world-factbook/countries/ukraine/#geography

4 Child, David and Allahoum, Ramy. 2022. “Putin orders Russian forces to Ukraine rebel regions”. Al Jazeera. February 21, 2022. https://www.aljazeera.com/news/2022/2/21/us-warns-of-possible-targeted-killings-by-russia-live-news

5 Gramer, Robbie, Detsch, Jack and Mackinnon, Amy. 2022. “Putin Orders Russian Troops Into Ukraine’s Breakaway Provinces”. Foreign Policy. February 21, 2022. https://foreignpolicy.com/2022/02/21/ukraine-russia-recognizes-breakaway-provinces/

6 BBC. 2022. “Ukraine conflict: Rebels declare general mobilisation as fighting grows”. BBC. February 19, 2022. https://www.bbc.com/news/world-europe-60443504

7 Reuters. 2022. “Ukraine starts drafting reservists aged 18-60 after president's order”. Reuters. February 23, 2022. https://www.reuters.com/world/europe/ukraine-starts-drafting-reservists-aged-18-60-after-presidents-order-2022-02-23/

8 Reuters. 2022. “Ukraine computers hit by data-wiping software as Russia launched invasion”. Reuters. February 25, 2022. https://www.reuters.com/world/europe/ukrainian-government-foreign-ministry-parliament-websites-down-2022-02-23/

9 Lakshman, Sriram. 2022. “Security Council reacts to Putin announcement of ‘Special Operation’ in Eastern Ukraine”. The Hindu. February 24, 2022. https://www.thehindu.com/news/international/security-council-reacts-to-putin-announcement-of-special-operation-in-eastern-ukraine/article65079653.ece

10 《聯合早報》：〈俄承認烏東兩分離地獨立派軍進駐 國際譴責侵犯烏主權和領土完整〉，《聯合早報》，2022 年 2 月 23 日，https://www.zaobao.com/news/world/story20220223-1245454

11 ISW. 2022. “UKRAINE CONFLICT UPDATE 7”. Institute for the Study of War. February 24, 2022. https://www.understandingwar.org/backgrounder/ukraine-conflict-update-7?fbclid=IwAR2ge4gX_UPpSab4wQzkchJs8ywg0O95hC14xWB5-8QddkRjqbFHjv0sPKI

12 “2022 Russian invasion of Ukraine - major escalation of the Russo-Ukrainian War”

13 小山：〈普京下令對烏克蘭實施「特別軍事行動」歐美批「出師無名」〉，法國廣播電台，2022 年 2 月 24 日，https://www.rfi.fr/tw/%E6%AD%90%E6%B4%B2/20220224-%E6%99%AE%E4%BA%AC%E4%B8%8B%E4%BB%A4%E5%B0%8D%E7%83%8F%E5%85%8B%E8%98%AD%E5%AF%A6%E6%96%BD-%E7%89%B9%E5%88%A5%E8%BB%8D%E4%BA%8B%E8%A1%8C%E5%8B%95-%E6%AD%90%E7%BE%8E%E6%89%B9-%E5%87%BA%E5%B8%AB%E7%84%A1%E5%90%8D

14 Butusov, Yuri. 2022. “Отвода войск РФ от границ Украины нет, а замечена новая активность врага, - Бутусов. КАРТА”. Censor.net. February 18, 2022. https://censor.net/ru/n3317188

15 “Ukraine Military Map”. Military Map. accessed 24 February, 2023, https://www.map.army/?ShareID=1009383&UserType=RO-eaELa9vw

16 AS English. 2022. “How many troops has Russia sent into invasion of Ukraine?“. Diario AS. February 26, 2022. https://en.as.com/en/2022/02/24/latest_news/1645729870_894320.html

17 Sheftalovich, Zoya. 2022. “Battles flare across Ukraine after Putin declares war”. Politico. February 24, 2022. https://www.politico.eu/article/putin-announces-special-military-operation-in-ukraine/

18 “LVIV (UKLV), FIR KYIV (UKBV), UIR KYIV (UKBU), FIR DNIPROPETROVSK (UKDV), FIR SIMFEROPOL (UKFV), FIR ODESA (UKOV), FIR MOSCOW (UUWV), ROSTOV-NA-DONU (URRV) and FIR MINSK (UMMV)”. EASA. accessed 24 February, 2023. https://www.easa.europa.eu/en/domains/air-operations/czibs/czib-2022-01r07

19 Yeung, Jessie, Renton, Adam, Picheta, Rob, Upright, Ed, Sangal, Aditi, Vogt, Adrienne, Macaya, Melissa, and Chowdhury Maureen. 2022. “Russia attacks Ukraine”. CNN. February 24, 2022. https://edition.cnn.com/europe/live-news/ukraine-russia-news-02-23-22/index.html

20 DPSU. 2022. “Державний кордон України піддався атаці російських військ з боку РФ та РБ”. DPSU. 24/2/2022. https://dpsu.gov.ua/ua/news/derzhavniy-kordon-ukraini-piddavsya-ataci-rosiyskih-viysk-zi-storoni-rf-ta-rb/

21 陳奕凱:〈大批居民車輛駛離基輔，恐慌情緒蔓延〉，《新京報》，2022年2月24日，https://www.bjnews.com.cn/detail/164568686614281.html

22 中央社：〈聯合國：逃離烏克蘭難民達 327 萬人 波蘭收容最多〉，《經濟日報》，2022 年 3 月 17 日，https://money.udn.com/money/story/5599/7038813

23 President of Ukraine Website. 2022. “President has made all necessary decisions to defend the country, the Armed Forces are actively resisting Russian troops - Adviser to the Head of the Office of the President”. President of Ukraine Volodymyr Zelenskyy Official Website. February 24, 2022. https://www.president.gov.ua/en/news/prezident-uhvaliv-usi-neobhidni-rishennya-dlya-zahistu-krayi-73117

24 MOD Ukraine. 2022. “General Staff of the Armed Forces of Ukraine: Operative information as of 10.30”. Ministry of Defence of Ukraine official web site. February 24, 2022. https://www.mil.gov.ua/en/news/2022/02/24/general-staff-of-the-armed-forces-of-ukraine-operative-information-as-of-10-30/

25 Cichowlas, Ola and Clark, Dave. 2022. “Russia’s Putin Announces Military Operation in Ukraine”. The Moscow Times. February 24, 2022. https://www.themoscowtimes.com/2022/02/24/russias-putin-announces-military-operation-in-ukraine-a76549

26 McGregor, Andrew. 2022. “Russian Airborne Disaster at Hostomel Airport”. Aberfoyle International Security. March 8, 2022. https://www.aberfoylesecurity.com/?p=4812

27 Hromadske. 2022. “Перші три дні повномасштабної російсько-української війни（текстовий онлайн）”. Hromadske. 24/2/2022. https://hromadske.ua/posts/rosijsko-ukrayinska-vijna-tekstovij-onlajn

28 УНИАН. 2022. “В Офисе президента подтвердили захват россиянами Чернобыльской АЭС”. УНИАН. 24/2/2022. https://www.unian.net/war/rossiyskie-voyska-zahvatili-chernobylskuyu-aes-ofis-prezidenta-novosti-vtorzheniya-rossii-na-ukrainu-11716741.html

29 EA Daily. 2022. “Российские войска берут под контроль Херсонщину: Крым готов получать воду”. Подробнее. 24/2/2022. https://eadaily.com/ru/news/2022/02/24/rossiyskie-voyska-berut-pod-kontrol-hersonshchinu-krym-gotov-poluchat-vodu

30 Harding, Luke. 2022. "'Russian warship, go fuck yourself': what happened next to the Ukrainians defending Snake Island?". The Guardian. November 19, 2022. https://www.theguardian.com/world/2022/nov/19/russian-warship-go-fuck-yourself-ukraine-snake-island

31 Interfax. 2022. "Kyiv imposes curfew from 22:00 to 7:00, transport not to work at this time – Klitschko". Interfax. February 24, 2022. https://ua.interfax.com.ua/news/general/801462.html

32 Коментувати . 2022. "Острів Зміїний захопили російські окупанти - ДПСУ". Gazeta UA. 24/2/2022. https://gazeta.ua/articles/donbas/_ostriv-zmiyinij-zahopili-rosijski-okupanti-dpsu/1072429

33 UK Inform. 2022 "Ukraine's Armed Forces regain control of Hostomel airport – Arestovych". UK Inform. February 24, 2022. https://www.ukrinform.net/rubric-ato/3412045-ukraines-armed-forces-regain-control-of-hostomel-airport-arestovych.html

34 Radio Svoboda. 2022. "Український морпіх загинув при підриві Генічеського мосту". Radio Svoboda. 25/2/2022. https://www.radiosvoboda.org/a/news-ukrayinskyy-morpikh-zahynuv-pry-pidryvi-henicheskoho-mostu/31722755.html

35 明報：〈俄烏局勢｜俄羅斯反制裁英國　禁英航機飛越領空〉，明報，2022 年 2 月 25 日，https://news.mingpao.com/ins/%E4%BF%84%E7%83%8F%E5%B1%80%E5%8B%A2/article/20220225/special/1645782533211

36 NOW 新聞：〈西方多國加強對俄製裁　俄羅斯宣布一系列反制措施〉，NOW 新聞，2022 年 3 月 16 日，https://news.now.com/home/international/player?newsId=469709

37 Jackson, Siba. 2022. "Ukraine: Police arrest more than 1,700 anti-war protesters in Russia as anger erupts over invasion". Sky News. February 25, 2022. https://news.sky.com/story/ukraine-police-arrest-more-than-1-700-anti-war-protesters-in-russia-as-anger-erupts-over-invasion-12550653

38 Kroeker, Joshua. 2022. "Russia's anti-war opposition: a thing of the past?". New Eastern Europe. July 26, 2022. https://neweasterneurope.eu/2022/07/26/russias-anti-war-opposition-a-thing-of-the-past/

39 觀察者網：〈俄軍向基輔進發，烏克蘭副防長稱距基輔約38千米城鎮可能被佔領〉，觀察者網。2022 年 2 月 25 日，https://m.guancha.cn/internation/2022_02_25_627683.shtml

40 Hodge, Nathan, Chance, Matthew. Lister, Tim, Smith-Spark, Laura, and Regan, Helen. 2022. "Battle for Ukrainian capital underway as explosions seen and heard in Kyiv". CNN. February 25, 2022. https://edition.cnn.com/2022/02/24/europe/ukraine-russia-invasion-friday-intl-hnk/index.html

41 24 Канал. 2022. "У Сумах біля артучилища знову почався бій: горить церква – відео з місця події". 24 Канал. 26/2/2022. https://24tv.ua/sumah-bilya-artuchilishha-znovu-pochavsya-biy-gorit-tserkva_n1877748

42 The Kyiv Independent news desk. 2022. "Russian troops moving towards town of Nova Kakhovka in Kherson Oblast.". The Kyiv Independent. February 24, 2022. https://kyivindependent.com/uncategorized/russian-troops-moving-towards-town-of-nova-kakhovka-in-kherson-oblast

43 BBC. 2022. "As it happened: Kyiv warned of toxic fumes after strike on oil depot". BBC. February 27, 2022. https://www.bbc.com/news/live/world-europe-60517447

44 衛星通訊社：〈俄羅斯聯邦武裝力量在基輔郊區的戈斯托梅爾機場地區成功實施空降行動〉，俄羅斯衛星通訊社，2022 年 2 月 25 日，https://sputniknews.cn/20220225/--1039578239.html

45 Milmo, Cahal. 2022. "Russian special forces have entered Kyiv to hunt down Ukraine's leaders, says Zelensky". i news. February 26, 2022. https://inews.co.uk/news/russia-special-forces-kyiv-ukraine-leaders-mercanaries-behind-lines-1483303

46 Reuters. 2022. “Russia ready to send delegation to Minsk for talks with Ukraine - agencies”. Reuters. February 25, 2022. https://www.reuters.com/world/europe/russia-ready-send-delegation-minsk-talks-with-ukraine-agencies-2022-02-25/

47 Oryx. 2022. “Destination Disaster: Russia’s Failure At Hostomel Airport”. Oryx. April 13, 2022. https://www.oryxspioenkop.com/2022/04/destination-disaster-russias-failure-at.html

48 Lamothe, Dan. 2022. “Airspace over Ukraine remains contested, with no one in control, Pentagon says”. Washington Post. February 25, 2022. https://www.washingtonpost.com/world/2022/02/25/ukraine-invasion-russia-news/#link-RCVQQO7CNFC33LEDYG2O3Q3JAE

49 Донбасса, Беженцы с. 2022. “Вооруженные силы Украины атаковали Миллерово «Точкой-У»”. Rostov Gazeta. 25/2/2022. https://rostovgazeta.ru/news/2022-02-25/vooruzhennye-sily-ukrainy-atakovali-millerovo-tochkoy-u-1292729

50 Trianovski, Anton. 2022. “Russia says it won’t enter talks until Ukraine stops fighting”. New York Times. February 25, 2022. https://www.nytimes.com/2022/02/25/world/europe/sergey-lavrov-ukraine-talks.html

51 Давыгора, Олег. 2022. “Месть за Луганск 2014: возле Василькова сбили Ил-76 с вражескими десантниками”. Ukrainian Independent Information Agency. February 26, 2022. https://www.unian.net/war/mest-za-lugansk-2014-vozle-vasilkova-sbili-il-76-s-vrazheskimi-desantnikami-novosti-vtorzheniya-rossii-na-ukrainu-11718622.html

52 Grady, Siobhán and Kornfield, Meryl. 2022. "Multiple explosions rock Kyiv as Russian forces target city". The Washington Post. February 25, 2022. https://www.washingtonpost.com/world/2022/02/25/ukraine-invasion-russia-news/#link-TAIGHCFPGRBUVBQRFBISDQJSL4

53 Bella, Timothy. 2022."Assassination plot against Zelensky foiled and unit sent to kill him 'destroyed,' Ukraine says". The Washington Post. March 2, 2022. https://www.washingtonpost.com/world/2022/03/02/zelensky-russia-ukraine-assassination-attempt-foiled/

54 Reuters. 2022. "Ukraine military says it repels Russian troops' attack on Kyiv base". Reuters. February 26, 2022. https://www.reuters.com/world/europe/russian-troops-attack-kyiv-military-base-are-repelled-ukraine-military-2022-02-26/

55 Pravda. 2022. "Ukrainian troops defending Chernihiv blow up 56 tanks of diesel fuel". Pravda. February 26, 2022. https://www.pravda.com.ua/eng/news/2022/02/26/7326282/

56 MEE Staff. 2022. “Russia-Ukraine war: Turkish drones 'strike invading troops'”. Middle East Eye. February 26, 2022. https://www.middleeasteye.net/news/russia-ukraine-war-turkish-drones-strike-troops-tb2

57 ISW. 2022. "Ukraine Conflict Update 9: February 26, 2022". Critical Threats. Institute for the Study of War. February 26, 2022. https://www.criticalthreats.org/analysis/ukraine-conflict-update-9

58 Vogt, Adrienne, Moorhouse, Lauren, Ravindran, Jeevan, Yeung, Jessie, Lendon, Brad, George, Steve, Wagner, Meg, and Amir, Vera. 2022. "Six-year-old boy killed in Kyiv clashes, several more Ukrainian civilians wounded". CNN. February 26, 2022. https://www.cnn.com/europe/live-news/ukraine-russia-news-02-26-22/h_60a7db10bfe4a64fb7fc9c2232fca43d

59 Lock, Samantha, Gabbatt, Adam, Davidson, Helen, Taylor, Harry, Bartholomew, Jem, and Bryant, Miranda. 2022. “Liz Truss says ‘nowhere left to hide’ for Putin allies – as it happened”. The Guardian. February 27, 2022. https://www.theguardian.com/world/live/2022/feb/26/russia-ukraine-latest-news-fighting-kyiv-zelenskiy-assault-putin-capital?page=with:block-6219cd2e8f08db56730fc8a1

60 wiat. "Wojna na Ukrainie. Rosjanie blisko elektrowni atomowej. Jest ryzyko, e zostanie ostrzelana". Polsat News. February 26, 2022. https://www.polsatnews.pl/wiadomosc/2022-02-26/wojna-na-ukrainie-rosjanie-blisko-elektrowni-atomowej-jest-ryzyko-ze-zostanie-ostrzelana/

61 Vogt, Adrienne, Said-Moorhouse, Lauren, Lendon, Brad, George, Steve, and Wagner, Meg. 2022. "Japanese-owned cargo ship hit by a missile off Ukrainian coast". CNN. February 26, 2022. https://www.cnn.com/europe/live-news/ukraine-russia-news-02-26-22/h_d79d1d542a90f15d7c38c6e3b03d73ab

62 Clark, Mason, Barros, George, and Stepanenko, Katya. 2022. "Russia-Ukraine Warning Update: Russian Offensive Campaign Assessment, February 26". Institute for the Study of War. February 26, 2022. https://www.understandingwar.org/backgrounder/russia-ukraine-warning-update-russian-offensive-campaign-assessment-february-26

63 Dilmo, Dan. 2022. "Russia blocks access to Facebook and Twitter". The Guardian. March 4, 2022. https://www.theguardian.com/world/2022/mar/04/russia-completely-blocks-access-to-facebook-and-twitter

64 Hotten, Russell. 2022. "Ukraine conflict: What is Swift and why is banning Russia so significant?". BBC. May 4, 2022. https://www.bbc.com/news/business-60521822

65 Johnson, Jamie. 2022. "Thousands of Russians flee to US to escape conscription amid Ukraine war". The Telegraph. February 26, 2022. https://www.telegraph.co.uk/world-news/2022/02/26/thousands-russians-flee-us-escape-conscription-amid-ukraine/

66 NATO. 2022. "NATO's military presence in the east of the Alliance". NATO. December 21, 2022. https://www.nato.int/cps/en/natohq/topics_136388.htm

67 The Independent. "Elon Musk says SpaceX's Starlink satellites now active over Ukraine". The Independent. February 27, 2022. https://www.axios.com/2022/02/27/elon-musk-spacex-starlink-satellites-active-ukraine

68 Ukrinform. 2022. "Russian occupiers have hit the city of Vasylkiv, Kyiv Region, with cruise or ballistic missiles". Ukrinform. February 27, 2022. https://www.ukrinform.net/rubric-ato/3414231-russia-hits-kyiv-regions-vasylkiv-with-cruise-or-ballistic-missiles.html

69 Karmanau, Yuras, Heintz, Jim, Isachenkov, Vladimir, and Miller, Zeke. 2022. "Russia hits Ukraine fuel supplies, airfields in new attacks". Associated Press. February 27, 2022. https://apnews.com/article/russia-ukraine-volodymyr-zelenskyy-kyiv-europe-united-nations-edc6df79755195b29473cfd6d38b1ebb

70 Interfax. 2022. "Russian military destroyed An-225 Mriya aircraft, it will be restored at expense of occupier – Ukroboronprom". Interfax Ukraine. February 27, 2022. https://en.interfax.com.ua/news/general/803343.html

71 Reuters. 2022. "Town near Ukraine's Kyiv hit by missiles, oil terminal on fire". Reuters. February 27, 2022. https://www.reuters.com/world/europe/town-near-ukraines-kyiv-hit-by-missiles-oil-terminal-fire-2022-02-27/

72 Sabbagh, Dan. 2022. "Russian forces advance on Kyiv: fighting on fourth day of invasion". The Guardian. February 27, 2022. https://www.theguardian.com/world/2022/feb/27/kyiv-surrounded-says-mayor-fighting-on-fourth-day-of-russian-invasion-of-ukraine

73 Al Jazeera. 2022. "Greece summons Russian envoy after bombing kills 10 nationals". Al Jazeera. February 27, 2022. https://www.aljazeera.com/news/2022/2/27/russian-air-strikes-in-ukraine-kills-10-greek-nationals-fm

74 ВИНОГРАДОВА, УЛЬЯНА. 2022. "Новая Каховка полностью под контролем российских оккупантов - мэр". Korrespondent. 27/2/2022. https://korrespondent.net/ukraine/4452018-novaia-kakhovka-polnostui-pod-kontrolem-rossyiskykh-okkupantov-mer

75 Reuters. 2022. "Russia says it "blocks" Ukraine's Kherson, Berdyansk - RIA". Reuters. February 27, 2022. https://www.reuters.com/world/europe/russia-says-it-blocks-ukraines-kherson-berdyansk-ria-2022-02-27/

76 Ukrinform. 2022. "Russian invasion update: Ukrainian military destroy Kadyrov forces unit near Hostomel". Ukrinform. February 27, 2022. https://www.ukrinform.net/rubric-ato/3414341-russian-invasion-update-ukrainian-military-destroy-kadyrov-forces-unit-near-hostomel.html

77 Захарченко Юля. 2022. "Бердянськ захопили бойовики, у Харкові та Сумах – тиша: Арестович про ситуацію в Україні". Fakty. February 28, 2022. https://fakty.com.ua/ua/ukraine/suspilstvo/20220228-melitopol-zahopyly-bojovyky-u-harkovi-ta-sumah-tysha-arestovych-pro-sytuacziyu-v-ukrayini/

78 ISW. 2022. "UKRAINE CONFLICT UPDATE 10". Institute for the Study of War. February 27, 2022. https://www.understandingwar.org/backgrounder/ukraine-conflict-update-10

79 BBC. 2022. "As it happened: Deadly blast at Kyiv TV tower after Russia warns capital". BBC. February 27, 2022. https://www.bbc.com/news/live/world-europe-60542877

80 Daily Sabah. 2022. "Ukraine has restored full control of Kharkiv: Governor". February 27, 2022. https://www.dailysabah.com/world/europe/ukraine-has-restored-full-control-of-kharkiv-governor

81 Politis Chios. 2022. "Ρωσία: Στη Λευκορωσία έφτασε αντιπροσωπεία, έτοιμη για διαπραγματεύσεις με την Ουκρανία". Politis Chios. February 27, 2022. https://www.politischios.gr/politiki/rosia-sti-leukorosia-eftase-antiprosopeia-etoimi-gia-diapragmateuseis-me-tin-oukrania

82 Interfax. 2022. "Зеленский сообщил об обещании Лукашенко не посылать войска на Украину". Interfax. 27/2/2022. https://www.interfax.ru/world/824987

83 Karmanau, Yuras, Heintz, Jim, Isaxhwnkov. Vladimir, and Litvinova, Dasha. 2022. "Putin puts nuclear forces on high alert, escalating tensions". Associated Press. February 28, 2022. https://apnews.com/article/russia-ukraine-kyiv-business-europe-moscow-2e4e1cf784f22b6afbe5a2f936725550

84 Reuters. 2022. "Fighting around Ukraine's Mariupol throughout the night - regional governor". Reuters. February 28, 2022. https://www.reuters.com/world/europe/fighting-around-ukraines-mariupol-throughout-night-regional-governor-2022-02-28/

85 Espreso. 2022. "До 14:00 було знищено понад 200 одиниць техніки окупантів на напрямках траси Ірпінь-Житомир, - Арестович". Espreso. 28/2/2022. https://espreso.tv/do-1400-bulo-znishcheno-ponad-200-odinits-tekhniki-okupantiv-na-napryamkakh-trasi-irpin-zhitomir-arestovich

86 Reuters. 2022. "Ukraine calls for no-fly zone to stop Russian bombardment". Reuters. March 1, 2022. https://www.reuters.com/world/europe/russias-isolation-deepens-ukraine-resists-invasion-2022-02-28/

87 Rana, Manveen. 2022. "Volodymyr Zelensky: Russian mercenaries ordered to kill Ukraine's president". The Times. February 28, 2022. https://www.thetimes.co.uk/article/volodymyr-zelensky-russian-mercenaries-ordered-to-kill-ukraine-president-cvcksh79d

88 Ponomarenko, Illia. 2022. "Sources: Belarus to join Russia's war on Ukraine within hours". The Kyiv Independent. February 28, 2022. https://kyivindependent.com/sources-belarus-to-join-russias-war-on-ukraine-within-hours/

89. Batchelor, Tome and Dalton, Jane. 2022. "Russian Major General Andrei Sukhovetsky killed by Ukrainians in 'major demotivator' for invading army". The Independent. March 7, 2022. https://www.independent.co.uk/news/world/europe/andrei-sukhovetsky-russian-general-killed-b2029363.html

90 CBS. 2022. "Russian forces close in on Ukraine's capital as death toll mounts". CBS News. March 2, 2022. https://www.cbsnews.com/live-updates/russia-ukraine-news-kyiv-war-putin-invasion-talks-today/

91 Croker, Natalie, Byron, Manley, Lister, Tim, and the CNN Data and Graphics team. 2022. "The turning points in Russia's invasion of Ukraine". September 30, 2022. CNN. https://edition.cnn.com/interactive/2022/09/europe/russia-territory-control-ukraine-shift-dg/?fbclid=IwAR1QE00dGer60YjVa2q4RT6dPZvX01ZqwCEGzgjLB2E0MwvBGzPGUKTgg6w

92 ISW. 2022. "RUSSIAN OFFENSIVE CAMPAIGN ASSESSMENT, FEBRUARY 28, 2022". Institute for the Study of War. February 28, 2022. https://www.understandingwar.org/backgrounder/russian-offensive-campaign-assessment-february-28-2022?fbclid=IwAR2R5Cjqk6nYRuMQKxeGgnvBKDmnzyQm4uBmzbNmwfQlsRFX3i2szJXy410

93 "2022 Russian invasion of Ukraine - major escalation of the Russo-Ukrainian War"

94 WION Web Team. 2022. "Russia to pursue Ukraine offensive until all 'goals achieved'". Wion News. March 1, 2022. https://www.wionews.com/world/russia-to-pursue-ukraine-offensive-until-all-goals-achieved-457787

95 The Associated Press. 2022. "Live updates: Russia kills 5 in attack on Kyiv TV tower". Associated Press. March 2, 2022. https://apnews.com/article/russia-ukraine-war-live-updates-6bcdf50c08dd62a4c5305aa34d045cce

96 Associated Press. 2022. "More than 70 Ukrainian soldiers killed after Russian artillery hit Okhtyrka base". The Washington Times. February 28, 2022.https://www.washingtontimes.com/news/2022/feb/28/ukrainian-soldiers-killed-after-russian-artillery-/

97 BBC. 2022. "As it happened: Deadly blast at Kyiv TV tower after Russia warns capital". BBC. February 27, 2022. https://www.bbc.com/news/live/world-europe-60542877

98 AFP and TOI Staff. 2022. "Ukraine forms 'international brigade' of foreign volunteers to fight Russia". Times of Israel. February 27, 2022. https://www.timesofisrael.com/ukraine-forms-international-brigade-of-foreign-volunteers-to-fight-russia/

99 BBC. 2022. "Ukraine to sell 'war bonds' to fund armed forces". BBC. March 1, 2022. https://www.bbc.com/news/business-60566776

100 Reuters. 2022. "Belarus leader says Minsk won't join Russian operation in Ukraine, Belta reports". Reuters. March 1, 2022. https://www.reuters.com/world/europe/belarus-leader-says-minsk-wont-join-russian-operation-ukraine-belta-reports-2022-03-01/

101 Reuters. 2022. "Presidents of 8 EU states call for immediate talks on Ukrainian membership". Reuters. March 1, 2022. https://www.reuters.com/world/europe/presidents-8-eu-states-call-immediate-talks-ukrainian-membership-2022-02-28/

102 Bella, Timothy. 2022. "Assassination plot against Zelensky foiled and unit sent to kill him 'destroyed,' Ukraine says". The Washington Post. March 2, 2022. https://www.washingtonpost.com/world/2022/03/02/zelensky-russia-ukraine-assassination-attempt-foiled/

103 Pravda. 2022. "Ukraine's former President Yanukovych ousted in 2014 is in Minsk, Kremlin wants to reinstall him in Kyiv". Ukrayinska Pravda. March 2, 2022. https://www.pravda.com.ua/eng/news/2022/03/2/7327392/

104 Vakil, Caroline. 2022. "Russia says 498 of its soldiers have died in Ukraine". The Hill. March 2, 2022. https://thehill.com/policy/international/596545-russia-says-498-of-its-soldiers-have-died-in-ukraine/#:~:text=The%20Russian%20Ministry%20of%20Defense,time%20offering%20a%20specific%20number.

105 Karmanau, Yuras, Heintz, Jim, Isachenkov, Vladimir, and Litvinova, Dasha. 2022. "Russia takes aim at urban areas; Biden vows Putin will 'pay'". Associated Press. March 2, 2022. https://apnews.com/article/russia-ukraine-war-abc3e297725e57e6052529d844b5ee2f

106 Reuters. 2022. "Over 660,000 people flee Ukraine, UN agency says". Reuters. March 1, 2022. https://www.reuters.com/world/over-660000-people-flee-ukraine-un-agency-says-2022-03-01/

107 Lister, Tim, Voitovych, Olya, McCarthy, Simone, and Kolirin, Lianne. 2022. "Ukrainian nuclear power plant attack condemned as Russian troops 'occupy' facility". CNN. March 4, 2022. https://edition.cnn.com/2022/03/03/europe/zaporizhzhia-nuclear-power-plant-fire-ukraine-intl-hnk/index.html

108 Murphy, Jessica. 2022. "As it happened: Zelensky asks Putin for talks". BBC. March 2, 2022. https://www.bbc.com/news/live/world-europe-60582327

109 Zaczek, Zoe. 2022. "Russian paratroopers launch fresh attack on embattled Kharkiv with battle underway at military hospital". Sky News. March 2, 2022. https://www.skynews.com.au/world-news/russian-paratroopers-launch-fresh-attack-on-embattled-kharkiv-with-battle-underway-at-military-hospital/news-story/4cbd5625944ddf500545c11291e46302

110 Interfax. 2022. "First in 7 days of war Ukrainian units go on offensive advancing to Horlivka – Arestovych". Interfax. March 2, 2022. https://en.interfax.com.ua/news/general/805456.html

111 Devnath, Arun. 2022. "Missile Sets Bangladeshi Vessel Ablaze in Ukraine Port, One Dead". Bloomberg. March 3, 2022. https://www.bloomberg.com/news/articles/2022-03-03/missile-sets-bangladeshi-vessel-ablaze-in-ukraine-port-one-dead

112 UN. 2022. "General Assembly resolution demands end to Russian offensive in Ukraine". United Nations News. March 2, 2022. https://news.un.org/en/story/2022/03/1113152

113 Reuters. 2022. "Ukraine's delegation has left for second round of talks with Russia, official says". Reuters. 3 March, 2022. https://www.reuters.com/world/russia-expects-discuss-ceasefire-with-ukraine-talks-thursday-russian-agencies-2022-03-02/

114 Reuters. 2022. "Ukraine, Russia agree on need for evacuation corridors as war rages". Arab News. March 3, 2022. https://www.arabnews.com/node/2035291/world

115 Doornbos, Caitlin. 2022. "First Ukrainian city reportedly falls to Russia as Pentagon says 90% of Russian troops amassed for war are now in Ukraine". Stars and Stripes. Mach 3, 2022. https://www.stripes.com/theaters/europe/2022-03-03/ukraine-russian-invasion-war-pentagon-kherson-5213281.html

116 Reuters. 2022. "Ukrainian parliament backs bill to seize Russia-owned assets in Ukraine". Reuters. March 3, 2022. https://www.reuters.com/world/europe/ukrainian-parliament-backs-bill-seize-russia-owned-assets-ukraine-2022-03-03/

117 張柏源：〈烏克蘭媒體：哈爾科夫學校宿舍遭俄羅斯軍隊轟炸四名中國學生死亡〉，新頭殼，2022 年 3 月 4 日，shorturl.at/nrM26

118 Reevell, Patrick and Hutchinson, Bill. 2022. "2nd round of talks between Russia and Ukraine end with no cease-fire". ABC News. March 4, 2022. https://abcnews.go.com/International/2nd-round-talks-russia-ukraine-end-cease-fire/story?id=83226054

119 Saul, Jonathan and Paul, Ruma. 2022. "Two cargo ships hit by blasts around Ukraine, one seafarer killed". Reuters. March 4, 2022. https://www.reuters.com/world/bangladesh-cargo-ship-hit-by-missile-crew-member-killed-bangladesh-official-2022-03-03/

120 Rogoway, Tyler. 2022. “The Ukrainian Navy’s Flagship Appears To Have Been Scuttled”. The War Zone. March 3, 2022. https://www.thedrive.com/the-war-zone/44563/the-ukrainian-navys-flagship-appears-to-have-been-scuttled

121 D’Andrea, Aaron and Boynton, Sean. 2022. “Russia’s capture of Europe’s largest nuclear plant in Ukraine raises global alarm”. Global News. March 5, 2022. https://globalnews.ca/news/8658032/ukraine-russia-nuclear-plant-fire/

122 Al Jazeera. 2022. “NATO rejects no-fly zone; Ukraine slams ‘greenlight for bombs’”. Al Jazeera. March 5, 2022. https://www.aljazeera.com/news/2022/3/5/nato-rejects-no-fly-zone-ukraine-decries-greenlight-for-bombs

123 Цветаев, Леонид. 2022. “Госдума одобрила расширение закона о фейках”.Gazeta. 22/3/2022. https://www.gazeta.ru/politics/2022/03/22/14655949.shtml

124 Tasnim. 2022. “Ukrainian Forces Shoot Down Russian Helicopter （+Video）”. Tasnim News Agency. March 5, 2022. https://www.tasnimnews.com/en/news/2022/03/05/2676933/ukrainian-forces-shoot-down-russian-helicopter-video

125 Gadzo, Mersiha, Najjar, Farah, and Siddiqui, Usaid. 2022. “Latest Ukraine updates: Moscow resumes offensive on Mariupol”. Al Jazeera. March 4, 2022. https://www.aljazeera.com/news/2022/3/4/russia-ukraine-moscow-blocking-access-to-facebook-liveblog

126 Lister, Tim, Pennington, Josh, McGee, Luke, and Gigova, Radina. 2022. “‘A family died… in front of my eyes’: Civilians killed as Russian military strike hits evacuation route in Kyiv suburb”. CNN. March 7, 2022. https://edition.cnn.com/2022/03/06/europe/ukraine-russia-invasion-sunday-intl-hnk/index.html

127 ESPN. 2022. "Brittney Griner Russia drug case timeline: Prison, trial, release". ESPN. December 8, 2022. https://www.espn.com/wnba/story/_/id/34877115/brittney-griner-russia-drug-case-line-prison-trial-more

128 Sky News. 2022. “Ukraine war: Mariupol evacuation halted again as Russia 'regroups forces'”. Sky News. March 6, 2022. https://news.sky.com/story/ukraine-invasion-second-attempt-to-evacuate-mariupol-to-begin-as-temporary-ceasefire-announced-12559009

129 Mohamed, Hamza, Asrar, Nadim, and Marsi, Federica. 2022. “Latest Ukraine updates: Russian strikes destroy Vinnytsia airport”. Al Jazeera. March 5, 2022. https://www.aljazeera.com/news/2022/3/5/russia-ukraine-nato-support-liveblog

130 Field, Matt. 2022. “In Ukraine, US-military-linked labs could provide fodder for Russian disinformation”. Bulletin of the Atomic Scientists. March 9, 2022.

131 https://thebulletin.org/2022/03/in-ukrainian-cities-under-russian-attack-us-linked-research-labs-could-provide-fodder-for-future-russian-disinformation/

132 Henley, Jon, Beaumont, Peter, and Borger, Julian. 2022. “‘Humanitarian corridors’ leading to Russia or Belarus rejected by Kyiv”. The Guardian. March 7, 2022. https://amp.theguardian.com/world/2022/mar/07/russia-humanitarian-corridors-ukraine-war-mariupol-kyiv

133 Clarke, Tyrone. 2022. “Two oil depots burst into flames following Russian airstrike in Ukraine, as Putin sends in nearly 100 per cent of invading troops”, Sky News. March 8, 2022. https://www.skynews.com.au/world-news/two-oil-depots-burst-into-flames-following-russian-airstrike-in-ukraine-as-putin-sends-in-nearly-100-per-cent-of-invading-troops/news-story/01fbe920dc8d5b80dea5af8c4b3ebb99

134 Van Brugen, Isabel. 2022. “Ukraine Recaptures City of Chuhuiv, Kills Top Russian Commanders: Officials”. News Week. March 7, 2022. https://www.newsweek.com/ukraine-russia-recapture-chuhuiv-kharkiv-region-armed-forces-claim-facebook-1685356

135 Reuters. 2022. "Ukrainian forces have retaken Mykolayiv regional airport, says governor". Reuters. March 7, 2022. https://www.reuters.com/world/ukrainian-forces-have-retaken-mykolayiv-regional-airport-says-governor-2022-03-07/

136 ABC 7 Chicago. 2022. "Russian warship that attacked defiant Ukrainian soldiers on Snake Island has been destroyed". ABC 7 Chicago. March 10, 2022. https://abc7chicago.com/snake-island-russian-warship-vasily-bykov-ukraine/11636208/

137 Massie, Graeme. 2022. "Ukraine claims it has killed another Russian general during fighting in Kharkiv". The Independent. March 8, 2022. https://www.independent.co.uk/news/world/europe/ukraine-russia-fighting-general-killed-b2030661.html

138 Zaks, Dmitry and Clark, Dave. 2022. "Ukraine accuses Russia of attacking humanitarian corridors as civilians flee cities". The Times of Israel. March 8, 2022. https://www.timesofisrael.com/ukraine-accuses-russia-of-attacking-humanitarian-corridors-as-civilians-flee-cities/

139 The Kyiv Independent news desk. 2022. "UN: Number of refugees from Ukraine reaches 2 million.". The Kyiv Independent. March 8, 2022. https://kyivindependent.com/un-number-of-refugees-from-ukraine-reaches-2-million/

140 BBC：〈俄羅斯入侵烏克蘭：3 月 9 日最新情況綜述〉BBC 中文，2022 年 3 月 9 日，https://www.bbc.com/zhongwen/trad/world-60661535

141 Child, David, Gadzo, Mersiha, Abdalla, Jihan, and Marsi, Federica. 2022. "Latest Ukraine updates: Strike hits Mariupol hospital complex". Al Jazeera. March 8, 2022. https://www.aljazeera.com/news/2022/3/8/us-europe-ramp-up-pressure-russian-energy-amid-ukraine-war-liveblog

142 Mariya, Petkova. 2022. "Russia-Ukraine war: The battle for Odesa". Al Jazeera. March 9, 2022. https://www.aljazeera.com/news/2022/3/9/russia-ukraine-war-the-battle-for-odesa

143 Al Jazeera. 2022. "US rejects Poland's offer to send MiG-29 fighter jets to Ukraine". Al Jazeera. March 9, 2022. https://www.aljazeera.com/news/2022/3/9/us-rejects-poland-offer-to-send-mig-29-fighter-jets-to-ukraine#:~:text=The%20United%20States%20has%20rejected,for%20the%20entire%20NATO%20alliance.

144 RFE/RL's Ukrainian Service. 2022. "Outrage Over Russian Hospital Attack Grows As Ukraine Cease-Fire Talks Make No Progress". Radio Free Europe/Radio Liberty. March 10, 2022. https://www.rferl.org/a/ukraine-invasion-mariupol-hospital-evacuations/31745921.html

145 Cohen, Li. 2022. "WHO confirms 18 attacks on Ukrainian hospitals and ambulances, creating the "worst possible ingredients" for spread of disease". CBS News. March 9, 2022. https://www.cbsnews.com/news/russia-ukraine-news-18-attacks-hospitals-ambulances-world-health-organization/

146 Taylor, Chloe. 2022. "Logistics problems, Ukraine defenders still thwarting Russian attacks; talks fail to yield cease-fire". CNBC. March 11, 2022. https://www.cnbc.com/2022/03/10/russia-ukraine-live-updates.html

147 Sabbagh, Dan. 2022. "Drone footage shows Ukrainian ambush on Russian tanks". The Guardian. March 10, 2022. https://www.theguardian.com/world/2022/mar/10/drone-footage-russia-tanks-ambushed-ukraine-forces-kyiv-war

148 Krymr. 2022. "В захваченных городах Запорожской области проходят акции протеста против присутствия российских войск". Krymr. 10/3/2022. https://ru.krymr.com/a/news-ukraina-zakhvachennyye-goroda-zaporozhskaya-oblast-aktsii-protesta-rossiyskikh-voysk/31746683.html

149 Žabec, Krešimir. 2022. "MORH: Banožić nije rekao da zna tko je lansirao dron koji je pao na Zagreb". Jutarnji list. December 1, 2022. https://www.jutarnji.hr/vijesti/hrvatska/morh-banozic-nije-rekao-da-zna-tko-je-lansirao-dron-koji-je-pao-na-zagreb-15281770

150 Reich, Aaron, Reuters, and Jerusalem Post Staff. 2022. "Belarus denies plans to join Russian invasion but is 'rotating' troops at border". The Jerulalem Post. March 11, 2022. https://www.jpost.com/breaking-news/article-700998

151 Reuters. 2022. "Russian-backed separatists capture Ukraine's Volnovakha - RIA". Reuters. https://www.reuters.com/world/europe/russian-backed-separatists-capture-ukraines-volnovakha-ria-2022-03-11/

152 Sangal. Aditi, Vogt, Adrienne, Wagner, Meg, Ramsay, George, Guy, Jack, Regan, Helen, Renton, Adam, Macaya, Melissa, Kurtz, Jason, Sangal, Aditi, and Vera, Amir. 2022. "March 10, 2022 Russia-Ukraine news". CNN. March 11, 2022. https://edition.cnn.com/europe/live-news/ukraine-russia-putin-news-03-10-22/h_105d7446ed9380aff7930aba65db7058

153 Murphy, Matt. 2022. "Ukraine war: Another Russian general killed by Ukrainian forces - reports". BBC. June 6, 2022. https://www.bbc.com/news/world-europe-61702862

154 Clark, Mason, Barros, George, and Stepanenko, Kateryna. 2022. "RUSSIAN OFFENSIVE CAMPAIGN ASSESSMENT, MARCH 12". Institute for the Study of War. March 12, 2022. https://www.understandingwar.org/backgrounder/russian-offensive-campaign-assessment-march-12

155 RFE/RL. 2022. "Ukraine Accuses Moscow Of 'False Flag' Operation To Lure Belarus Into War". Radio Free Europe/Radio Liberty. March 11, 2022. https://www.rferl.org/a/ukraine-belarus-false-flag-operation-russia/31748531.html

156 Porter, Tom. 2022. "Putin is rumored to be purging the Kremlin of Russian officials he blames for the faltering invasion of Ukraine". Business Insider. March 18, 2022. https://www.businessinsider.com/putin-rumored-to-be-purging-kremlin-officials-over-ukraine-invasion-2022-3

157 Rasool, Mohammed. 2022. "Putin Says 16,000 Syrians Will Fight in Ukraine. But It's Complicated.". Vice. March 12, 2022. https://www.vice.com/en/article/m7vkm4/syrian-fighters-ukraine

158 Al Jazeera. 2022. "Ukraine accuses Russian forces of abducting Melitopol mayor". Al Jazeera. March 12, 2022. https://web.archive.org/web/20220429034802/https://www.aljazeera.com/news/2022/3/12/ukraine-accuses-russian-forces-of-abducting-melitopol-mayor

159 Chalk, Natallie. 2022. "Volodymyr Zelensky says future peace talks with Russia could take place in Jerusalem as Israel mediates". iNews. March 12, 2022. https://inews.co.uk/news/volodymyr-zelensky-peace-talks-russia-could-take-place-jerusalem-israel-mediates-conflict-1513778

160 Reuters Staff. 2022. "Sanctions have frozen around $300 bln of Russian reserves, FinMin says". Reuters. March 13, 2022. https://www.reuters.com/article/ukraine-crisis-russia-reserves-idUSL5N2VG0BU

161 Lock, Samantha, Bhuiyan, Johana, Grierson, Jamie, and Taylor, Harry. 2022. "Russia-Ukraine war latest: 20 people reportedly killed after military base near Polish border hit by missiles – live". The Guardian. March 14, 2022. https://www.theguardian.com/world/live/2022/mar/13/ukraine-news-russia-war-ceasefire-broken-humanitarian-corridors-kyiv-russian-invasion-live-vladimir-putin-volodymyr-zelenskiy-latest-updates-live#block-622da83a8f08d64fa95eb257

162 Schwirtz, Michael. 2022. "Brent Renaud, an American journalist, is killed in Ukraine". New York Times. March 13, 2022. https://www.nytimes.com/2022/03/13/world/europe/brent-renaud-irpin.html

163 BBC. 2022. “War in Ukraine: Russian forces accused of abducting second mayor”. BBC. March 13, 2022. https://www.bbc.com/news/world-europe-60725962

164 Regan, Helen, George, Steve, Chowdhury, Maureen, Hayes, Mike, and Vera, Amir. “March 13, 2022 Russia-Ukraine news”. CNN. March 14, 2022. https://edition.cnn.com/europe/live-news/ukraine-russia-putin-news-03-13-22/h_ea59635fb47e77ce4dc38888bf322879

165 Glantz, Mary. 2022. “Armenia, Azerbaijan and Georgia’s Balancing Act Over Russia’s War in Ukraine”. United States Institute of Peace. March 15, 2022. https://www.usip.org/publications/2022/03/armenia-azerbaijan-and-georgias-balancing-act-over-russias-war-ukraine

166 Deccan Herald. 2022. “Russia-Ukraine crisis: European Union agrees on 4th set of sanctions on Russia”. Deccan Herald. March 15, 2022. https://www.deccanherald.com/international/world-news-politics/russia-ukraine-war-news-live-updates-kyiv-maruipol-kharkiv-vladimir-putin-volodymyr-zelenskyy-attack-shelling-nuclear-war-chernobyl-zaporizhzhia-1091060.html#4

167 Tan, Yvette. 2022. “Ukraine accuses Russia of preventing evacuation”. BBC. March 15, 2022. https://www.bbc.com/news/live/world-europe-60717902

168 “March 13, 2022 Russia-Ukraine news”

169 Al Jazeera. 2022. “Russia says 23 dead in missile attack on Donetsk”. Al Jazeera. March 14, 2022. https://www.aljazeera.com/news/2022/3/14/ukraine-missile-debris-kill-16-in-donetsk-separatists

170 Ott, Haley. 2022. “Over 40,000 Syrians reportedly register to fight for Russia in Ukraine”. CBS. March 14, 2022. https://www.cbsnews.com/news/russia-ukraine-war-syrians-reportedly-register-foreign-fighters/

171 БАЛАЧУК, ІРИНА. 2022. “1 Тайфун, 4 БТРи, 2 "Рисі" і 17 спецпризначенців – Азов прозвітував про знищення ворога”. Pravda. 14/3/2022. https://www.pravda.com.ua/news/2022/03/14/7331272/

172 Venckunas, Valius. 2022. “Russian-made Orlan-10 drone crashes in Romania”. Aero Times. March 14, 2022. https://www.aerotime.aero/articles/30476-russian-made-orlan-10-drone-crashes-in-romania

173 Agence France-Presse. 2022. “Russian journalist who staged anti-war TV protest quits job, but rejects French asylum offer”. The Guardian. March 18, 2022. https://www.theguardian.com/world/2022/mar/18/russian-journalist-who-staged-anti-war-tv-protest-quits-job-but-rejects-french-asylum-offer

174 Al Jazeera. 2022. “Ukraine-Russia talks to continue as Moscow steps up onslaught”. Al Jazeera. March 14, 2022. https://www.aljazeera.com/news/2022/3/14/talks-to-resume-as-russian-strikes-widen-in-western-ukraine

175 RFE/RL. 2022. “Czech, Polish, And Slovenian PMs Visit Zelenskiy In Kyiv”. Radio Free Europe/Radio Liberty. March 15, 2022. https://www.rferl.org/a/ukraine-kyiv-czech-poland-slovenia-visit/31753678.html

176 Reuters. 2022. “Russian forces take control of Ukraine’s Kherson region: Agencies”. Alarabiya News. March 15, 2022. https://english.alarabiya.net/News/world/2022/03/15/Russian-forces-take-control-of-Ukraine-s-Kherson-region-Agencies

177 Clark, Mason, Barros, George, and Stepanenko, Kateryna. 2022. “RUSSIAN OFFENSIVE CAMPAIGN ASSESSMENT, MARCH 15”. Institute for the Study of War. March 15, 2022. https://www.understandingwar.org/backgrounder/russian-offensive-campaign-assessment-march-15

178 McFadden, Brendan. 2022. “Ukraine war: Protests held in Russian occupied Ukrainian cities Kherson, Energodar and Berdyansk”. iNews. March 20, 2022. https://inews.co.uk/news/protests-held-russian-occupied-ukrainian-cities-kherson-energodar-and-berdyansk-1528616

179 Koshiw, Isobel, Henley, Jon, and Borger, Julian. 2022. “Ukraine will not join Nato, says Zelenskiy, as shelling of Kyiv continues”. The Guardian. March 15, 2022.

180 https://www.theguardian.com/world/2022/mar/15/kyiv-facing-dangerous-moment-amid-signs-of-russias-tightening-grip

181 Williams, Kieren and Stewart, Will. 2022. “Russian general killed with 7 soldiers from feared unit under Putin's direct control”. Mirror. March 16, 2022. https://www.mirror.co.uk/news/world-news/russian-general-killed-trying-storm-26478770

182 РОМАНЕНКО, ВАЛЕНТИНА. 2022. “Два російські винищувачі Су-30см побачили дно Чорного моря - збито біля Одеси”. Pravda. 16/3/2022. https://www.pravda.com.ua/news/2022/03/16/7331814/

183 Interfax. 2022. “Ukrainian Armed Forces in Chernihiv shot down another enemy Su-34 fighter”. Interfax. March 16, 2022. https://interfax.com.ua/news/general/814288.html

184 Cullison, Alan, Coles, Isabel, and Trofimov, Yaroslav. 2022. “Ukraine Mounts Counteroffensive to Drive Russians Back From Kyiv, Key Cities”. The Wall Street Journal. March 16, 2022. https://www.wsj.com/articles/ukraine-mounts-counteroffensive-to-drive-russians-back-from-kyiv-key-cities-11647428858

185 Tondo, Lorenzo and Koshiw, Isobel. 2022. “Mariupol: Russia accused of bombing theatre and swimming pool sheltering civilians”. The Guardian. March 17, 2022. https://www.theguardian.com/world/2022/mar/16/mariupol-ukraine-russia-seized-hospital

186 Ukrinform. 2022. “Russian troops fired on people standing in queue for bread in a residential district in Chernihiv city, north Ukraine.”. Ukrinform. March 16, 2022. https://www.ukrinform.net/rubric-ato/3431291-10-killed-as-russians-fire-on-people-standing-in-queue-for-bread-in-chernihiv.html

187 РОЩІНА, ОЛЕНА. 2022. “Слідчі суду в Гаазі вже в Україні, збирають докази проти РФ – Зеленський”. Pravda. 16/3/2022. https://www.pravda.com.ua/news/2022/03/16/7331869/

188 Reuters. 2022. “Russia's Lavrov says Ukraine peace talks not easy, sees hope for compromise”. National Post. March 16, 2022. https://nationalpost.com/pmn/news-pmn/russias-lavrov-says-ukraine-peace-talks-not-easy-sees-hope-for-compromise

189 BBC. 2022. “Pentagon says Russian advance is frozen”. BBC. March 17, 2022. https://www.bbc.com/news/live/world-europe-60774819

190 BALACHUK, IRYNA. 2022. “Mariupol is 80-90% bombed - deputy mayor”. Pravda. March 17, 2022. https://www.pravda.com.ua/eng/news/2022/03/17/7332133/

191 РОМАНЕНКО, ВАЛЕНТИНА. 2022. “ППО уночі збила 2 літаки РФ над Слобожанщиною - Повітряне командування "Схід"”. Pravda. 17/3/2022. https://www.pravda.com.ua/news/2022/03/17/7332143/

192 TRT：〈烏武裝部隊：暫時失去對亞速海的控制權〉，土耳其廣播電視總台，2022 年 3 月 19 日，https://www.trt.net.tr/chinese/guo-ji/2022/03/19/wu-wu-zhuang-bu-dui-zan-shi-shi-qu-dui-ya-su-hai-de-kong-zhi-quan-1798236

193 NHK：〈俄軍在烏克蘭加強攻勢〉，日本放送協會，2022 年 3 月 29 日， https://www3.nhk.or.jp/nhkworld/zh/news/355587/

194 Harding, Andrew. 2022. “Ukraine conflict: Scores feared dead after Russia attack on Mykolaiv barracks”. BBC. March 18, 2022. https://www.bbc.com/news/world-europe-60807636

195 Reuters. 2022. “Russia uses hypersonic missiles in strike on Ukraine arms depot”. Reuters. March 19, 2022. https://www.reuters.com/world/europe/russia-uses-hypersonic-missiles-strike-ukraine-arms-depot-2022-03-19/

196 Clark, Mason, Barros, George, and Stepanenko, Kateryna. 2022. “RUSSIAN OFFENSIVE CAMPAIGN ASSESSMENT, MARCH 18”. Institute for the Study of War. March 18, 2022. https://www.understandingwar.org/backgrounder/russian-offensive-campaign-assessment-march-18

197 Tondo, Lorenzo, Henley, Jon, and Boffey, Daniel. 2022. “Ukraine: US condemns ‘unconscionable’ forced deportations of civilians from Mariupol”. The Guardian. March 20, 2022. https://www.theguardian.com/world/2022/mar/20/russia-bombed-mariupol-art-school-sheltering-400-people-says-ukraine

198 Kagan, Frederick W., Barros, George, and Stepanenko, Kateryna. 2022. “RUSSIAN OFFENSIVE CAMPAIGN ASSESSMENT, MARCH 19”. Institute for the Study of War.

199 March 19, 2022. https://www.understandingwar.org/backgrounder/russian-offensive-campaign-assessment-march-19

200 OCHA. 2022. “UN's first humanitarian aid convoy to conflict-affected eastern Ukraine arrives”. United Nations Office for the Coordination of Humanitarian Affairs. March 18, 2022. https://www.unocha.org/story/uns-first-humanitarian-aid-convoy-conflict-affected-eastern-ukraine-arrives

201 Snowdon, Kathryn and Turner, Lauren. 2022. “War in Ukraine: Gordon Brown backs Nuremberg-style trial for Putin”. BBC. March 19, 2022. https://www.bbc.com/news/uk-60803155

202 Reuters. 2022. “Russian navy commander killed in Ukraine”. Reuters. March 20, 2022. https://www.reuters.com/world/europe/russian-navy-commander-killed-ukraine-2022-03-20/

203 Clark, Mason, Barros, George, and Stepanenko, Kateryna. 2022. “RUSSIAN OFFENSIVE CAMPAIGN ASSESSMENT, MARCH 20”. Institute for the Study of War. March 20, 2022. https://www.understandingwar.org/backgrounder/russian-offensive-campaign-assessment-march-20

204 CNA. 2022. “At least 6 dead in overnight bombing of Kyiv mall”. Channel News Asia. March 21, 2022. https://www.channelnewsasia.com/world/least-6-dead-overnight-bombing-kyiv-mall-2576926

205 RFI：〈基輔再實施 35 小時宵禁〉，法國國際廣播電台，2022 年 3 月 21 日，https://www.rfi.fr/cn/%E5%9F%BA%E8%BE%85%E5%86%8D%E5%AE%9E%E6%96%BD35%E5%B0%8F%E6%97%B6%E5%AE%B5%E7%A6%81

206 Associated Press. 2022. “Live updates: Ammonia leak contaminates area in east Ukraine”. Washington Post. March 20, 2022. https://www.washingtonpost.com/politics/live-updates-ukraine-officials-say-russians-bombed-school/2022/03/20/b350573e-a820-11ec-8628-3da4fa8f8714_story.html

207 中國報：〈俄烏開戰俄烏首次交換被俘人員 9 俄戰俘換 1 烏市長〉，中國報，2022 年 3 月 22 日，https://www.chinapress.com.my/20220322/%E2%97%A4%E4%BF%84%E4%B9%8C%E5%BC%80%E6%88%98%E2%97%A2-%E4%BF%84%E4%B9%8C%E9%A6%96%E6%AC%A1%E4%BA%A4%E6%8D%A2%E8%A2%AB%E4%BF%98%E4%BA%BA%E5%91%98-9%E4%BF%84%E6%88%98%E4%BF%98%E6%8D%A21%E4%B9%8C/

208 UN. 2022. “Conflict, Humanitarian Crisis in Ukraine Threatening Future Global Food Security as Prices Rise, Production Capacity Shrinks, Speakers Warn Security Council”. United Nations. March 29, 2022. https://press.un.org/en/2022/sc14846.doc.htm

209. AP. 2022. "Russians forces destroy laboratory in Chernobyl nuclear power plant". Business Standard. March 24, 2022. https://www.business-standard.com/article/international/russians-forces-destroy-laboratory-in-chernobyl-nuclear-power-plant-122032300155_1.html
210. Clark, Mason, Barros, George, and Stepanenko, Kateryna. 2022. "RUSSIAN OFFENSIVE CAMPAIGN ASSESSMENT, MARCH 22". Institute for the Study of War. March 22, 2022. https://www.understandingwar.org/backgrounder/russian-offensive-campaign-assessment-march-22
211. Oryx. 2022. "Attack On Europe: Documenting Russian Equipment Losses During The 2022 Russian Invasion Of Ukraine". Oryx. February 24, 2022. https://www.oryxspioenkop.com/2022/02/attack-on-europe-documenting-equipment.html
212. Regan, Helen, O'Murchú, Seán Federico, Ramsay, George, Khalil, Hafsa, Vogt, Adrienne, and Wagner, Meg. 2022. "March 23, 2022 Russia-Ukraine news". CNN. March 26, 2022. https://edition.cnn.com/europe/live-news/ukraine-russia-putin-news-03-23-22/h_878787a43ccff97a0ce8c6b6595ed60e
213. Reuters. 2022. "Ukraine says it has destroyed a large Russian landing ship". Alarabiya News. March 24, 2022.https://english.alarabiya.net/News/world/2022/03/24/Ukraine-says-it-has-destroyed-a-large-Russian-landing-ship-%7CUkraine
214. Ukrinform. 2022. "Russia's large landing ship destroyed by the Ukrainian Army near Berdiansk Port was not Orsk but Saratov.". Ukrinform. March 25, 2022. https://www.ukrinform.net/rubric-ato/3439345-general-staff-update-not-orsk-but-saratov-landing-ship-destroyed-at-berdiansk-port.html
215. ERR News. 2022. "Baltic parliament speakers visit Kyiv, address Verkhovna Rada of Ukraine". ERR News. March 24, 2022. https://news.err.ee/1608542443/baltic-parliament-speakers-visit-kyiv-address-verkhovna-rada-of-ukraine
216. Reuters. 2022. "Mariupol says 15,000 deported from besieged city to Russia". Reuters. March 24, 2022. https://www.reuters.com/world/europe/mariupol-says-15000-deported-besieged-city-russia-2022-03-24/%7CMariupol/
217. RFI：〈烏克蘭副總理：已與俄羅斯交換戰俘〉，法國國際廣播電台，2022 年 3 月 25 日，https://www.rfi.fr/cn/%E4%B9%8C%E5%85%8B%E5%85%B0%E5%89%AF%E6%80%BB%E7%90%86-%E5%B7%B2%E4%B8%8E%E4%BF%84%E7%BD%97%E6%96%AF%E4%BA%A4%E6%8D%A2%E6%88%98%E4%BF%98
218. Clark, Mason, Barros, George, and Stepanenko, Kateryna. 2022. "RUSSIAN OFFENSIVE CAMPAIGN ASSESSMENT, MARCH 24". Institute for the Study of War. March 24, 2022. https://www.understandingwar.org/backgrounder/russian-offensive-campaign-assessment-march-24
219. "Key turning points in Russian invasion of Ukraine"
220. ISW. 2022. "RUSSIAN OFFENSIVE CAMPAIGN ASSESSMENT, MARCH 24". Institute for the Study of War. March 24, 2022. https://www.understandingwar.org/backgrounder/russian-offensive-campaign-assessment-march-24?fbclid=IwAR30KWTS90Wujqs49Um34A_SNC6DhkUfqB7wInqKYR4fqDMAajrmuYXClog
221. "2022 Russian invasion of Ukraine - major escalation of the Russo-Ukrainian War"
222. Trevelyan, Mark and Winning, Alexander. 2022. "Russia states more limited war goal to 'liberate' Donbass". Reuters. March 25, 2022. https://www.reuters.com/world/europe/russia-says-first-phase-ukraine-operation-mostly-complete-focus-now-donbass-2022-03-25/
223. Axe, David. 2022. "Up To 15,000 Russians Have Died In Ukraine: U.K. Defense Ministry". Forbes. May 23, 2022. https://www.forbes.com/sites/davidaxe/2022/05/23/up-to-15000-russians-have-died-in-ukraine/?sh=4918bb685b11

224. Trevelyan, Mark. “Russian news website blames hack for report of nearly 10,000 army deaths in Ukraine”. Reuters. March 23, 2022. https://www.reuters.com/world/europe/russian-newspaper-blames-army-death-toll-report-hackers-2022-03-22/
225. Adams, Paul. 2022. “Russia targets east Ukraine, says first phase over”. BBC. March 26, 2022. https://www.bbc.com/news/world-europe-60872358
226. AFP. 2022. "Georgia's Breakaway Region Sends Troops to Ukraine". The Moscow Times. March 27, 2022. https://www.themoscowtimes.com/2022/03/26/georgias-breakaway-region-sends-troops-to-ukraine-a77094
227. Clark, Mason, Kagan, Fredrick W., and Barros, George. 2022. “RUSSIAN OFFENSIVE CAMPAIGN ASSESSMENT, MARCH 25”. Institute for the Study of War. March 25, 2022. https://understandingwar.org/backgrounder/russian-offensive-campaign-assessment-march-25
228. Garanich, Gleb and Zinets, Natalia. 2022. “Russia reframes war goals as Ukrainians advance near Kyiv”. Reuters. March 26, 2022. https://www.reuters.com/world/us/ukraine-urges-halt-russias-assault-biden-heads-poland-2022-03-25/
229. Sangal, Aditi, Caldwell, Travis, Regan, Helen, Woodyatt, Amy, and Snowdon, Kathryn. 2022. “It's 2 p.m. in Kyiv. Here's what you need to know”. CNN. March 28, 2022. https://edition.cnn.com/europe/live-news/ukraine-russia-putin-news-03-28-22/h_6cd83b550e1b52afce924beae09b8e88
230. 扎希爾・埃爾比克：〈水雷到達博斯普魯斯海峽有甚麼危險 航行是否受到威脅？〉，卡塔爾半島電視台，2022 年 3 月 28 日，https://chinese.aljazeera.net/opinions/expert-column/2022/3/28/%E6%B0%B4%E9%9B%B7%E5%88%B0%E8%BE%BE%E5%8D%9A%E6%96%AF%E6%99%AE%E9%B2%81%E6%96%AF%E6%B5%B7%E5%B3%A1%E6%9C%89%E4%BB%80%E4%B9%88%E5%8D%B1%E9%99%A9%E8%88%AA%E8%A1%8C%E6%98%AF%E5%90%A6%E5%8F%97%E5%88%B0
231. Reuters. 2022. “Shell hits military camp in Russia, most likely from Ukrainian side - Tass”. Reuters. March 29, 2022. https://www.reuters.com/world/europe/explosions-heard-outside-russian-city-close-ukraine-border-governor-2022-03-29/
232 Hromadske. 2022. “russian military killed several abducted Ukrainian mayors — Zelensky”. Hromadske. March 29, 2022. https://hromadske.radio/en/news/2022/03/29/russian-military-killed-several-abducted-ukrainian-mayors-zelensky
233 Ukrinform. 2022. “Units of the Operational Command North have liberated from the enemy two settlements in Chernihiv region - Sloboda and Lukashivka.”. Ukrinform. March 31, 2022. https://www.ukrinform.net/rubric-ato/3444911-ukrainian-defenders-liberate-two-settlements-in-chernihiv-region.html
234 Polityuk, Pavel and Garanich, Gleb. 2022. “Ukraine isn't naive, Zelenskiy says after Russian pledge to scale down attack on Kyiv”. Reuters. March 30, 2022. https://www.reuters.com/world/europe/ukraine-isnt-naive-zelenskiy-says-after-russia-pledges-scale-down-attack-kyiv-2022-03-30/
235 DOD. 2022. “Russians Retreating From Around Kyiv, Refitting in Belarus ”. US Department of Defense. April 4, 2022. https://www.defense.gov/News/News-Stories/Article/Article/2988461/russians-retreating-from-around-kyiv-refitting-in-belarus/
236 McDonnell, Patrick J. and Wilkinson, Tracy. 2022. “Ukrainian officials warn of executions of civilians as Russian forces retreat in Kyiv region”. Los Angeles Times. April 2, 2022. https://www.latimes.com/world-nation/story/2022-04-02/zelenksy-warns-of-mines-in-wake-of-russian-retreat-in-northern-ukraine

237 《星島日報》：〈俄軍撤出切爾諾貝爾 士兵疑受輻射污染〉，《星島日報》，2022 年 4 月 2 日，https://www.singtao.ca/5679527/2022-04-02/post-%E4%BF%84%E8%BB%8D%E6%92%A4%E5%87%BA%E5%88%87%E7%88%BE%E8%AB%BE%E8%B2%9D%E7%88%BE-%E5%A3%AB%E5%85%B5%E7%96%91%E5%8F%97%E8%BC%BB%E5%B0%84%E6%B1%A1%E6%9F%93/?variant=zh-hk

238 Complex Discovery. 2022. "Lost Orcs? Ukraine Conflict Assessments in Maps （April 1 – 3, 2022）". Complex Discovery. April 3, 2022. https://complexdiscovery.com/lost-orcs-ukraine-conflict-assessments-in-maps-april-1-3-2022/

239 NDTV. 2022. "Russia Says It Destroyed Fuel Storage Facilities In 4 Ukrainian Cities". New Delhi Television. April 7, 2022. https://www.ndtv.com/world-news/russia-ukraine-war-russia-says-it-destroyed-fuel-storage-facilities-in-4-ukrainian-cities-2868026

240 Boffey, Daniel and Farrer, Martin. 2022. "They were all shot': Russia accused of war crimes as Bucha reveals horror of invasion". The Guardian. April 3, 2022. https://www.theguardian.com/world/2022/apr/03/they-were-all-shot-russia-accused-of-war-crimes-as-bucha-reveals-horror-of-invasion

241 Mirovalev, Mansur. 2022. "Bucha killings: 'The world cannot be tricked anymore'". Al Jazeera. April 4, 2022. https://www.aljazeera.com/news/2022/4/4/will-the-bucha-massacre-wake-up-the-world

242 DW：〈德情報局：俄軍「聊天記錄」印證布查鎮慘案〉，德國之聲，2022 年 4 月 7 日，https://www.dw.com/zh/%E5%BE%B7%E6%83%85%E5%A0%B1%E5%B1%80%E4%BF%84%E8%BB%8D%E8%81%8A%E5%A4%A9%E8%A8%98%E9%8C%84%E5%8D%B0%E8%AD%89%E5%B8%83%E6%9F%A5%E9%8E%AE%E6%85%98%E6%A1%88/a-61390620

243 Baker, Sinéad. 2022. "Ukraine says Russian atrocities in Borodyanka, another town near Kyiv, are likely worse than in Bucha". Business Insider. April 5, 2022. https://www.businessinsider.com/ukraine-says-russia-killings-borodyanka-likely-worse-bucha-2022-4

244 聯合國：〈聯合國大會投票決定暫停俄羅斯在人權理事會的成員資格〉，聯合國新聞，2022 年 4 月 7 日，https://news.un.org/zh/story/2022/04/1101622

245 Al Jazeera. 2022. "'Impossible to proceed': Red Cross halts Mariupol evacuation". Al Jazeera. April 1, 2022. https://www.aljazeera.com/news/2022/4/1/red-cross-postpones-evacuations-after-failing-to-reach-mariupol

246 Kwon, Jake, Angelova, Masha, Hodge, Nathan, and Pavlova, Uliana. 2022. "Russia accuses Ukraine of helicopter strikes on fuel depot in Russian territory". CNN. April 1, 2022. https://edition.cnn.com/2022/04/01/europe/russia-ukraine-belgorod-fire-intl/index.html

247 Oliphant, Roland. "Russian soldiers banned from social media as 'uncomfortable truths' drain their morale". The Telegraph. April 7, 2022. https://www.telegraph.co.uk/world-news/2022/04/07/internet-ban-russian-soldiers-phones-ukrainian-propaganda-causes/

248 "Key turning points in Russian invasion of Ukraine"

249 ISW. 2022. "RUSSIAN OFFENSIVE CAMPAIGN ASSESSMENT, APRIL 8". Institute for the Study of War. April 8, 2022. https://www.understandingwar.org/backgrounder/russian-offensive-campaign-assessment-april-8?fbclid=IwAR1-hiItU-5Q6P4pjX6rIv3Mm2BDTnsGLCKAAaV3U8BeT7oOLWf9P_7lYlY

250 "2022 Russian invasion of Ukraine - major escalation of the Russo-Ukrainian War"

251 The Guardian. 2022. "Aleksandr Dvornikov: Russian general who helped turn tide of Syrian war". The Guardian. April 10, 2022. https://www.theguardian.com/world/2022/apr/10/alexander-dvornikov-russian-general-who-helped-turn-tide-of-syrian-war

252 Clark, Mason, Stepanenko, Kateryna, and Hird, Karolina. 2022. "RUSSIAN OFFENSIVE CAMPAIGN ASSESSMENT, APRIL 13". Institute for the Study of War. April 13, 2022. https://www.understandingwar.org/backgrounder/russian-offensive-campaign-assessment-april-13

253 Beale, Jonathan. 2022. Ukraine war: "Disbelief and horror after Kramatorsk train station attack". BBC. April 9, 2022. https://www.bbc.com/news/world-europe-61055105

254 NDTV. 2022. "Russia Destroys Mercenary Training Centre Near Ukraine's Odesa: Report". New Delhi Television. April 8, 2022. https://www.ndtv.com/world-news/russia-ukraine-war-mercenaries-training-centre-russia-destroys-mercenary-training-centre-near-odesa-2870583

255 Sangal, Aditi, Ruizm, Joe, Regan, Helen, Kottasova, Ivana, and Haq, Sana Noor. 2022. "Russian forces strike nitric acid tank amid heavy shelling, says Luhansk regional governor". CNN. April 9, 2022. https://edition.cnn.com/europe/live-news/ukraine-russia-putin-news-04-09-22/h_a05446f204b1645d540ab4939e14716a

256 The Kyiv Independent news desk. 2022. "Russia uses white phosphorus bombs in Zaporizhzhia Oblast, no casualties reported". The Kyiv Independent. April 13, 2022. https://kyivindependent.com/uncategorized/russia-uses-white-phosphorus-bombs-in-zaporizhzhia-oblast-no-casualties-reported

257 RFE/RL's Russian Service. 2022. "Russia Accuses Ukraine Of Shelling Its Bryansk Region, Kyiv Rejects Claim". Radio Free Europe/Radio Liberty. April 14, 2022. https://www.rferl.org/a/russia-ukraine-accuses-shelling-bryansk/31803487.html

258 Reuters. 2022. "Russia says over 1,000 Ukrainian marines surrender in Mariupol". Reuters. April 13, 2022. https://www.reuters.com/world/europe/russia-says-1026-ukrainian-marines-surrendered-mariupol-2022-04-13/

259 中央通訊社：〈烏克蘭再與俄羅斯換俘救出 30 人 2 飛官獲釋〉，中央通訊社，2022 年 4 月 14 日，https://www.cna.com.tw/news/aopl/202204140407.aspx

260 中國經濟網：〈烏對俄軍頻繁發起游擊戰以「製造恐慌」〉，中國經濟網，2022 年 5 月 17 日，http://m.ce.cn/gj/gd/202205/17/t20220517_37587575.shtml

261 Sauer, Pjotr and Borger, Julian. 2022. "Russia says Moskva cruiser has sunk after reported Ukrainian missile strike". The Guardian. April 14, 2022. https://www.theguardian.com/world/2022/apr/14/russia-moskva-cruiser-sunk-stormy-seas-defense-ministry

262 H I Sutton. 2022. "Russia Deploys Unusual 110-Year-Old Ship To Investigate Moskva Wreck". Covert Shores. April 22, 2022. http://www.hisutton.com/Russian-Navy-Moskva-Cruiser-Wreck.html

263 Grez, Matias, Woodyatt, Amy, Caldwell, Travis, Yeung, Jessie, Kottasoa, Ivana, Hayes, Mike, Chowdhury, Maureen, and Kurtz, Jason. 2022. "Austrian chancellor says meeting with Putin was "not a friendly visit"". CNN. April 12, 2022. https://edition.cnn.com/europe/live-news/ukraine-russia-putin-news-04-11-22/h_d188e23c4b408146574362ea03293662

264 聯合新聞網：〈德國總統出訪烏克蘭被拒 雙方各執一詞〉，聯合新聞網，2022 年 4 月 14 日，https://udn.com/news/story/122699/6239732

265 東方網：〈普京：在烏克蘭的特別軍事行動仍在按計劃進行〉，東方網，2022 年 4 月 12 日，https://j.eastday.com/p/1649774794041532

266 Reuters. 2022. "Russia strikes armoured vehicle plant, military repair facility in Ukraine, Interfax reports". Reuters. April 16, 2022. https://www.reuters.com/world/europe/russia-strikes-armoured-vehicle-plant-military-repair-facility-ukraine-ifx-2022-04-16/

267 FP Staff. 2022. "Russia captures east Ukraine town Kreminna, honours Brigade accused of Bucha carnage for 'mass heroism'". First Post. April 19, 2022. https://www.firstpost.com/videos/world/russia-captures-east-ukraine-town-kreminna-honours-brigade-accused-of-bucha-carnage-for-mass-heroism-10571571.html

268 Express Web Desk. 2022. "Russia-Ukraine War Live Updates: More than 900 civilian bodies found in Kyiv region, say police". Indian Express. April 15, 2022. https://indianexpress.com/article/world/russia-ukraine-war-live-updates-moskva-putin-zelenskyy-7870070/

269 CT Want：〈俄烏戰爭／擊毀創新高 烏克蘭空軍稱擊落 15 目標〉，CT Want，2022 年 4 月 22 日，https://tw.news.yahoo.com/ctwant-%E4%BF%84%E7%83%8F%E6%88%B0%E7%88%AD-%E6%93%8A%E6%AF%80%E5%89%B5%E6%96%B0%E9%AB%98-%E7%83%8F%E5%85%8B%E8%98%AD%E7%A9%BA%E8%BB%8D%E7%A8%B1%E6%93%8A%E8%90%BD15%E7%9B%AE%E6%A8%99-095752089.html

270 Rimi, Aisha. "Vladimir Frolov: Another Russian general killed during war on Ukraine in new blow for Putin". The Independent. April 17, 2022. https://www.independent.co.uk/news/world/europe/vladimir-frolov-russian-general-killed-war-b2059665.html

271 Kunytskyi, Oleksandr. 2022. "Russia's 'filtration' of civilians fleeing Ukraine". Deutsche Welle. April 28, 2022. https://www.dw.com/en/russias-humiliating-filtration-of-civilians-fleeing-occupied-ukraine/a-61625073

272 戚海倫：〈俄羅斯拒復活節停火 澤倫斯基仍抱和平希望〉，中廣新聞網，2022 年 4 月 21 日，https://tw.news.yahoo.com/%E4%BF%84%E7%BE%85%E6%96%AF%E6%8B%92%E5%BE%A9%E6%B4%BB%E7%AF%80%E5%81%9C%E7%81%AB-%E6%BE%A4%E5%80%AB%E6%96%AF%E5%9F%BA%E4%BB%8D%E6%8A%B1%E5%92%8C%E5%B9%B3%E5%B8%8C%E6%9C%9B-235742675.html

273 Clark, Mason and Barros, George. 2022. "RUSSIAN OFFENSIVE CAMPAIGN ASSESSMENT, APRIL 17". Institute for the Study of War. April 17, 2022. https://www.understandingwar.org/backgrounder/russian-offensive-campaign-assessment-april-17

274 Evans, Brian. 2022. "The Kremlin orders a Russian-occupied city in Ukraine to start using rubles, state media says". Business Insider. April 28, 2022. https://markets.businessinsider.com/news/currencies/russia-forces-kherson-to-use-rubles-under-occupation-2022-4

275 Kagan, Frederick W., Stepanenko, Kateryna, and Hird, Karolina. 2022. "RUSSIAN OFFENSIVE CAMPAIGN ASSESSMENT, APRIL 26". Institute for the Study of War. April 26, 2022. https://www.understandingwar.org/backgrounder/russian-offensive-campaign-assessment-april-26

276 Troianovski, Anton, Nechepurenko, Ivan, and Levenson, Michael. 2022. "Russians Seize 42 Towns in Eastern Ukraine as Fighting Intensifies". New York Times. April 22, 2022. https://www.nytimes.com/2022/04/22/world/europe/russia-ukraine-fighting-east.html

277 Reuters. 2022. "Russia strikes Ukrainian oil depot and military installations". Reuters. April 26, 2022. https://www.reuters.com/world/europe/russia-strikes-ukrainian-oil-depot-military-installations-2022-04-25/

278 Ministry of Defence of the Russian Federation. 2022. "25.04.2022 （20:00） Briefing by Russian Defence Ministry". Ministry of Defence of the Russian Federation. April 25, 2022. https://eng.mil.ru/en/news_page/country/more.htm?id=12418795@egNews

279 News Corp. 2022. "Cause of Ukrainian Transport Plane Crash Under Investigation". news.com.au. April 23, 2022. https://www.news.com.au/national/cause-of-ukrainian-transport-plane-crash-under-investigation/video/700c9ae0636ae059b9dbd37a155cb962

280 Navy Recognition. 2022. "Russian Navy would still have 20 warships in Black Sea including submarines". Navy Recognition. April 28, 2022. http://www.navyrecognition.com/index.php/naval-news/naval-news-archive/2022/april/11671-russian-navy-would-still-have-20-warships-in-black-sea-including-submarines.html

281 Reuters. 2022. “Two powerful blasts heard in Russian city near Ukraine border - witnesses”. Reuters. April 28, 2022. https://www.reuters.com/world/europe/two-powerful-blasts-heard-russian-city-near-ukraine-border-witnesses-2022-04-28/

282 Hindustan Times. 2022. "Russia-Ukraine war highlights: Russia says village in Belgorod region shelled by Ukraine". Hindustan Times. April 24, 2022. “https://www.hindustantimes.com/world-news/russia-ukraine-war-live-day-60-3rd-month-april-24-sunday-latest-news-101650764433386.html

283 美國之音：〈美國務卿和防長訪問基輔 追加軍援、重開使領館〉，美國之音，2022 年 4 月 25 日，https://www.voachinese.com/a/us-ukraine-20220425/6543633.html

284 Guterres, António. 2022. "Secretary-General's remarks to the press in three locations outside of Kyiv". United Nations Secretary-General. April 28, 2022. https://www.un.org/sg/en/content/sg/speeches/2022-04-28/secretary-generals-remarks-the-press-three-locations-outside-of-kyiv

285 Lock, Samantha, Singh, Maanvi, Walters, Joanna, Chao-Fong, Leonie, and Belam, Martin. 2022. “Russia-Ukraine war: Kyiv rocked by missile strikes as UN chief visits Ukraine capital – live”. The Guardian. April 28, 2022. https://www.theguardian.com/world/live/2022/apr/28/russia-ukraine-war-putin-warns-of-lightning-fast-retaliation-if-west-intervenes-war-has-cost-ukraine-600bn-zelenskiy-says-live?page=with:block-626b15d98f08581273d1b9b6

286 路透社：〈俄侵烏迄今 大基輔地區已發現 1150 具平民屍體〉，路透社，2022 年 4 月 28 日，https://tw.news.yahoo.com/amphtml/%E4%BF%84%E4%BE%B5%E7%83%8F%E8%BF%84%E4%BB%8A-%E5%A4%A7%E5%9F%BA%E8%BC%94%E5%9C%B0%E5%8D%80%E5%B7%B2%E7%99%BC%E7%8F%BE1150%E5%85%B7%E5%B9%B3%E6%B0%91%E5%B1%8D%E9%AB%94-122026702.html

287 BBC. 2022. “Ukraine war: Russia halts gas exports to Poland and Bulgaria”. BBC. April 27, 2022. https://www.bbc.com/news/business-61237519

288 MOD. 2022. “The US states that there are 93 Russian BTG in Ukraine now”. United Kingdom Ministry of Defence. May 2, 2022. https://twitter.com/DefenceHQ/status/1520988402056847360

289 Stepanenko, Kateryna, Clark, Mason, and Barros, George. 2022. “RUSSIAN CAMPAIGN ASSESSMENT, MAY 5”. Institute for the Study of War. https://www.understandingwar.org/backgrounder/russian-campaign-assessment-may-5

290 Agencies. 2022. “Ukraine war: US says Russia’s top general Valery Gerasimov visited Donbas front where Kyiv claimed deadly attack”. South China Morning Post. May 3, 2022. https://www.scmp.com/news/world/europe/article/3176324/us-says-russias-top-general-valery-gerasimov-visited-ukraine

292 Reuters. 2022. “Russian submarine strikes Ukraine with cruise missiles, defence ministry says”. Reuters. April 29, 2022. https://www.reuters.com/world/europe/russian-submarine-strikes-ukraine-with-cruise-missiles-defence-ministry-2022-04-29/

293 中央社：〈飛彈擊中烏南敖德薩港機場 摧毀跑道無人傷亡〉，聯合新聞網，2022 年 5 月 1 日。https://udn.com/news/story/122663/6279781

294 法新社：〈烏俄最新換俘 含懷孕 5 月女兵總共 14 烏克蘭人獲釋〉，法新社，2022 年 4 月 30 日。 https://tw.news.yahoo.com/%E7%83%8F%E4%BF%84%E6%9C%80%E6%96%B0%E6%8F%9B%E4%BF%98-%E5%90%AB%E6%87%B7%E5%AD%955%E6%9C%88%E5%A5%B3%E5%85%B5%E7%B8%BD%E5%85%B114%E7%83%8F%E5%85%8B%E8%98%AD%E4%BA%BA%E7%8D%B2%E9%87%8B-002004880.html

295 AFP：〈遭俄偵察機侵犯領空 丹麥、瑞典將召見俄羅斯大使〉，法新社，2022 年 5 月 2 日。https://hk.news.yahoo.com/%E9%81%AD%E4%BF%84%E5%81%B5%E5%AF%9F%E6%A9%9F%E4%BE%B5%E7%8A%AF%E9%A0%98%E7%A9%BA-%E4%B8%B9%E9%BA%A5-%E7%91%9E%E5%85%B8%E5%B0%87%E5%8F%AC%E8%A6%8B%E4%BF%84%E7%BE%85%E6%96%AF%E5%A4%A7%E4%BD%BF-215001645.html

296 AFP. 2022. "Russia Violates Finnish Airspace as Helsinki Mulls NATO". The Moscow Times. May 4, 2022. https://www.themoscowtimes.com/2022/05/04/russia-violates-finnish-airspace-as-helsinki-mulls-nato-a77580

297 AFP：〈遭拉夫羅夫發言惹怒 以色列外長召喚俄大使〉，法新社，2022 年 5 月 2 日。https://hk.news.yahoo.com/amphtml/%E9%81%AD%E6%8B%89%E5%A4%AB%E7%BE%85%E5%A4%AB%E7%99%BC%E8%A8%80%E6%83%B9%E6%80%92-%E4%BB%A5%E8%89%B2%E5%88%97%E5%A4%96%E9%95%B7%E5%8F%AC%E5%96%9A%E4%BF%84%E5%A4%A7%E4%BD%BF-125001436.html

298 Shoalib, Alia. 2022. “These are all the Russian oligarchs who have died suddenly, some in suspicious circumstances, in recent months”. Business Insider. May 12, 2022. https://www.businessinsider.com/these-are-all-the-russian-oligarchs-mysteriously-died-in-2022-2022-4

299 陳政嘉：〈俄烏戰爭即將結束？ 教宗稱匈牙利總理透露：普丁 5 月 9 日將結束戰爭〉，新頭殼，2022 年 5 月 3 日，https://newtalk.tw/news/view/amp/2022-05-03/748972

300 Duplain, Julian, Pietsch, Bryan, Hassan, Jennifer, Taylor, Adam, Bellware, Paulina, Villegas, Paulina, Knowles, Hannah, and Thebault, Reis. 2022. “Victory Day unfolds quietly in Ukraine as Putin defends invasion”. Washington Post. May 9, 2022. https://www.washingtonpost.com/world/2022/05/09/russia-ukraine-war-news-putin-live-updates/

301. Reuters. 2022. “Ukraine troops retreat from Popasna, Luhansk governor confirms”. Reuters. May 8, 2022. https://www.reuters.com/world/europe/chechnyas-kadyrov-says-his-soldiers-control-popasna-ukraine-disagrees-2022-05-08/

302 Mogul, Rhea, Raine, Andrew, John, Tara, Church, Ben, Sangal, Aditi, Smith-Spark, Laura, and Chowdhury, Maureen. 2022. “May 9, 2022: Russia-Ukraine news”. CNN. May 10, 2022. https://edition.cnn.com/europe/live-news/russia-ukraine-war-news-05-09-22/index.html

303 The Independent. 2022. “Russian warship Admiral Makarov ‘on fire after being hit by Ukrainian missile’”. The Independent. May 6, 2022. https://www.independent.co.uk/news/world/europe/russia-ship-admiral-makarov-ukraine-war-b2073007.html

304 The Kyiv Independent news desk. 2022. “Ukraine’s military: Russia has lost 25,650 troops in Ukraine since Feb. 24.”. The Kyiv Independent. May 9, 2022. https://kyivindependent.com/ukraines-military-russia-has-lost-25650-troops-in-ukraine-since-feb-24/

305 央視：〈首次！「俄境內因烏軍襲擊有人員死亡」〉，上觀新聞，2022 年 5 月 12 日，https://www.jfdaily.com/news/detail?id=485018

306 觀察者網：〈柏林發生疑似針對俄羅斯記者的「恐襲」，俄駐德使館要求調查〉，東方網，2022 年 5 月 8 日，https://j.eastday.com/p/1651974843044203

307 中央社：〈加拿大總理突訪基輔 宣布提供更多武器與裝備〉，中央通訊社，2022 年 5 月 9 日，https://tw.news.yahoo.com/%E5%8A%A0%E6%8B%BF%E5%A4%A7%E7%B8%BD%E7%90%86%E7%AA%81%E8%A8%AA%E5%9F%BA%E8%BC%94-%E5%AE%A3%E5%B8%83%E6%8F%90%E4%BE%9B%E6%9B%B4%E5%A4%9A%E6%AD%A6%E5%99%A8%E8%88%87%E8%A3%9D%E5%82%99-191008614.html

308 徐榆涵：〈首次針對烏俄戰爭發聲 聯合國安理會：關注烏克蘭和平〉，聯合報，2022 年 5 月 7 日，https://udn.com/news/amp/story/122699/6294968

309 RFI：〈聯合國人權理事會通過決議調查俄羅斯在烏克蘭暴行〉，法國國際廣播電台，2022 年 5 月 12 日，https://amp.rfi.fr/tw/%E4%B8%AD%E5%9C%8B/20220512-

310 %E8%81%AF%E5%90%88%E5%9C%8B%E4%BA%BA%E6%AC%8A%E7%90%86%E4%BA%8B%E6%9C%83%E9%80%9A%E9%81%8E%E6%B1%BA%E8%AD%B0%E8%AA%BF%E6%9F%A5%E4%BF%84%E7%BE%85%E6%96%AF%E5%9C%A8%E7%83%8F%E5%85%8B%E8%98%AD%E6%9A%B4%E8%A1%8C

311 中央社：〈21 歲俄軍擊斃平民涉戰爭罪 將成烏克蘭審判首例〉，聯合新聞網，2022 年 5 月 12 日，https://udn.com/news/story/122663/6307307

312 Balmforth, Tom and Landay, Jonathan. 2022. “Russia has lost ‘a third of ground forces’ in Ukraine attack”. The Sydney Morning Herald. May 15, 2022. https://www.smh.com.au/world/europe/ukraine-wages-counter-attack-against-russian-forces-in-east-20220515-p5alea.html

313 Reuters. 2022. “Ukraine thwarts Russian columns at river in Donbas region”. Hindustan Times. May 14, 2022. https://www.hindustantimes.com/world-news/ukraine-thwarts-russian-columns-at-river-in-donbas-region-101652478469770.html

314 Ho, Vivian, Badshah, Nadeem, Clinton, Jand, and McClure, Tess. 2022. “Cyber attack on Lviv city council – as it happened”. The Guardian. May 15, 2022. https://www.theguardian.com/world/live/2022/may/15/russia-ukraine-war-latest-zelenskiy-victorious-chord-battle-ukraine-wins-eurovision-mariupol-putin-g7-biden-nato-finland-ve

315 Hindustan Times. 2022. “Ukraine war LIVE updates: Russia says 'won't simply put up with' NATO's Nordic expansions”. Hindustan Times. May 16, 2022. https://www.hindustantimes.com/world-news/russia-ukraine-war-live-updates-may-16-2022-101652666860682.html

316 法新社：〈俄羅斯稱與烏克蘭交界村莊遭攻擊 一死數傷〉，法新社，2022 年 5 月 19 日，https://tw.news.yahoo.com/%E4%BF%84%E7%BE%85%E6%96%AF%E7%A8%B1%E8%88%87%E7%83%8F%E5%85%8B%E8%98%AD%E4%BA%A4%E7%95%8C%E6%9D%91%E8%8E%8A%E9%81%AD%E6%94%BB%E6%93%8A-%E6%AD%BB%E6%95%B8%E5%82%B7-080501591.html

317 Reuters. 2022. “Britain says Russia has lost a third of its forces in Ukraine”. Reuters. May 15, 2022. https://www.reuters.com/world/europe/britain-says-russias-donbas-offensive-has-lost-momentum-2022-05-15/

318 HKET：〈【烏克蘭戰爭】俄稱近千烏兵投降 烏指逾 2.8 萬俄軍陣亡（不斷更新）〉，香港經濟日報，2022 年 5 月 18 日，https://inews.hket.com/article/3217699/%E3%80%90%E7%83%8F%E5%85%8B%E8%98%AD%E6%88%B0%E7%88%AD%E3%80%91%E4%BF%84%E7%A8%B1%E8%BF%91%E5%8D%83%E7%83%8F%E5%85%B5%E6%8A%95%E9%99%8D%20%E7%83%8F%E6%8C%87%E9%80%BE2.8%E8%90%AC%E4%BF%84%E8%BB%8D%E9%99%A3%E4%BA%A1%EF%BC%88%E4%B8%8D%E6%96%B7%E6%9B%B4%E6%96%B0%EF%BC%89

319 Now 新聞台：〈烏克蘭戰事持續　美俄防長通電話討論局勢〉，Now 新聞，2022 年 5 月 14 日，https://news.now.com/home/international/player?newsId=475959

320 小山：「國際刑事法院（ICC）檢察官今天宣布向烏克蘭部署一個由 42 名調查員和專家組成的小組，這是有史以來派出的人數最多的特派團，以調查俄羅斯入侵期間犯下的罪行。」，法國國際廣播電台，2022 年 5 月 17 日，https://amp.rfi.fr/tw/%E6%AD%90%E6%B4%B2/20220517-%E4%BE%B5%E7%83%8F%E6%88%B0%E7%88%AD-%E5%9C%8B%E9%9A%9B%E5%88%91%E4%BA%8B%E6%B3%95%E9%99%A2%E5%90%91%E7%83%8F%E5%85%8B%E8%98%AD%E6%B4%BE%E5%87%BA%E5%A4%A7%E5%9E%8B%E8%AA%BF%E6%9F%A5%E5%93%A1%E4%BB%A3%E8%A1%A8%E5%9C%98

321 RTHK.:〈俄外長稱烏方實際上已退出談判　烏方指談判進程已暫停〉，香港電台，2022 年 5 月 17 日，https://news.rthk.hk/rthk/ch/component/k2/1648999-20220518.htm
322 Emmott, Robin and Devranoglu, Nevzat. 2022. "Finland, Sweden apply to join NATO amid Turkish objections". Reuters. May 19, 2022. https://www.reuters.com/world/europe/finland-sweden-submit-application-join-nato-2022-05-18/
323 羅方妤:〈聯合國求俄開烏克蘭黑海港運糧食 俄回先考慮解除制裁〉，聯合新聞網，2022 年 5 月 20 日，https://udn.com/news/amp/story/122699/6328428
324 DW. 2022. "Ukraine gives up defense of Mariupol steel plant — live updates". Deutsche Welle. May 20, 2022. https://www.dw.com/en/ukraine-gives-up-defense-of-mariupol-steel-plant-live-updates/a-61871702
325 Walker, Shaun. 2022. "Filtration and forced deportation: Mariupol survivors on the lasting terrors of Russia's assault". The Guardian. May 26, 2022. https://www.theguardian.com/world/2022/may/26/filtration-and-forced-deportation-mariupol-survivors-on-the-lasting-terrors-of-russias-assault
326 Talmazan, Yuliya. 2022. "Russian soldier sentenced to life in prison in Ukraine's first war crimes trial since invasion". NBC News. May 23, 2022. https://www.nbcnews.com/news/world/russian-soldier-sentenced-life-prison-ukraine-first-war-crimes-trial-rcna29628
327 Tass. 2022. "Russian bank to open in Kherson Region soon, official says". Tass. June 7, 2022. https://tass.com/economy/1461609
328 Wintour, Patrick. 2022. "UK backs Lithuania's plan to lift Russian blockade of Ukraine grain". The Guardian. May 23, 2022. https://www.theguardian.com/world/2022/may/23/lithuania-calls-for-joint-effort-on-russia-black-sea-blockade
329 Kirby, Paul. 2022. "Severodonetsk: Battle for key road as fighting reaches Ukraine city". BBC. May 26, 2022. https://www.bbc.com/news/world-europe-61578156
330 Bowen, Jeremy. 2022. "Ukraine war: 'This is just the beginning, everything is still to come'". BBC. May 25, 2022. https://www.bbc.com/news/world-61570444
331 薛佩菱:〈【俄烏開戰】澤連斯基簽署法令　再延長戒嚴令 90 天〉，馬來西亞東方日報，2022 年 5 月 19 日，https://www.orientaldaily.com.my/news/international/2022/05/19/487278
332 法新社：〈俄國會取消從軍年齡上限 為烏克蘭戰事增加兵力〉，法新社 .，2022 年 5 月 25 日，https://tw.news.yahoo.com/%E4%BF%84%E5%9C%8B%E6%9C%83%E5%8F%96%E6%B6%88%E5%BE%9E%E8%BB%8D%E5%B9%B4%E9%BD%A1%E4%B8%8A%E9%99%90-%E7%82%BA%E7%83%8F%E5%85%8B%E8%98%AD%E6%88%B0%E4%BA%8B%E5%A2%9E%E5%8A%A0%E5%85%B5%E5%8A%9B-155001633.html
333 Barry, Eloise. 2022. "As Starbucks Exits Russia, Another Symbol of American Capitalism Fades". The Time. May 24, 2022. https://time.com/6180652/starbucks-mcdonalds-russia-ukraine/
334 Axe, David. "Up To 15,000 Russians Have Died In Ukraine: U.K. Defense Ministry". Forbes. May 23, 2022. https://www.forbes.com/sites/davidaxe/2022/05/23/up-to-15000-russians-have-died-in-ukraine/?sh=452017bc5b11
335 RTHK：〈美俄軍方首長通話　俄烏戰爭爆發後首次〉，香港電台， 2022 年 5 月 20 日，https://news.rthk.hk/rthk/ch/component/k2/1649340-20220520.htm
336 Jewkes, Stephan and Wacket, Markus. 2022. "Germany and Italy approved Russian gas payments after nod from Brussels - sources". Reuters. May 21, 2022. https://www.reuters.com/markets/europe/germany-italy-approved-russian-gas-payments-after-nod-brussels-sources-2022-05-20/
337 BBC. "Russia has captured most of Lyman - UK Ministry of Defence". BBC. May 28, 2022. https://www.bbc.com/news/live/world-europe-61612803

338 Kagan, Frederick W., Stepanenko, Kateryna, and Barros, George. 2022. "RUSSIAN OFFENSIVE CAMPAIGN ASSESSMENT, MAY 28". Institute for the Study of War. May 28, 2022. https://www.understandingwar.org/backgrounder/russian-offensive-campaign-assessment-may-28

339 Shear, Michael D. 2022. "U.S. to Send Ukraine $700 Million in Military Aid, Including Advanced Rockets". New York Times. May 31, 2022. https://www.nytimes.com/2022/05/31/us/politics/biden-ukraine-rockets.html

340 Regan, Helen, Vogt, Adrienne, Wagner, Meg, Sangal, Aditi, and Hammond, Elise. 2022. "June 2, 2022 Russia-Ukraine news". CNN. June 3, 2022. https://edition.cnn.com/europe/live-news/russia-ukraine-war-news-06-02-22/h_8d2c15cbe11bd25dfdeee4ce7e6bf5fb

341 ABC News. 2022. "'Russia controls 20 per cent of Ukraine, Zelenskyy says, as US targets yachts linked to Putin". ABC News. June 2, 2022.

342 https://www.abc.net.au/news/2022-06-03/russia-controls-20-percent-of-ukraine-zelenskyy-says/101122948

343 AFP. 2022. "Ukraine partially repels Russian Black Sea fleet: Army". Times of India. June 6, 2022. http://timesofindia.indiatimes.com/articleshow/92042793.cms?utm_source=contentofinterest&utm_medium=text&utm_campaign=cppst

344 Reuters. 2022. "Russian Artillery Hit Monastery In Eastern Ukraine: President Zelensky". New Delhi Television. June 4, 2022. https://www.ndtv.com/world-news/russian-artillery-hit-monastery-in-eastern-ukraine-president-zelensky-3038866

345 Hird, Karolina, Stepanenko, Kateryna, and Clark, Mason. 2022. "RUSSIAN OFFENSIVE CAMPAIGN ASSESSMENT, JUNE 9". Institute for the Study of War. June 9, 2022. https://www.understandingwar.org/backgrounder/russian-offensive-campaign-assessment-june-9

346 MSN. 2022. "Russia-Ukraine war: EU to give fast-tracked opinion on Kyiv bid; Russia low on troops and missiles, UK defence chief says – live". MSN. June 17, 2022. https://www.msn.com/en-gb/news/world/russia-ukraine-war-eu-to-give-fast-tracked-opinion-on-kyiv-bid-russia-low-on-troops-and-missiles-uk-defence-chief-says-%E2%80%93-live/ar-AAYznr9

347 Express Web Desk. 2022. "Russia Ukraine War News Highlights: Boris Johnson makes surprise visit to Kyiv; EU Commission backs Ukraine's candidacy status". The Indian Express. June 18, 2022. https://indianexpress.com/article/world/russia-ukraine-war-latest-news-severodonetsk-zelenskyy-putin-live-updates-7970216/

248 Axe, David. 2022. "Ukrainian Troops Are Pushing Back The Russians In The South". Forbes. June 15, 2022. https://www.forbes.com/sites/davidaxe/2022/06/15/ukrainian-troops-are-pushing-back-the-russians-in-the-south/?sh=7489dbae470b

349 Hird, Karolina, Stepanenko, Kateryna, and Clark, Mason. 2022. "RUSSIAN OFFENSIVE CAMPAIGN ASSESSMENT, JUNE 10". Institute for the Study of War. June 10, 2022. https://www.understandingwar.org/backgrounder/russian-offensive-campaign-assessment-june-10

350 DW. 2022. "Russia claims Ukrainian 'generals' killed". Deutsche Welle. June 19, 2022. https://www.dw.com/en/russia-claims-ukrainian-generals-killed-in-missile-strike-as-it-happened/a-62180427

351 Kirby, Paul. 2022. "Half Russian separatist force dead or wounded - UK". BBC. June 22, 2022. https://www.bbc.com/news/world-europe-61891462

352 BBC. 2022. "Kaliningrad: Row erupts over goods blocked from entering Russian territory". BBC. June 21, 2022. https://www.bbc.com/news/world-europe-61878929?at_medium=RSS&at_campaign=KARANGA

353 Stepanenko, Kateryna, Kagan, Frederick W., Barros, George, Clark, Mason, and Mappes, Grace. 2022. “RUSSIAN OFFENSIVE CAMPAIGN ASSESSMENT, JUNE 28”. Institute for the Study of War. June 28, 2022. https://www.understandingwar.org/backgrounder/russian-offensive-campaign-assessment-june-28

354 Nazarchuk, Iryna. 2022. “Russian missile strikes near Ukraine's Odesa kill 21”. Reuters. July 2, 2022. https://www.reuters.com/world/middle-east/ukraines-zelenskiy-celebrates-retaking-snake-island-2022-07-01/

355 CNN. 2022. “Russian airstrike hits busy shopping mall in central Ukraine, sparking fears of mass casualties”. CNN. June 28, 2022. https://edition.cnn.com/2022/06/27/europe/kremenchuk-shopping-mall-airstrike-ukraine-intl/index.html

356 Holland, Steve. 2022. “U.S. likely to announce this week purchase of missile defense system for Ukraine”. Reuters. June 27, 2022. https://www.reuters.com/markets/europe/us-likely-announce-this-week-purchase-advanced-missile-defense-system-ukraine-2022-06-27/

357 Reuters. 2022. “Syria recognizes independence, sovereignty of Donetsk, Luhansk -state news agency”. Reuters. June 29, 2022. https://www.reuters.com/world/middle-east/syria-recognizes-independence-sovereignty-donetsk-luhansk-state-news-agency-2022-06-29/

358 VOA. 2022. “Putin Declares Victory in Ukraine’s Luhansk Province”. Voice of America. July 4, 2022. https://www.voanews.com/a/putin-declares-victory-in-ukraine-luhansk-province/6644485.html

359 Stepanenko, Kateryna, Barros, George, Mappes, Grace, and Kagan, Frederick W.. 2022. “RUSSIAN OFFENSIVE CAMPAIGN ASSESSMENT, JULY 3”. Institute for the Study of War. July 3, 2022. https://www.understandingwar.org/backgrounder/russian-offensive-campaign-assessment-july-3

360 Hird, Karolina, Barros, George, Mappes, Grace, and Kagan, Frederick W.. 2022. “RUSSIAN OFFENSIVE CAMPAIGN ASSESSMENT, JULY 5”. Institute for the Study of War. July 5, 2022. https://www.understandingwar.org/backgrounder/russian-offensive-campaign-assessment-july-5

361 Uria, Daniel. 2022. “Russian parliament approves measures to provide economic support to military”. UPI. July 5, 2022. https://www.upi.com/Top_News/World-News/2022/07/05/Russian-parliament-approves-economic-military-support-measures/8901657070102/

362 Al Jazeera. 2022. “Ukraine says Russia dropped phosphorus bombs on Snake Island”. Al Jazeera. July 1, 2022. https://www.aljazeera.com/news/2022/7/1/ukraine-says-russia-dropped-phosphorus-bombs-on-snake-island

363 РБК-Украина. 2022. "Під завалами в Часовому Яру знайшли ще одну людину: загиблих уже 48". РБК-Украина. 13/7/2022. https://www.rbc.ua/ukr/news/zavalami-chasovom-ru-nashli-eshche-odnogo-1657733024.html

364 VOA. 2022. “Latest Developments in Ukraine: July 9”. Voice of America. July 8, 2022. https://www.voanews.com/a/latest-developments-in-ukraine-july-9/6651690.html

365 World Today News. 2022. “200,000 rubles and they delete your file – “Wagner” mercenaries recruit prisoners to fight in Ukraine”. World Today News. July 14, 2022. https://www.world-today-news.com/200000-rubles-and-they-delete-your-file-wagner-mercenaries-recruit-prisoners-to-fight-in-ukraine/

366 Ukrinform. 2022. “Zelensky: Ukraine can now participate in development of new NATO standards”. Ukrinform. July 13, 2022. https://www.ukrinform.net/rubric-ato/3527761-zelensky-ukraine-can-now-participate-in-development-of-new-nato-standards.html

367 The New Voice of Ukraine. 2022. "Shoigu announces plans for the Russian offensive "in all directions"". July 16, 2022. The New Voice of Ukraine. July 16, 2022. https://news.yahoo.com/shoigu-announces-plans-russian-offensive-125000201.html

368 Lister, Tim and Kesaieva, Julia. 2022. "Ukrainians say Russia bolstering troop presence in south". Egypt Independent. July 18, 2022. https://egyptindependent.com/ukrainians-say-russia-bolstering-troop-presence-in-south/

369 Van Brugen, Isabel. 2022. "Putin's Private Army Lowers Recruiting Standards After Heavy Losses: U.K.". News Week. July 18, 2022. https://www.newsweek.com/wagner-putin-private-army-recruiting-standards-losses-1725456

370 Our Foreign Staff. 2022. "Admiral Sir Tony Radakin: Hoping Putin is unwell or may be assassinated is 'wishful thinking'". The Telegraph. July 17, 2022. https://www.telegraph.co.uk/world-news/2022/07/17/admiral-sir-tony-radakin-hoping-putin-unwell-may-assassinated/

371 ABC News. 2022. "Ukraine President Volodymyr Zelenskyy suspends top prosecutor, head of state security service". ABC News. July 18, 2022. https://www.abc.net.au/news/2022-07-18/volodymyr-zelenskyy-suspends-state-security-service-head/101246330

372 Zinets, Natalia. 2022. "Russian forces capture Ukraine's second biggest power plant, Ukraine says". Reuters. July 28, 2022. https://www.reuters.com/world/europe/fate-ukraines-second-biggest-power-plant-balance-after-russian-advance-2022-07-27/

373 Комсомольская правда. 2022. "В Херсоне сформирована Одесская бригада из украинских добровольцев". Комсомольская правда. 23/7/2022. https://www.kp.ru/daily/27422.5/4621932/

374 Kane, Coumba. 2022. "Russia's foreign minister tours Africa to reassure partners". Le Monde. July 26, 2022. https://www.lemonde.fr/en/le-monde-africa/article/2022/07/26/the-head-of-russian-diplomacy-on-tour-to-reassure-and-cultivate-relations-with-african-partners_5991509_124.html

375 Ukrinform. 2022. "Russia's special train of over 40 cars destroyed with HIMARS in Kherson Region". Ukrinform. July 31, 2022. https://www.ukrinform.net/rubric-ato/3540882-russias-special-train-of-over-40-cars-destroyed-with-himars-in-kherson-region.html

376 AP/UNB. 2022. "Drone explosion hits Russia's Black Sea Fleet HQ". The Business Standard. July 31, 2022. https://www.tbsnews.net/world/drone-explosion-hits-russias-black-sea-fleet-hq-468534

377 Reuters. 2022. "Russia says Ukraine struck prison in Donetsk region, killing 40". Reuters. July 29, 2022. https://news.yahoo.com/russia-40-ukrainian-pows-killed-081001018.html

378 Waterhouse, James and Murphy, Matt. 2022. "Ukraine war: First grain ship leaves under Russia deal". BBC. August 1, 2022. https://www.bbc.com/news/world-europe-62375580

379 Chhina, Man Aman Singh. 2022. "Explained: What is the controversial 'Butterfly Mine' Russia has allegedly used in Ukraine?". The Indian Express. August 11, 2022. https://indianexpress.com/article/explained/explained-global/explained-what-is-the-controversial-butterfly-mine-russia-used-in-ukraine-8083177/

380 Reuters. 2022. "Five injured as blasts rock Russian air base in annexed Crimea". Reuters. August 10, 2022. https://www.reuters.com/world/europe/loud-explosions-heard-near-russian-military-airbase-crimea-witnesses-2022-08-09/

381 Ukrinform. 2022. "Russia forming 3rd Army Corps for war in Ukraine - ISW". Ukrinform. August 6, 2022. https://www.ukrinform.net/rubric-ato/3544612-russia-forming-3rd-army-corps-for-war-in-ukraine-isw.html

382 Simko-Bednarski, Evan. 2022. “Russian state TV: North Korea offering Kremlin 100,000 ‘volunteers’”. New York Post. August 5, 2022. https://nypost.com/2022/08/05/russian-state-tv-north-korea-offers-kremlin-100000-troops/

383 King, Chris. 2022. “Ukrainian forces destroy last remaining bridge used by Russian military in Kherson region”. Euro Weekly News. August 13, 2022. https://euroweeklynews.com/2022/08/13/ukrainian-forces-destroy-last-remaining-bridge-used-by-russian-military-in-kherson-region/

384 ABC News. 2022. “UN chief calls for demilitarised zone as more shelling hits Ukraine's Zaporizhzhia nuclear power plant”. ABC News. August 12, 2022. https://www.abc.net.au/news/2022-08-12/un-chief-urges-demilitarized-zone-around-ukraine-nuclear-plant/101326100

385 Trevelyan, Mark. 2022. “Russian shakes up Black Sea fleet command after series of blows in Crimea - state agency”. Reuters. August 17, 2022. https://www.reuters.com/world/europe/russian-black-sea-fleet-installs-new-commander-state-news-agency-2022-08-17/

386 Sundries. "What extremely interesting weapons Sweden can produce for Ukraine When it comes to one of Europe's largest defense industries”. Sundries. August 12, 2022. https://sundries.com.ua/en/what-extremely-interesting-weapons-sweden-can-produce-for-ukraine/

387 Gatopoulos, Derek and Arhirova, Hanna. 2022. “Putin orders 137,000 more Russian troops in face of Ukraine losses”. The Sydney Morning Herald. August 26, 2022. https://www.smh.com.au/world/europe/putin-orders-137-000-more-russian-troops-in-face-of-ukraine-losses-20220826-p5bcwc.html

388 Euromaidan Press. 2022. “Another Russian base destroyed in occupied Kadiivka, Luhansk Oblast（updated）”. Euromaidan Press. August 26, 2022. https://euromaidanpress.com/2022/08/26/another-russian-base-destroyed-in-occupied-kadiivka-luhansk-oblast/

389 Sands, Leo. 2022. “Darya Dugina: Daughter of Putin ally killed in Moscow blast”. BBC. August 21, 2022. https://www.bbc.com/news/world-europe-62621509

390 Reuters. 2022. “Russian Defence Minister Shoigu: military campaign in Ukraine 'deliberately' slowed to reduce civilian casualties”. Reuters. August 24, 2022.

391 https://www.reuters.com/world/europe/russian-defence-minister-shoigu-military-campaign-ukraine-deliberately-slowed-2022-08-24/

392 Financial Times. 2022. "Death toll of Russian missile strike in Chaplyne rises to 25, including 2 children. 31 more wounded. Search and rescue operation concluded". Financial Times. August 25, 2022. https://liveuamap.com/en/2022/25-august-death-toll-of-russian-missile-strike-in-chaplyne

393 Ali, Idrees, Holland, Steve, and Zengerle, Patricia. 2022. “U.S. to announce $3 billion in new military aid for Ukraine - official”. Reuters. August 24, 2022. https://www.reuters.com/world/us-announce-3-bln-arms-package-ukraine-ap-reporter-tweet-2022-08-23/

394 Eng.LSM.lv. 2022. “Demolition of Soviet Victory monument in Rīga”. LSM. August 25, 2022. https://eng.lsm.lv/article/society/environment/demolition-of-soviet-victory-monument-in-riga.a470869/

395 BBC. 2022. “Russia blocks nuclear treaty agreement over Ukraine reference”. BBC. August 27, 2022. https://www.bbc.com/news/world-us-canada-62699066

第八章 秋季反攻

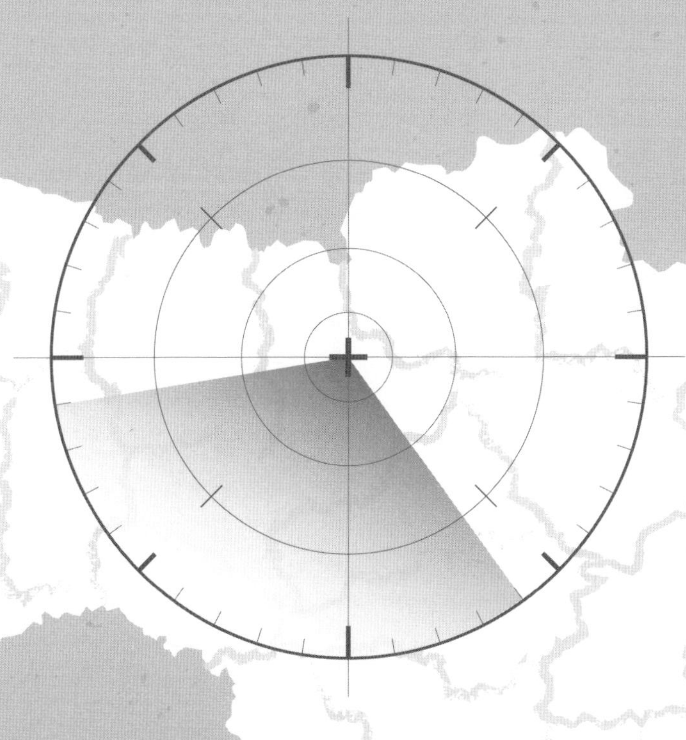

我們生於一個偉大的時刻，來自炙熱戰火的光芒及火花。
我們為烏克蘭的命運感到痛苦萬分，對敵人的怒火和仇恨持續的增長！

——《我們生於偉大的時刻 Зродились ми великої години》

●八月二十九日至九月一日——烏軍赫爾松佯攻為閃擊戰展開序幕

烏軍南方作戰司令部宣佈於八月二十九日在赫爾松展開全面反攻，卻聲南擊東，全力東進，仍舊攻擊謝韋爾斯克、巴赫穆特、頓涅茨克市市郊、斯洛維揚斯克市和伊久姆一帶，在哈爾科夫繼續只有零星攻勢。為應對俄軍專門針對烏軍海馬斯火箭炮的攻擊，烏軍使用木製模型作誘餌，使俄軍誤以為成功擊毀火箭炮。美國官員指俄軍聲稱摧毀的海馬斯數目比美國援助的多，事實上根本未有海馬斯受損。

國際原子能組織於九月一日派員視察紮波羅熱核電廠，然而俄羅斯也開始中斷透過北溪一號管道對德天然氣供應，聲稱管道正在維修之中，完工遙遙無期。

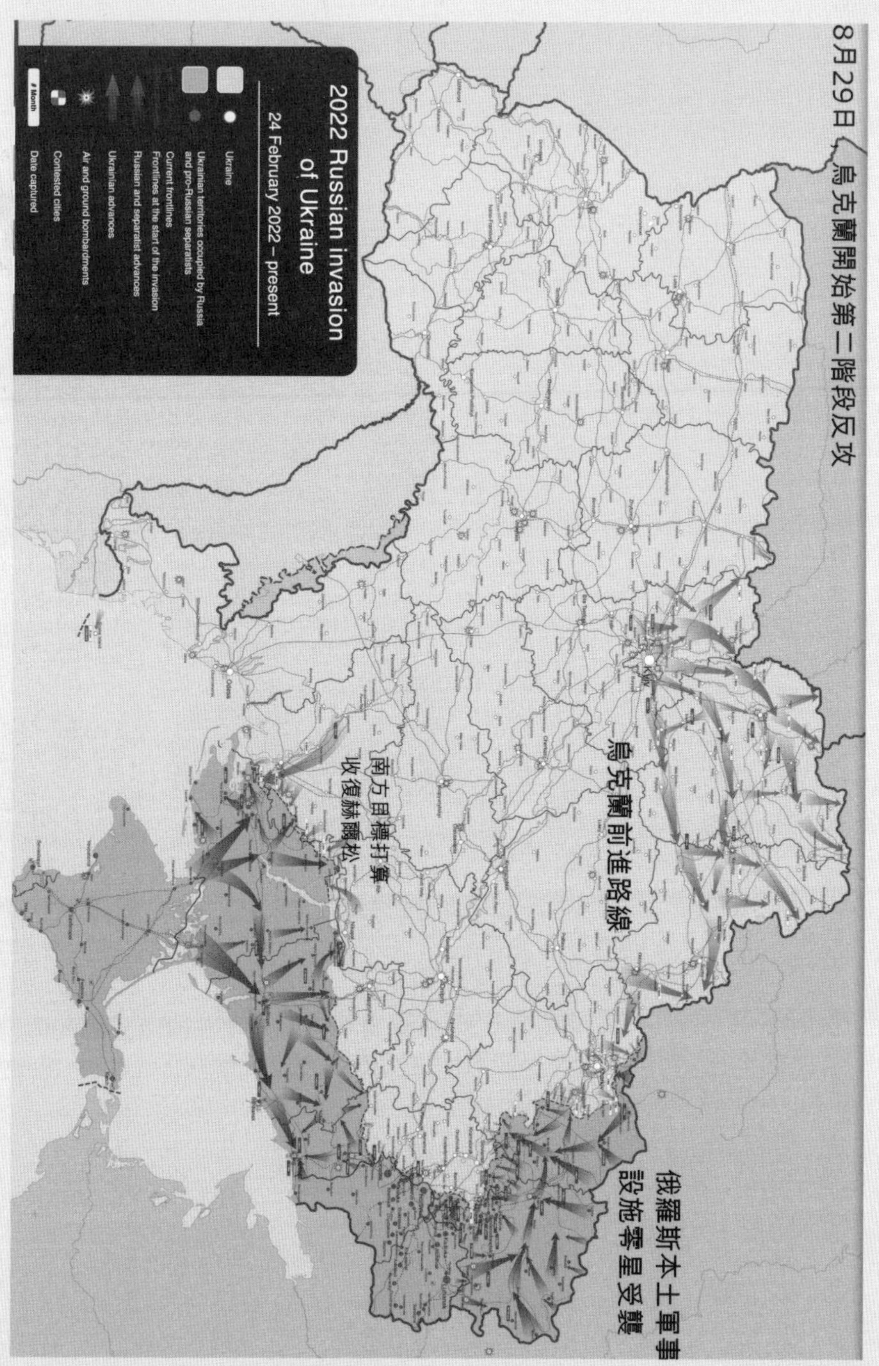

⮝自俄軍轉進烏東後，俄軍重新發動攻勢，雖佔領了一些重要城市如馬里烏波爾，但總共新佔領領土只有三千平方公里，共佔領了烏克蘭十二萬五千平方公里。圖為 Viewsridge 根據美國戰爭研究所資料所繪製的情勢圖。

•九月二日至九月八日——哈爾科夫閃擊戰

正當俄軍把精力用於防範南線烏軍攻勢時，烏軍在哈爾科夫方向展開閃擊戰。在正式反攻日前兩日，烏軍恢復切斷俄軍於哈爾科夫市東南部庫皮揚斯克及塞梅尼夫卡（Semenivka）的後勤據點，當地俄軍與其他佔領區的補給聯絡路線已遭阻斷。九月六日，烏軍正式在哈爾科夫州開展全面反攻，先是把俄軍趕回北頓涅茨河（Siverskyi Donets River）及中巴拉克利卡河（Serednya Balakliika）左岸，雖然俄軍撤退至河的左岸後把河上橋樑拆除以阻止烏軍推進，但仍阻擋不了烏軍的凌厲攻勢。烏軍向巴拉克列亞、沃洛希夫亞爾（Volokhiv Yar）及舒夫琴科韋（Shevchenkove）進攻，劍指附近俄佔哈爾科夫州首府庫皮揚斯克，雖然途中一度遭遇以頓涅茨克人民軍名義作戰的俄軍輕步兵，但仍一路長驅直上。在一天時間內，烏軍在俄佔區內推進了二十公里，重奪多達四百平方公里的土地，沿 E40 及 N26 公路直逼被俄軍佔領的重要城市伊久姆，同時沿 T2110 公路向舒夫琴科韋進發。據俄羅斯方面消息，烏克蘭的偵察部隊還深入比利科洛佳濟（Bilyi Kolodiaz）及沃夫昌斯克等俄佔區作戰。直到九月八日，烏軍已深入伊久姆附近俄軍防線五十公里，並使本來控制巴拉克列亞的俄羅斯國家近衛軍特別迅速應變分隊失去對該市的控制權。在這幾週，俄軍除了對哈爾科夫市零星炮擊外，未能組織反擊。

在哈爾科夫陣線吃緊之時，俄軍在東線南部繼續對巴赫穆特、頓涅茨克市郊、謝韋爾斯克、斯洛維揚斯克進行攻擊，但攻勢相當有限，烏軍反倒成功越過北頓涅茨河奪回奧澤爾內（Ozerne）。

南線方面烏軍雖然只是佯攻，但進展屬意料之外，先是向彼得里夫卡（Petrykivka）進發，再於九月三日突破俄軍於聶伯彼得羅夫斯克州泰爾尼夫卡（Ternivka）的防線越過因胡萊茨河，收復布拉戈達季夫卡（Blahodativka）及維索科皮利亞（Vysokopillia），北卡霍夫卡（Kakhovka）大壩上的橋樑亦被烏軍炸毀。有見烏軍攻勢凌厲，俄軍炮轟新沃茲涅先西克（Novovoznesenske）及柳博米里夫卡（Lyubomyrivka），同時把空降軍自該地區撤離以免與烏軍正面交鋒，另外俄軍亦空襲烏軍於因胡萊茨河橋頭堡附近的地區如蘇希斯塔沃克（SukhyiStavok）、別濟緬涅（Bezimenne）及科斯特羅姆卡（Kostromka），但仍未能阻止烏軍自橋頭堡向前推進十二公里，迫近赫爾松市。烏軍特種部隊還偷襲了位於安赫德的俄羅斯聯邦安全局據點。

九月八日，乘勝追擊的烏軍加緊進攻赫爾松和斯尼胡里夫卡（Snihurivka），切斷俄軍第二十近衛摩托化步兵師在布拉霍達特內至特洛維波迪（Ternovi Pody）建立的防線。連接俄軍在聶伯河南北岸勢力的達爾伊夫卡（Darivka）亦成為烏軍目標，使俄軍補給線岌岌可危。紮波羅熱核電廠方面則因附近遭炮擊而停電，導致附近區域大範圍斷電。

即使俄軍兵力在烏克蘭戰場愈發緊張，俄方仍聲稱能額外增兵三十至三十五萬及繼續進行年度「東方 -22」（Vostok-22）軍演，但參與演習人數只達俄方聲稱五萬人的五分之一。俄軍也漸漸改為利用無人機空襲取代火炮打擊。

●九月九日至九月十五日——烏軍光復哈爾科夫州大部分領土

九月九日晚，烏軍成功收復被視為俄佔哈爾科夫州首府的庫皮揚斯克（Kupiyansk），迫使俄軍把佔領區的軍民行政機構遷至附近的小鎮庫皮揚斯克—武茲洛維伊（Kupiyansk-Vuzlovyi），同時下令伊久姆及大布爾盧克（Velykyi Burluk）的居民「撤離」，實際上是讓一眾駐守當地的俄軍急忙撤退。翌日，烏軍收復伊久姆，使這座自四月十日被俄軍佔領的戰略重鎮再一次升起烏克蘭國旗。烏軍隨後向利曼推進，抵達利西昌斯克郊區，同時收復克列緬納亞部分地區及在奧斯基爾河（Oskil）左岸一帶清剿剩餘的俄軍。

九月十一日，俄軍自科扎恰洛帕尼（Kozacha Lopan）、利普齊（Lyptsi）及沃夫昌斯克撤退，俄羅斯國防部正式於當日下午宣佈撤出哈爾科夫州，烏克蘭及歐美各國消息皆指出俄軍是次撤退相當匆忙無序，整個「撤退」實則是單純地逃離哈爾科夫以減少部隊損失，有報導指盧甘斯克共和國與俄羅斯接壤邊境出現長長的車龍。

烏軍在這天成功深入俄羅斯防線後約七十公里，奪回三千多平方公里的領土。俄軍為了拖延烏軍的攻勢，用高射炮掃射庫皮揚斯克並以 3M-54 巡航導彈襲擊哈爾科夫第五熱電廠及其他區內重要設施，使得附近各州一度斷電。另外俄軍也在九月十四日空襲澤連斯基的家鄉克里維里赫附近的水壩，導致因胡萊茨河水位上升一至兩米，令附近農莊水浸及影響食水供應。在一番攻勢後，烏軍進一步收復德沃里奇納（Dvorichna）及盧甘斯克州比洛霍里夫卡（Bilohorivka）。烏軍隨即沿著奧斯基爾河一帶進發，沿路並未見俄軍多少反抗。

直到九月十五日，烏軍進一步把索斯洛韋（Sosnove）的俄軍趕走，俄軍也從斯圖傑洛克（Studenok）及舊比利斯克（Starobilsk）一帶撤出以免被包圍。東線俄軍在這段時間內只在巴赫穆特南部有些微進展，然而他們唯一能做的就是接收從哈爾科夫撤退過來的俄軍。

俄羅斯國內方面，別爾哥羅德州則關閉了俄烏邊界，以免遭到襲擊。這一週的撤退被不少評論形容為俄軍自二戰後最嚴重的慘敗。澤列斯基在九月十五日訪問伊久姆時，嘉獎一眾參與反攻行動的單位，包括第十四及九十二獨立機械化步兵旅、第二十五獨立空降旅、第八十獨立空降突擊旅、第一〇七火箭炮團、第十五獨立炮兵偵察旅、第二十六炮兵旅、第四十、四十三及四十四獨立炮兵旅，以及烏克蘭國防部情報總局，表揚他們的在哈爾科夫閃擊戰的出色貢獻。

南線烏軍也一直保持攻勢，襲擊了俄佔赫爾松數座指揮部、貝里斯拉夫（Beryslav）的俄軍彈藥庫及新卡霍夫卡的俄軍渡口，奪回因胡萊茨河東岸的布拉戈達季夫卡，俄軍隨即轟炸巴爾維諾克（Barvinok）及布魯斯金斯克（Bruskynske）以及其他尼古拉耶夫以阻擋烏軍，但未能阻止烏軍打穿俄軍防線四至十二公里並收復多達五百平方公里的領土。烏軍進一步轟炸俄軍人員及裝備的集結點，如霍拉普里斯坦（Hola Prystan）、杜德恰尼（Dudchany）和米洛韋（Mylove）。在這週，烏軍成功收復基謝利夫卡（Kiselyovka）及奧列克桑德里夫卡。由於俄軍在烏克蘭連連失利，引來不少爭議，主戰派譴責俄軍戰力低下，另外還有三十五名俄羅斯地方官員聯署要求普京辭職。

●九月十六日至九月二十二日——普京發佈局部動員令

烏軍清剿已收復區域如庫皮揚斯克的俄軍，又在利曼與揚皮爾（Yampil）附近及奧斯基爾河沿岸建立據點，繼而修復比洛霍里夫卡及斯維亞托希爾斯克（Sviatohirsk），於亞羅瓦（Yarova）與俄軍交戰。在九月二十二日烏軍穿越了俄軍在里德科杜布（Ridkodub）與卡皮夫卡（Karpivka）的防線，同時收復了日斯基夫卡（Yatskivka）及科羅維亞（Korovii Rar），與俄軍於德羅比舍韋（Drobysheve）激戰，俄軍則炮轟這些被烏軍重奪的村鎮以阻擋烏軍攻勢。東線俄軍繼續轟炸哈爾科夫市及哈爾科夫州與俄羅斯邊境，擊中丘胡伊夫一座住宅，導致兩人死亡。

南線烏軍則暫緩攻勢，持續轟炸俄軍重要設施，例如俄佔赫爾松市軍民行政機構總部以及梅利托波爾機場，並沿聶伯河襲擊俄軍補給線。俄軍亦空襲了尼科波爾（Nikopol），導致不少民居及學校受損。

南烏克蘭核電廠（South Ukraine Nuclear Power Plant）附近再遭俄軍飛彈擊中，使得附近樓宇及水電站受損，雖然未有傷及核電廠，但國際原子能組織強烈要求俄軍停止攻擊核電廠。鑑於烏軍已收復不少城市，俄羅斯佔領當局一反過去因戰事暫緩「歸俄公投」的決定，打算在九月二十三日至二十七日舉行公投以製造俄羅斯管治這些地區之名。

為應對俄軍連連失利的政治壓力，普京於九月二十一日頒布局部動員令，召集預備役軍人上戰場，並把頓涅茨克及盧甘斯克的民兵視作俄羅斯軍人，接受同等待遇，同樣地逃兵、投降和反戰行為皆會被視為干犯刑事罪行。俄羅斯國防部長紹伊古預計局部動員令可為俄軍增員多達三十萬軍人。普京繼續進行核威脅，聲稱會不惜使用所有武器來保護國土完整。雖然政府聲稱這次動員令只是針對有作戰經驗的預備役軍人，及會考慮役員年齡與健康狀況，判斷其是否適合作戰，但後來傳出軍方不分青紅皂白，多次強徵超過五十歲人士及身體狀況欠佳人士，被捕的反戰人士也被送上戰場。即使俄軍聲稱會為徵召兵提供一至兩個月的訓練，不少徵召兵未有多少訓練便被派到前線部隊直接在前線作戰。引起社會相當大的反彈。不少人收拾細軟離開俄羅斯逃避兵役，有年青人襲擊徵兵站。俄佔區的烏克蘭公民亦同樣被徵召，被要求加入俄軍共同作戰。據民調顯示，即使不少親俄分子同意俄羅斯的「特別軍事行動」，混亂的動員令已使得超過一半人感到不滿。由於徵兵混亂，近二十萬人逃離俄羅斯，使俄羅斯在邊境設檢查站阻止應服兵役者離境。芬蘭因應逃亡潮，也決定關閉芬俄邊境。

在宣佈動員令後一天，沙特阿拉伯及土耳其分別成功斡旋，促使俄羅斯釋放十名外籍戰俘及二百一十五名烏克蘭戰俘。

●九月二十三日至九月二十九日——頓、盧、紮、赫四州舉辦入俄公投

烏軍繼續在利曼北部與西北部集結，鞏固奧斯基爾河東岸的橋頭堡，他們先是突破俄軍於卡皮夫卡及里德科杜布（Ridkodub）的防線，九月二十四日重奪格里亞尼基夫卡（Hrianykivka）及戈羅比夫卡（Gorobivka）並在庫皮揚斯克附近的奧斯基爾河岸與零星俄軍作戰，一舉收復了哈爾科夫州舍甫琴科韋及馬利尼夫卡（Malynivka）。至九月二十五日烏軍再收復利曼附近的山地可洛夫（Shandryholove）及洛維（Nove），漸漸形成包圍網包圍俄軍，同時以炮火打擊俄軍對利曼最後的補給線。烏軍另在揚皮爾附近集結，庫皮揚斯克全境重歸烏克蘭管治。在烏軍將全取哈爾科夫州時，俄軍繼續攻擊巴赫穆特及頓涅茨克市郊。

烏軍在伊久姆陸續發現俄軍屠殺民眾及集體埋葬的痕跡，警方接續調查一系列戰爭罪行。

南線方面，烏軍雖極力繼續維持行動上靜默，但仍默默在赫爾松州集結並突破俄軍於西紮波羅熱州波洛希及羅濟夫卡（Rozivka）的防線，並繼續騷擾俄軍各補給路線。俄軍則空襲克里維里赫的機場以及其他南部城鎮，並聲稱以伊朗製見證者 -136 無人機（Shahed-136）空襲了敖德薩的烏軍南部作戰司令部。

俄佔頓涅茨克、盧甘斯克、紮波羅熱及赫爾松州在九月二十三日至九月二十七日舉行了入俄公投，俄佔區當局在九月二十八日宣佈大部分地區超過九成民眾同意俄羅斯吞併這些地區，只

有俄佔尼古拉耶夫及哈爾科夫因俄佔範圍太少而推遲公投，然而不少觀察認為選舉嚴重欠缺公正性，未能反映真實民意，除俄羅斯外只有北韓承認公投結果。西方各國對支援該公投的人士，均實施不同程度制裁。

在九月二十八日，北溪一號及二號天然氣管道出現泄漏，瑞典海岸防衛隊至少發現四處漏洞，影響俄羅斯對歐天然氣供應。

•九月三十日至十月六日——烏軍重啟南線攻勢

俄羅斯總統普京於九月三十日宣佈根據公投結果，頓涅茨克、盧甘斯克、紮波羅熱、赫爾松四州皆正式加入成為俄羅斯一部分，烏克蘭總統澤連斯基宣佈尋求加入北約向俄羅斯示威。同日俄羅斯於紮波羅熱的空襲人道物資車隊，造成三十二名平民死亡。

十月一日，烏軍在頓涅茨克州正式收復了利曼和揚皮爾這兩個戰略重地，結束歷時四個多月的俄軍佔領時期。駐守該地的俄軍預備役精銳部隊撤退至克列緬納亞，逃過被烏軍圍剿的命運。在其後兩天，烏軍解放了頓涅茨克州的托斯克（Torske）、盧甘斯克州的迪布羅瓦（Dubrova）、以及哈爾科夫州的基夫沙里夫卡（Kivsharivka）、德魯熱柳比夫卡（Druzheliubivka）、伊久姆西克（Iziumske）、皮德利曼（Pidlyman）、希基夫卡（Shyikivka）和博羅瓦（Borova）等多座村莊，把防線推過奧斯基爾河並劍指盧甘斯克州。俄軍只能繼續侵擾巴赫穆特及阿夫迪伊夫卡一帶，嘗試攻下這兩座烏軍踞守的重要城市。同日俄軍繼續空襲哈爾科夫一帶，空襲造成二十四名平民死亡，當中包括十三名兒童。

十月六日俄軍再一次空襲紮波羅熱，擊中住宅區，導致三人死亡。烏克蘭政府在整理利曼時，再發現更多亂葬崗。

南線方面，烏軍於十月二日打破自九月中便開始行動靜默，再度出擊，兩天內先是收復米海利夫卡（Mykhailivka）、米羅柳比夫卡（Myrolyubivka）、阿爾漢赫爾斯克（Arkhanhelske），再收復赫列謝尼夫卡（Khreshchenivka）和加夫里利夫卡（Havrylivka），在十月四日，烏軍更直接推進四十公里，修復杜德恰尼一帶與聶伯河沿岸的城鎮村落，包括達維季夫布里德（Davydiv Brid）、柳比米夫卡（Lyubimovka）、佐洛塔巴爾卡（Zolota Balka）、比利亞伊夫卡（Belyaivka）、新亞歷山德里夫卡（Novooleksandrivka）和烏克蘭卡（Ukrainka），進一步切斷俄軍的補給線。從烏軍宣佈反攻開始，烏軍已收復了超過五百平方公里土地及數十座村落。烏軍沿 T0403 公路向北卡霍夫卡進發，一路收復周邊城鎮。雖然俄佔赫爾松州政府信誓旦旦指烏軍已在十月五日暫停攻勢，而俄軍已從新集結準備反擊，赫爾松市不會被烏軍攻入，但俄軍在赫爾松市東北的防線實際上已崩潰，只得調動精銳空降軍部隊進駐赫爾松市內迎擊烏軍。

普京在局部動員令以外再簽署新的秋季徵兵令，目標徵召十二萬人，並違反只能把徵召兵用於國內的限制，強行補充人員損失，包括把受訓中的軍校生送上前線，同時加強邊境管制措施防止俄羅斯公民及俄佔區烏克蘭人逃走。

除人手短缺外，俄軍更面臨財政困難，軍方先是突然取消向被徵召士兵發放一筆過三十萬盧布補助金及福利，再要求地方政府負擔在其轄區徵召的兵員所須開支。英國國防部更指，駐烏俄軍的醫療衛生狀況因缺乏物資及訓練而變得愈來愈差。

●十月七日至十月十三日——克里米亞大橋被炸

東線烏軍繼續在盧甘斯克一帶反攻，迫近斯瓦托韋及克列緬納亞，主要戰場仍在巴赫穆特、阿夫迪伊夫卡及頓涅茨克市一帶，俄軍雖稱再次佔領了利曼附近的村鎮如泰爾尼（Terni）、托斯克、馬克耶夫卡（Makiivka）等，但戰果未能得到證實。截至十月十日，烏軍收復了盧甘斯克約二百平方公里的土地。

南線烏軍繼續在赫爾松市一帶集結，與俄軍對峙，但重新回歸行動靜默，俄軍趁機加強在紮波羅熱州西部的防線，並把從赫爾松撤退了二十公里，重新集結於米洛韋。十月十三日，烏軍MiG-29戰機以機炮擊落俄軍的見證者-136，無人機凌空爆炸的衝擊波烏軍令MiG-29墜毀，成為是次戰爭首個無人機使戰機墜毀的戰例。

就在俄軍任命航空太空軍（Russian Aerospace Forces）司令謝爾蓋・蘇羅維金大將（Sergey Surovikin）為特別軍事行動總指揮官，蘇羅維金統合整個烏克蘭戰場俄軍的行動指揮權時，連接俄羅斯本土與克里米亞半島的唯一陸上通道克里米亞大橋（Crimean bridge）於十月八日上午發生爆炸，導致公路橋部分倒塌，鐵路橋上一列油罐車卡起火，導致三人死亡，大橋在緊急修復後只能局部恢復交通，需重啟克里米亞渡輪服務作為輔助，嚴重影響俄羅斯至克里米亞的運力。有評論皆認為爆炸由烏克蘭國家安全局策劃，有些指是引爆安裝在駛經大橋的火車上的炸彈造成，亦有指是由攜有炸彈的無人駕駛快艇於橋下爆炸所致，俄方認定是前者策動攻擊。因應大橋遭襲擊，俄軍於十月十日至十一日大規模空襲包括基輔在內的二十座城市作為報復，連同十月九日對紮波羅熱住宅及十月十三日對尼古拉耶夫的導彈襲擊，共造成數十名平民死亡。

•十月十四日至十月二十日——俄軍動員兵射殺同袍

東線烏軍繼續在在哈爾科夫州庫皮揚斯克一帶清剿俄軍，該州直至十月二十日只剩下百分之一點八的領土仍被俄軍佔領，同時烏俄雙方在克列緬納亞一帶爭奪控制權，巴赫穆特、阿夫迪伊夫卡及頓涅茨克市繼續受俄羅斯陸軍第二軍及盧甘斯克民兵攻擊。南線俄軍則在赫爾松西北部嘗試重新奪取失去的據點，撤出不少人員。

烏軍繼續保持行動靜默，以免主動泄露行動細節，大體繼續向赫爾松方向進軍。由於克里米亞大橋遇襲，加上烏軍主力切斷赫爾松一帶的俄軍補給線，使得南線俄軍後勤能力遭到重挫，需要經西邊的馬里烏波爾來補充後勤能力，梅利托波爾則變成俄軍最重要的空運中心。

俄軍繼續空襲烏克蘭各大城市，日托米爾一度停水停電，十日內共有七十名平民死亡，二百九十人受傷，鄰近一千一百六十二座村鎮停電。另有俄軍 SU-34 轟炸機撞入俄羅斯城市葉伊斯克（Yeysk），導致十三人死亡。

雖然普京表示局部動員令有望在兩星期後結束並以例行秋季徵兵取代，可是莫斯科有徵兵站仍遭民眾以汽油彈襲擊。十月十五日在別爾哥羅德甚至出現少數族裔動員兵因遭到徵兵站軍官言語冒犯，憤而射殺十一名俄軍軍人。由於俄軍連連受挫加上財政困難，普京便把矛頭直指國防部長紹爾古及財政部長安東．西盧安諾夫（Anton Siluanov），普京亦於十月十九日對俄佔區及接壤烏克蘭的俄羅斯州份實施戒嚴令。白俄羅斯總統盧卡申科則於十月十四日表示會派七萬兵員協助俄軍，但仍未有白俄軍人派駐烏克蘭的跡象。

• 十月二十一日至十月二十七日——髒彈假旗指控

烏俄雙方繼續在哈爾科夫東北的俄烏邊境接近克列緬納亞與斯瓦托韋一線作戰，巴赫穆特和阿夫迪伊夫卡繼續是俄軍及華格納集團的攻擊重點，謝韋爾斯克、索萊達爾、馬林卡也成為俄軍攻擊目標。在十月二十四日，烏軍證實已奪回盧甘斯克州的克瑪斯尼夫卡（Karmazynivka）、美亞索札尼夫卡（Miasozharivka）、涅瓦（Nevske）及頓涅茨克州的諾沃薩多夫（Novosadove）。

南線烏軍及烏克蘭反抗軍集中攻擊紮波羅熱州的俄軍據點，並炸毀安赫德的俄軍倉庫。俄軍從赫爾松州西部撤退，臨行前並切斷了赫爾松市的通訊網絡以免民眾通風報信，烏軍指責俄軍從聶伯河撤退時以民眾作為肉盾。俄軍還炸毀卡霍夫卡水力發電廠以拖延烏軍攻勢，另外俄羅斯亦指控烏軍會以帶有放射性物質的髒彈（Dirty bomb）作偽旗行動，但聯合國的檢查員表示未有任何相關證據支持俄方說法。

由於俄軍訓練能力及醫療能力不足以及遠遠未達徵兵目標，一些俄羅斯私人企業向俄軍提供有償訓練及醫療服務，另外俄軍也嘗試招募外籍傭兵及向俄羅斯的外籍居民徵兵，當中包括受英美訓練的前阿富汗國民軍（Afghan National Army）成員。克里姆林宮也嘗試加強地方官員與國家安全部門的聯繫，以統合地方政府向心力。

英國國防部指俄羅斯已有二十三架 Ka-25 直升機損毀，佔俄羅斯空軍庫存的四分之一，俄羅斯空軍更已在烏克蘭損失近半直升機，使得低空打擊優勢難以維持。俄軍亦缺乏遠程武器，現階段只能依靠伊朗製無人機進行攻擊。在俄羅斯國內，反戰組織停止卡車運動（Stop the Wagons,

Останови вагоны）襲擊別爾哥羅德州俄烏邊境的鐵路，阻止俄軍物資運往白俄羅斯用作戰爭之用。

• 十月二十八日至十一月三日——塞瓦斯托波爾受襲

俄軍開始致力加強防線防禦烏軍攻勢，烏軍繼續向克列緬納亞及斯瓦托韋方向反攻，並且攻擊了沃爾諾瓦哈附近駐紮了車臣部隊的阿克達瑪酒店（Akdamar Hotel）。俄軍繼續攻擊巴赫穆特、阿夫迪伊夫卡、武赫萊達爾（Vuhledar）及頓涅茨克市，他們聲稱抵擋了烏軍在佩爾紹特拉夫內韋（Pershotravneve）、塔巴伊夫卡（Tabayivka）及貝里斯托瓦（Berestove）的攻勢，並於十月三十日奪取了頓涅茨克國際機場旁的沃迪亞村（Vodyane）。俄軍還於白俄羅斯佈署了配備Kh-47M2 匕首（Kinzal）導彈的 MiG-31K 攔截戰鬥機，以便隨時起飛空襲烏軍。另外亦從白俄羅斯抽調至少一百輛坦克、裝甲車和火炮助戰。

南線俄軍則沿聶伯河西岸建立防線，把派駐烏克蘭的精銳部隊安排防守赫爾松，但由於赫爾松市正被烏軍重重包圍，故不少部隊已被安排撤離到聶伯河西岸，部分留守的戰鬥中隊只有六至八人，遠低於每支中隊一百人的要求。

烏軍於十月二十九日以無人攻擊艇及無人機攻擊了俄羅斯海軍黑海艦隊位於克里米亞半島上的塞瓦斯托波爾海軍基地，不只使黑海艦隊旗艦馬卡洛夫海軍上將號巡防艦受損，更因嚴密佈防的海軍要塞竟被輕易突破而打擊俄軍士氣。作為報復，俄軍於十月三十一日再次大規模空襲包括基輔在內烏克蘭各大城市，基輔近半民眾一度缺水缺電。一枚導彈跌落在摩爾多瓦（Moldova）境內，使摩爾多瓦政府驅逐一名俄羅斯大使館官員出境。

俄羅斯政府為了補充兵源，於十一月一日把局部動員令改為例行秋季徵兵，甚至要求司法機構把對囚犯的假釋改判為強制於私人軍事機構服役，這裡說的私人軍事機構很大可能就是華格納集團。

華格納集團聲稱他們能保持每天推進三十公里。另一邊廂俄軍徵召的士兵繼續士氣低落，而且良莠不齊，大大影響戰力，不只未能達到理論行軍速度及開戰時預計至少進軍的一千公里，更讓烏軍以每天二十公里的速度反推。俄佔區政府在把烏裔人口，尤其是帶走當地兒童，實行人口換血的同時，要求留下的烏裔成年人加入俄籍。又強逼居民改用俄羅斯盧布，國有化當地烏克蘭企業。然而俄佔赫爾松州居民杯葛盧布，俄佔區當局不得不繼續允許使用烏克蘭貨幣格里夫納。

美國方面稱北韓正秘密運送火炮予俄軍。

•十一月四日至十一月十一日——烏軍光復赫爾松市

東線俄軍繼續克列緬納亞及斯瓦托韋的攻勢，而俄軍繼續巴赫穆特、阿夫迪伊夫卡、武赫萊達爾及頓涅茨克市的攻勢，並開進比洛霍里夫卡外圍，然而有俄羅斯軍事評論員稱太平洋艦隊第一五五海軍步兵旅在向巴甫利夫卡（Pavlivka）推進時損傷慘重，引起俄羅斯國防部駁斥。俄羅斯國內反對派又稱烏軍在馬克耶夫卡的炮擊造成五百名俄軍死亡。

烏軍已重重包圍赫爾松市及不斷襲擊赫爾松州與紮波羅熱州的補給線，俄軍今次汲取教訓，提早有序地從聶伯河西岸撤退，十一月九日俄羅斯國防部長紹伊古正式宣告全面撤出赫爾松市，同日俄佔赫爾松州副州長因車禍死亡。隨著俄軍撤退，烏軍在不需與俄軍正面衝突下開入尼古拉耶夫州斯尼胡尼夫卡市，進而在十一月十一日解放赫爾松市。俄軍退守克里米亞及馬里烏波爾，戮力興建雙重反坦克工事防線。華格納集團也在盧甘斯克州及俄羅斯本土的別爾哥羅德州興建防禦工事，防範烏軍攻入俄羅斯。雖然普京聲稱局部動員令成功徵召足夠兵力，但因實際徵召到的人數遠遠不及前線所需。為免再度激起民憤，普京暗中動員兵力，同時簽署法令讓重犯於俄軍服役。唯俄羅斯已陷財政危機，大批徵召兵未能收到工資，就連精銳部隊也受影響，嚴重打擊士氣。為了阻止逃兵，有消息指俄軍派督戰隊威脅射殺逃兵，並對逃避兵役者施以重罰。

烏軍於十一月三日表示俄軍已損失二百七十八架戰機，為蘇聯阿富汗戰爭的兩倍。俄軍缺乏訓練及有經驗的機師，新戰機產量和訓練機師的水平也不足以彌補戰力損失。

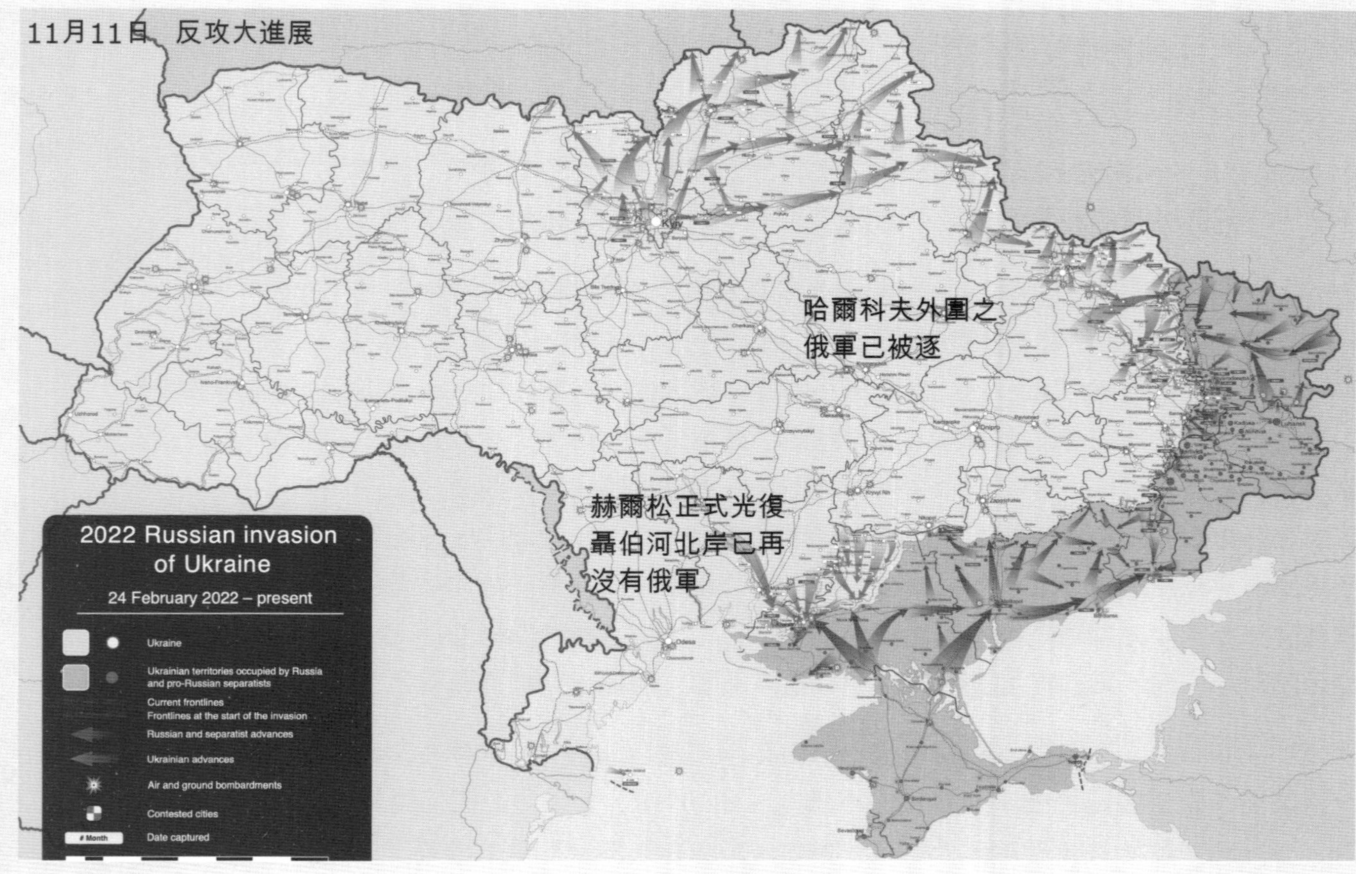

▲反攻過後，烏軍修復約三萬五千平方公里的失地，俄軍所佔烏克蘭領土面積只有約九萬平方公里，從佔據烏克蘭國土四分之一縮減到只佔百分之十五。圖為 Viewsridge 根據美國戰爭研究所資料所繪製的情勢圖。

參考文獻

1 as it happened". The Guardian. October 1, 2022. https://www.theguardian.com/world/live/2022/oct/01/russia-ukraine-war-ukrainians-advance-on-lyman-after-putins-annexations-live

2 Roscoe, Matthew. 2022. "Five Russian-controlled settlements around Kharkiv reportedly liberated by Ukraine". Euro Weekly News. October 3, 2022. https://euroweeklynews.com/2022/10/03/russian-controlled-settlements-liberated-kharkiv-ukraine/

3 Al Jazeera. 2022. "24 killed after Ukraine evacuation convoy shelled: Governor". Al Jazeera. October 1, 2022. https://www.aljazeera.com/news/2022/10/1/ukraine-says-russians-shell-evacuation-convoy-killing-20

4 Koshiw, Isobel. 2022. "Residential areas in Zaporizhzhia hit as Russia targets cities". The Guardian. October 6, 2022. https://www.theguardian.com/world/2022/oct/06/ukraine-residential-areas-in-zaporizhzhia-hit-as-russia-targets-cities

5 Neverova, Anna and Kropman, Vitaliy. 2022. "В Лимане обнаружено массовое захоронение". Deutsche Welle. October 6, 2022. https://www.dw.com/ru/wsj-rossijskaa-armia-stala-krupnejsim-postavsikom-vooruzenia-dla-ukrainy/a-63349664

6 Kirby, Paul. 2022. "Ukraine regains Kherson villages from Russians". BBC. October 4, 2022. https://www.bbc.com/news/world-europe-63137061

7 The Associated Press. 2022. "Live Updates: Russia-Ukraine War". The Associated Press. October 5, 2022. https://apnews.com/article/russia-ukraine-kyiv-business-donetsk-806920315356c66546ffd1cc6c53b3d1

8 Reuters. 2022. "Russia's Putin signs decree on routine autumn conscription - TASS". Reuters. October 1, 2022. https://www.reuters.com/world/russias-putin-signs-decree-routine-autumn-conscription-tass-2022-09-30/

9 Hird, Karolina, Lawlor, Katherine, Bailey, Riley, Barros, George, and Kagan, Frederick W.. 2022. "RUSSIAN OFFENSIVE CAMPAIGN ASSESSMENT, OCTOBER 6". Institute for the Study of War. October 6, 2022. https://www.understandingwar.org/backgrounder/russian-offensive-campaign-assessment-october-6

10 Stepanenko, Kateryna, Barros, George, Bailey, Riley, Howard, Angela, and Kagan, Frederick W.. 2022. "RUSSIAN OFFENSIVE CAMPAIGN ASSESSMENT, OCTOBER 10" . Institute for the Study of War. October 10, 2022. https://www.understandingwar.org/backgrounder/russian-offensive-campaign-assessment-october-10

11 Hird, Karolina, Stepanenko, Kateryna, Lawlor, Katherine, and Kagan, Frederick W.. 2022. "RUSSIAN OFFENSIVE CAMPAIGN ASSESSMENT, OCTOBER 13". October 13, 2022. https://www.understandingwar.org/backgrounder/russian-offensive-campaign-assessment-october-13

12 Meduza. 2022. "Large explosion reported at bridge connecting Russia to Crimea as roadway section collapses into Kerch Strait". Meduza. October 8, 2022. https://meduza.io/en/news/2022/10/08/large-explosion-reported-at-bridge-connecting-russia-to-crimea

13 Schwirtz, Michael, Specia, Megan, Ramzy, Austin. 2022. "Live Updates: At Least 8 Dead in Kyiv as Ukraine Comes Under Sustained Attack". The New York Times. October 11, 2022. https://www.nytimes.com/live/2022/10/10/world/russia-ukraine-war-news

14 Hird, Karolina, Lawlor, Katherine, Bailey, Riley, Barros, George, Carl, Nicholas, and Kagan, Frederick W.. 2022. "RUSSIAN OFFENSIVE CAMPAIGN ASSESSMENT, OCTOBER 20". Institute for the Study of War. October 20, 2022. https://www.understandingwar.org/backgrounder/russian-offensive-campaign-assessment-october-20

15 Kagan, Frederick W.. 2022. "RUSSIAN OFFENSIVE CAMPAIGN ASSESSMENT, OCTOBER 16". Institute for the Study of War. October 16, 2022. https://www.understandingwar.org/backgrounder/russian-offensive-campaign-assessment-october-16

16 Al Jazeera. 2022. "Russia hits targets north of Kyiv, Mykolaiv: Officials". Al Jazeera. October 18, 2022. https://www.aljazeera.com/news/2022/10/18/russia-hits-targets-in-northern-kyiv-mikolaiv-officials

17 Reuters. 2022. "Russia fighter crashes into apartments in city near Ukraine, killing 13". Reuters. October 18, 2022. https://www.reuters.com/world/europe/aircraft-crashes-into-residential-building-russian-city-yeysk-agencies-2022-10-17/

18 "Key turning points in Russian invasion of Ukraine"

19 ISW. "RUSSIAN OFFENSIVE CAMPAIGN ASSESSMENT, AUGUST 29". Institute for the Study of War. August 29, 2022. https://www.understandingwar.org/backgrounder/russian-offensive-campaign-assessment-august-29?fbclid=IwAR2YBjTMSbrnKLVswimY-W-4b8PArePjcnT7FKmhb4LP-U8bTyg_Yk-zLPg

20 "2022 Russian invasion of Ukraine - major escalation of the Russo-Ukrainian War"

21 Shalal, Andrea and Hunder, Max. 2022. "Ukraine launches counter-offensive in south as Russia shells port city". Reuters. August 30, 2022. https://www.reuters.com/world/europe/shelling-near-ukraine-nuclear-plant-fuels-disaster-fears-russia-pounds-donbas-2022-08-29/

22 Hudson, John. 2022."Ukraine lures Russian missiles with decoys of U.S. rocket system". The Washington Post. August 30, 2022. https://www.washingtonpost.com/world/2022/08/30/ukraine-russia-himars-decoy-artillery/

23 Ellyatt, Holly and Macias, Amanda. 2022. "UN inspectors finally reach Ukraine nuclear plant after shelling and emergency shutdown of reactor". CNBC. September 2, 2022. https://www.cnbc.com/2022/09/01/russia-tries-to-restore-supply-lines-in-southern-ukraine-north-korea-could-send-workers-to-rebuild-the-donbas.html

24 Connolly, Kate. 2022. "Nord Stream 1: Russia switches off gas pipeline citing maintenance". The Guardian. August 31, 2022. https://www.theguardian.com/business/2022/aug/31/nord-stream-1-russia-switches-off-gas-pipeline-citing-maintenance

25 Stepanenko, Kateryna, Mappes, Grace, Barros, George, Philipson, Layne, and Clark, Mason. 2022. "RUSSIAN OFFENSIVE CAMPAIGN ASSESSMENT, SEPTEMBER 8". Institute for the Study of War. September 8, 2022. https://www.understandingwar.org/backgrounder/russian-offensive-campaign-assessment-september-8

26 Hird, Karolina, Mappes, Grace, Howard, Angela, Barros, George, and Clark, Mason. 2022. "RUSSIAN OFFENSIVE CAMPAIGN ASSESSMENT, SEPTEMBER 3". Institute for the Study of War. September 3, 2022. https://www.understandingwar.org/backgrounder/russian-offensive-campaign-assessment-september-3

27 Al Jazeera. 2022. " 'Afraid for our lives' : Ukraine nuclear plant loses power" . Al Jazeera. September 4, 2022. https://www.aljazeera.com/news/2022/9/4/afraid-for-our-lives-ukraine-nuclear-plant-loses-power

28 Pant, Harsh V.. 2022. "Vostok-22: Challenges of Diplomatic Promiscuity". Observer Research Foundation. September 4, 2022. https://www.orfonline.org/research/vostok-22-challenges-of-diplomatic-promiscuity/

29 Walker, Amy, Cooney, Christy, and Jones, Sam. 2022. "Ukraine-Russia war: residents of Russian-controlled Kharkiv told to evacuate as Ukrainian counter-offensive advances – as it happened". The Guardian. September 10, 2022. https://www.theguardian.com/world/live/2022/sep/10/russia-ukraine-war-latest-updates-live-news-putin-zelenskiy

30 Bachega, Hugo and Murphy, Matt. 2022. "Ukraine counter-offensive: Russian forces retreat as Ukraine takes key towns". BBC. September 10, 2022. https://www.bbc.com/news/world-europe-62860774

31 Meduze. 2022. "Russian Defense Ministry shows retreat from most of Kharkiv region". Meduze. September 11, 2022. https://meduza.io/en/news/2022/09/11/russian-defense-ministry-shows-retreat-from-most-of-kharkiv-region

32 Tondo, Lorenzo, Koshiw, Isobel, Sabbagh, Dan, and Walker, Shaun. 2022. "Russia targets infrastructure in retaliation for rapid Ukraine gains". The Guardian. September 12, 2022. https://www.theguardian.com/world/2022/sep/11/zelenskiy-says-next-three-months-critical-as-ukrainian-advance-continues

33 Russell, Graham. 2022. "Zelenskiy condemns 'vile Russian act' after strike on dam floods his home city". The Guardian. September 15, 2022. https://www.theguardian.com/world/2022/sep/15/ukraine-city-of-kryvyi-rih-floods-after-russian-missile-strikes-hit-dam

34 BBC. 2022. "President Zelensky visits retaken Ukrainian city of Izyum". BBC. September 14, 2022. https://www.bbc.com/news/av/world-europe-62899879

35 BBC. 2022. "Украинская армия сообщила о новых успехах под Херсоном". BBC News Russian. 13/9/2022. https://www.bbc.com/russian/news-62880057

36 Hird, Karolina, Stepanenko, Kateryna, Lawlor, Katherine, and Clark, Mason. 2022. "RUSSIAN OFFENSIVE CAMPAIGN ASSESSMENT, SEPTEMBER 22". Institute for the Study of War. September 22, 2022. https://www.understandingwar.org/backgrounder/russian-offensive-campaign-assessment-september-22

37 Soldak, Katya. 2022. "Friday, September 16. Russia's War On Ukraine: News And Information From Ukraine". Forbes. September 16, 2022. https://www.forbes.com/sites/katyasoldak/2022/09/16/friday-september-16-russias-war-on-ukraine-news-and-information-from-ukraine/?sh=315dbcc3336a

38 Santora, Mark. 2022. "Strike Near Another Ukrainian Nuclear Plant Escalates Fears of Disaster". New York Times. September 19, 2022. https://www.nytimes.com/2022/09/19/world/europe/ukraine-nuclear-plant-missile.html

39 Simone, McCarthy, Chance, Matthew, Lister, Tim, Chernova, Anna, and Krever, Mick. 2022. "Russia drafts anti-war protesters into military amid nationwide demonstrations: monitoring group". CNN. September 23, 2022. https://edition.cnn.com/2022/09/22/europe/russia-protests-partial-mobilization-ukraine-intl-hnk/index.html

41 Al Jazeera. 2022. "Half of Russians feel anxious, angry about mobilisation: Poll". Al Jazeera. September 30, 2022. https://www.aljazeera.com/news/2022/9/30/half-of-russians-feel-anxious-angry-about-mobilisation-poll

42 Litvinova, Dasha. 2022. "Over 194,000 Russians flee call-up to neighboring countries". AP News. September 28, 2022. https://apnews.com/article/russia-ukraine-putin-estonia-kazakhstan-d851fdd9e99bedbf4e01b98efd18d14b

43 Gillett, Francesca. 2022. "Ukraine war: Finland closes border to Russian tourists". BBC. September 29, 2022. https://www.bbc.com/news/world-europe-63075892

44 AFP. 2022. "Ukraine Announces Exchange Of 215 Prisoners Of War". Barron's. September 21, 2022. https://www.barrons.com/news/ukraine-announces-exchange-of-215-prisoners-of-war-01663799406?tesla=y

45 Kagan, Frederick W.. 2022. "RUSSIAN OFFENSIVE CAMPAIGN ASSESSMENT, SEPTEMBER 25". Institute for the Study of War. September 25, 2022. https://www.understandingwar.org/backgrounder/russian-offensive-campaign-assessment-september-25

46 ABC News. 2022. "Ukrainian officials say 436 bodies exhumed from Izium burial site, 30 with signs of torture". ABC News. September 23, 2022. https://abcnews.go.com/International/wireStory/ukrainian-officials-436-bodies-exhumed-izium-burial-site-90374137

47 Stepanenko, Kateryna, Lawlor, Katherine, Barros, Geroge, and Kagan, Frederick W.. 2022. "RUSSIAN OFFENSIVE CAMPAIGN ASSESSMENT, SEPTEMBER 23". Institute for the Study of War. September 23, 2022. https://www.understandingwar.org/backgrounder/russian-offensive-campaign-assessment-september-23

48 Euronews. 2022. "Ukraine 'referendums': Full results for annexation polls as Kremlin-backed authorities claim victory". Euronews. September 28, 2022. https://www.euronews.com/2022/09/27/occupied-areas-of-ukraine-vote-to-join-russia-in-referendums-branded-a-sham-by-the-west

49 Thomas, Merlyn. 2022. "Nord Stream: Sweden finds new leak in Russian gas pipeline". BBC. September 29, 2022. https://www.bbc.com/news/world-europe-63071552

50 BBC. 2022. "Putin declares four areas of Ukraine as Russian". BBC. September 30, 2022. https://www.bbc.com/news/live/world-63077272

51 Sky News. 2022. "Ukraine announces 'accelerated' bid to join NATO after Russia's annexation". Sky News. October 1, 2022. https://www.skynews.com.au/world-news/ukraine-announces-accelerated-bid-to-join-nato-after-russias-annexation/news-story/25cb6058774e81e5f3eae1b4dc678e4a?amp

52 Waterhouse, James. 2022. "Ukraine war: Survivors speak of horror as Zaporizhzhia convoy hit". BBC. September 30, 2022. https://www.bbc.com/news/world-europe-63086697

53 Yang, Maya, Badshah, Sadeem, Abdul, Geneva, and Murray, Warren. 2022. "Russia-Ukraine war: Russians flee Lyman as Ukrainian troops retake city a day after Putin's illegal annexation –Maishman, Elsa. 2022. "Belgorod shooting: Gunmen kill 11 in attack on Russian trainee soldiers". BBC. October 16, 2022. https://www.bbc.com/news/world-europe-63273599

54 The Insider. 2022. "Путин «ввел» военное положение на оккупированной украинской территории". The Insider. 19/10/2022. https://theins.ru/news/256185

55 Stepanenko, Kateryna, Barros, George, Mappes, Grace, Howard, Angela, and Kagan, Fredrick W.. 2022. "RUSSIAN OFFENSIVE CAMPAIGN ASSESSMENT, OCTOBER 24". Institute for the Study of War. October 24, 2022. https://www.understandingwar.org/backgrounder/russian-offensive-campaign-assessment-october-24

56 Guardian staff and agencies. 2022. "UN nuclear inspectors shut down Russian 'dirty bomb' claim against Ukraine". The Guardian. November 4, 2022. https://www.theguardian.com/world/2022/nov/04/un-nuclear-inspectors-shut-down-russian-dirty-bomb-claim-against-ukraine

57 O'Donnell, Lynne. 2022. "Russia's Recruiting Afghan Commandos". Foreign Policy. October 25, 2022. https://foreignpolicy.com/2022/10/25/afghanistan-russia-ukraine-military-recruitment-putin-taliban/

58 Barros, George, Hird, Karolina, Bailey, Riley, and Kagan, Frederick W.. 2022. "RUSSIAN OFFENSIVE CAMPAIGN ASSESSMENT, OCTOBER 26". Institute for the Study of War. October 26, 2022. https://www.understandingwar.org/backgrounder/russian-offensive-campaign-assessment-october-26

59 Kagan, Frederick W.. 2022. "RUSSIAN OFFENSIVE CAMPAIGN ASSESSMENT, OCTOBER 30". Institute for the Study of War. October 30, 2022. https://www.understandingwar.org/backgrounder/russian-offensive-campaign-assessment-october-30

60 Stepanenko, Kateryna, Bailey, Riley, Hird,Karolina, Mappes, Grace, Williams, Madison, Klepanchuk, Yekaterina, and Kagan, Frederick W.. 2022. "RUSSIAN OFFENSIVE CAMPAIGN ASSESSMENT, NOVEMBER 2". Institute for the Study of War. November 2, 2022. https://www.understandingwar.org/backgrounder/russian-offensive-campaign-assessment-november-2

61. Polish News. 2022. "Ukraine, Crimea. Explosions in Sevastopol. Reports of damage to the frigate Admiral Makarov". Polish News. October 29, 2022. https://polishnews.co.uk/ukraine-crimea-explosions-in-sevastopol-reports-of-damage-to-the-frigate-admiral-makarov/

62. Meldrum, Andrew, Mednick, Sam, and Arhirova, Hanna. 2022. "Heavy Russian barrage on Ukraine, no water for much of Kyiv". ABC. November 1, 2022. https://abcnews.go.com/International/wireStory/ukraine-barrage-russian-strikes-key-infrastructure-92413626

63. Lukiv, Jaroslav. 2022. "Ukraine war: Power and water supply hit across Ukraine in 'massive' Russian missile strikes". BBC. October 31, 2022. https://www.bbc.com/news/world-europe-63454230

64. Al Jazeera. 2022. "Russia completes partial mobilisation of citizens for Ukraine war". Al Jazeera. November 1, 2022. https://www.aljazeera.com/news/2022/11/1/russia-completes-partial-mobilisation-of-citizens-for-ukraine-war

65. Al Jazeera. 2022. "North Korea covertly shipping artillery shells to Russia, US says". Al Jazeera. November 2, 2022. https://www.aljazeera.com/news/2022/11/2/north-korea-covertly-shipping-artillery-shells-to-russia-us-says

66. Hird, Karolina, Stepanenko, Kateryna, Mappes, Grace, Bailey, Riley, Williams, Madison, and Clark, Mason. 2022. "RUSSIAN OFFENSIVE CAMPAIGN ASSESSMENT, NOVEMBER 7". November 7, 2022. https://www.understandingwar.org/backgrounder/russian-offensive-campaign-assessment-november-7

67. Kirby, Paul Gardner, Frank, and Bowen, Jeremy. 2022. "Kherson: Russia to withdraw troops from key Ukrainian city". BBC. November 9, 2022. https://www.bbc.com/news/world-europe-63573387

68. Reuters. 2022. "Russian-installed official in Kherson region dies in crash, honoured by Putin". Reuters. November 10, 2022. https://www.reuters.com/world/europe/russian-installed-official-ukraines-kherson-region-dies-car-crash-agencies-2022-11-09/

69. Taylor, Harry, Quinn, Ben, and Lock, Samantha. 2022. "Russia-Ukraine war: Zelenskiy says Kherson 'never gave up' as Ukrainian troops reach city centre – as it happened". The Guardian.

70. November 11, 2022. https://amp.theguardian.com/world/live/2022/nov/11/russia-ukraine-war-live-news-kyivs-forces-close-in-on-kherson-reclaim-dozens-of-towns-in-south

71 Stepanenko, Kateryna, Bailey, Riley, Williams, Madison, Klepanchuk, Yekaterina, and Kagan, Frederick W.. 2022. "RUSSIAN OFFENSIVE CAMPAIGN ASSESSMENT, NOVEMBER 4". Institute for the Study of War. November 4, 2022. https://www.understandingwar.org/backgrounder/russian-offensive-campaign-assessment-november-4

72 Stepanenko, Kateryna, Bailey, Riley, Mappes, Grace, Klepanchuk, Yekaterina, and Kagan, Frederick W.. 2022. "RUSSIAN OFFENSIVE CAMPAIGN ASSESSMENT, NOVEMBER 3". Institute for the Study of War. November 3, 2022. https://www.understandingwar.org/backgrounder/russian-offensive-campaign-assessment-november-3

73 Breteau, Pierre. 2022. "Nine months of war in Ukraine in one map: How much territory did Russia invade and then cede?". Le Monde. November 25, 2022. https://www.lemonde.fr/en/les-decodeurs/article/2022/11/25/nine-months-of-war-in-ukraine-in-one-map-how-much-territory-did-russia-invade-and-then-cede_6005655_8.html

74 ISW. 2022. "RUSSIAN OFFENSIVE CAMPAIGN ASSESSMENT, NOVEMBER 11". Institute for the Study of War. November 11, 2022.https://www.understandingwar.org/backgrounder/russian-offensive-campaign-assessment-november-11?fbclid=IwAR34KxKELzX8hD32DReRnMAvWw9ruwoXRcQ73Tmkt_flZkPniY13P6RkNiQ

75 "2022 Russian invasion of Ukraine - major escalation of the Russo-Ukrainian War"

第九章

戰爭泥潭

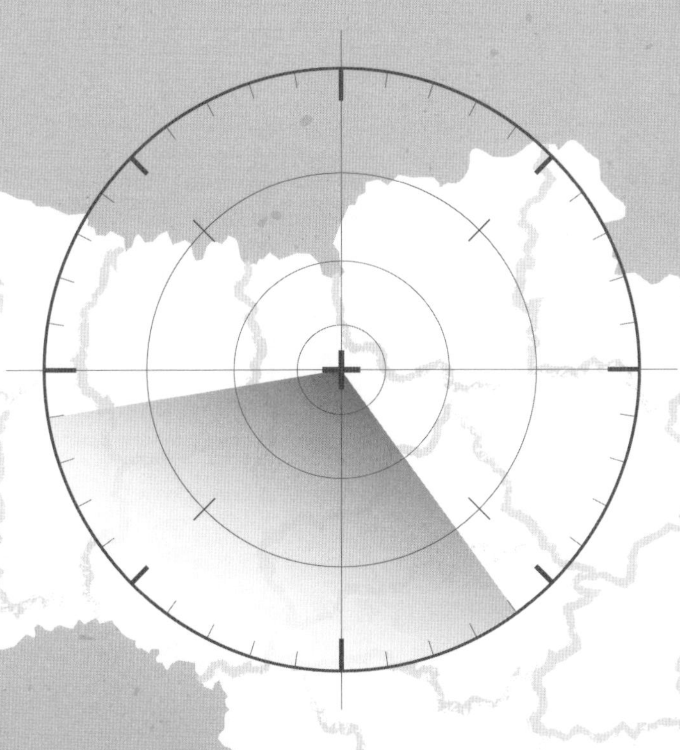

> 哥薩克的國家不會滅亡，年輕的哥薩克人前赴後繼。我們的生命像田野裡的玫瑰一樣綻放，清晨的陽光將會穿過橡樹林。
>
> 嘿！唱支歌吧，哥薩克們！歌唱愛情，歌唱你們偉大的國家，以她為榮吧，哥薩克，還有我們珍貴的自由。
>
> ——《紮波羅熱哥薩克 Козацькому роду нема переводу》

•十一月十二日至十一月十七日——蘇製導彈落入波蘭領土產生羅生門事件

東線俄烏雙方繼續對峙，烏軍繼續努力向克列緬納亞及斯瓦托韋反攻，而俄軍則繼續向巴赫穆特、阿夫迪伊夫卡、武赫萊達爾及頓涅茨克市進攻。南線烏軍清剿赫爾松州聶伯河西岸殘餘的俄軍，繳獲俄軍裝備如直升機及裝甲車，亦轟炸了俄軍於恰普林卡（Chaplynka Raion）的基地和聶伯河東岸俄軍設施。十一月十三日烏軍開始重奪位於黑海及聶伯河口的戰略要地金本沙嘴（Kinburn Spit），成功派先頭部隊登陸沙嘴。

俄軍撤退至赫爾松市東南部七十公里外，俄佔赫爾松州當局隨同軍隊撤離，改立亞速海港口城市赫尼切斯克為新首府。俄軍亦把撤走的兵力和物資集中到梅里烏波爾及馬里烏波爾。

十一月十五日至十一月十七日，俄軍展開了開戰以來最劇烈的轟炸，合共發射八十五至一百枚導彈，專門襲擊基建設施，卡霍夫卡水力發電廠再度遇襲。在十一月十五日的空襲中，有導彈落入波蘭境內的普列沃杜夫（Przewodów）村莊，導致兩名平民死亡，震驚整個北約，喚起民眾憂慮俄羅斯會與北約開戰。但美國和波蘭得出結論，是烏克蘭的防禦導彈在攔截俄羅斯導彈是不慎落入波蘭領土。

●十一月十八日至十一月二十四日——俄羅斯加派空降軍作防禦

冬季來臨，天氣每況愈下，地面開始滿佈泥濘，東線俄軍繼續在巴赫穆特、阿夫迪伊夫卡、武赫萊達爾、頓涅茨克市四地與烏軍糾纏，而烏軍則繼續以克列緬納亞及斯瓦托韋為目標。美國戰爭研究所逐指俄軍的攻擊範圍擴展至馬林卡東南部，而烏軍的反攻則擴展至哈爾科夫州的新塞利夫斯凱（Novoselivske）及亞吉德涅（Yahidne），以完全修復哈爾科夫州為目標。雙方坦克在這些地區對峙，伴之以火炮攻勢。

南線俄軍主力鞏固赫爾松州及紮波羅熱州的補給線，以及在克里米亞與其他俄佔區挖掘戰壕。

俄軍派遣更多空降軍到頓涅茨克及盧甘斯克前線協助防禦，但部分空降軍由未經完整訓練的動員兵組成，他們的戰力遠不如戰爭初期的精銳空降部隊。紮波羅熱核電廠的損壞情況於十一月二十日至二十一日持續惡化，引起國際關注。

俄羅斯與白俄羅斯加強合作，尋求以伊朗軍援補充俄軍短缺的軍備，但俄軍仍缺乏高精度彈藥，伊朗製無人機亦出現短缺。俄羅斯仍於十一月二十三日向烏克蘭的民居及醫療設施發射近七十枚導彈。俄方也不斷發放疑假似真的消息來指控烏克蘭襲擊別爾哥羅德州，企圖轉移俄羅斯民眾的視線，掩蓋政府再三徵兵所產生的醜聞。

●十一月二十五日至十二月一日——馮德萊恩建議設置聯合國法庭

俄軍的營級戰術群的步兵愈打愈少，能獲得的火炮支援也不夠集中，難以與烏軍旅級戰鬥隊匹敵，故俄軍開始減少派遣營級戰術群上戰場。

俄烏雙方繼續在斯瓦托韋拉鋸，俄軍繼續襲擊巴赫穆特、阿夫迪伊夫卡、謝韋爾斯克等地，而烏軍繼續反攻克列緬納亞。

南線俄軍繼續呈現守勢，主力防守補給線路以抵擋烏軍襲擊。俄軍轟炸赫爾松市、聶伯市、克里維里赫及紮波羅熱市，主力打擊烏克蘭的電力網絡，加強防範佔領區反抗勢力。由於寒冬將至，天氣轉差，雙方活動均有所放緩。

烏軍的西方援助武器經過月來耗損，有近三分之一出現故障，雖然在波蘭有維修基地，但從前線把武器運到波蘭仍相對困難。

鑑於俄羅斯不再承認國際刑事法庭，歐盟委員會主席馮德萊恩建議設立聯合國法庭以審理俄羅斯的戰爭罪行。

•十二月二日至十二月八日——俄軍戰略轟炸機基地遇襲

烏軍開始在克列緬納亞西南至西北一帶撼動俄軍，突進到切爾沃諾波皮夫卡（Chervono-popivka）外圍森林，天氣已足夠寒冷，泥濘道路開始結冰，易於機械化部隊行走。俄軍在巴赫穆特也有少量進展，繼續在阿夫迪伊夫卡至頓涅茨克市一線作戰。

南線俄軍因烏軍頻頻來襲，決定開進聶伯河東岸，加派兵力於南線應對，把交通要衝搬回後方，同時轟炸了赫爾松市、紮波羅熱州胡利艾波萊，以及其他聶伯彼得羅夫斯克州與尼古拉耶夫州等位於聶伯河西岸的城市。俄羅斯聯邦安全局也派員進駐南線以防範反抗勢力乘勢而起。

在十二月五日，作為重要戰略轟炸機駐紮地的俄羅斯恩格斯空軍基地（Engels-2）及佳吉列沃空軍基地（Dyagilevo）遭到烏軍老舊的 Tu-141 無人機襲擊，分別有兩架 Tu-95 戰略轟炸機和 Tu-22M3 逆火戰略轟炸機，連同油罐車一同遭擊毀。這兩座遠離邊境，分別位於俄羅斯境內薩拉托夫州（Saratov Oblast）及梁贊州（Ryazan Oblast）的基地遇襲，象徵烏軍的攻擊能力已超乎俄軍想像。俄軍雖然進行新一輪導彈轟炸作為回應，但俄軍至此已損失超過六十架定翼軍機。

鑑於俄羅斯本土的別爾哥羅德州與庫爾斯克州經常遭到烏軍襲擊，該州州長決定自己成立地方自衛隊（Territorial Defense Units），開始在州界挖掘戰壕。

●十二月九日至十二月十五日——美國提供愛國者導彈援助

俄軍繼續攻擊巴赫穆特、胡歷達爾、阿夫迪伊夫卡和頓涅茨克市周邊，烏軍繼續於斯瓦托韋及克列緬納亞反攻。

俄軍 T-90 坦克從盧甘斯克州向西進發，為從赫爾松州出發的輜重車隊護航，抵達庫皮揚斯克附近支援作戰中的友軍。

南線俄軍繼續在包括大波將金島（Ostriv Velykyi Potomkin）在內的聶伯河一帶及黑海海岸鞏固防線，防範烏軍對補給設施的襲擊。烏軍對斯卡多夫斯克（Skadovsk）、霍拉普里斯坦、奧萊什基（Oleshky）及新卡霍夫卡，還有梅里托波爾俄軍基地的襲擊造成上百俄軍死亡。烏克蘭遊擊隊還在克里米亞蘇維埃茨科耶（Sovietske）的俄軍軍營縱火及暗殺俄佔赫爾松州官員。

縱使普京表明他無意進行第二輪動員令，但俄軍仍繼續暗中徵兵，已為普京帶來輿論壓力，因此他罕有地無限期延後年度國情咨文以準備好如何應對質詢。

俄羅斯嘗試加緊與白俄羅斯合作，並檢視白俄羅斯的戰備能力，促使白俄羅斯作好準備，支援俄羅斯部署的春季攻勢。而烏克蘭有見及此亦保持對俄羅斯強硬，雙方難以繼續談判。

英國加強制裁對俄軍提供武器的人士，皇家海軍陸戰隊前指揮官更指有隊員曾在烏克蘭進行秘密行動。美國則計劃為烏克蘭提供 MIM-104 愛國者（Patriot）導彈防禦系統，加強烏克蘭的防空及保護基建設施能力，另提供一系列發電機及工程車以應付緊急電力需求。基輔經濟學院（Kyiv School of Economics）指出，截至十一月，俄軍空襲擊已造成一千三百六十億美元損失。

•十二月十六日至十二月二十二日——澤連斯基訪問巴赫穆特前線及美國

烏軍繼續與俄軍在斯瓦托韋及克列緬納亞對峙，俄軍繼續攻擊巴赫穆特與阿夫迪伊夫卡至頓涅茨克市一帶，部分士兵開進巴赫穆特東部工業區進行巷戰，並聲稱奪取了頓涅茨克市附近的雅科夫利夫卡（Yakovlivka）。烏克蘭總統澤連斯基親身到訪巴赫穆特前線訪問，提升前線官兵士氣的同時，亦塑造出自己作為戰時領導人的形象。

俄羅斯國防部長紹伊古也東施效顰，聲稱曾到烏克蘭戰場前線探訪，希望挽回其聲望。華格納集團金主普里戈津不斷透過華格納集團在烏克蘭戰場的表現來塑造自己的強人形象。比起仍使用傳統戰術的俄軍，華格納集團使用電子器材讓指揮官能在安全地方遙距控制傭兵及無人機作戰，並且會跟隨比較簡單的戰術行動，使其作戰能力比一般俄軍高。

南線俄軍繼續在聶伯河一帶佈防，並重新調配聶伯河東岸的俄軍部隊，嘗試埋伏烏軍，同時加派聯邦安全局（Federal Security Service）加強管制俄佔區。俄軍在十二月十六日第九次針對烏克蘭基建發動大規模導彈襲擊，基輔、哈爾科夫、克里維里赫及紮波羅熱市受襲。

俄軍從伊朗接收了新一批無人機作空襲之用，並打算購買更多導彈。國際原子能組織繼續遊說俄羅斯在紮波羅熱核電廠設置非軍事區，但遭拒絕。

在俄佔區，俄羅斯派遣的佔領區政府官員與頓涅茨克人民共和國官員對行政程序產生分歧，雙方關係漸趨緊張。

俄羅斯要求白俄羅斯作更多配合，如提供軍事教官，建立共同防禦網以增強協作，以便從白俄再次向基輔進攻。但白俄羅斯卻對主導權盡在俄羅斯之手頗有微言。雖然俄羅斯繼續對西方國家威脅會考慮動用核武器以免其進一步介入，但不少分析認為俄羅斯只是為了滿足國內主戰派才作如此威脅。

烏克蘭總統澤連斯基於十二月二十一日到訪美國十小時，這次不只是澤連斯基戰後少數的外訪，亦是他首次訪問美國，這次訪問他獲邀向美國國會發表演說，聲言「烏克蘭沒有倒下」，讓他得到更多美國軍事援助。

•十二月二十三日至十二月三十一日——年末烏俄兩軍繼續互轟

聖誕節日並未有出現停戰的跡象。俄軍繼續進攻巴赫穆特、阿夫迪伊夫卡及頓涅茨克市郊一帶，但烏軍在巴赫穆特東南一帶的進展拖住了俄軍的攻勢，俄軍則繼續在克列緬納亞及斯瓦托韋嘗試阻擋烏軍反攻。

俄軍在紮波羅熱州及赫爾松州建立防線以應對南部烏軍反攻，又派特種部隊偵察聶伯河沿岸烏軍行動以便佈防，俄佔區當局也加派警力鎮壓反抗勢力。俄羅斯聯邦安全局在十二月二十六日指有四名烏克蘭人在潛入邊境布良斯克州安裝炸彈時誤觸地雷身亡，他們身穿冬季迷彩服及德製軍械。同一天俄軍指在停放戰略轟炸機的恩格斯空軍基地附近擊落烏克蘭無人機，俄方有三名技術人員被無人機殘骸擊中身亡，俄軍其後決定把戰略轟炸機調至其他基地。

俄軍在年近歲晚時以伊朗製無人機攻擊基輔，並發動新一輪導彈攻勢襲擊。紮波羅熱核電廠在十二月二十九日再度與後備發電機組中斷連接。作為報復，烏克蘭在十二月三十一日以海馬斯火箭炮攻擊了俄軍位於馬克耶夫卡的基地，基地彈藥庫猛烈殉爆導致四百名俄軍陣亡及三百人受傷。白俄羅斯亦指有烏克蘭的 S-300 防空飛彈打算襲擊白俄羅斯郊區，被白俄羅斯軍方擊落。

烏克蘭情報分析，雖然俄軍嘗試統合指揮鏈，但仍未能跟隨既定的指揮系統及程序行事，單位各自為政。俄羅斯政府續嘗試把國內寡頭（Oligarchy）的資源收歸國有以支援戰爭。

雖然烏克蘭總統澤連斯基一度準備在二〇二三年二月提出和平方案，但俄羅斯對烏態度仍然強硬，談判陷入僵局，俄羅斯外長拉夫羅夫表示西方對烏克蘭的主動支援難以接受，除非歐美及烏克蘭各國能接受俄羅斯的條款，否則俄羅斯將繼續軍事行動，同時會繼續中止對這些國家銷售原油。為了製造對俄有利的輿論，俄羅斯繼續進行認知作戰，並籠絡一些親政府評論員來協助帶動輿論方向。雖然俄羅斯一再威脅美國提供愛國者導彈的行為使美俄關係愈發緊張，但美國戰爭研究所認為俄羅斯仍未打算真的與北約正面衝突。

•二〇二三年一月一日至一月五日——普京提出東正教聖誕停戰

針對烏軍在除夕夜針對俄軍基地的襲擊，俄軍橫跨除夕至元旦對烏軍陣地發動無人機攻擊，然而烏軍稱成功攔截所有無人機，俄軍無人機由伊朗提供。俄軍同時把烏軍對俄軍基地的襲擊歸因於頓涅茨克民兵及俄軍動員兵的保密能力疏失。

烏軍重奪聶伯河上的大波將金島，控制河口三角洲。

第一批華格納集團招聘的假釋犯服完六個月的兵役後，得到了俄羅斯政府特赦，俄羅斯政府同時嘗試說服役員，政府能為俄軍及提供足夠福利，但收效甚微。在俄羅斯東正教區主教主導下，普京稱會在一月六日一月七日日東正教聖誕節進行三十六小時停戰，但不少人對此抱有懷疑。

•一月六日至一月十二日——格拉西莫夫擔任總司令

雖然，普京聲稱會在東正教聖誕節進行三十六小時停戰，但從未真正履行，戰火仍未止息。俄軍繼續進攻巴赫穆特及阿夫迪伊夫卡至頓涅茨克市一帶，在懂得靈活作戰的華格納集團帶頭進攻下，攻進巴赫穆特附近的索萊達爾，然而烏克蘭稱俄軍仍未完全奪取該市，俄烏雙方繼續在克列緬納亞及斯瓦托韋一帶混戰。

俄軍聲稱成功空襲克拉馬托爾斯克的烏軍軍營造成六百名烏軍士兵死亡，然而烏軍否認，只表示俄軍損毀了兩座無人建築。

俄軍對舒甫琴科維市場的空襲造成了兩名平民死亡。南線俄軍繼續在紮波羅熱州及聶伯沿岸鞏固防線，防範烏軍及反抗勢力對補給線的襲擊，並加強對紮波羅熱核電廠的控制。一月十一日，俄軍總參謀長格拉西莫夫接任「特別軍事行動」總司令，指揮在烏克蘭戰場的各俄軍及親俄勢力作戰，陸軍指揮官奧列格・薩柳科夫（Oleg Salyukov）其後前往白俄羅斯指揮俄白聯合演習，加強整合兩國兵力。

俄羅斯空軍首次派出最新型的 SU-57 匿蹤戰機執行空襲任務。為了增加兵源，俄羅斯再度提高徵兵年齡上限。普京仍怪責俄軍的重創是因為國防產業未能生產足夠精良的軍備而致。

● 一月十三日至一月十九日——華格納集團與國防部的裂痕

俄羅斯國防部於一月十三日稱已正式佔據了巴赫穆特市郊的索萊達爾，英國國防部判斷烏軍已於一月十六日前撤出該地。然而，作為普京親信的華格納集團控制人普里戈津卻對國防部未有提及華格納的戰功感到不滿，直指華格納集團才是攻下索萊達爾唯一功臣，暗示俄軍的戰力低下，迫使國防部再發表聲明感謝華格納，借此提升政治地位，同時一反俄羅斯禁止私人武裝組織的法律，註冊作正式商業機構。此舉不只引來國防部不滿，就連普京也有意無意地籠絡華格納集團的競爭對手，設法削弱其影響力。華格納集團同時致力在各國招兵買馬，招來塞爾維亞總統亞歷山大・武契奇（Aleksandar Vučić）發聲明譴責，嚴令禁止在其境內招募傭兵。

俄烏雙方繼續在巴赫穆特、克利什基夫卡（Klishchiivka）、阿夫迪伊夫卡至頓涅茨克市一線對陣，並在克列緬納亞及斯瓦托韋一帶拉鋸。

烏克蘭反抗勢力則在俄佔區繼續進行遊擊戰，以分散前線俄軍的注意力。南線俄軍則繼續踞守聶伯河東岸，以 Kh-22 反艦導彈代替陸基導彈襲擊烏克蘭基建，聶伯市有住宅遭擊中，造成四十六平民死亡。在俄羅斯本土的別爾哥羅德州也有軍火庫被投手榴彈，至少造成三名俄軍死亡。

俄羅斯因在是次「特別軍事行動」泥足深陷，只得重新按傳統戰爭模式進行動員、重組及改革軍工生產這些戰前應當進行的程序。有俄羅斯官員表示他們正準備第二波動員令。

普京開始把「特別軍事行動」形容作「衛國戰爭」，要求國防工業大量招工，甚至以類似勞改的方式讓監獄囚犯加入生產以換取假釋。

歐美各國繼續為烏克蘭提供更多武器如愛國者導彈（MIM-104 Patriot）及豹 2 坦克（Leopard 2）並提供訓練，澳洲也表示將派員到英國訓練正在當地受訓的烏軍。

● 一月二十日—一月二十六日——德國態度轉變，決定提供豹 2 坦克

俄軍聲稱正包圍巴赫穆特，但仍未能成功攻佔該城。華格納集團未能履行以一己之力奪取該城的承諾。

俄軍並繼續在阿夫迪伊夫卡至頓涅茨克市一帶與烏軍激戰，並再次進攻武赫萊達爾，克列緬

納亞及斯瓦托韋的戰事仍舊激烈，一月二十六日俄軍以導彈及無人機對烏克蘭展開第十三輪大規模轟炸。

南線俄軍保持守勢，偶爾派兵渡河偵察包括蘇梅州在內的烏軍陣營，並於一月二十二日向紮波羅熱州胡利艾波萊及奧里希夫（Orikhiv）小規模進攻，但未有成功。而烏軍特種部隊亦同樣渡河攻擊俄軍陣地。

美國情報官員指，截至一月二十日俄軍的傷亡人數已達十八萬八千人，當中有多達四萬七千人在行動中陣亡。為了填補兵員缺失，俄軍加強對少數族裔徵兵，及加強邊境管制以減少公民出逃，為可能到來的第二輪徵兵作準備。俄軍亦嘗試加強前線官兵專業化訓練，強調執行紀律，希望減少常見的安全問題。然而俄軍大量使用民用通訊設備，經常以加密程度低的渠道通訊。

俄羅斯政府加強與伊朗合作以得到更多無人機，準備應付春夏之交可能的大規模烏軍反擊。然而，華格納集團與國防部之間的矛盾愈發明顯，前者得到不少民間軍事愛好者及軍事評論員支持，擁有海陸空戰鬥力量，成為獨立於俄羅斯正規軍以外的強大武裝力量。俄軍便決定在大盧甘斯克重新由正規軍部隊執行大部分任務，以防止華格納集團繼續撈取政治資本。

格拉西莫夫上台後頻頻換將，顯示他想加強對俄軍的控制，同時限制一眾民間軍事愛好者與評論員評論俄軍行動，以免泄露俄軍行動細節，嘗試重掌輿論圈。

本來，德國一度因產能問題等因素，對提供豹2主戰坦克予烏克蘭抱有保留，但隨著英國提供挑戰者2型坦克（Challenger 2）、美國提供M1A2艾布蘭坦克（Abrams），加上波蘭稱不會理會德國意見照樣提供豹2坦克，德國改變立場決定一道向烏克蘭提供豹2坦克。

一月二十四日有俄軍飛彈擊中停泊赫爾松港的土耳其貨船引起大火，未造成任何傷亡。

• 一月二十七日至二月二日——俄軍替換華格納傭兵

俄烏繼續在巴赫穆特、巴甫利夫卡、武赫萊達爾及阿夫迪伊夫於至頓涅茨克市一帶激戰，烏軍在頓涅茨克市附近的波貝達（Pobieda）抵擋住俄軍攻勢的同時，華格納傭兵宣稱攻佔了巴赫穆特近郊的布拉霍達特內。俄羅斯正規軍開始漸漸替換索萊達爾一役後筋疲力盡的華格納集團傭兵，並逐步把他們調到紮波羅熱州前線，暗地裡削弱華格納的實力。克列緬納亞及斯瓦托韋仍舊是雙方激戰的重要戰場。

烏軍成功反攻斯瓦托韋附近的庫澤米夫卡（Kuzemivka），同時加強對俄佔區後方的攻擊。南線俄軍仍繼續呈守勢，防範頓涅茨克及紮波羅熱一帶的烏軍，同時炮轟赫爾松市，使得兩艘停泊河口的外籍商船漏油。

俄軍一再否認紮波羅熱核電廠發生的爆炸，烏軍則以海馬斯火箭炮襲擊了梅里托波爾附近斯維特洛多林西克（Svetlodolinskoie）橋樑。俄軍繼續全力防範烏克蘭反抗勢力，在盧甘斯克州一度中斷通訊網絡以免烏裔公民暗通烏軍，同時把克里米亞韃靼人（Crimean Tatars）視為與俄羅斯反抗勢力合作者而針對，並加強同化俄佔區的文化及制度。南韓媒體指北韓計劃派遣五百名軍警人員前往俄佔頓巴斯，然而仍未有跡象顯示有北韓人參戰。

• 二月三日～二月九日——澤連斯基指俄羅斯密謀與摩爾多瓦發動政變

巴赫穆特、阿夫迪伊夫卡、武赫萊達爾繼續是俄烏雙方血拼的主戰場，俄軍繼續全力阻擋克列緬納亞及斯瓦托韋烏軍的反擊，然而俄羅斯海軍步兵隊在武赫萊達爾傷亡慘重，烏軍則成功在克里緬那附近摧毀首部俄軍的 BMPT 終結者戰車支援戰車（Terminator），另外俄烏雙方繼續在聶伯河口三角洲及金本沙嘴一帶互相試探偵察對方實力，俄軍繼續炮轟赫爾松、德魯日基夫卡（Druzhkivka）及哈爾科夫一帶。雖然烏軍認為俄軍隨時可能在戰爭爆發一周年之時的二月中下旬實行新一輪攻勢，但同時指未有看見俄軍在烏克蘭重要城市部署新的攻擊群，就連俄羅斯一些民族主義者也質疑俄軍有否能力在二月下旬展開攻勢。

美國指俄羅斯與伊朗計劃在俄羅斯境內興建工廠生產無人機以作進攻烏克蘭用，另外在衛星圖像發現俄軍在克里米亞半島東北部阿拉巴特沙嘴（Arabat Spit）興建了新的軍事基地。

由於華格納集團過度吹噓在巴赫穆特的戰績，使得俄羅斯民族主義者對華格納集團的觀感有所動搖。俄羅斯天然氣集團（Gazprom）準備組建自己的安保公司，以減少對私人安保公司如華格納集團的依賴。由於前線戰況慘烈，華格納的血腥「突擊排」（Assault Platoon）戰術慣以人命換取敵方陣地，使得愈來愈少囚犯願意加入華格納集團前往烏克蘭作戰換取特赦。故華格納集團以與國防部的合約結束為名暫停招收囚犯。烏克蘭總統澤連斯基在布魯塞爾與歐洲理事會（European Council）委員會面時，指俄羅斯正策劃在摩爾多瓦發動親俄政變以「摧毀」摩爾多瓦，摩爾多瓦情報局證實了此一情報。

●二月十日至二月十六日——俄軍遭到單週最嚴重傷亡

巴赫穆特繼續是主戰場，阿夫迪伊夫卡至頓涅茨克市一線、武赫萊達爾、克列緬納亞及斯瓦托韋繼續爭持激烈，並重新向庫皮揚斯克進軍，然而除了華格納集團聲稱奪取了克拉斯納霍拉（Krasna Hora）外，俄軍仍未能取得明顯進展，在武赫萊達爾作戰的第四十及一五五海軍步兵旅傷亡嚴重，損失了達四十輛戰車及一百三十輛裝甲車，乃二戰後戰車損失最慘重的戰役之一。

南線俄軍繼續建築防禦工事只保持守勢。俄軍分別在二月十至十一日及二月十六日空襲烏克蘭全國各地，當中俄軍於二月十日空襲時有飛彈飛經鄰國摩爾多瓦上空，引來摩爾多瓦政府強烈不滿。另外敖德薩的扎托卡大橋（Zatoka Bridge）於二月十一日遭俄軍無人船隻襲擊。

俄軍把為紮波羅熱核電站提供冷卻水的卡霍夫卡水庫慢慢抽乾，水庫水平面比起十二月下跌兩米。

烏克蘭軍情局截獲俄羅斯無人機通訊，發現無人機控制員使用庫爾德語及波斯語溝通，軍情局推斷俄軍聘請了伊朗庫爾德裔傭兵控制伊朗製無人機在烏克蘭作戰。

英國國防部從烏軍總參謀部的情報中指，俄軍在上星期遭到開戰以來最嚴重的傷亡，平均每天有八百二十四人傷亡，另外美國國防部推斷俄羅斯已損失一半主戰坦克。俄軍在俄羅斯西北部科拉半島（Kola Peninsula）的駐軍只達戰前的五分之一，顯示大部分部隊已派往前線，卻未能補充足夠兵源，俄羅斯國防部重新招募囚犯作戰。雖然普京一再要求國防工業增加產能以支援戰爭，但因制裁影響產能，使得前線物資彈藥短缺問題仍未有改善。同時間，俄羅斯對西方展開資訊戰，圖謀影響民眾對烏克蘭的觀感，拖延西方對烏克蘭的軍援。

•二月十七日至二月二十三日——開戰一周年前夕的各國角力

雖然，俄軍並未有在烏俄戰爭一周年之時對烏克蘭進行大規模攻擊，然而巴赫穆特戰場的戰事仍然相當慘烈，俄軍主力在巴赫穆特東郊及北部一帶進擊及炮轟，本來主力進攻的華格納傭兵開始因人數減少而攻勢減弱，只能在梅利烏波爾集結更多新的傭兵待命。武赫萊達爾、阿夫迪伊夫卡至頓涅茨克市西郊一帶、克列緬納亞西北部、斯瓦托韋仍然是俄烏雙方激戰的戰場，庫皮揚斯克至利曼一帶的戰事也在蘊釀，南線俄軍繼續在紮波羅熱州及赫爾松州聶伯河東岸維持守勢。俄羅斯的軍事評論指俄軍攻擊了紮波羅熱州的新達尼利夫卡（Novodanilivka）及攻佔了烏白邊境的一些領土，仍有待證實。俄羅斯不只要求烏克蘭俄佔區的學童接受俄式教育，還要求他們接受軍事愛國教育。

自格拉西莫夫接任「特別軍事行動」總司令後，嘗試把軍隊專業化，把頓涅茨克及盧甘斯克各親俄民兵組織歸納正式俄軍，並減少對華格納傭兵的依賴。雖然俄羅斯提拔了東部及西部指揮官以表現俄軍為一支組織良好的部隊，但在戰時貿貿然把訓練有限的民兵歸納到受正式訓練的正規軍，使不少評論擔心會出現適應問題，俄軍為把頓涅茨克民兵歸納作俄軍一部分而解除民兵發言人職務一事，更引起俄羅斯軍事愛好者的批評，俄軍未能為義務役士兵提供承諾的福利，也影響俄羅斯日後招兵前往烏克蘭作戰。華格納集團掌控者普里戈津對國防部待慢華格納傭兵及不再讓華格納獨立分得炮彈導致炮彈不足感到不滿，車臣領導人卡德羅夫更與華格納集團掌控者普里戈津漸漸連成一線，批評俄羅斯國防部，最後迫使國防部重新為華格納集團提供炮彈。西方援助烏克蘭的三百二十輛坦克陸續送達，然而一開始只有五十輛可即時派到前線服役。

在普京宣佈承認頓涅茨克及盧甘斯克主權一周年的二月二十一日，普京發表全國講話，先是表明繼續「特別軍事行動」，指所有事情按計劃進行且進度良好，而行動乃是要捍衛俄羅斯主權，指責西方已變成「沒原則謊言」的象徵。更讓外界關注的，是他宣佈暫停參與削減戰略武器條約，以鬆綁對各種導彈的使用，連同過去俄羅斯多次表示加強核武器戒備，被視為對西方的核威脅，但不少評論認為俄羅斯使用核武器的機率相當低。美國總統拜登在二月二十日快閃訪問基輔，承諾北約將為烏克蘭提供更多武器。中國外長王毅則於翌日到訪莫斯科，與俄羅斯政府商討加深中俄合作，引起西方對中國會否為俄羅斯提供軍援的擔憂。有調查記者取得克里姆林宮二〇二一年的機密文件，指俄羅斯密謀於二〇三〇年以俄白聯盟的方式加強對白俄羅斯的控制，這與俄羅斯不斷加強與白俄羅斯的軍事合作相契合。當烏克蘭指控俄羅斯正密謀在摩爾多瓦發動政變時，俄羅斯反指烏克蘭計劃入侵位於摩爾多瓦境內的分離勢力德涅斯特河沿岸共和國，俄軍將隨時應對，摩爾多瓦反駁了俄羅斯的指控，羅馬尼亞則就升溫的局勢答應摩爾多瓦隨時派兵相助。

●二月二十四日——烏俄戰爭一周年

在烏俄戰爭一周年這天，俄軍未有如預料般進行大規模進攻，然而巴赫穆特的戰事仍相當慘烈，俄軍與華格納傭兵嘗試突進市內，然而烏軍亦調派了第四十六空中突擊旅、第十七裝甲旅、第三突擊旅等精銳部隊防禦，隨時反包圍進攻的俄軍。克列緬納亞及斯瓦托韋繼續是俄烏雙方爭持之地，南線俄軍繼續在赫爾松州及紮波羅熱州聶伯河東岸修築工事佈防，應對烏軍及民間反抗勢力對補給線的襲擊，頂多只是派精銳部隊如空降軍或海軍步兵偵察烏軍動向。俄軍正參考華格納傭兵改變戰術，以更小規模的作戰單位靈活應戰，但在俄軍與華格納集團出現明顯裂痕之下，將削減整體戰力，且仍未能解決作戰單位過於零散且缺乏溝通難以集中火力應對的問題。

俄羅斯繼續加強國防工業動員，並拉攏伊朗與俄羅斯合作生產無人機，以及與白俄羅斯加強合作以便調兵部署及得到白俄軍備支援，只是後來出現白俄士兵在邊境與烏軍交火死亡，加上俄羅斯要求過多，或多或少會影響俄白之間的合作，白俄羅斯的遊擊隊也如俄羅斯反抗勢力一樣偷襲俄軍設施，以削弱俄軍戰力。俄羅斯的反對派在這一天於十四座城市舉行反戰示威，然而一眾反戰人士繼續面臨拘捕指控的命運，就連國防部長紹伊古的女婿也被指曾讚好反戰帖文而被親華格納的網軍批評。

如此局勢，將持續一段時間，俄烏控制區域的變化不會太大。然而，正值春季融雪之際，車隊行進將因融雪後的泥濘受到阻礙，烏軍可能會如同去年春天般趁融雪後補給車隊尚未完全恢復充足支援時發動突襲，達到總參謀部目標中打斷克里米亞半島與俄羅斯本土的陸地連接，使各俄佔區在補給難以維繫下漸漸重回烏軍手中。雖然，以目前俄軍對聶伯河東岸的重重佈防之下，要達到目的相對困難，但要是戰術得當，亦有可能重現秋季大反攻的成功。俄軍亦正加強派遣志願兵及調動戰機火炮等裝備到頓巴斯一帶，加上隨時可能出現的第二波動員及有機會把烏克蘭戰俘派上戰場，被指正策劃新一輪總攻，然而其發動總攻的能力備受質疑。

另外，俄羅斯和白俄羅斯不斷製造烏軍將對擁有俄國駐軍的德涅斯特河沿岸共和國施襲的謠言，以此來合理化從該處進軍的理由及掩蓋摩爾多瓦與烏克蘭對俄羅斯將對摩爾多瓦發動政變的指控，使得西方各國密切關注摩爾多瓦局勢發展。

在烏俄戰爭一周年之時，中國提出十二點和平方案，開首第一點先是指要尊重各國主權，並如同其他國家主張般要求停火和談、保護平民與戰俘、解決人道危機確保糧食運送與產業鏈穩定，還有減少戰略風險、保障核電廠安全、確保戰後重建，但加插了要求各國摒棄冷戰思維及停止單邊制裁兩點，引起不少國家議論紛紛，認為這份沒有譴責開戰責任的聲明只是假扮中立實質傾向開戰的俄國。烏克蘭總統澤連斯基未有批評這份聲明，但表示事前不熟知中國停戰計劃，不過仍對中烏會談表示歡迎。然而，在開戰一周年聯合國要求俄羅斯撤軍的投票中，中國繼續與另外三十一個國家投棄權票。歐美情報更指出，中國正密謀為俄羅斯提供致命武器，雖然中方嚴辭否認，但引起不少國家對中俄暗中合作的憂慮。北約則正與烏克蘭商討建立獨有的聯盟，以便烏克蘭得到更多北約的軍備支援與訓練，對抗俄羅斯。

據聯合國高級人權專員統計，由開戰至到二月十三日，共有一萬八千九百五十五名平民傷亡，當中七千一百九十九人死亡，六百九十七起傷亡乃於二〇二三年一月錄得。然而，他們推斷實際傷亡數字要比統計明顯高得多，據另一獨立分析，已有一萬六千名平民被殺，主要位於一千二百公里的前線，並集中於頓涅茨克、盧甘斯克、紮波羅熱三個州。在二〇二三年一月，不少平民是

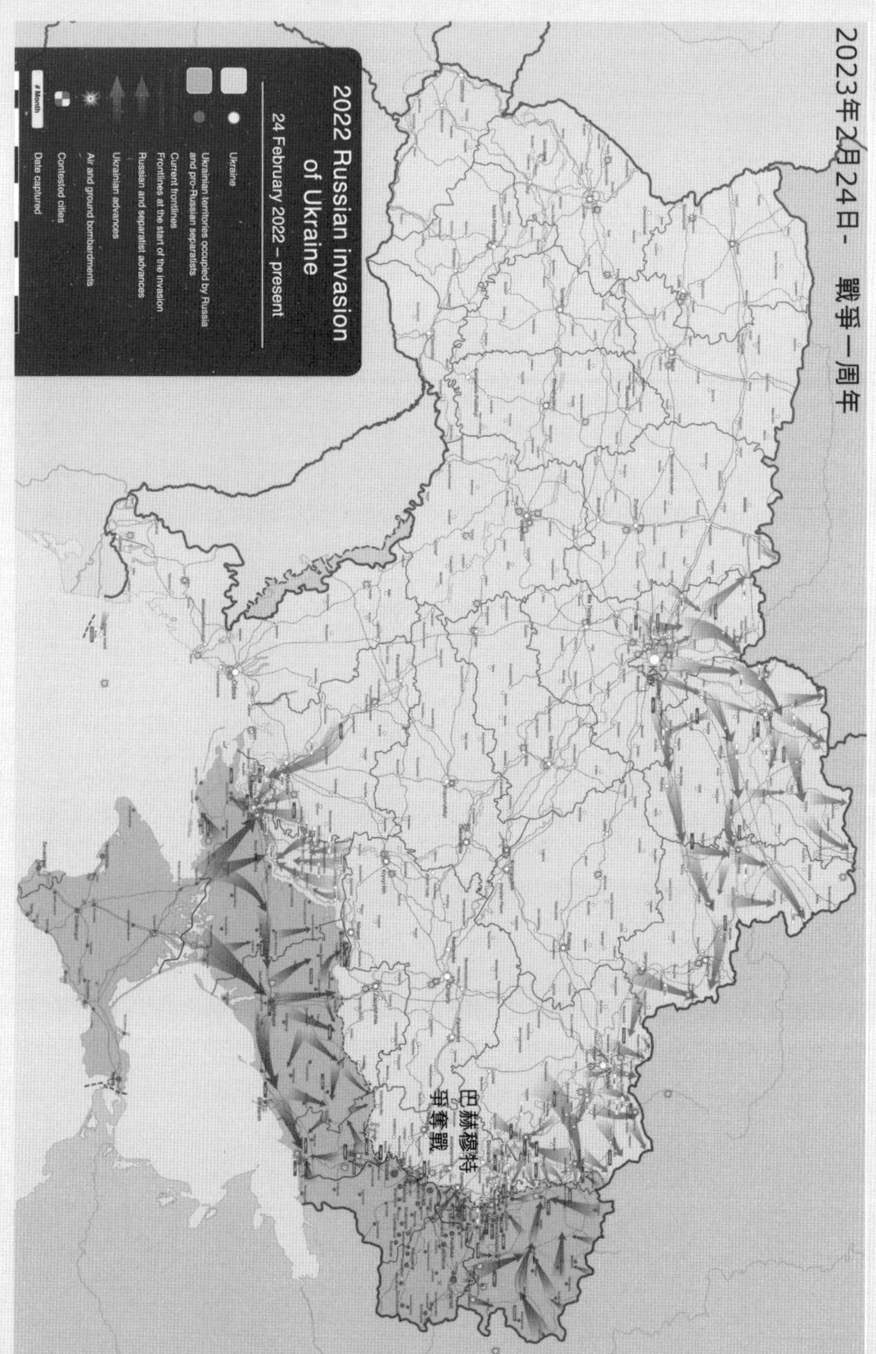

▲一年過後，俄軍共佔領了烏克蘭領土六萬五千平方公里，佔烏克蘭國土面積的百分之十，烏克蘭總共佔回的領土高達七萬五千平方公里。圖為 Viewsridge 根據美國戰爭研究所資料所繪製的情勢圖。

在醫療及教育設施內遇襲，顯示俄軍經常無差別襲擊平民設施。

●三月六日至三月八日——巴赫穆特血肉磨盤

華格納傭兵集團近五萬大軍正在巴赫穆特進行高強度城市消耗戰，他們使用新的「突擊分隊」營級單位戰術，實施人肉偵察。華格納的作戰手段殘酷異常，即使傭兵受傷，只要不是不能行動就不准退下火線。但凡自行撤退都要被就地正法。

華格納用人命偵察代替火力偵察，已經成功攻入巴赫穆特東部城區。

三月六日和七日，華格納在巴赫穆特東部的陣地只距離巴赫穆特卡河二百米以內，烏軍戰線已撤到巴赫穆特中部和西部，形成一個正面長達四公里的「突出部」。烏軍二月下旬丟失北部的M03公路後，身處巴赫穆特週圍的部隊仰賴西南方六公里外的伊萬尼夫斯基（Ivanivske）補給站供給，來往伊萬尼夫斯基和巴赫穆特僅餘西南方的H32公路這條主要補給線。

H32公路已在俄軍第一〇六近衛空降師的直射火力範圍內，烏軍如要留在巴赫穆特榨光華格納的血，抑或全軍撤離，均必須守住公路。

三月八日，俄軍向伊萬尼夫斯基補給站附近進攻，但遭當地國土防衛軍擊退。

● 四月二十五日——烏軍展開二〇二三年度春季大反攻

烏軍春季反攻在即，向紮波羅熱方向實施試探性偵察，很大機會想南渡往梅利托波爾切斷克里米亞與南烏克蘭連接的陸橋。

烏克蘭組織了至少十一個旅超過五萬人作反攻力量，其中包括第二十一、二十二、二十三、三十一和三十二和第三十三機械化旅、第四十七突擊旅、三個加強的領土旅和第八十二空中突擊旅。當中有近一千人是女兵。

第四十七突擊旅一直在哈爾科夫附近受訓，該旅將混配美製 M2A2 布雷德利步兵戰車和斯洛文尼亞的 M-55S 坦克，主要負責城市戰鬥。

老牌部隊第四坦克旅正在接收豹2坦克。同樣身經百戰的第二十五和第八十空中突擊旅則獲得挑戰者2型坦克，這三支部隊均從巴赫穆特火線上撤下來。

● 五月三日至五月八日——俄羅斯勝利日前克里姆林宮遇襲

莫斯科紅場準備舉辦勝利日閱兵前，於五月三日凌晨二時遭到兩架烏克蘭無人機襲擊，無人機被防空系統擊落，仍在元老院古蹟上空爆炸，殘骸墮落克里姆林宮內。

莫斯科政府在爆炸後十小時，始宣佈禁止無人機起降，克里姆林宮指責烏克蘭企圖暗殺總統普京，然而普京當時不在宮內。

五月八日紅場照常舉行勝利日閱兵，惟規模大幅縮小，只安排了一輛曾參與二戰的 T-34 坦克、八輛裝甲車、數架 GAZ 猛虎裝甲車、S-400 防空飛彈與白楊 -M 洲際導彈檢閱，與過往鋼鐵洪流般的坦克方陣檢閱大相逕庭。

烏克蘭對俄羅斯本土的無人機攻擊也愈發常見，五月三十日便有八至二十五架無人機襲擊莫斯科，雖然大部分在抵達莫斯科前被擊落，但仍對市區一些樓宇造成破壞。作為報復，俄羅斯於是對基輔發動第三波大規模空襲。

● 五月十日——巴赫穆特戰役形勢大反轉

烏克蘭在巴赫穆特地區南翼率先猛烈反擊，單日擊殺多達五百名華格納傭兵，這是俄軍幾個月來遭遇的最大挫敗。俄軍一度佔據守住烏軍最後補給和增援路線的據點——巴赫穆特工業學院（Bakhmut Industrial College），雙方反覆在市區南端爭奪這棟建築，最終烏軍重奪此地。

從華格納集團金主普里戈津和烏軍的聲明，可以得知烏軍第三突擊旅（亞速）利用 T-64 和 M-113 裝甲運兵車的組合快速從巴赫穆特西南突破樹林週圍的俄軍陣地，推進到關鍵的巴赫穆托夫卡河（Bakhmutovka River）。

巴赫穆托夫卡河把巴赫穆特城區一分為二，烏軍到來此處就是斬斷俄軍城內部隊的南部交通線，換言之俄軍整個南翼完全消失。

亞速部隊發言人聲稱，俄軍第七十二摩步旅的兩個連共二百到三百人已被殲滅。

華格納自三月來每天都難以推進超過幾十米，卻在五月十一日被第三突擊旅一下子打通近兩公里深、六公里長的通道。

●五月二十二日至六月五日——自由俄羅斯軍團在俄境內展開遊擊戰

自由俄羅斯軍團與俄羅斯志願軍合作攻佔俄羅斯別爾哥羅德邊境城市格賴沃龍（Grayvoron）。

這兩支歸烏克蘭國際軍團指揮的部隊分別由投誠烏克蘭的前俄羅斯軍人及居住在烏克蘭的俄裔右翼份子組成，這些熟知俄羅斯本土狀況的百多名士兵乘兩輛坦克、一輛裝甲運輸車及九輛其他類型裝甲車輛突襲俄羅斯的邊境檢查站，很快就佔領了科津卡（Kozinka）和格洛托沃（Glotovo）兩地並升起白藍白相間的自由俄羅斯軍旗，還發佈了部分士兵在別爾哥羅德州別茲柳多夫卡（Bezlyudovka）、庫爾斯克州柳比米夫卡與布良斯克州丘羅維奇（Churovichi）的路牌前的合照。同時，他們使用無人機突襲格賴沃龍市政廳。

他們仿照當時俄羅斯在烏克蘭東部的作法，宣佈在他們佔領的地區舉行公投並成立「別爾哥羅德人民共和國」（Belgorod People's Republic）。俄羅斯隨即在別爾哥羅德州實行「反恐限制措施」，疏散居民、檢查居民身份及暫停危險品行業的營運，更緊急撤走當地的核彈庫存。俄羅斯指責烏克蘭幕後策動襲擊，然而烏克蘭否認，指這次行動乃這兩支俄裔部隊自發行動。

自由俄羅斯軍團與俄羅斯志願軍團兩日後大部分撤走，只繼續以無人機對俄羅斯邊境施襲，並在六月一日聯同波蘭志願軍（Polish Volunteer Corps）進攻別爾哥羅德州新塔沃爾然卡（Novotavolzhanskoye）及舍別基諾（Shebekino），自由俄羅斯軍團及俄羅斯志願軍團稱他們只有兩人陣亡十二人受傷，另外還有一名俄羅斯志願軍團指揮官陣亡，俄軍至少一人陣亡十二人被俘並損失了一架 BTR-82A 步兵戰車，有指還有一架 Ka-52 直升機被擊落，俄羅斯志願軍團更稱他們擊斃了俄軍第一〇四團指揮官。

• 六月六日——卡霍夫卡水庫大壩遭炸毀

聶伯河下游，赫爾松市附近，長兩公里高約三十米的卡霍夫卡水庫大壩（Kakhovka Reservoir Dam）已遭炸毀，該壩位於俄佔區內。俄羅斯控制著該河左岸的領土。右岸則由烏克蘭控制。

據報在六月六日凌晨三點左右，發生了一場大爆炸，爆炸聲傳至八十公里外都能聽到，俯瞰大壩的監控攝像頭拍攝到大壩的整個斷裂，十八立方公里容量的洪水倒灌溢出，現時俄佔新卡霍夫卡市水位已上升十一米，市內的水源被污染。鄰近阿廖什基市被淹沒。

聶伯河洪水限制雙方在赫爾松戰線上的移動方向，對俄軍最為有利。這一線上俄軍的部署十分有限，赫爾松左岸的空降軍第七十六和一〇六師混亂而殘缺不全，赫爾松市對岸主力更是動員兵部隊。在烏軍極力掩蓋真正反攻方向的程情況下，能夠守少一個戰略方向對俄軍而言最好不過。

•六月九日——豹2、布雷德利戰損與拖救

親俄媒體在六月九日起發起宣傳攻勢—不斷展示烏克蘭陸軍的西方援助重裝備戰損。俄軍展示了多張照片以及一些片段顯示了因戰損被烏軍棄置的豹 2A6 主戰坦克、M2A2ODS 布蘭德利步兵戰車以及 BMR-2 裝甲掃雷車等多款裝甲車輛，這批車輛由在紮波羅熱地區負責進攻托克馬克（Tokmak）方向的烏克蘭陸軍第四十七機械化步兵旅以及第三十三機械化步兵旅擁有，消息指該單位正在越過雷區之時受到俄軍打擊，加上烏軍車輛觸雷引致照片的情況出現。

雖然有出現西方裝備無用的輿論，但事實正好相反，儘管這批被棄置的烏軍裝甲車輛受損，最重要的是車組人員絕大多數得以生還並得以撤出前線，及後烏軍釋出其中一輛布蘭德利拍攝的

片段，另一輛布蘭德利即使被擊中，車組人員仍然生還，並爬上拍攝片段的車上準備後撤。

受損的布蘭德利車體結構大致完整，只是履帶斷裂，維修後就能再投入作戰。其後烏軍掌握了該區域的控制權後不少被棄置的車輛都得以回收，最初流出的資料可以確定烏軍戰損為三輛豹2（包含豹2A4及豹2A6）以及十六輛M2布蘭德利步兵戰車，後來其中十輛布蘭德利以及兩輛豹2得以回收，只有剩下的六輛不能修復。不久後美國就推出新一波對烏軍援，提供十五輛M2A2ODS布蘭德利步兵戰車以及十輛史崔克裝甲運兵車以補充烏軍戰損。

後來由於俄軍在多個角度拍攝被棄置的豹2坦克，所以俄軍公佈的烏軍重裝備戰損遠高於實際數量。華格納首領普列戈津在發動政變後公開指責過俄軍的宣傳做假，他指俄軍「擊毀」的六十輛豹2坦克的照片皆由一輛受損的車輛以不同角度拍攝而成。

• 六月十四日——荷蘭將為烏克蘭空軍建立 F-16 訓練基地

烏克蘭空軍司令部發言人尤里．伊赫納特（Yuriy Ihnat）表示，空軍已經在週日完成機師選拔，決定參加F-16的培訓人員名單。

美軍早前對兩名烏克蘭空軍軍官進行為期十二天的評估，他們在亞利桑那州圖森市的莫里斯空中國民警衛隊基地進行了模擬飛行測試。

報告發現，這兩名機師面對的最大困難是對駕駛艙儀器和佈局欠缺了解。F-16的電子脈衝和數位化座艙配置與俄系戰機是完全不同的。包括油門、操縱桿或「HOTAS」（Hands on throttle-and-stick）技術，能即時從轟炸地面目標轉為使用對空武器。

本年年初荷蘭皇家空軍率先宣佈能向烏克蘭提供 F-16A，而本次烏克蘭機師也會在荷蘭設立的訓練中心開始深入熟習 F-16。現階段荷蘭皇家空軍 F-16A block 15 很可能會是烏克蘭機師的訓練平台。

●六月二十四日——華格納兵變二十四小時

俄軍長期表現不濟，直接把普里戈津的華格納傭兵推上戰爭神壇。華格納在巴赫穆特地區付出一條條鮮活性命，俄軍不惜代價和忠於民族的形象與形成強烈對比，漸漸博得民眾好感。

華格納兵變並非偶然，早於三月初華格納傭兵已被俄軍指派為攻克巴赫穆特城區的主力。我們早前已談及，華格納在巴赫穆特採用血腥「突擊排」戰術，總損近萬人。巴赫穆特戰役在三月下旬達到轉捩點，五月時普里戈津憤怒地指俄軍丟下華格納在巴赫穆特死戰，俄軍卻沒有供給足夠彈藥。及至五月下旬烏軍發動摧枯拉朽的反攻，普里戈津又指俄軍第七十二摩托化步兵旅放棄抵抗，從而使反攻的烏軍第三突擊旅輕易收復幾個月來華格納用血肉換來的戰果。

普里戈津在戰役發起前已叫囂，要普京罷免國防部長紹伊古和總參謀格拉西莫夫上將。普里戈津把極高傷亡率和戰略失敗歸咎於俄軍領導層，一邊充當前線軍人和俄羅斯右翼極端民族主義派系的發聲筒，把兩者的不滿情緒傳遞出去。

導火索卻在六月十日，國防部長紹伊古下令所有參戰志願兵均須在月底前與俄軍簽約，明刀明槍地搶奪普里戈津的華格納私兵。隔天普里戈津即放話「華格納不會跟紹伊古簽約。」這裡要注意，有華文網媒把普里戈津發動兵變的主因寫成「欠薪」和「勞資糾紛」，這是未經證實說法。沒有外媒報導有提及薪酬問題是兵變原因。

六月二十三日莫斯科時間週凌晨兩點左右，普里戈津在通訊程程式「Telegram」上聲稱俄羅斯軍方用導彈襲擊華格納營地，他隨即宣佈帶領二萬五千名傭兵從烏克蘭越過邊境，展開「進軍莫斯科」行動，要「推翻腐敗的軍事領導層」，並呼籲俄羅斯俄羅斯聯邦國家近衛軍加入，而實際上有一百八十名邊防軍士兵倒戈響應華格納的行動。

傭兵在九時左右到達俄羅斯南部重鎮羅斯托夫（Rostov-on-Don），佔領警察大樓和南方軍區總部，與國防部副部長尤努斯—別克．葉夫庫羅夫（Yunus-bek Yevkurov）「會面」。

這時克里姆林宮才反應過來，俄羅斯聯邦安全局已經對普里戈津進行刑事立案，並呼籲他的華格納員工逮捕他們的老闆。普里戈津態度軟化，表示「這不是一場軍事政變，而是一場正義之行。我們進軍莫斯科是因為遭到不公平對待。我們的行動不會以任何方式干擾部隊。總統權力、政府、警察和總統衛隊將照常運作」，卻又說「華格納將摧毀擋在面前的一切，走到最後」。

佔領羅斯托夫後，華格納部隊開始向北進發，推進到沃羅涅日，直指莫斯科。一路上幾乎沒有遭遇地面抵抗，俄軍僅用直升機等攻擊華格納北進車隊，卻至少損失一架 Mi-35M、一架 Ka-52，三架電戰型 Mi-8、一架運輸型 Mi-8 直升機。另外一架 Il-22M 空中指揮機也遭華格納的地面防空武器擊落。

俄羅斯中部利佩茨克州（Lipetsk）州長當即表示，關閉 M-4 高速公路連接莫斯科和沃羅涅日地區邊境段。莫斯科市內保安明顯加強，市長謝爾蓋·謝苗諾維奇·索比亞寧（Sergey Sobyanin）宣佈六月二十六日全市停班停課，配合「反恐」行動。普京亦罕有地向全國發表講話，強硬譴責華格納在「俄羅斯背後捅刀」，指「普里戈津」叛國。

華格納部隊最終抵達距離莫斯科約二百公里外的圖拉（Tula），正值普京危急關頭，白俄羅斯總統盧卡申科介入斡旋。盧卡申科勸服普里戈津停止進軍，提出普京將不會追究參與兵變的華格納傭兵，允許他們返回前線或回家。沒有參與兵變的華格納傭兵則會獲安排與國防部簽約。而普里戈津本人即會獲撤銷刑事立案，可前往白俄羅斯保證安全。惟普里戈津不日消失，再未露面，僅其私人飛機出現在白俄首都明斯克。

參考文獻

1 Ukrinform. 2022. "Ukrainian forces open fire on invaders on left bank of Dnipro River, near Kinburn Spit". Ukrinform. November 16, 2022. https://www.ukrinform.net/rubric-ato/3615411-ukrainian-forces-open-fire-on-invaders-on-left-bank-of-dnipro-river-near-kinburn-spit.html

2 Stepanenko, Kateryna, Mappes, Grace, Bailey, Riley, Howard, Angela, and Kagan, Frederick W.. 2022. "RUSSIAN OFFENSIVE CAMPAIGN ASSESSMENT, NOVEMBER 12". Institute for the Study of War. November 12, 2022. https://www.understandingwar.org/backgrounder/russian-offensive-campaign-assessment-november-12

3 Hunder, Max and Landay, Jonathan. 2022. "Ukraine says half its energy system crippled by Russian attacks, Kyiv could 'shutdown'". Reuters. November 19, 2022. https://www.reuters.com/world/europe/ukraine-hails-chinas-opposition-nuclear-threats-2022-11-15/

4 The Associated Press. 2022. "US officials: Initial findings suggest missile that hit Poland was fired by Ukrainian forces at incoming Russian missile". ABC. November 16, 2022. https://abcnews.go.com/US/wireStory/us-officials-initial-findings-suggest-missile-hit-poland-93382667

5 Stepanenko, Kateryne, Bailey, Riley, Mappes, Grace, Williams, Madison, Klepanchuk, Yekaterina, and Kagan, Frederick W.. 2022. "RUSSIAN OFFENSIVE CAMPAIGN ASSESSMENT, NOVEMBER 15". Institute for the Study of War. November 15, 2022. https://www.understandingwar.org/backgrounder/russian-offensive-campaign-assessment-november-15

6 Stepanenko, Kateryne, Mappes, Grace, Howard, Angela, and Kagan, Frederick W.. 2022. "RUSSIAN OFFENSIVE CAMPAIGN ASSESSMENT, NOVEMBER 19". Institute for the Study of War. November 19, 2022. https://www.understandingwar.org/backgrounder/russian-offensive-campaign-assessment-november-19

7 Hird, Karolina, Mappes, Grace, Bailey, Riley, Philipson, Layne, Klepanchuk, Yekaterina, Williams, Madison, and Kagan, Frederick W.. 2022. "RUSSIAN OFFENSIVE CAMPAIGN ASSESSMENT, NOVEMBER 21". Institute for the Study of War. November 21, 2022. https://www.understandingwar.org/backgrounder/russian-offensive-campaign-assessment-november-21

8 Fung, Katherine. 2022. "Russia Fired 65 Missiles At Homes, Energy Stations in Single Day: Ukraine". News Week. November 23, 2022. https://www.newsweek.com/russia-fires-65-missiles-homes-energy-stations-single-day-ukraine-says-1761892

9 Mappes, Grace, Williams, Madison, Klepanchuk, Yekaterina, Howard, Angela, Hird, Karolina, and Kagan, Frederick W.. 2022. "RUSSIAN OFFENSIVE CAMPAIGN ASSESSMENT, NOVEMBER 29". Institute for the Study of War. November 29, 2022. https://www.understandingwar.org/backgrounder/russian-offensive-campaign-assessment-november-29

10 Lewis, Kaitlin. 2022. "'Degraded' Russian Troops Unlikely to Quickly Encircle Bakhmut: ISW". News Week. November 28, 2022. https://www.newsweek.com/degraded-russian-troops-unlikely-quickly-encircle-bakhmut-isw-1762916

11 Hird, Karolina, Bailey, Riley, Williams, Madison, Klepanchuk, Yekaterina, and Kagan, Frederick W.. 2022. "RUSSIAN OFFENSIVE CAMPAIGN ASSESSMENT, NOVEMBER 30". Institute for the Study of War. November 30, 2022. https://www.understandingwar.org/backgrounder/russian-offensive-campaign-assessment-november-30

12 Ismay, John and Gibbons-Neff, Thomas. 2022. "Artillery Is Breaking in Ukraine. It's Becoming a Problem for the Pentagon". The New York Times. November 25, 2022. https://www.nytimes.com/2022/11/25/us/ukraine-artillery-breakdown.html

13 Stars and Stripes. 2022. "EU seeks specialized court to investigate Russia war crimes". Stars and Stripes. November 30, 2022. https://www.stripes.com/theaters/europe/2022-11-30/eu-specialized-court-investigate-russia-war-crimes-8250104.html

14 Bailey, Riley, Barros, George, Hird, Karolina, Carl, Nicholas, and Kagan, Frederick W.. 2022. "RUSSIAN OFFENSIVE CAMPAIGN ASSESSMENT, DECEMBER 3". Institute for the Study of War. December 3, 2022. https://www.understandingwar.org/backgrounder/russian-offensive-campaign-assessment-december-3

15 Newdick, Thomas. 2022. "Ukraine Modified Soviet-Era Jet Drones To Hit Bomber Bases, Russia Claims （Updated）". The War Zone. December 5, 2022. https://www.thedrive.com/the-war-zone/ukraine-modified-soviet-era-jet-drones-to-hit-bomber-bases-russia-claims

16 Howard, Angela, Stepanenko, Kateryna, Hird, Karolina, Mappes, Grace, Williams, Madison, Klepanchuk, Yekaterina, and Kagan, Frederick W.. 2022. "RUSSIAN OFFENSIVE CAMPAIGN ASSESSMENT, DECEMBER 6". Institute for the Study of War. December 6, 2022. https://understandingwar.org/backgrounder/russian-offensive-campaign-assessment-december-6

17 Bailey, Riley, Stepanenko, Kateryna, and Kagan, Frederick W.. 2022. "RUSSIAN OFFENSIVE CAMPAIGN ASSESSMENT, DECEMBER 11". Institute for the Study of War. December 11, 2022. https://www.understandingwar.org/backgrounder/russian-offensive-campaign-assessment-december-11

18 Rohalska, Nadiia. 2022. "Окупанти готують десантну операцію на Дніпрі: засіли на острові під Херсоном, – Машовець" Stop Cor. December 9, 2022. https://www.stopcor.org/ukr/section-uanews/news-okupanti-gotuyut-desantnu-operatsiyu-na-dnipri-zasili-na-ostrovi-pid-hersonom-mashovets-09-12-2022.html

19 Stepanenko, Kateryna, Hird, Karolina, Barros, George, Bailey, Riley, Williams, Madison, and Kagan, Frederick W.. 2022. "RUSSIAN OFFENSIVE CAMPAIGN ASSESSMENT, DECEMBER 14". December 14, 2022. https://www.understandingwar.org/backgrounder/russian-offensive-campaign-assessment-december-14

20 Hird, Karolina, Barros, George, Mappes, Grace, Williams, Madison, and Kagan, Frederick W.. 2022. "RUSSIAN OFFENSIVE CAMPAIGN ASSESSMENT, DECEMBER 13". December 13, 2022. https://www.understandingwar.org/backgrounder/russian-offensive-campaign-assessment-december-13

21 Agenzia Nova. 2022. "The revelation of a British general: "Royal Marines engaged in covert operations in Ukraine"". Agenzia Nova. December 13, 2022. https://www.agenzianova.com/en/news/the-revelation-of-a-british-royal-marines-general-employed-in-covert-operations-in-ukraine/

22 Al Jazeera. 2022. "US finalising plan to send Patriot air defence system to Ukraine". Al Jazeera. December 14, 2022. https://www.aljazeera.com/news/2022/12/14/us-finalising-plan-to-send-patriot-air-defence-system-to-ukraine

23 Kyiv School of Economics. 2022. "As of November 2022, the total amount of losses, caused to the infrastructure of Ukraine, increased to almost $136 billion". Kyiv School of Economics. December 15, 2022. https://kse.ua/about-the-school/news/as-of-november-2022-the-total-amount-of-losses-caused-to-the-infrastructure-of-ukraine-increased-to-almost-136-billion/

24 Al Jazeera. 2022. "Ukraine's Zelenskyy visits front-line city of Bakhmut". Al Jazeera. December 20, 2022. https://www.aljazeera.com/news/2022/12/20/ukraines-zelenskyy-visits-frontline-city-of-bakhmut

25 Reuters. 2022. "Russia's defence minister visits troops involved in Ukraine operation, ministry says". Reuters. December 18, 2022. https://www.reuters.com/world/europe/russias-defence-minister-visits-troops-involved-ukraine-operation-ministry-2022-12-18/

26 Hird, Karolina, Mappes, Grace, Stepanenko, Kateryna, and Kagan, Frederick W.. 2022. "RUSSIAN OFFENSIVE CAMPAIGN ASSESSMENT, DECEMBER 18". Institute for the Study of War. December 18, 2022. https://www.understandingwar.org/backgrounder/russian-offensive-campaign-assessment-december-18

27 Reuters. 2022. "Putin says situation extremely difficult in Russian-annexed Ukrainian regions". The Indian Express. December 21, 2022. https://indianexpress.com/article/world/putin-situation-russian-ukrainian-regions-8334890/

28 Stepanenko, Kateryna, Bailey, Riley, Barros, George, Williams, Madison, Philipson, Layne, and Kagan, Frederick W.. 2022. "RUSSIAN OFFENSIVE CAMPAIGN ASSESSMENT, DECEMBER 22". Institute for the Study of War. December 22, 2022. https://www.understandingwar.org/backgrounder/russian-offensive-campaign-assessment-december-22

29 Stepanenko, Kateryna, Barros, George, Bailey, Riley, Lawlor, Katherine, Phillipson, Layne, and Kagan, Frederick W.. 2022. "RUSSIAN OFFENSIVE CAMPAIGN ASSESSMENT, DECEMBER 16". December 16, 2022. https://understandingwar.org/backgrounder/russian-offensive-campaign-assessment-december-16

30 Smith, David. 2022. "Zelenskiy due in US to meet Biden and address Congress". The Guardian. December 20, 2022. https://amp.theguardian.com/world/2022/dec/20/zelensky-visit-congress-address-ukraine

31 Stepanenko, Kateryna, Hird, Karolina, Barros, George, and Kagan, Frederick W.. 2022. "RUSSIAN OFFENSIVE CAMPAIGN ASSESSMENT, DECEMBER 26". Institute for the Study of War. December 26, 2022. https://www.understandingwar.org/backgrounder/russian-offensive-campaign-assessment-december-26

32 Euromaidan Press. 2022. "Four Ukrainian servicemen killed in Russia". Euromaidan Press. December 27, 2022. https://euromaidanpress.com/2022/12/27/four-ukrainian-servicemen-killed-in-russia/

33 Kelly, Lidia and Osborn, Andrew. 2022. "Russia says it shot down Ukrainian drone near bomber air base, three killed". Reuters. December 28, 2022. https://www.reuters.com/world/europe/blasts-reported-russias-engels-air-base-online-media-2022-12-26/

34 Peleschuk, Dan and Polityuk, Pavel. 2022. "Russia fires barrage of missiles on Ukraine cities, energy grid". Reuters. December 30, 2022. https://www.reuters.com/world/europe/russia-steps-up-kherson-shelling-dismisses-zelenskiys-peace-plan-2022-12-29/

35 Hancock, Sam and Maishman, Elsa. 2022. "Ukraine claims hundreds of Russians killed by missile attack". BBC. January 2, 2023. https://www.bbc.com/news/world-europe-64142650

36 Khaled, Fatma. 2022. "Ukrainian Missile Hits Belarus as Putin Ally Moves to War Footing: Report". News Week. December 29, 2022. https://www.newsweek.com/ukrainian-missile-hits-belarus-1770185

37 Stepanenko, Kateryna, Bailey, Riley, Barros, George, Williams, Madison, and Kagan, Frederick W.. 2022. "RUSSIAN OFFENSIVE CAMPAIGN ASSESSMENT, DECEMBER 24". Institute for the Study of War. December 24, 2022. https://www.understandingwar.org/backgrounder/russian-offensive-campaign-assessment-december-24

38 Al Jazeera. 2022. “Russia’s Lavrov issues ultimatum to Ukraine: ‘For your own good’”. Al Jazeera. December 27, 2022. https://www.aljazeera.com/amp/news/2022/12/27/russias-lavrov-issues-ultimatum-to-ukraine-for-your-own-good

39 Siddiqui, Usaid and Alsaafin, Linah. 2023. “Russia-Ukraine updates: Moscow’s New Year raids kill 4”. Al Jazeera. January 1, 2023. https://www.aljazeera.com/news/liveblog/2023/1/1/russia-ukraine-live-updates-zelenskyy-putin-promise-victory

40 Hird, Harolina, Bailey, Riley, Mappes, Grace, Philipson, Layne, Barros, George, and Kagan, Frederick W.. 2023. “RUSSIAN OFFENSIVE CAMPAIGN ASSESSMENT, JANUARY 5, 2023”. Institute for the Study of War. January 5, 2023. https://www.understandingwar.org/backgrounder/russian-offensive-campaign-assessment-january-5-2023

41 Al Jazeera. 2023. “Wagner chief frees prisoners who fought in Ukraine for Russia”. Al Jazeera. January 5, 2023. https://www.aljazeera.com/news/2023/1/5/russian-ex-prisoners-released-from-ukrainian-frontline

42 Meldrum, Andrew. 2023. “Putin orders weekend truce in Ukraine; Kyiv won’t take part”. The Associated Press. January 6, 2023. https://apnews.com/article/kyiv-russia-ukraine-war-government-7a4df498707bb047d2a322005c861fd0

43 DW. 2023. "Ukraine updates: Fighting goes on despite Russian cease-fire". Deutsche Welle. January 7, 2023. https://amp.dw.com/en/ukraine-updates-fighting-goes-on-despite-russian-cease-fire/a-64313184

44 Drummond, Michael. 2023. “Ukraine denies Russian claims that 'massive missile strike' killed 600 Ukrainian troops”. Sky News. January 8, 2023. https://news.sky.com/story/ukraine-denies-russian-claims-that-massive-missile-strike-killed-600-ukrainian-troops-12782481

45 Reuters. 2023. “Russia appoints top soldier Gerasimov to oversee Ukraine campaign”. Reuters. January 12, 2023. https://www.reuters.com/world/europe/russia-appoints-gerasimov-top-commander-ukraine-2023-01-11/

46 Allison, George. 2023. “Russia using new Su-57 jets against Ukraine”. UK Defence Journal. January 9, 2023. https://ukdefencejournal.org.uk/russia-using-new-su-57-jets-against-ukraine/

47 Wallace. 2023. “Bachmut’s next target? – Ukraine admits loss of Soledar”. Today Times Live. January 16, 2023. https://todaytimeslive.com/world/199313.html

48 Al Jazeera. 2023. “Serbia slams Russia’s Wagner Group for Ukraine recruitment”. Al Jazeera. January 17, 2023. https://www.aljazeera.com/amp/news/2023/1/17/serbia-slams-russias-wagner-group-for-ukraine-recruitment-bid

49 Barros, George, Bailey, Riley, Stepanenko, Kateryna, Williams, Madison, Philipson, Layne, and Kagan, Frederick W.. 2023. “RUSSIAN OFFENSIVE CAMPAIGN ASSESSMENT, JANUARY 19, 2023”. Institute for the Study of War. January 19, 2023. https://www.understandingwar.org/backgrounder/russian-offensive-campaign-assessment-january-19-2023

50 Pohorilov, Stanislav. 2023. “Russian attack on Dnipro: death toll rises to 46 people”. Ukrainska Pravda. January 19, 2023. https://www.pravda.com.ua/eng/news/2023/01/19/7385596/

51 Loh, Matthew. 2023. “A Russian sergeant accidentally detonated a hand grenade in his dorm on Ukraine's border, killing 3 and injuring 16”. Business Insider. January 16, 2023. https://www.businessinsider.com/russian-soldier-accidentally-blows-up-grenade-belgorod-multiple-fatalities-injuries-2023-1?amp

52 Bailey, Riley, Barros, George, Mappes, Grace, Philipson, Layne, and Kagan, Frederick W.. 2023. "RUSSIAN OFFENSIVE CAMPAIGN ASSESSMENT, JANUARY 18, 2023". Institute for the Study of War. January 18, 2023. https://www.understandingwar.org/backgrounder/russian-offensive-campaign-assessment-january-18-2023

53 Staff Writer with AFP. 2023. "Ukrainian Troops in US for Patriot Training: US Military". The Defense Post. January 17, 2023. https://www.thedefensepost.com/2023/01/17/ukrainian-troops-us-patriot-training/amp/

54 Boffey, Daniel. 2023. "Ukraine 'cannot be broken' says its top general after Russian missile attack". The Guardian. January 26, 2023. https://amp.theguardian.com/world/2023/jan/26/ukraine-mass-missile-attack-kyiv-day-after-tanks-promise

55 Al Jazeera. 2023. "Russia advances towards two towns in Ukraine's Zaporizhia region". Al Jazeera. January 22, 2023. https://www.aljazeera.com/news/2023/1/22/russia-advances-towards-two-towns-in-zaporizhzhia-region

56 Merrifield, Ryan. 2023. "Number of Russians killed in Ukraine hit an enormous 188,000, says US intelligence". Mirror. January 21, 2023. https://www.mirror.co.uk/news/world-news/number-russians-killed-ukraine-hit-29012894

57 Hird, Karolina, Barros, George, Stepanenko, Kateryna, Philipson, Layne, and Kagan, Frederick, W.. 2023. "RUSSIAN OFFENSIVE CAMPAIGN ASSESSMENT, JANUARY 23, 2023". Institute for the Study of War. January 23, 2023. https://www.understandingwar.org/backgrounder/russian-offensive-campaign-assessment-january-23-2023

58 Jankowicz, Mia. 2023. "100 Leopard tanks in 12 countries are standing by for Germany's go-ahead to be sent to Ukraine, official says". Business Insider. January 24, 2023. https://www.businessinsider.com/100-leopard-tanks-waiting-germany-permission-ukraine-scholz-2023-1?amp

59 Voytenko, Mikhail. 2023. "Turkish freighter hit by missile? VIDEO". Fleet Mon. January 25, 2023. https://www.fleetmon.com/maritime-news/2023/40921/turkish-freighter-hit-missile-video/

60 Kagan, Frederick W., Kagan, Kimberly, Bailey, Riley, Mappes, Grace, Howard, Angela, Clark, Mason, Stepanenko, Kateryna, and Barros, George. 2023. "RUSSIAN OFFENSIVE CAMPAIGN ASSESSMENT, JANUARY 29, 2023". Institute for the Study of War. January 29, 2023. https://www.understandingwar.org/backgrounder/russian-offensive-campaign-assessment-january-29-2023

61 Hird, Karolina, Mappes, Grace, Philipson, Layne, Barros, George, Fitzpatrick, Kitaneh, Wolkov, Nicole, and Kagan, Frederick W.. 2023. "RUSSIAN OFFENSIVE CAMPAIGN ASSESSMENT, JANUARY 30, 2023". Instiute for the Study of War. January 30, 2023. https://www.understandingwar.org/backgrounder/russian-offensive-campaign-assessment-january-30-2023

62 Jang, Seulkee. 2023. "N. Korea orders trading companies in Russia to select personnel to send to Ukraine". Daily NK. February 2, 2023. https://www.dailynk.com/english/north-korea-orders-trading-companies-russia-select-personnel-send-ukraine/

63 Hird, Karolina, Bailey, Riley, Barros, George, Wolkov, Nicole, and Kagan, Frederick W.. 2023. "RUSSIAN OFFENSIVE CAMPAIGN ASSESSMENT, FEBRUARY 9, 2023". Institute for the Study of War. February 9, 2023. https://www.understandingwar.org/backgrounder/russian-offensive-campaign-assessment-february-9-2023

64 Nissenbaum, Dion and Strobel, Warren P.. 2023. "Moscow, Tehran Advance Plans for Iranian-Designed Drone Facility in Russia". The Wall Street Journal. February 5, 2023. https://www.wsj.com/articles/moscow-tehran-advance-plans-for-iranian-designed-drone-facility-in-russia-11675609087

65 Stepanenko, Kateryna, Hird, Karolina, Mappes, Grace, Howard, Angela, Wolkov, Nicole, and Kagan, Frederick W.. 2023. "RUSSIAN OFFENSIVE CAMPAIGN ASSESSMENT, FEBRUARY 7, 2023". Institute for the Study of War. February 7, 2023. https://www.understandingwar.org/backgrounder/russian-offensive-campaign-assessment-february-7-2023

66 The Associated Press. 2023. "Ukraine intercepted plans for Russia to destroy Moldova, Zelenskyy tells EU". The Associated Press. February 9, 2023. https://nationalpost.com/news/world/zelenskyy-ukraine-intercepted-plans-to-destroy-moldova

67 Gould, Joe. 2023. "'Significantly degraded' Russian force is adapting after losses". Defense News. February 11, 2023. https://www.defensenews.com/pentagon/2023/02/10/significantly-degraded-russian-force-is-adapting-after-losses/

68 Chao-Fong, Leonie, Belam, Martin, and Lock, Samantha. 2022. "Russia-Ukraine war: 'no indication' of direct military threat to Moldova or Romania, says US – as it happened". The Guardian. February 10, 2023. https://www.theguardian.com/world/live/2023/feb/10/russia-ukraine-war-zaporizhzhia-hit-by-largest-missile-strike-fighter-jets-not-a-priority-says-macron-live

69 Barros, George, Stepanenko, Kateryna, Hird, Karolina, Howard, Angela, Wolkov, Nicole, and Kagan, Frederick. 2023. "RUSSIAN OFFENSIVE CAMPAIGN ASSESSMENT, FEBRUARY 14, 2023". Institute for the Study of War. February 14, 2023. https://www.understandingwar.org/backgrounder/russian-offensive-campaign-assessment-february-14-2023

70 Hird, Karolina, Stepanenko, Kateryna, Mappes, Grace, Wolkov, Nicole, Philipson, Layne, and Kagan, Frederick. 2023. "RUSSIAN OFFENSIVE CAMPAIGN ASSESSMENT, FEBRUARY 13, 2023". Institute for the Study of War. February 13, 2023.

71 https://www.understandingwar.org/backgrounder/russian-offensive-campaign-assessment-february-13-2023

72 Gozzi, Laura. 2023. "Russian soldier death rate highest since first week of war - Ukraine". BBC. February 12, 2023. https://www.bbc.com/news/world-europe-64616099.amp

73 Stepanenko, Kateryna and Kagan, Frederick W.. 2023. "RUSSIAN OFFENSIVE CAMPAIGN ASSESSMENT, FEBRUARY 12, 2023". Institute for the Study of War. February 12, 2023. https://www.understandingwar.org/backgrounder/russian-offensive-campaign-assessment-february-12-2023

74 Ullah, Zahra and Pleitgen, Frederik. 2023. "Tensions mount at the Belarus-Ukraine border amid concerns of a Russian spring offensive". CNN. February 15, 2023. https://edition.cnn.com/2023/02/15/europe/russia-ukraine-belarus-border-tensions-intl/index.html

75 Bailey, Riley, Stepanenko, Kateryna, Hird, Karolina, Wolkov, Nicole, Philipson, Layne, and Kagan, Frederick W.. 2023. "RUSSIAN OFFENSIVE CAMPAIGN ASSESSMENT, FEBRUARY 20, 2023". Institute for the Study of War. February 20, 2023. https://www.understandingwar.org/backgrounder/russian-offensive-campaign-assessment-february-20-2023

76 Reuters. 2023. "Putin's address to Russia's parliament". Reuters. February 21, 2023. https://www.reuters.com/world/europe/putins-address-russias-parliament-2023-02-21/

77 Al Jazeera. 2023. "What is the New START nuclear deal and why did Russia suspend it?". Al Jazeera. February 22, 2023. https://www.aljazeera.com/news/2023/2/22/what-is-the-new-start-nuclear-deal-and-why-did-russia-suspend-it

78 Harris, Rob. 2023. "'Ukraine stands, democracy stands': Biden makes surprise visit to Ukraine". The Sydney Morning Herald. February 20, 2023. https://amp.smh.com.au/world/europe/us-president-makes-surprise-visit-to-ukraine-20230220-p5cm2r.html

79 McCarthy, Simone. 2023. "China's top diplomat visits Moscow ahead of anniversary of Russia's Ukraine invasion". CNN. February 22, 2023. https://edition.cnn.com/2023/02/21/china/china-wang-yi-russia-moscow-visit-intl-hnk/index.html

80 Reuters. 2023, "Moldova dismisses Russian claims of Ukrainian plot to invade breakaway region". The Guardian. February 24, 2023. https://www.theguardian.com/world/2023/feb/24/moldova-dismisses-russia-claims-of-ukraine-plot-to-invade-transnistria-region

81 Bailey. Riley, Mappes, Grace, Philipson, Layne, Stepanenko, Kateryna, Hird, Karolina, Barros, George, and Kagan, Frederick W.. 2023. "RUSSIAN OFFENSIVE CAMPAIGN ASSESSMENT, FEBRUARY 24, 2023". Institute for the Study of War. February 24, 2023. https://www.understandingwar.org/backgrounder/russian-offensive-campaign-assessment-february-24-2023

82 King, Chris. 2023. "UPDATE: Belarusian partisans claim responsibility for blowing up £250m Russian spy plane at Belarus air base". Euro Weekly News. February 27, 2023. https://euroweeklynews.com/2023/02/27/breaking-unconfirmed-reports-of-attack-on-belarus-air-base-and-soldier-killed-in-border-clashes-with-ukrainian-troops/

83 DW. 2023. "Russia arrests protesters on Ukraine war anniversary". Deutsche Welle. February 24, 2023. https://www.dw.com/en/russia-arrests-protesters-on-ukraine-war-anniversary/a-64814893

84 AFP. 2023. "Russia Says Ukraine Preparing 'Armed Provocation' in Breakaway Transnistria". The Moscow Times. February 24, 2023. https://www.themoscowtimes.com/2023/02/24/russia-says-ukraine-preparing-armed-provocation-in-breakaway-transnistria-a80316

85 Al Jazeera. 2023. "China calls for Russia-Ukraine ceasefire, proposes path to peace". Al Jazeera. February 24, 2023. https://www.aljazeera.com/news/2023/2/24/china-calls-for-russia-ukraine-cease-fire-proposes-peace-talks

86 Arhirova, Hanna. 2023. "China issues peace plan; Zelenskyy says he'll await details". ABC. February 24, 2023. https://abcnews.go.com/International/wireStory/china-calls-russia-ukraine-cease-fire-peace-talks-97433032

87 UNOHCHR. 2023. "Ukraine: civilian casualty update 13 February 2023". United Nations Human Rights Office of the High Comissioner. February 13, 2023. https://www.ohchr.org/en/news/2023/02/ukraine-civilian-casualty-update-13-february-2023

88 The Kyiv Independent news desk. 2023. "Media: Public data suggests over 16,000 Russian soldiers have been killed during first year of all-out war". The Kyiv Independent. March 4, 2023.

89 https://kyivindependent.com/media-public-data-suggests-over-16-000-russian-soldiers-have-been-killed-during-first-year-of-all-out-war/

90 Beler Russia-Ukraine War Task Force. "The Russia-Ukraine War Report Card, Feb. 28, 2023". Russia Matters. March 1, 2023. https://www.russiamatters.org/blog/russia-ukraine-war-report-card-feb-28-2023#:~:text=Total%20territory%20occupied%20by%20Russia,24%3A%2029%2C000

91 ISW. 2023. "RUSSIAN OFFENSIVE CAMPAIGN ASSESSMENT, FEBRUARY 24, 2023". Institute for the Study of War. February 24, 2023. https://www.understandingwar.org/backgrounder/russian-offensive-campaign-assessment-february-24-2023?fbclid=IwAR2nPzUAZOd7CgNZz-9xdCjMWNUseGh_qz3nawvI32jsf0grgpdD5aAfckY

92 "2022 Russian invasion of Ukraine - major escalation of the Russo-Ukrainian War"

93 Hird, Karolina , Grace Mappes, Nicole Wolkov, Mason Clark, and George Barros. "RUSSIAN OFFENSIVE CAMPAIGN ASSESSMENT, MARCH 7, 2023." Institute for the Study of War, March 7, 2023. https://www.understandingwar.org/backgrounder/russian-offensive-campaign-assessment-march-7-2023.

94 Hird, Karolina , Grace Mappes, Nicole Wolkov, Mason Clark, and George Barros. “RUSSIAN OFFENSIVE CAMPAIGN ASSESSMENT, MARCH 8, 2023.” Institute for the Study of War, March 8, 2023. https://www.understandingwar.org/backgrounder/russian-offensive-campaign-assessment-march-8-2023.

95 Axe, David . “Ukraine Is Forming A Dozen New Brigades - And Giving Them Old Weaponry.” Forbes, April 16, 2023. https://www.forbes.com/sites/davidaxe/2023/04/11/ukraine-is-forming-a-dozen-new-brigades-and-giving-them-old-weaponry/?sh=7b72202f15dc.

96 BBC News. "Kremlin accuses Ukraine of trying to assassinate Putin". BBC News. May 3, 2023. https://www.bbc.com/news/world-europe-65471904

97 Robinson, James. "How does Russia's scaled-back 2023 Victory Day parade compare to previous years?". Sky News. May 9, 2023. https://news.sky.com/story/amp/how-does-russias-scaled-back-2023-victory-day-parade-compare-to-previous-years-12876949

98 Shad, Nadeem; Greenall, Robert. "Moscow drone attack: Putin says Ukraine trying to frighten Russians". BBC News. May 30, 2023. https://www.bbc.com/news/world-europe-65751632

99 Kyiv Post. “Fierce Ukrainian Counterattack Takes Ground in Bakhmut – Prigozhin Claims ‘Betrayal,’” May 10, 2023. https://www.kyivpost.com/post/16865.

100 Українська правда @ukrpravda_news. Twitter, May 10, 2023. https://twitter.com/ukrpravda_news/status/1656009808640712717?ref_src=twsrc%5Etfw%7Ctwcamp%5Etweetembed%7Ctwterm%5E1656009808640712717%7Ctwgr%5Ec287bd5f6f4c9fe79740a955c669d99d73ea1f5b%7Ctwcon%5Es1_&ref_url=https%3A%2F%2Fwww.businessinsider.com%2Fvideo-russia-soldiers-flee-bakhmut-cede-ground-ukraine-prigozhin-2023-5.

101 Jerome. “Invasion Day 442 – Summary.” Militaryland, May 11, 2023. https://militaryland.net/news/invasion-day-442-summary/.

102 安德烈：〈自由俄羅斯軍團突襲俄境俄方疏散平民〉，法國國際廣播電台，2023年5月23日，https://www.rfi.fr/tw/%E4%B8%AD%E5%9C%8B/20230522-%E8%87%AA%E7%94%B1%E4%BF%84%E7%BE%85%E6%96%AF%E8%BB%8D%E5%9C%98%E7%AA%81%E8%A5%B2%E4%BF%84%E5%A2%83-%E4%BF%84%E6%96%B9%E7%96%8F%E6%95%A3%E5%B9%B3%E6%B0%91.

103 Polsat News. "Polscy najemnicy walczyli w obwodzie biełgorodzkim. "Dla naszego oddziału był to zaszczyt"". Polsat News. June 4, 2023. https://www.polsatnews.pl/wiadomosc/2023-06-04/polscy-najemnicy-walczyli-w-obwodzie-bielgorodzkim-dla-naszego-oddzialu-byl-to-zaszczyt/

104 Meduza. "Ukraine’s military intelligence reports Russian colonel killed in Belgorod". Meduza. June 5, 2023. https://meduza.io/en/news/2023/06/05/ukraine-s-military-intelligence-reports-russian-colonel-killed-in-belgorod

105 Beaumont, Peter, Harvey Symons, Paul Scruton, Lucy Swan, Ashley Kirk, and Elena Morresi. “A Visual Guide to the Collapse of Ukraine’s Nova Kakhovka Dam.” The Guardian, June 6, 2023. https://www.theguardian.com/world/2023/jun/06/visual-guide-collapse-ukraine-nova-kakhovka-dam.

106 Jakes, Lara. “Ukraine Got the Keys to the F-16. Now Come the Lessons.” New York Times, May 23, 2023. https://www.nytimes.com/2023/05/23/world/europe/ukraine-f16-training.html.

107 Militarnyi. “An F-16 Training Center Will Be Created for Ukrainian Pilots,” June 14, 2023. https://mil.in.ua/en/news/an-f-16-training-center-will-be-created-for-ukrainian-pilots/.

108 David Axe. “25 Tanks and Fighting Vehicles, Gone in a Blink: The Ukrainian Defeat near Mala Tokmachka Was Worst than We Thought.” June 27, 2023. https://www.forbes.com/sites/davidaxe/2023/06/27/25-tanks-and-fighting-vehicles-gone-in-a-blink-the-ukrainian-defeat-near-mala-tokmachka-was-worst-than-we-thought/?sh=5228899d7918.

109 “Ukraine GoPro Combat - M2 Bradley Platoons Last Stand in Russian Minefield in Zaporizhzhia.” June 10, 2023. Www.youtube.com. Accessed June 28, 2023. https://www.youtube.com/watch?v=dz95HTTQ5oU.

110 Mike Stone. “US to Send $325 Million in New Military Aid to Ukraine.” June 13, 2023. https://www.reuters.com/world/us-send-325-million-new-military-aid-ukraine-2023-06-13/.

111. “No One Destroyed 60 Leopards: Wagner Boss Exposes Frontline Reality vs. Kremlin’s Fiction.” June 23, 2023. Accessed June 28, 2023. https://www.kyivpost.com/videos/18618.

112 Nicholls, Dominic, Elliott Daly, James England “Watch: Why Early Failures in Ukraine’s Counter-Offensive Aren’t Russian Victories.” June 16, 2023. https://www.telegraph.co.uk/world-news/2023/06/16/ukraine-counteroffensive-russia-leopard-bradley-tank-losses/.

113 Al jazeera. “Wagner Mercenary Boss Brushes off Russian Order to Sign Contracts,” June 11, 2023. https://www.aljazeera.com/news/2023/6/11/wagner-mercenary-boss-brushes-off-russian-order-to-sign-contracts.

114 Al jazeera. “‘Not Overthrowing Power’: Wagner Boss Prigozhin Defends Uprising,” June 26, 2023. https://www.aljazeera.com/news/2023/6/26/wagner-mercenary-leader-defends-march-on-moscow.

115 Louis：〈Gunslinger 不曾遠去的硝煙〉，Facebook，2023 年 6 月 27 日，https://www.facebook.com/100066484435250/posts/pfbid0F6qESYUWycWYi8LR7fyjKqhyQJ7YXZFPSNv2thuYqGoxMjbgtvow2vpMLDQCcKQYl/?mibextid=SDPelY.

116 Hird, Karolina , Mason Clark, Riley Bailey, Grace Mappes, and Angelica Evans. “RUSSIAN OFFENSIVE CAMPAIGN ASSESSMENT, JUNE 23, 2023.” Institute for the Study of War, June 23, 2023. https://www.understandingwar.org/backgrounder/russian-offensive-campaign-assessment-june-23-2023.

117 Oryx. “Chef’ s Special - Documenting Equipment Losses During The 2023 Wagner Group Mutiny.” ORYX, June 24, 2023. https://www.oryxspioenkop.com/2023/06/chefs-special-documenting-equipment.html.

Polsat News. "Polscy najemnicy walczyli w obwodzie biełgorodzkim. "Dla naszego oddziału był to zaszczyt"". Polsat News. June 4, 2023. https://www.polsatnews.pl/wiadomosc/2023-06-04/polscy-najemnicy-walczyli-w-obwodzie-bielgorodzkim-dla-naszego-oddzialu-byl-to-zaszczyt/

未完的終章

打出國格的烏克蘭及世界局勢重整

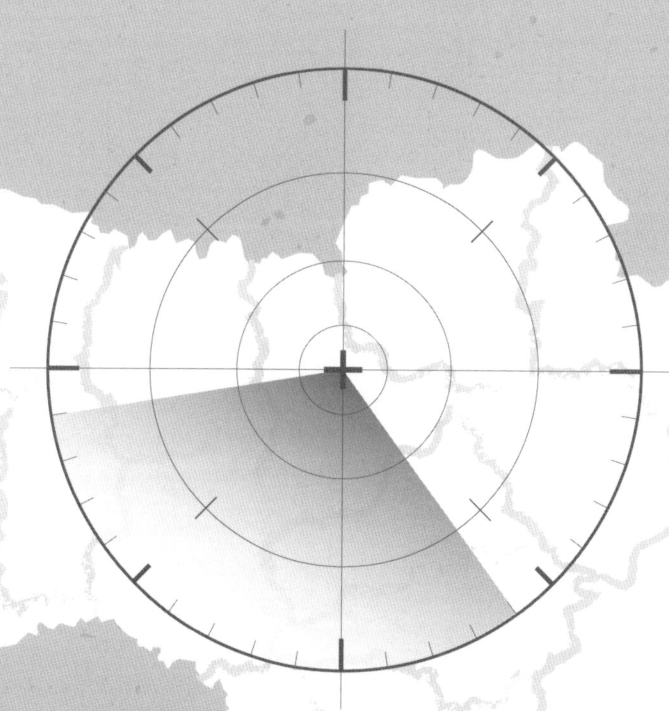

民族。

我們將會獻出我們的靈魂和肉體，為了得到自由，同胞們，我們將會證明，我們屬於哥薩克民族。

——《烏克蘭仍在人間 Ще не вмерла України》

曾經，俄羅斯軍事規模被譽為全球第二，在開戰之初，不少人認定俄羅斯能完勝烏克蘭甚至「三日亡烏」，但一年過去，烏克蘭就如其國歌標題一般仍在人間，把威脅基輔以及哈爾科夫州的俄軍擊退，使俄軍只能踞守聶伯河東岸，在頓巴斯進行拉鋸戰。

失去國土卻贏得奧援的烏克蘭

淪為戰場的烏克蘭無疑失去了大量土地，不計二〇一四年遭俄羅斯吞併的克里米亞半島，盧甘斯克州大部分領土、四分之三的紮波羅熱州、三分之二的赫爾松州、逾半個頓涅茨克州，以及哈爾科夫州與尼古拉耶夫州少量領土，皆落入俄軍及其扶植的武裝分子手中。曾遭俄軍佔領的地區，甚至處於戰場大後方的西部城市，都因為猛烈炮擊而滿目瘡痍，戰事最激烈時全國八百萬人逃離烏克蘭以及另外八百萬人在國內流離失所，民眾死傷慘重，經聯合國核實的至少有八千零六名平民死亡，一萬三千四百七十九名平民受傷，然而實際傷亡人數估算會明顯高得多。

俄軍進攻時，正值冬去春來的播種季節。戰爭破壞耕地，加上烏克蘭的重工業及能源礦藏設施大多設在戰火瀰漫的東部，農業與礦產業兩大主要收入來源大受打擊。能源方面，全歐洲最大的紮波羅熱核電廠及不少天然氣管道被佔領或破壞，威脅國內供電。所有港口被俄軍重重封鎖而難以進出口物資。全國經濟活動因民眾逃亡及專注抗敵而陷入停滯，據歐洲復興開發銀行統計，在二〇二二年開戰初期有高達百分之三十的企業停產，令烏克蘭經濟陷入嚴重困境，經濟收縮百分之二十。據烏克蘭經濟部初步估算，二〇二二的國內生產總值比去年下跌百分之三十點四，赤字達二百四十六億美元，另外基輔經濟學院評估建築物損失達一千三百六十億美元。就算戰爭結束，恐怕最多要動用六百四十億美元重建，是過去烏克蘭國內生產總值的三倍。

烏克蘭因這次戰爭，民眾前所未有的團結，上至總統澤連斯基，下至升斗市民，以至曾被指控「叛國」、「通俄」的前總統波羅申科，皆舉起槍枝奮力抗俄。烏克蘭在戰爭開始時有二十五萬人服役，加上國民警衛隊、邊防衛隊、海岸防衛隊、後備役士兵及志願軍，共有約五十萬人隨時保護家園。進入反攻的五月，烏克蘭國防部宣佈總兵力不跌，反升至七十萬人，還未計算無數自行拿起槍枝守護家園的平民。其他人也守望相助，互相協助撤離戰區、救助傷者、運送物資。

一些民眾積極以網絡或人手觀察俄軍動向，向烏軍匯報行蹤以便反擊。有烏克蘭富豪發現俄軍闖進自己家中時，不惜主動通報並要求烏軍空襲，自毀家園殺敵。不少烏克蘭企業及跨國企業捐贈各種物資及金錢，如提供收集情報與空襲用的無人機、製作汽油彈的玻璃瓶等。全國民眾在各自的崗位，有錢出錢有力出力，上下一心捍衛自己的藍天黃土。

展現勇氣的烏克蘭獲得前所未有的國際奧援。聯合國超過三分之二的成員國站台譴責俄羅斯入侵；烏克蘭得到嚮往已久加入歐盟的機會，雖然離正式獲批仍有漫漫長路，但比起過去只聞樓梯響已是一大進步。北約更倡議與烏克蘭訂立更緊密的關係，以方便軍援烏克蘭及迫使俄羅斯重返談判桌。即使烏克蘭因處於戰爭狀態難以直接加入北約，但北約的全力支援，對只是獨立夥伴國的烏克蘭來說，已是相當可觀。

北約當中除立場曖昧的匈牙利外，其他所有成員國皆有軍事支援烏克蘭，就連沒有自家軍隊的冰島也派專機運送北約軍事物資。另外五眼聯盟的澳洲與紐西蘭、設有美國駐軍的日本韓國，以及計劃加入北約的瑞典芬蘭，皆對烏克蘭提供相當可觀的軍事援助。在開戰的一年內，烏克蘭收到的總軍事援助達六百九十四億美元，截至二〇二三年一月，美國軍援迫近四百六十六億美元，且持續增加中。波羅的海三國所提供援助雖不及英美等大國，但卻相當落力，愛沙尼亞提供的援助更達其 GDP 的百分之一點一。

縱觀整個歐洲，除俄羅斯於是次戰爭中唯一的軍事盟友白俄羅斯外，包括梵蒂岡、聖馬力諾等小國皆有對烏克蘭提供人道物資、金錢，唯一沒有直接援助的小國安道爾，也因與其兩大保護國西班牙及法國外交立場一致，在聯合國各會議上表態譴責俄羅斯。中立國瑞士罕有地打破中立原則，為烏克蘭發聲並提供人道支援。

美洲方面，不只美加兩國提供源源不絕的支援，墨西哥、巴西、智利、阿根廷、秘魯皆提供人道援助，中東則有美國盟友沙特阿拉伯、卡塔爾、巴林、阿聯酋，還有以色列提供援助，當中以色列也努力調停並促進烏俄雙方和談。

印巴兩國雖然互為世仇且與俄羅斯相對親近，但各自為烏克蘭提供十數噸人道救援物資。東盟方面，除了親俄的緬甸軍政府，其他國家如印尼及馬來西亞皆譴責俄羅斯入侵烏克蘭，泰國及新加坡提供了人道物資，新加坡更是明顯地站在烏克蘭一方。而理應立場親俄的社會主義國家越南也向烏克蘭提供人道援助。作為同樣面對大國軍事威脅的台灣更是積極地為烏克蘭站台，雖然未能提供軍事援助，也捐贈了八百七十台無人機與 AR-15 步槍零件及至少五千六百萬美元資金與六百七十七噸醫療物資。

位於俄羅斯傳統勢力範圍的高加索及中亞，不少國家也少有地一反親俄立場，支援烏克蘭及要求俄羅斯停戰。因南奧塞梯問題而與俄羅斯交惡的格魯吉亞與烏克蘭同仇敵慨，表面上只提供金援，暗地裡有不少格魯吉亞人以「志願軍」之名為烏克蘭作戰；阿塞拜疆（Azerbaijan）也在審時度勢後，與土耳其一樣偏向烏克蘭，以制衡俄羅斯的影響力及在納戈爾諾－卡拉巴赫問題上得利。哈薩克（Kazakhstan）與烏茲別克（Uzbekistan）雖未有跟隨其他國家在聯合國大會譴責俄羅斯，但仍一改親俄立場，反對戰爭並為烏克蘭提供人道援助，過去相對親俄的蒙古及塞爾維亞更直接在聯合國大會中支持譴責俄羅斯。就連全球唯一聯合國法定的中立國土庫曼也默默為烏克蘭提供人道援助。

被視為俄羅斯最大盟友的中國，戰爭早期雖與俄羅斯建立了更緊密戰略伙伴關係，但未敢公開為其戰爭行為背書，後來中國駐烏克蘭大使范先榮發表支持維護烏克蘭主權的論述，並提供了人道物資。

若不計軍事援助，烏克蘭至少從各國政府收到八百三十億美元的援助，另外世界銀行及歐盟分別有高達一百三十億及一百八十億歐元的貸款可用於重建。此外，不少各國企業及民間人士皆慷慨解囊，透過烏克蘭政府的募款戶口或紅十字會等國際組織捐贈或直接提供物資，創下「眾籌戰爭」的先例。在文化及體育界，不少比賽賽會皆表態支持烏克蘭，歐洲歌唱大賽 Eurovision 中不少人投票給烏克蘭代表使其奪冠，同時也有不少文化界人士舉行支援烏克蘭的表演，烏克蘭的文化影響力一時無兩。

被國際孤立的俄羅斯

雖然，俄羅斯聲稱俄軍只為保護頓巴斯俄裔居民而發動「特別軍事行動」「維持和平」，並以「反納粹」為口號，以合理化開戰的行為及試圖取得國際支持，然而俄羅斯全面入侵烏克蘭全境，主動攻擊烏軍甚至平民，使得其「維持和平」的口號不攻自破，更反被不少國家包括最為反對納粹主義的以色列及德國指責是假「反納粹」之名、行侵略之實，國際輿論更把俄羅斯的行為與「納粹」劃上等號，視烏俄戰爭如同當年納粹德國入侵歐洲各國一般，而非俄羅斯口中的「解放戰爭」。因此，俄羅斯在聯合國針對烏俄戰爭的討論中失勢，不只遭到譴責，更只得離開人權理事會，同時遭到國際法院與國際刑事法院調查。因應在國際社會上失利，俄羅斯一度考慮退出一些國際組織，如世界衛生組織（WHO）及國際貿易組織（WTO）以示抗議。雖然，有好些國家如中國會在西方制裁俄羅斯時表態反對，保護俄羅斯的國際利益，但也未敢公開為俄羅斯站台支持其侵略。真的公開支持俄羅斯入侵烏克蘭的，除了提供後勤支援的白俄羅斯，就只有北韓、敘利亞，以及厄里特里亞。

然而，真正有允許俄軍徵兵的，就只有敘利亞，還有立場曖昧的利比亞，吉爾吉斯及烏茲別克也有公民以俄軍身分參軍或擔當司機，但兩國皆未有官方允許公民參與是場戰事，烏茲別克更是明確反對俄軍開戰。民間方面，不少運動比賽包括北京冬殘奧會拒絕俄羅斯運動員參賽，就算允許參賽的也對表態支持戰爭的運動員處分，不少文化表演也拒絕表演俄羅斯的作品，使得俄羅斯文化影響力大減。雖則，也有不少第三世界國家及中國的民眾因反美立場而表態支持俄羅斯，然而未如支持烏克蘭的民眾般能使得政府也開腔支持。過去俄羅斯政府會操控不少媒體進行大外宣，宣傳俄羅斯的偉大及貶損歐美各國形象，但戰爭爆發後各國及各大社交平台封殺與俄羅斯大外宣有關的帳號，使得俄羅斯一直以來為建立國際形象所作的心血付諸東流，即便輿論及認知作戰仍然進行，但只能維持守勢，對內嘗試說服民眾戰爭是為捍衛俄羅斯不被西方瓜分及俄羅斯仍有戰力，對外則繼續抹黑烏克蘭其身不正及西方不公。

至於白俄羅斯，也因被視為俄羅斯的幫兇，而遭到與俄羅斯一樣的國際制裁，國際形象及地位繼二〇二〇年反政府示威後大幅下跌，一些民眾更組成了不少游擊隊在白俄羅斯境內破壞後勤設施如鐵路及俄軍預警機，阻止俄軍利用這些設施入侵烏克蘭，另外還組成了好些軍團如白俄羅斯卡利諾夫斯基營、柏康理亞分遣隊，以及白俄羅斯戰術小組，與由反俄羅斯政府的俄白兩國公民與從俄軍投誠的前軍人組成自由俄羅斯軍團一同協助烏克蘭，抵抗俄軍。

自二〇二一年開始愈演愈烈的反普京示威在開戰後重燃，在開戰當日，全國五十三座城市共有民眾示威抗議戰爭，單單莫斯科就有二千人在普希金廣場集會，參與示威的不只有反對黨領袖阿列克謝．納瓦尼（Alexei Navalny）的支持者，還有不少涵蓋左中右各在野政黨的支持者，並且有不少國內外俄裔名人聯署或公開呼籲停止戰爭。雖然，每場示威皆以警方武力驅散或鎮壓結束，但無阻反戰示威持續，單單二至三月已有一萬五千人被捕。之所以會有如此龐大的示威，不只是對俄羅斯政府貿然開戰殺害烏克蘭平民及把如此多的軍人強行送到戰場送死不滿，亦是源於過去對普京政府貪腐現象及高壓政策不滿。過去西方就克里米亞及頓巴斯問題對俄羅斯實行的經濟制裁，使得國內經濟不復普京執政早期的盛景。新冠疫情爆發使俄羅斯經濟大跌，戰前的二〇二二年預期經濟增長已由百分之三調低至百分之二點八，自二〇一九年起，俄羅斯政府更因沒有足夠資金維持養老金，一再推後法定退休年齡及凍結養老金，使得民眾不滿，在二〇二一年俄羅斯國會選舉時執政統一俄羅斯黨已難以保住過往的高票數，普京的支持度更已從當初的百分之八十大跌至百分之五十七。本來，普京打算借戰爭引起的「聚旗效應」來轉移國內對經濟及政治問題的視線，怎料戰事失利使得民眾的怨氣加劇，只能控制輿論禁止民眾接觸非官方的戰事消息，只允許官媒報導並限制接觸境外社交媒體，反戰信息被視為假新聞封殺。

雖然，國內的反戰聲音因此噤聲，未有如戰爭早期般激烈，但這股怨氣，隨時會在其他重大事件發生時引爆，為俄羅斯管治埋下未爆彈。諷刺的是，本來支持普京開戰的激進國族主義者，因眼見俄軍戰事失利，進度緩慢，派系相爭，批評俄羅斯政府作戰不力，未能達到「去納粹化」，開戰後催谷的支持度數度下跌。曾經爆發戰爭的車臣，雖然獨立勢力已在第二次車臣戰爭中平定，由普京親信小卡德羅夫牢牢控制，但當小卡德羅夫派出如此多兵力到烏克蘭助戰，支持車臣獨立的杜達耶夫派隨時借在頓巴斯戰場協助烏克蘭對抗俄羅斯的經驗，密密重建反抗勢力。一名被亞速營俘虜的車臣士兵在影片中呼籲車臣人要發動聖戰對抗俄羅斯，更引來高加索聖戰士捲土重來的憂慮，雖然聚集在敘利亞原教旨主義控制區伊德利卜的一眾車臣聖戰士未有表明會重新在俄羅斯活動，但他們對俄羅斯派車臣士兵入侵烏克蘭的不滿也不禁使人擔憂。即使現在車臣部隊在馬里烏波爾圍城戰後減少了在烏克蘭戰場的部署，但要是普京再發佈動員令要求車臣部隊出征，車臣將可能再出現兵力真空使反對勢力有機可乘。

俄羅斯在是次戰爭中動用了大量人力物力，不只派出正規軍，還派出了本來用作內部治安之用的國家近衛軍及聯邦安全局的特種部隊與邊防軍到烏克蘭。據英國國防部判斷，俄羅斯在開戰首三個月已於烏克蘭戰場投入近一百二十個營級戰術群，佔全俄羅斯兵力的六成半；但已有四分之一的部隊失去戰鬥能力，高達三分之一的兵力已陣亡，死亡人數為一萬五千，與蘇聯在阿富汗九年的戰事死亡人數相若。一年過去，烏克蘭推斷至少二十至二十五萬名俄軍被派至烏克蘭，英國國防大臣華禮仕更於二月十五日推斷高達百分之九十七的軍人身處烏克蘭。俄羅斯只曾數次公佈俄軍陣亡人數，對上一次公佈為九月底，俄軍指有五千九百三十七名軍人陣亡，然而西方評估俄軍陣亡人數遠高於此，美國情報官員於二〇二三年一月中推斷俄軍陣亡人數為四萬七千人並損失一半主戰坦克，英國國防部於二〇二三年二月中判斷俄軍死亡人數為四至六萬人，烏克蘭國防部同時期更判斷俄軍死亡人數達十三萬九千人。

至於烏軍方面，烏克蘭政府於二〇二二年十二月判斷約一萬三千名烏軍陣亡，俄方則估計多達六萬一千二百零七名烏軍陣亡，美國及挪威則推斷烏軍總體傷亡人數約十萬人，然而並未具體推斷陣亡數字，只是比起英國推斷俄軍二十萬傷亡數字要少一半。此外，頓涅茨克人民共和國公佈截至十二月其軍隊共有四千一百六十三人死、一萬七千三百二十九人傷，盧甘斯克人民共和國軍隊截止一月則有一千三百人死亡，除此之外，盧甘斯克幽靈旅還有芬蘭籍、意大利籍、塞爾維亞籍、斯洛伐克籍士兵各一死亡，頓涅茨克第十五國際旅則有一名意大利及一名哥倫比亞士兵戰死，再加上來自從格魯吉亞分裂出去的一名阿布哈茲士兵及四名南奧塞梯士兵陣亡。俄軍方面，則有十三名吉爾吉斯籍、十二名南奧塞梯籍、九名塔吉克籍以及一名摩爾多瓦籍人士以俄軍身分戰死，再加上九名敘利亞籍及白俄羅斯籍、坦桑尼亞籍、贊比亞籍傭兵各一名陣亡。據俄羅斯政府的說法，共有三十名居住俄羅斯西部的平民因烏克蘭的攻擊而死亡。

俄羅斯政府並沒有公佈為烏克蘭戰爭所作的軍費支出，但單從如此龐大的軍備及兵力損失，要補充損失維持戰爭將需投放龐大的資金，軍費開支推斷明顯大升，據《特戰部隊報導》（SOFREP）統計，要維持戰爭，俄軍每天需花費九億美元，當中不少是因為俄軍每天發射大量導彈，每枚導彈開支便達一百五十萬美元。在烏俄開戰首兩週，俄軍的戰損便高達七十億美元，而俄軍目前最大的戰損，是四月被擊沉的莫斯科號，估計損失達七億五千萬美元。

國際制裁及禁飛令對俄羅斯的進出口造成毀滅性打擊，俄羅斯與白俄羅斯的飛機與船隻被大量國家拒絕進入境內及使用港口，只能迂迴航行。油氣資源也遭美國制裁，加上北溪天然氣管道遭破壞，俄羅斯只能繼續出口能源至尚未達成協議制裁俄羅斯能源的國家，或經中亞國家轉售能源至歐洲規避制裁，使得俄羅斯二〇二二年天然氣產量下降百分之二十，出口下降百分之四十五，只是受惠俄羅斯操控天然氣價格加上供應緊張帶來的能源價格上漲，使俄羅斯的能源銷售收入不至於大跌；各類商品亦只能出口至中國等與俄友好的國家。另外，由於各國限制與俄羅斯的技術交流及工業零部件與材料出口，包括生產電子產品必須的芯片，俄羅斯不少工廠因缺乏零部件及材料只能停工，就連坦克工廠也只能停工。據國際貨幣基金組織二〇二二年的數據，俄羅斯的經濟增長將收縮百分之三至五。

據《彭博社》推斷，俄羅斯的經濟損失達一千零八十億美元，相當於烏克蘭二〇二一年國內生產總值的一半，經合組織估計二〇二二年全球經濟損失達二兆八千億美元。由於絕大部分俄企被禁止使用國際金融結算平台 SWIFT，俄羅斯對外交易面臨沉重打擊，盧布一度嚴重貶值，在開戰首兩週大跌百分之四十，由一美元兌七十多盧布跌至一美元兌一百三十多盧布；莫斯科及聖彼得堡的證券交易所一度要暫停營業，後來在俄羅斯政府實行嚴格外匯管制，大幅加息、調高購買外匯手續費、要求出口商把八成外匯收入換成盧布，並要求能源出口等皆以盧布結算，才止住跌幅，變回三月底的一美元兌八十多盧布，比起戰前只跌百分之四，匯率保持穩定至二〇二三年，但有指黑市匯價仍是介於一美元兌一百三十五至二百五十盧布。然而，因俄羅斯不穩定的經濟及操控匯率，使得歐盟下達禁令禁止評級機構為俄羅斯及俄羅斯企業進行信貸評級。如此的經濟困境加上一眾外資企業撤出俄羅斯，使得不少富豪及專業人士決定逃離俄羅斯，經芬蘭或土耳其前往其他西方國家，以避免受戰爭與兵役及經濟困境還有隨之以來的嚴重通漲牽連，同時盡量把資產外移以避免政府充公資產來維持開支。部分擁有其他國家護照的富豪則試圖裝作其他國家國民避過制裁，以免資產受損。由開戰至同年九月，已有七十萬人逃離俄羅斯，對俄羅斯免簽的阿根廷甚至出現大批俄羅斯孕婦前來產子。唯一直接軍事支援俄羅斯的國家白俄羅斯，據白俄羅斯總理戈諾夫琴科二〇二二年五月所言，已因戰爭損失一百六十至一百八十億美元，未能與西方國家有任何進出口貿易，全年經濟萎縮百分之四，使其自二〇二〇年因國際制裁飽受打擊的經濟再遭嚴重打擊。

雖然俄羅斯及白俄羅斯在這次戰爭蒙受鉅額經濟損失，但靠著自二〇一四年為防範國際制裁建立的經濟體系及與中國及伊朗的經濟合作，俄羅斯確實抵過了國際制裁第一波的衝擊，重新控制國內經濟及輿論。然而，若國際社會對俄羅斯及白俄羅斯的態度持續，兩國也只能回復冷戰時期獨立發展的經濟體系，只與友好國家如中國往來，學習白俄羅斯二〇二〇年面對國際制裁的經驗，猶如一直遭歐美制裁的北韓伊朗及古巴般獨立發展，並靠仍可與歐美貿易的中國來取得關鍵的外國技術及資源。只是，俄白兩國的經濟，難以回到身為金磚四國時期的頂峰狀態了。未能調和塔吉克與吉爾吉斯邊界衝突及納戈爾諾—卡拉巴赫領土爭議的俄羅斯，也漸漸失去對中亞及高加索的主導權了。

烏俄戰爭的爆發，使得世界變了樣，各國之間的矛盾激化，要回去以往的和平共處，可說是難若登天。就算各國因二戰後以核武儲藏達致的恐怖平衡而避免第三次世界大戰的爆發，新冷戰的對立已難避免，頂多更謹慎考慮開戰的代價。一場地區性的戰爭，已足以使全世界陷入能源、糧食以及通脹危機，油氣塑膠及糧食化肥價格因俄羅斯控制油氣資源及烏克蘭糧食出口而急升，使得不少國家如土耳其出現大規模示威，黎巴嫩、斯里蘭卡等地因經濟困境及政府面臨破產危機引爆的衝突更使國家面臨崩潰危機，亦為不少地區埋下新一輪衝突的導火線。歐洲各國被迫尋找其他油氣供應源如美國的液化天然氣，以及重新考慮使用核能。

一介平民雖難以左右國策，各式各樣的文宣表演與示威抗議亦無法直接阻止戰爭，但至少要做好隨時爆發戰爭的心理準備，提升自己的求生能力，如烏克蘭般快速掌握，因是次戰爭提升的新科技與 StarLink 及無人機以增加情報收集能力，加強與不同潛在盟友的聯繫，不止是在戰爭中保命，也可用於天災之時。若各國民眾加強聯繫，民間外交或許能減低國家間的衝突。只有大部分人真的渴求和平，渴求自由，才能避免戰爭的爆發。

參考文獻

1 陳家齊：〈俄烏開戰週年 10-5 烏克蘭頑強抗戰「三日亡烏」成為普丁的妄想〉，太報，2023 年 2 月 26 日，https://tw.news.yahoo.com/%E4%BF%84%E7%83%8F%E9%96%8B%E6%88%B0%E9%80%B1%E5%B9%B410-5-%E7%83%8F%E5%85%8B%E8%98%AD%E9%A0%91%E5%BC%B7%E6%8A%97%E6%88%B0-%E4%B8%89%E6%97%A5%E4%BA%A1%E7%83%8F-%E6%88%90%E7%82%BA%E6%99%AE%E4%B8%81%E7%9A%84%E5%A6%84%E6%83%B3-002800150.html

2 "Ukraine Refugee Situation". Operational Data Portal, UNHCR. accessed March 2, 2023. https://data.unhcr.org/en/situations/ukraine

3 IOM. 2022. "Needs Growing for Over 8 Million Internally Displaced in Ukraine". UN Migration. May 10, 2022. https://www.iom.int/news/needs-growing-over-8-million-internally-displaced-ukraine

4 Statista Research Department. 2023. "Number of civilian casualties during the war in Ukraine 2023". Statista. February 28, 2023. https://www.statista.com/statistics/1293492/ukraine-war-casualties/#:~:text=How%20many%20people%20have%20died,The

5 華盛通：〈歐洲復興開發銀行：烏克蘭經濟今年將收縮 20%，俄羅斯經濟將收縮 10%〉，華盛通，2022 年 4 月 2 日，https://www.hstong.com/news/hk/detail/22040208173525912

6 The Kyiv Independent. 2023. "Ministry: Ukraine's GDP fell by 30.4% in 2022." The Kyiv Independent. January 5, 2023. https://kyivindependent.com/news-feed/ministry-ukraines-gdp-fell-by-30-4-in-2022

7 Ministry of Finance of Ukraine. 2023. "State Budget 2022: General Fund of State Budget received UAH 1,491 billion of revenues" Government Portal Official Website. January 3, 2023. https://www.kmu.gov.ua/en/news/derzhbiudzhet-2022-do-zahalnoho-fondu-nadiishlo-1491-trln-hryven#:~:text=In%202022%2C%20the%20State%20Budget,UAH%201%2C399.5%20billion%20for%202022.

8 The Kyiv Independent. 2023. "Ministry: Ukraine's GDP fell by 30.4% in 2022." The Kyiv Independent. January 5, 2023. https://kyivindependent.com/news-feed/ministry-ukraines-gdp-fell-by-30-4-in-2022

9 The Kyiv Independent. 2022. "World Bank: Ukraine's post-war reconstruction to cost up to 600 billion euros" The Kyiv Independent. March 1, 2023. https://kyivindependent.com/news-feed/world-bank-ukraines-post-war-reconstruction-to-cost-up-to-600-billion-euros

10 "Ukraine", The World Factbook, CIA, accessed March 2, 2023, https://www.cia.gov/the-world-factbook/countries/ukraine/#military-and-security

11 環球社會熱點：〈烏克蘭富豪見新建豪宅遭俄軍佔領 叫烏軍炸毀屋企〉，香港經濟日報，2022 年 4 月 20 日，https://inews.hket.com/article/3233656/%E7%83%8F%E5%85%8B%E8%98%AD%E5%AF%8C%E8%B1%AA%E8%A6%8B%E6%96%B0%E5%BB%BA%E8%B1%AA%E5%AE%85%E9%81%AD%E4%BF%84%E8%BB%8D%E4%BD%94%E9%A0%98%20%E5%8F%AB%E7%83%8F%E8%BB%8D%E7%82%B8%E6%AF%80%E5%B1%8B%E4%BC%81

12 BBC：〈烏克蘭怎樣加入歐盟？俄羅斯可能有何反應？〉BBC 中文網，2022 年 6 月 23 日，https://www.bbc.com/zhongwen/trad/world-61894358

13 Pancevski, Bojan. 2023. "NATO's Biggest European Members Float Defense Pact With Ukraine". The Wall Street Journal. February 24, 2023. https://www.wsj.com/articles/natos-biggest-european-members-float-defense-pact-with-ukraine-38966950

14 Statista Research Department. 2023. “Total bilateral aid commitments to Ukraine 2022-2023, by country and type”. Statista. February 21, 2023. https://www.statista.com/statistics/1303432/total-bilateral-aid-to-ukraine/

15 Armstrong, Martin. 2023. “The Countries Sending the Most Military Aid to Ukraine” . Statista. February 24, 2023. https://www.statista.com/chart/27278/military-aid-to-ukraine-by-country/

16 “Ukraine Support Tracker”. Kiel Institute For The World Economy. accessed March 2, 2023. https://www.ifw-kiel.de/topics/war-against-ukraine/ukraine-support-tracker/

17 Oryx. 2022. “A Kindred Spirit: Taiwan’s Aid To War-Torn Ukraine”. Oryx. August 10, 2022. https://www.oryxspioenkop.com/2022/08/a-kindred-spirit-taiwans-aid-to-war.html

18 Yeh, Joseph. 2022. “Taiwan pledges US$56 million donation, new scholarship to help Ukraine”. Focus Taiwan CNA English News, October 26, 2022. https://focustaiwan.tw/politics/202210260027

19 Blatchford, Andy. 2022. “Band of others: Ukraine’ s legions of foreign soldiers are on the frontline” . Politico. March 24, 2022. https://www.politico.com/news/2022/03/24/ukraine-legion-foreign-soldiers-00020233

20 Kuziom Taras. 2022. “Azerbaijan Support for Ukraine: Op-ed”. Hurriyet Daily News. December 29, 2022. https://www.hurriyetdailynews.com/azerbaijan-support-for-ukraine-op-ed-179693

21 Putz, Catherine. 2022. “Uzbekistan, Kazakhstan Dispatch Humanitarian Aid to Ukraine”. The Diplomat. April 11, 2022. https://thediplomat.com/2022/04/uzbekistan-kazakhstan-dispatch-humanitarian-aid-to-ukraine/

22 UN. 2022. “Ukraine: UN General Assembly demands Russia reverse course on ‘attempted illegal annexation’”. UN News. October 12, 2022. https://news.un.org/en/story/2022/10/1129492

23 Редакция. 2022. “Туркменистан отправит гуманитарную помощь в Украину”. hronikatm. April 27, 2022. https://www.hronikatm.com/2022/04/ukraine-humanitarian-aid/.

24 “Ukraine Support Tracker”

25 News and Press Release. 2022. “World Bank Mobilizes Additional $530 Million in Support to Ukraine [EN/UK]” . Relief Web. September 30, 2022. https://reliefweb.int/report/ukraine/world-bank-mobilizes-additional-530-million-support-ukraine-enuk

26 Press Release. 2022. “Commission proposes stable and predictable support package for Ukraine for 2023 of up to €18 billion”. European Commission. November 9, 2022. https://ec.europa.eu/commission/presscorner/detail/en/ip_22_6699

27 Belam, Martin and Cvorak, Monika. 2022. “Ukraine wins 2022 Eurovision song contest as UK finishes second in Turin”. The Guardian. May 15, 2022. https://www.theguardian.com/tv-and-radio/2022/may/15/ukraine-wins-2022-eurovision-song-contest-as-uk-finishes-second-in-turin

28 廖綉玉：〈外交戰 以色列批評莫斯科「希特勒也是猶太人」言論，俄羅斯再嗆：你們支持烏克蘭新納粹政權〉，風傳媒，2022 年 5 月 4 日，https://www.storm.mg/article/4317855

29 古莉：〈國際法院裁定停止入侵烏克蘭 唯俄中法官反對〉，法國國際廣播電台，2022 年 3 月 17 日，https://www.rfi.fr/tw/%E5%9C%8B%E9%9A%9B/20220317-%E5%9C%8B%E9%9A%9B%E6%B3%95%E9%99%A2%E8%A3%81%E5%AE%9A%E5%81%9C%E6%AD%A2%E5%85%A5%E4%BE%B5%E7%83%8F%E5%85%8B%E8%98%AD-%E5%94%AF%E4%BF%84%E4%B8%AD%E6%B3%95%E5%AE%98%E5%8F%8D%E5%B0%8D

30 美國之音：〈國際刑事法院與三個國家一起調查俄羅斯在烏克蘭可能犯下的戰爭罪〉， 美國之音，2022 年 4 月 26 日，https://www.voacantonese.com/a/icc-russia-ukraine-probe-20220425/6544790.html

31 陳冠宇：〈反制西方 俄擬退出世貿及世衛〉，中時新聞網，2022 年 5 月 19 日，https://www.chinatimes.com/newspapers/20220519000696-260301?chdtv

32. The Kyiv Independent News Desk. 2022. "Ukraine: Russia reaches agreement on hiring Libyan mercenaries.". The Kyiv Independent. March 20, 2022. https://kyivindependent.com/uncategorized/ukraine-russia-reaches-agreement-on-hiring-libyan-mercenaries

33. RFE/RL, 2022. "Kyrgyzstan, Uzbekistan Warn Citizens Of Repercussions For Joining Russian Forces In Ukraine". Radio Free Europe. September 22, 2022. https://www.rferl.org/a/kyrgyzstan-uzbekistan-warning-russia-military-service/32046022.html

34. Waldstein, David and Chien, Amy Chang：〈俄羅斯和白俄羅斯運動員被禁止參加北京冬殘奧會〉，紐約時報中文網，2022 年 3 月 4 日，https://cn.nytimes.com/sports/20220304/paralympics-russia/zh-hant/

35. 阿鹿：〈柴可夫斯基也 OUT 英國管弦樂團因俄烏戰爭替換曲目〉，DQ 地球圖輯隊，2022 年 3 月 15 日，https://dq.yam.com/post/14787

36. Augusteijn, Nick. 2022. "Belarusian special forces guarding railways following sabotage". RailTech.com. March 24, 2022. https://www.railtech.com/infrastructure/2022/03/24/belarusian-special-forces-guarding-railways-following-sabotage/?gdpr=accept

37. Dangwal, Ashish. 2023. "A-50 AWACS Attack: Stunning Video Shows Drone Landing On Russian Aircraft That Was 'Destroyed' In Belarus". The Eurasian Times. March 3, 2023. https://eurasiantimes.com/stunning-video-shows-drone-searching-for-target/

38. Sauer, Pjotr and Roth, Andrew. 2022. "Thousands join anti-war protests in Russia after Ukraine invasion". The Guardian. February 24, 2022. https://www.theguardian.com/world/2022/feb/24/we-dont-want-this-russians-react-to-the-ukraine-invasion

39. Bove, Tristan. 2022. "Russian celebrities risk being banned for life to slam Putin's attack on Ukraine". Fortune. February 25, 2022. https://fortune.com/2022/02/24/russian-celebrities-risk-career-putin-attacks-ukraine/

40. Shevchenko, Vitaliy. 2022. "Ukraine war: Protester exposes cracks in Kremlin's war message". BBC. March 15, 2022. https://www.bbc.com/news/world-europe-60749064

41. BBC：〈「活不到領退休金的一天」：俄羅斯提高退休年齡引發抗議〉，BBC 中文網，2018 年 7 月 2 日，https://www.bbc.com/zhongwen/trad/world-44682906

42. Тадтаев, Георгий, Ламова Елизавета. 2021. "В Москве проведут перепроверку электронного голосования". РБК. 23/09/2021. https://www.rbc.ru/politics/22/09/2021/614ae0de9a79474ab73a6d01

43. 《明報》：〈俄烏局勢｜俄羅斯立假新聞法最高囚 15 年　BBC 暫停在俄工作、CNN 停俄境內放映〉，明報新聞網，2022 年 3 月 5 日，https://news.mingpao.com/ins/%E5%9C%8B%E9%9A%9B/article/20220305/s00005/1646447474773/%E4%BF%84%E7%83%8F%E5%B1%80%E5%8B%A2-%E4%BF%84%E7%BE%85%E6%96%AF%E7%AB%8B%E5%81%87%E6%96%B0%E8%81%9E%E6%B3%95%E6%9C%80%E9%AB%98%E5%9B%9A15%E5%B9%B4-bbc%E6%9A%AB%E5%81%9C%E5%9C%A8%E4%BF%84%E5%B7%A5%E4%BD%9C-cnn%E5%81%9C%E4%BF%84%E5%A2%83%E5%85%A7%E6%94%BE%E6%98%A0

44. Mikhalchenko, Lidia. 2022. "Chechen Separatist Fighters Defend Ukraine Against 'Common Enemy' Russia". Radio Free Europe. November 19, 2022. https://www.rferl.org/a/ukraine-chechens-common-enemy-russia/32136592.html

45. Morozova, Daria. 2022. “The overview of the current social and humanitarian situation in the territory of the Donetsk People’s Republic as a result of hostilities”. Human Rights Ombudsman in the Donetsk People’s Republic. December 23, 2022. https://eng.ombudsman-dnr.ru/the-overview-of-the-current-social-and-humanitarian-situation-in-the-territory-of-the-donetsk-peoples-republic-as-a-result-of-hostilities-in-the-period-17-and-23-december-2022/

46 Ившина, Ольга. 2023. “Снова большой прирост: что известно о потерях России в Украине к марту”. BBC. 3/3/2023. https://www.bbc.com/russian/features-64840229

47 ZAHRANIČIA, SPRÁVY ZO. 2022. “ŠOKUJÚCA správa z Ukrajiny! Vo vojne údajne zomrel Slovák, ktorý bojoval na strane Rusov”. Dnes24. 6/10/2022. https://www.dnes24.sk/sokujuca-sprava-z-ukrajiny-vo-vojne-udajne-zomrel-slovak-ktory-bojoval-na-strane-rusov-423171

48 Redazione. 2022. “Italian fighting with Russians killed in Ukraine”. Aen English. October 17, 2022. https://www.ansa.it/english/news/general_news/2022/10/17/italian-fighting-with-russians-killed-in-ukraine_940980e9-4e8e-4b7d-aa72-d8e23c8aeae5.html

49 Ившинаm, Ольга. 2022. “Примерно 20 батальонов: что мы знаем о потерях России за полгода войны в Украине”. BBC. 19/8/2022. https://www.bbc.com/russian/features-62599928

50 SOHR. 2022. “Russia-Ukraine war | Nine Syrian mercenaries ki-lled and Liwaa Al-Quds brigade join war alongside Russians”. Syrian Observatory for Human Rights. November 6, 2022. https://www.syriahr.com/en/274960/

51 Meduza. 2023. “Belgorod governor: 25 residents killed by shelling, 96 more injured since Russia invaded Ukraine”. Meduza. January 25, 2023. https://meduza.io/en/news/2023/01/24/belgorod-governor-25-residents-killed-by-shelling-96-more-injured-since-start-of-ukraine-invasion

52 李京倫：〈美媒：俄羅斯侵烏 每天花費 268 億〉，《聯合報》，2022 年 5 月 16 日，https://udn.com/news/story/6811/6317170

53 環球社會熱點：〈【烏克蘭戰爭】對經濟構成壓力 俄羅斯料日燒逾 70 億〉，香港經濟日報，2022 年 10 月 18 日，https://inews.hket.com/article/3247412/%E3%80%90%E7%83%8F%E5%85%8B%E8%98%AD%E6%88%B0%E7%88%AD%E3%80%91%E5%B0%8D%E7%B6%93%E6%BF%9F%E6%A7%8B%E6%88%90%E5%A3%93%E5%8A%9B%20%E4%BF%84%E7%BE%85%E6%96%AF%E6%96%99%E6%97%A5%E7%87%92%E9%80%BE70%E5%84%84

54 Kalmkov,Alexey：〈俄羅斯原油和天然氣：歐洲的依賴是否行將結束〉，BBC 中文網，2023 年 1 月 24 日，https://www.bbc.com/zhongwen/trad/world-64374672#:~:text=%E4%BF%84%E7%BE%85%E6%96%AF%E5%9C%8B%E6%9C%89%E8%83%BD%E6%BA%90%E5%85%AC%E5%8F%B8%E4%BF%84%E7%BE%85%E6%96%AF,%E5%89%8A%E5%BC%B1%E5%85%8B%E9%87%8C%E5%A7%86%E6%9E%97%E5%AE%AE%E7%9A%84%E6%94%B6%E5%85%A5%E3%80%82

55 《明報》：〈WSJ：台積電加入製裁 俄羅斯科技、武器等發展勢受阻”〉，明報新聞網，2022 年 3 月 21 日，https://finance.mingpao.com/fin/instantf/20220321/1647831803867/wsj-%E5%8F%B0%E7%A9%8D%E9%9B%BB%E5%8A%A0%E5%85%A5%E5%88%B6%E8%A3%81-%E4%BF%84%E7%BE%85%E6%96%AF%E7%A7%91%E6%8A%80-%E6%AD%A6%E5%99%A8%E7%AD%89%E7%%-99%BC%E5%B1%95%E5%8B%A2%E5%8F%97%E9%98%BB

56 BBC：〈俄羅斯原油和天然氣：歐洲的依賴是否行將結束〉，BBC，2023 年 1 月 24 日，https://www.bbc.com/zhongwen/trad/world-64374672

57 Bershidsky, Leonid. 2023. “Putin’s War Is Crippling Ukraine’s Economy—and Russia’s, Too”. Bloomberg. February 16, 2023. https://www.bloomberg.com/news/articles/2023-02-16/ukraine-and-russia-economies-worsened-by-war-one-year-later?leadSource=uverify%20wall

58 邱立玲：〈俄烏戰爭讓全球經濟損失 2.8 兆美元 相當於法國 2 年 GDP 總和〉，信傳媒，2022 年 9 月 27 日。https://tw.news.yahoo.com/%E4%BF%84%E7%83%8F%E6%88%B0%E7%88%AD%E8%AE%93%E5%85%A8%E7%90%83%E7%B6%93%E6%BF%9F%E6%90%8D%E5%A4%B12-8%E5%85%86%E7%BE%8E%E5%85%83-%E7%9B%B8%E7%95%B6%E6%96%BC%E6%B3%95%E5%9C%8B2%E5%B9%B4gdp%E7%B8%BD%E5%92%8C-232659488.html

59. 《經濟學人》：〈俄羅斯做了甚麼，讓盧布匯率從谷底回彈？〉，《天下雜誌》，2022 年 4 月 2 日，https://www.cw.com.tw/article/5120689

60. 賴昀：〈逃向自由的阿根廷？戰爭出逃的俄羅斯孕婦「生產移民潮」〉，轉角國際，2023 年 1 月 6 日，https://global.udn.com/global_vision/story/8663/6890980

61. 陳政嘉：〈為了挺俄 白俄羅斯損失 4 千多億！ 總理痛斥：「制裁已成混合戰爭的武器」〉，新頭殼，2022 年 5 月 16 日，https://tw.news.yahoo.com/%E7%82%BA%E4%BA%86%E6%8C%BA%E4%BF%84-%E7%99%BD%E4%BF%84%E7%BE%85%E6%96%AF%E6%90%8D%E5%A4%B14%E5%8D%83%E5%A4%9A%E5%84%84-%E7%B8%BD%E7%90%86%E7%97%9B%E6%96%A5-%E5%88%B6%E8%A3%81%E5%B7%B2%E6%88%90%E6%B7%B7%E5%90%88%E6%88%B0%E7%88%AD%E7%9A%84%E6%AD%A6%E5%99%A8-065445667.html

62. TNL 國際編譯：〈吉爾吉斯與塔吉克邊界再掀戰火，長達 31 年的領土紛爭與「前蘇聯行政區劃」有關〉，關鍵評論網，2022 年 9 月 20 日，https://www.thenewslens.com/article/173517

63. Yıldırım, Hasan. 2022. “Strikes and protests for wages grow as inflation surges in Turkey”. World Socialist Web Site. September 19, 2022. https://www.wsws.org/en/articles/2022/09/20/stri-s20.html

64. Houssari, Najia. 2022. “2022: A year of missed opportunities in Lebanon”. Arab News. May 23, 2018. https://www.arabnews.com/node/2224346/middle-east

65. Mellen, Ruby. 2022. “Sri Lankans rose up as inflation soared: A visual timeline of the crisis”. The Washington Post. July 14, 2022. https://www.washingtonpost.com/world/interactive/2022/sri-lanka-protest-inflation-photos-videos/

66. BBC：〈俄烏戰爭與能源危機 液化天然氣為甚麼變得如此重要？〉，BBC 中文網 . 2022 年 11 月 18 日，https://www.bbc.com/zhongwen/trad/world-63662739

客席邀稿

你以為你將會長驅直進，但烏克蘭人把你修理得焦頭爛額。
你以為烏克蘭沒有軍隊，但人民在邊界上紛紛奮起。
——《致普京之歌 Пісня про》 Путю

俄烏之戰與德國

留德趣談（Thoughts from Germany）

俄烏之戰開打，德國當然受其影響。國內討論熱烈，令國家檢討奉行多年的政策，民間亦反思軍事的重要。

先說一下歷史背景。德國二戰戰敗後，在美國和北約的准許下開始重組軍隊。一九五五年，德國聯邦國防軍（Bundeswehr）成立，那年就甚受爭議。主要政黨亦質疑國家在納粹獨裁和強烈軍國體制傳統下，再組軍隊是否道德上合理。軍隊最初由志願軍組成，一九五七年開始採用徵兵制，成年男子需服兵役。然而之後德國再通過法律，容許拒服兵役者服社會役。隨著冷戰結束和兩德統一，兵役時期亦由最初的十八個月慢慢減少，到二〇一一年取消徵兵制，所有軍人皆是自願當軍。

而德軍人數和兵力，亦從一九八九年柏林圍牆推倒後逐年遞減。戰鬥人員數量從三十萬減到現時的十八萬，坦克數量由四千七百減至三百，戰機從三百九十架減至二百三十架，戰艦由一百三十艘減至六十艘。德國戰後一直奉行和平外交，一九九〇年起，德軍開始在外地執行維和平任務，其後更參與反恐，包括參與科索沃和阿富汗戰爭。這些任務不無爭議。

是次戰事，德國政府決定大力增強軍隊，包括用一千億歐元加強軍備，亦會將每年 GDP 的百分之二投放在軍隊上。戰爭爆發後，德國亦向烏克蘭提供防空導彈以及豹 2 主戰坦克等軍備。民間和政界繼續辯論，是否應重新徵兵。這些政策對德國來說已是十分大動作。對比今年一月戰事開始前，德國只送烏克蘭五千頂頭盔，可說是翻天覆地的態度轉變。

常有人批評德國對待烏克蘭危機袖手旁觀，奉行綏靖政策，不敢開罪俄羅斯，以致後者可以有恃無恐入侵。然而評論德國，必先了解該國沈重的歷史包袱。德國發動二戰，造成逾五百萬德國士兵死亡。一九三九年，德國共有約二千四百萬十五至六十五歲的壯年男子，很多家庭都有人喪命。德國軍隊牧師 Werner Kraetschell 說過，戰後很多德國人都在無父家庭長大。戰後曾經有段時間，軍人穿軍服坐火車，可能會被乘客罵是殺人犯。可見德國人對軍隊的抗拒。冷戰後德國人普遍相信和平或多或少來到，不再有大規模戰爭。

居台的德國年輕中國研究學者戴達衛（David Demes）寫過，他當年被徵召服兵役，花了很大篇幅向考官講出他和平的信念，反對軍事行動。小時候玩槍和軍事模型都被母親阻止。他說這次事件令他反思到軍事的重要。或許德國人都會如這位學者般，重新明白到和平非永恆，不要視其為理所當然，強軍有其必要。多年後回望，俄烏戰役定是德國軍事政策改變的分水嶺。

作者簡介：香港土生土長，二〇一四年起居德，曾在當地師範大學任語言學講師，現攻讀語言學博士。閒時將文化比較和語言學習心得在專頁撰文。

俄烏相爭，土耳其如何漁人得利？

孫超群／香港國際問題研究所中亞事務研究員

俄烏戰爭已持續一年，雙方未有勝負，卻已有贏家漁人得利。正當芬蘭和瑞典尋求加入北約之際，卻半路殺出程咬金——身為成員國的土耳其先是斷然反對，乘勢獅子開大口，聲稱除非能滿足其開出的條件，否則拒絕兩國加盟，在烏俄戰爭一周年後才表示可獨立考慮芬蘭及瑞典的申請。

未知土耳其總統埃爾多安欲開天殺價落地還錢，或是有心決絕落閘，但無可否認是，土耳其有籌碼成為西方與俄羅斯之間博弈的「關鍵一票」。而此氣焰，正正來自「天時」（俄烏戰爭），「地利」（位於歐亞中間佔地緣優勢），以及「人和」（大戰略）。

土耳其對外的大戰略，就是突厥外交，打著突厥歷史遺產的旗號，廣納相同文化圈的高加索和中亞國家（阿塞拜疆、哈薩克、土庫曼及吉爾吉斯等等）。二〇〇九年，土耳其、阿塞拜疆、哈薩克及吉爾吉斯四國成立突厥議會，以促進彼此的經貿及文化交流。二〇一八年烏茲別克加盟，二〇二一年議會改名為突厥國家組織，以增強其政治性質。

誠然，突厥國家組織只是突厥外交的表層。土耳其一直希望透過和這些國家交好，利用其位處歐亞中間要塞的優勢，擔當東西方的橋樑，加強自身的國際政治及經濟影響力。

具體方針有二：第一，土耳其建立「中間走廊」（又名跨裡海國際運輸路線）。此走廊囊括了多項鐵路、大橋及港口等基建項目，由土耳其出發取道高加索，再經裡海水路進入中亞，抵達中國，旨在促進歐亞建立無阻的經貿及物流聯繫。第二，透過連接歐洲與中亞的能源管道，土耳其成為連接兩地的能源貿易必經通道。土耳其透過南天然氣走廊（南高加索、跨安納托利亞、亞得里亞海三條天然氣管道），經阿塞拜彊和格魯吉亞，把裡海天然氣出口至歐洲多國。

儘管過往十數年土耳其努力進軍歐亞心臟，唯成效十分有限——土耳其在中亞的政經影響力比不上中俄；「中間走廊」的貨運量不高；經南天然氣走廊輸送到歐洲的能源，對比俄羅斯的仍然微不足道。但是，遇到俄烏戰爭此一「天時」，似乎終於要推進「地利」及「人和」的潛力。

戰爭令歐洲諸國與俄羅斯的關係急劇惡化，並對後者實施嚴厲的經濟制裁。但反過來，俄羅斯亦威脅斷供天然氣，危害他們的能源安全。歐洲國家為了加快能源進口多元化，把目光投向能源豐富的中亞及高加索國家乃大勢所趨。而南天然氣走廊未來亦有擴建計劃，十年內提升管道的運載量，以增加向西輸送的天然氣流量。預期歐洲將增購中亞天然氣，扼守東西能源通道的土耳其也增加對歐政治的籌碼。

此外，由於地緣局勢變化，各國紛紛尋求繞過俄羅斯的歐亞貿易路線，自然令土耳其的「中間走廊」吸引力大增，亦增強其在中國「一帶一路」的重要性。自戰爭以來，出口八成原油到歐洲的哈薩克，積極把路線由俄羅斯境內分散到「中間走廊」，便是最大證明。

土耳其多年來投資的突厥外交，再配合自身優勢（北約中軍事實力屬五名內、控制進出黑海的海峽等等），因此在俄烏戰爭中獲得可觀的回報。

另一方面，在戰爭背景下，土耳其的與俄羅斯在歐亞空間的政治影響力預期將此消彼長。的確，土耳其和俄羅斯的關係看似不俗。在埃爾多安年代，土俄關係因二〇一五年底的「擊落戰機事件」而惡化。但翌年兩國卻不計前嫌重修舊好，對著歐美敵愾同仇，關係因而日益親密。加上，土耳其冀與俄羅斯達成能源合作，透過土耳其溪天然氣管道，獲俄供應天然氣；俄羅斯則借拉攏土耳其，分化北約。

然而，俄土關係僅為同床異夢的政治婚姻，只基於短暫的各取所需，而非長遠的共同利益和意識形態。歷史而言，俄土乃天生宿敵，雙方實力此消彼長，兩者競爭和敵對，多於合作和友好；地緣政治而言，土耳其的突厥外交深入了俄羅斯的勢力範圍，雙方存在不能化解的結構矛盾。好則不歡而散，壞則關係破裂。土耳其前年透過「納卡戰爭」援助阿塞拜疆，戰勝了與俄友好的亞美尼亞，便是最大的警號。

俄烏戰爭對俄土關係有何啟示？隨著南天然氣走廊及「中間走廊」的重要性大增，不但減低俄羅斯的能源政治及物流樞紐的影響力，更鞏固土耳其在歐亞心臟的地位。因此，若俄羅斯不能瞻前顧後，就算贏得西方的軍事戰役，卻可能輸掉東方的地緣政治戰爭。

烏俄戰爭對以色列帶來的影響，被迫選邊站的困局？

阿和／漫遊以色列版主

以色列建國以來一直與俄羅斯有著微妙的關係，在其共享對抗納粹歷史脈絡根基下，每年的五月九號俄羅斯慶祝其成功擊退納粹的勝利日時，以色列歷任總理常是其閱兵典禮上少見的民主國家參與者，再再顯示出以俄之間於政治上所維持的默契關係，其也使得以色列於這次俄羅斯所聲稱的對於烏克蘭所進行的特殊軍事行動過程中，不斷嘗試維持著中立角色。然而，這樣的巧妙平衡關係卻在以色列政府疑似受到西方民主陣營國際壓力下，出現了變化。

二月二十四日以色列外交部長亞伊爾・拉皮德（Yair Lapid）首度開出第一槍表示：「俄羅斯攻擊烏克蘭是嚴重侵犯了國際秩序。以色列譴責這個攻擊行動，並且已經準備好且樂意提供烏克蘭人民人道救援。」隨後於三月二日聯合國大會投票表決「譴責俄羅斯侵略烏克蘭，要求莫斯科無條件撤軍」一案中，投下了贊成票。其後以色列總理納夫塔利・貝內特（Naftali Bennett）

則在三月五日親往莫斯科與俄羅斯總統普丁進行會談，嘗試著扮演著俄烏之間的調解人，但隨後證明成效欠佳。而以色列政府嘗試維持中立的立場則是，於四月五日所發表的對於烏克蘭布查屠殺事件看法中再次表露無遺，其中以色列總理貝內特謹慎地選擇不提到俄羅斯相關字詞，但外交部長拉皮德卻指控俄羅斯犯下了戰爭罪。隨後以色列總理貝內特表示將不會有任何正式官員參與俄羅斯勝利日閱兵典禮，雙方關係更是在五月三日降到了冰點。從以色列政府一連串表態來看，它嘗試使用著一個扮黑臉（外交部長）一個扮白臉（總理）的方式，試圖遊走於天平的兩端，維持著外交中立。然而，這樣的遊走態度，似乎無法贏得俄羅斯政府的心。

五月一日俄羅斯外交部長拉夫羅夫於義大利電視台訪談中，將烏克蘭總統澤倫斯基比喻成希特勒，並且宣稱希特勒有著猶太血脈。此論述立即於以色列引起軒然大波，隨後於五月二日以色列總理貝內特立刻表示抗議：「這些謊言是企圖指責猶太人自己於歷史上犯下對自身群體的駭人聽聞罪行，藉此卸除那些反以色列的壓迫者的責任。使用猶太人的大屠殺歷史來當成政治工具的手段需要立即停止。」而以色列外交部長拉皮德則是回應：「說希特勒是一個猶太人就像是說猶太人殺了自己人。納粹處刑了猶太人們，只有那些納粹分子是納粹，只有納粹對猶太人們做出了系統性大規模滅絕的行動。」然而在以色列做出這樣的譴責聲明後，俄羅斯外交部長拉夫羅夫更是再次於五月三日加碼表示：「以色列外交部長拉皮德的譴責論述是反歷史的，並且宣稱這也大幅度的解釋了為甚麼以色列現任政府會支持基輔的新納粹政權。澤倫斯基的猶太血統並不能用來排除烏克蘭現在正被新納粹分子統治中。反猶太主義於烏克蘭內的日常生活與政治中，並沒有被阻止的跡象，反而不斷滋養茁壯中。」俄羅斯外交部長拉夫羅夫這樣的論述如同火上加油般的引起了以色列與猶太人群體的憤慨氣氛。然而，這樣的對立氛圍卻沒有維持太久，於五月五日俄羅斯總統普丁致電以色列總理貝內特正式對其外交部長拉夫羅夫所說的希特勒猶太血統說致歉，而對此以色列總理貝內特表示接受其道歉，並且感謝其澄清了俄羅斯總統的立場。這場雙方政治面上的衝突，從表面上看似圓滿收尾了，但衝突卻在隨後看似升級到實體層面了。

以色列十三新聞台於五月十六日報導，俄羅斯 S-300 尖端防空導彈系統於五月十三日針對了以色列戰機空襲敘利亞的行動進行反制攻擊，似乎為以俄關係敲下了警鐘。因為俄羅斯是目前實質掌控著敘利亞領空權的軍事勢力，近年來以色列在俄羅斯控管的敘利亞領空內執行過數百次空襲攻擊，並未出現過任何防空系統反擊事件。雖然從已知消息看來，俄羅斯的 S-300 尖端防空導彈系統並未鎖定以色列戰機，所以被視為警告意味濃厚的示警訊息而已。但這種極有可能擦槍走火的對空反擊攻擊，不禁讓人想起了二〇一八年二月時，以色列的 F-16 戰機遭到敘利亞防空系統擊落後，以色列旋即進行大量空襲轟炸敘利亞重要戰略據點的事件。在俄羅斯掌控著 S-300 尖端防空導彈系統發射權的當下，這樣的防空導彈反制攻擊，是否會為俄羅斯以色列未來的關係帶來深層的影響，身為旁觀者的我們，也只能夠繼續觀察下去了。

沒有比較沒有傷害 俄軍至少落後美軍三十年——驚人的美軍

燃燒的太平洋

美軍的作戰歷史到底有多恐怖？

前年美軍在阿富汗撤走成了全球笑話，在伊拉克也不怎光彩，許多人都覺得美軍實在沒用。現在俄羅斯在烏克蘭的戰爭中，俄軍總戰力相對守軍多了不止一倍，部分武器先進了二十年，還掌控了局部空中優勢，結果主力雖然是逐步推進，可是他們第一階段以混合戰方式快速閃擊基輔的嘗試都失敗了，俄軍意圖消滅烏軍野戰部隊的每步進攻都付出了慘烈的代價。這一切一切實在不是俄軍一直以來勇悍和高大上的感覺。

實際上俄軍的進度以歷史和傳統作戰看來，他們的努力客觀而言也不差。正規部隊正面作戰在工業化以後本來就慘烈。我們覺得俄軍不濟，實際上只是我們被美軍寵壞了。一九九〇年美國和聯軍花了一百小時陸戰，就以九十五萬兵力（七十萬美軍）擊潰了六十五萬伊軍。要說美軍當時是最先進水平，伊軍裝備怎樣水平也超過六十年代以阿戰爭，也是二十多年左右，伊軍還有對伊朗的作戰經驗和完整的戰爭指揮系統。結果在一個月的空中攻擊以後，這樣算是二流水準的軍隊，一下就被美軍消滅了，甚至傷亡上還像單方面被虐打。

美軍被恥笑的是投下的資源卻沒有成果。事實上美軍的資源是豪華和驚人的，美軍和蘇聯軍分別被越南和阿富汗類似地拖死，可是兩者的規模根本不成比例。例如出動 B-52 進行攻擊的弧光燈行動，為逼使北越和談的滾雷作戰，還有封鎖胡志明小徑，反擊春節攻勢等等，全部都動用戰役級的資源，美軍日常對北越轟炸，需要戰機護航對抗偶然升空的北越空軍，還要另外的機隊對防空炮和導彈進行壓制攻擊，這些蘇聯在阿富汗都不需要。

再說沙漠風暴行動，美軍能夠用貼地飛行的直升機打頭陣，用載特種部隊的 UH-60 和火力強大的 AH-64 消滅伊軍的防空節點，打出通道讓隱形戰機攻打高風險目標，大隊電子干擾機和戰機對伊的防空壓制，不斷的巡航導彈射擊，還用 B-52 炸得陣地中的伊軍沒得睡覺。

在一百小時陸戰的最左面，是跨越「無人能穿過」的沙漠地形，有法國輕裝部隊和美軍八十二空降師保護側翼，由一〇一師空降（直升機機動），用一百架運輸直升機，由攻擊直升機支援，吊載輕步兵和反戰車導彈，切斷伊拉克軍撤回巴格達的公路，因為航程問題，中途還要設立臨時機地，自行為自己的直升機加油。

在越南以後歷次作戰，美軍從來不會出現物資彈藥短缺的情況。損壞的武器可以修理和補充，傷兵不是有良好的前線醫療，就是可以直接空運回後方基地。前線部隊可以和後方通訊，天空上的管制機可以提供情報和協調各隊作戰。

美軍的作戰底氣：無限量的物資和資金

雖然美軍不像影視節目那麼流暢，可是已經是最接近電影中最理想作戰的情況了。近日我們在說英國海軍全部主力六艘四十五型驅逐艦都派不出（卻幫到007Daniel Craig……），德軍只有十來架戰機有全部戰力。這一切都顯示如果要讓軍隊能夠隨時作戰，這些花費都相當很驚人。

正是因為這個原因，許多國家如果想要降低人員維持費用，又要維持龐大軍隊，只能採用兵役制。可是兵役制的利害在這次俄烏戰爭幾乎表露無遺。對於採用徵兵制的俄軍而言，俄軍雖然可以讓受過軍訓的人員在戰時作為緊急徵召的後備部隊作戰，但是義務役部隊在需要進行高難度高和高技術作戰時，難以發揮高水平的能力，最後支撐俄軍的還是看他們的合同兵。

相對美軍怎樣維持由子彈至導彈源源不絕，現在俄軍的慘況才更像戰爭一般國家會遇到的情況。

不列顛上下一心支持烏克蘭

East of Gibraltar citizen（Chris）

英國作為老牌民主國家，去決定為誰站邊，除了執政黨取態，民間的聲音也十分重要。

俄烏戰爭經歷近一年時間，一年前的英國市面不論政府建築物、學校、商鋪、民居，不難發現烏克蘭旗幟或代表烏克蘭國旗顏色的黃藍絲帶，可見英國民間普遍支持烏克蘭對抗俄羅斯。時任首相約翰遜更在戰前多次公開支持烏克蘭，在戰爭開始後，烏克蘭總統澤連斯基在英國國會以視像發表講話，除了全院滿座之外，更深深感動英國民眾，而約翰遜在任首相期間也在戰火下到訪烏克蘭以示支持。為了保護烏克蘭人，英國內政部於二〇二二年三月十七日還公佈針對烏克蘭當地居民的移民寬鬆政策，所有常居在烏克蘭的非英籍公民，只要有包括未婚伴侶在內的家屬是英籍公民，皆可以直接辦理英國家屬簽證，享有免費申請簽證及免國民醫保附加費等優惠，二十四小時內出結果。

在軍事上，英國對烏克蘭的支援更明顯，積極提供輕武器給烏克蘭，也培訓烏克蘭士兵使用北約武器和接受北約模式的訓練。由二〇一五年起，英國訓練了二萬二千名烏克蘭軍隊，雖然該行動在俄羅斯全面入侵後暫停，但英國領導的新跨國行動於二〇二二年七月九日重新開始。以下，是英國提供給烏克蘭的武器一覽：

- 船艦：兩艘 SANDOWN CLASS 獵雷艇、八艘導彈艇、一艘護衛艦、六艘無人獵雷艦
- 裝甲車：十四架挑戰者 2 型坦克、四十輛 CVR（T）裝甲偵察車輛包括 Stormer HVM SHORAD、FV104 Samaritan 裝甲救護車、FV106 Samson 裝甲救援車、FV103 裝甲運兵車和 FV107 Scimitar 履帶式偵察車、數百輛輛受保護機動車輛如 FV430 Bulldog、Mastiff 巡邏車、Wolfhound 重型戰術支援車輛和 Husky 輕型戰術支援車輛、可供一百輛烏克蘭坦克及裝甲車翻新用備件
- 其他車輛：十三輛防彈 Babcock Toyota Land Cruiser
- 自走炮：三十台 AS90 155 毫米自行榴彈砲、二十輛 M109 榴彈砲、五十門 L119 榴彈砲、五萬發炮彈、一百二十五門高射炮
- 導彈：數千 NLAW 反裝甲武器和標槍反坦克導彈、反艦導彈、英製硫磺導彈、M270 多管火箭系統配 M31A1 導彈、Starstreak 便攜式防空系統、挪威三套 MLRS 多管火箭系統、NASAMS 防空系統配 AMRAAM 導彈、GMLRS 火箭、中程防空導彈

- 無人機：八百五十架黑黃蜂納米無人機、二百架無人偵察機、重型貨運無人機、數十個無人駕駛航空系統
- 直升機：三架韋斯特蘭海王直升機
- 其他裝備：八萬四千個頭盔、GPS干擾器、反炮兵雷達、反無人機設備、機動支援包

在經濟上，英國承諾提供三十五億英鎊的出口融資，並通過世界銀行提供一億英鎊的經濟發展貸款。英國直接向烏克蘭政府預算捐贈了一億美元，以減輕俄羅斯無端非法入侵造成的財政壓力，另外為烏克蘭軍方提供二千五百萬英鎊的財政支持。此外，英國將其世界銀行貸款擔保增加到七億三千萬英鎊（十億美元），並在瑞士盧加諾舉行的烏克蘭復蘇會議期間，承諾通過世界銀行提供九千九百萬英鎊的財政撥款，並在世界銀行的第三筆貸款中承銷四億二千九百萬英鎊（五億二千五百萬億美元）。另外，英國宣佈將與烏克蘭的所有貿易的關稅和配額削減至零，並承諾出資一百五十萬英鎊對俄羅斯出售的穀物進行檢測，以確定其是否來自烏克蘭，並以鐵路系統支援穀物出口。

在一系列的軍事及經濟援助外，英國也吸收教訓，改變國策。英國正加強與歐盟、北約等盟友的聯繫，共同應對俄羅斯對歐洲的威脅。此外，英國還加強與烏克蘭等國家的關係，支持烏克蘭的主權和領土完整。原因是因為英國還有一些海外領土的爭議，例如直布羅陀和福克蘭群島，兩者離英國都不近，西班牙長期對直布羅陀宣稱有主權，雖然兩國是北約成員，開戰機會較小，

但西班牙長期以天然資源、關閉邊境威脅直布羅陀；而阿根廷雖然在福克蘭群島戰爭中戰敗，但是今日仍然對福克蘭虎視眈眈。在去年北溪二號管道爆炸，而且俄羅斯多少威脅歐洲暫停供應天然氣，去年英國能源開支增加不少。

另一方面，英國正思考加強國防建設，提高軍事實力和威懾力，以應對可能出現的威脅和挑戰。特別在俄烏戰爭、亞美尼亞和阿塞拜疆戰爭中無人機的威脅和使用，對英國也是一個課題，因為倫敦都遭受過恐怖襲擊，所以除了常規戰爭中，恐怖分子可能以無人機施襲，所以低空防空網也是要加強。面對俄羅斯在戰爭中大量使用信息戰手段，英國也正加強對信息戰的認識和培養相應的能力，以應對俄羅斯的信息戰挑戰。

烏俄戰爭教會香港人甚麼？

企鵝萬事屋（Johnny Cheung）

戰亂會以迅雷不及掩耳之勢襲來。今天安居樂業，明天就大有可能身處火海。雖然香港人未必會直接面對戰爭，但在今年開始，局部出現了為防疫出現的封城事件，香港人素來享受的物質充裕，也隨時會有被清零的風險。

香港人生活安逸，相對而言就略欠危機意識。在出現封城危機的傳聞下，人們會有意識地去囤積物資，但在潛在的戰亂時，除了囤物資外，更應該學懂規劃如何有效利用物資以面對突如其來的風險，比如說準備一個應急包（bug out bag），以備最壞情況。全民學習急救，準備好足夠急救裝備與簡單藥物，救人自救，對提升存活率至關重要，畢竟天災人禍時醫療系統隨時不勝負荷，只有懂得自救才能存活。

烏克蘭人在入侵時都會不分祖籍，守望相助，這樣才能有辦法團結以抗難關。香港現時社會愈來愈兩極化，但在立場以外，大家都是香港人，所以要面對突如其來的困境，就必須打好鄰舍關係。香港的居住環境未必容許太多鄰里關係互動，但最少大家可以留意一下居住地周圍發生的事，熟悉香港地理如道路網及附近可取得的資源，培養互助的好習慣。最基本的，由關心自己的家人開始。危難時，才能互相扶持逃生，以及取得足夠資源。

香港人亦應該要學動手做的本事，烏克蘭人在戰亂時前線會持槍抗敵，後方受戰火摧殘時也會可以儘快修復設施維持基本服務。未必有可能令每一個人都識得修復設備，但基本動手做的功夫，都值得學習以備不時之需，鍛鍊好體格保護自己，提升存活率。

在烏克蘭俄羅斯的戰爭當中，烏克蘭在牌面上明顯遠比俄羅斯差，但在帳面沒希望的情況下仍能締造奇跡。身為香港人更應保持對生活的熱忱，對事物存愛，只有這樣才能克服萬難，在劫禍之中能夠勇於出來抵抗。有了希望，才會有成功的機會。

美俄陸軍單位編制解析：雙方戰術與對策

混沌小子

近日烏克蘭局勢引伸出美俄對峙，有部分人都會好奇，究竟俄羅斯的戰鬥力有沒有可能戰勝美國陸軍的編制？本篇介紹一下雙方的基礎部署單位、戰術及對策。

美國：旅級戰鬥隊

美國陸軍現役主要基礎部署單位為旅級戰鬥隊。通常由三個步兵營，一個騎兵偵察營，一個野戰炮兵營，一個旅工兵營及旅支援營組成。由於自備炮兵、偵察及旅工兵這些原本配屬師級部隊的兵種，作戰時可以獨立使用這些不同單位作戰。通常一個師級有三至四個旅級戰鬥隊，而且可以全球投送一個或多個旅級戰鬥隊作戰。裝甲步兵與史崔克（Stryker）旅級戰鬥隊編制一樣，用帶有史崔克步兵連的步兵營、裝甲營及機械化步兵營代替正常步兵營來完成編制。

俄國：營級戰術群

俄國陸軍現役主要基礎部署單位為營級戰術群。比起美方的完全獨立作戰，它更注重戰略上的多單位合作作戰，因此基礎部署單位比美國小。但是，營級戰術群的戰場獨立性卻沒有因此而遭到埋沒。以一個機械步兵營為中心，加插反裝甲、防空、工兵及支援單位組成，有時甚至會加入坦克連或火箭連，其靈活性及獨立性都得到保障。與美國旅級戰鬥隊不同的是，營級戰術群的編制依賴和其他營級大隊的合作作戰來達到戰略目標，無法獨力完成戰略目標。

作戰推演：

綜以上資料，可以預見如果美俄爆發陸地戰爭，將會由一個或者少數旅級戰鬥隊對抗多數營級戰術群。

俄方坦克連、火箭連、反裝甲及防空部隊等師級單位加入營級戰術群，可以帶來的火力甚至比高一兩個編制的旅級戰鬥隊（營比旅低兩級）更多。但是營級戰術群人數上有致命性的不足，只有六百至八百名官兵，而旅級戰鬥隊有四千四百名官兵，這使俄方營級戰術群需要集中突破，將美國旅級戰鬥隊的下屬單位化整為零。反過來說，美國的人數優勢和單位統合程度，使得擊敗單一俄國營級戰術群變得非常容易。根據美國陸軍情報，一個營級戰術群需要以一比四的戰損比才有可能打敗一個旅級戰鬥隊。如此，營級戰術群依賴其他部隊合作作戰帶來的隱患就更明顯了。

一個營級戰術群要依賴其他部隊才可以和旅級戰鬥隊抗衡，變相也依賴戰略層級的通信及控制（C2）。因此，雖然營級戰術群的編制讓個別單個更靈活，但由於需要多個單位互相聯絡（多頭聯合）而導致戰場應變能力下降。反之，旅級戰鬥隊因為把戰略 C2／C4ISR 集中在單一部隊（一頭獨大），其戰場應變能力反而比數量相當的營級戰術群更好。同樣，由於俄國營級戰術群的編制過度鬆散，使得持續作戰的物流、情報甚至火力支援的廣泛程度受到一定的影響。

如此看來，一旦美俄交火俄軍需要速戰速決來最大化己方優勢，而美軍所需要做的，就是把戰鬥拖長，製造混亂。諷刺的是，二戰時蘇俄正是用拖延及製造混亂，把德軍的閃電戰活活拖死在寒冷的凍土。

1841
一八四一

黑土埋輪

改變烏俄國運之戰

Unyielding Soil：
The fate changing Russian invasion of Ukraine

作　　者　李大衛、梁佐禧、葉澄衷
責任編輯　緣二聿
文字校對　Carly Mak、Jason
封面設計　盧卡斯工作室
內文排版　王氏研創藝術有限公司
出　　版　一八四一出版有限公司
印　　刷　博客斯彩藝有限公司

2023 年 08 月　初版一刷
定價　420 台幣
ISBN　978-626-97372-2-2

社　　長　沈旭暉
總 編 輯　孔德維
出版策劃　一八四一出版有限公司
地　　址　臺北市民生東路三段 130 巷 5 弄 22 號 2 樓
發　　行　遠足文化事業股份有限公司（讀書共和國出版集團）
郵撥帳號　19504465 遠足文化事業股份有限公司
電子信箱　enquiry@1841.co
法律顧問　華洋法律事務所 蘇文生律師

黑土埋輪：改變烏俄國運之戰 = Unyielding soil : the fate changing Russian invasion of Ukraine/ 李大衛, 梁佐禧, 葉澄衷作 . – 初版 . – 臺北市：一八四一出版有限公司出版：遠足文化事業股份有限公司發行, 2023.08
面；　公分

ISBN 978-626-97372-2-2（平裝）

1.CST: 俄烏戰爭 2.CST: 軍事戰略 3.CST: 戰略評估 4.CST: 文集

592.407　　112012852

1841

一八四一